C++
全方位學習 | 第四版

適用Dev C++與Visual C++

序

　　雖然「Orwell Dev-C++ 5.11 with GCC 4.9.2 編譯器」並未更新版本，但「Visual C++ 2017」已經更新為「Visual C++ 2019」版本。因此 **C++全方位學習第四版**將第一章的開發環境更新為「Visual C++ 2019」。另外，「Orwell Dev-C++ 5.11」與「Visual C++ 2019」開發環境都提供程式結束返回系統前的暫停功能，所以這次改版刪除前一版範例程式中的 system("PAUSE"); 指令，且不再使用 C 語言 (.h) 的標題檔，而全部改用 C++所提供新型命名空間中的標題檔。

　　本書的編排仍保留 C++全方位學習的傳統編排特色，內容包括 C++ 語法、語法說明、簡單範例、與完整範例程式。C++ 語法方便讀者查詢敘述與函數的正確格式，語法說明列出敘述與函數的功能與參數的用法，簡單範例教導讀者如何使用敘述與函數，完整範例程式則實際將敘述與函數應用於程式中。適合作為大學與專科學生學習 C++ 程式語言的教科書或參考書。內容由淺入深、由簡而繁的方式帶領讀者學習 C++ 的基本程式設計、結構化程式設計、物件導向程式設計、與應用程式設計。

　　筆者自從 1991 年出版第一本書「Macro Assembler 5.1 與 80286 組合語言最佳專輯」以來，已經過了 30 年。筆者出版的「80x86 與 MASM 6 組合語言最佳專輯」、「Visual Basic 教學手冊」、「Visual C++ 6.0 教學範本」、「Java 教學範本」、與「C++全方位學習」皆受到各級學校老師們的青睞，筆者在此感謝老師們數十年的支持與愛護。甚至有許多年輕老師告訴我，他們學習程式設計的第一本書就是我的組合語言或 Visual C++。這就是筆者在教學與研究繁忙之餘，仍然會撥空改版的動力，希望您們再度支持 **C++全方位學習第四版**。同時，要感謝碁峰資訊三十年來對筆者的信任，特別要感謝碁峰出版部三十年來的協助。

古頤榛 謹識於美國加州州立大學

下載說明

- 本書範例、第 17 章與第 18 章的 PDF 格式電子書，請至 http://books.gotop.com.tw/download/AEL024400 下載。其內容僅供合法持有本書的讀者使用，未經授權不得抄襲、轉載或任意散佈。

- 請將 C++範例壓縮檔或 VC++範例壓縮檔，解壓縮至硬碟，再根據第一章的「開發 C++程式」或「開發 Visual C++程式」的開新專案、編譯與執行等步驟，產生可執行檔後才可執行。

目錄

Chapter 03　**數學運算**

Chapter 04　條件選擇

Chapter 05　重複迴圈

Chapter 06 使用者函數

Chapter 07 陣列與搜尋

Chapter 08 記憶體指標

Chapter 09 字元與字串

Chapter 12　多載函數

Chapter 13　繼承類別

Chapter 14　虛擬函數

Chapter 15　檔案管理

Chapter 16 例外與範本

Chapter 17 資料結構

Chapter 18 遞迴函數

C++程式設計概論

1.1 程式設計概論

物件導向程式設計（Object-Oriented Programming；簡稱 OOP）
是程式設計的一種方法。在寫大型程式時，使用物件導向設計程式，將大
大地簡化程式的設計維護與擴充。

1.1.1 程式語言的演進

命令（command）是令機器或元件開或關的動作。以電燈開關為例，
當手將開關撥到開(on)的位置，就是命令燈泡亮，當手將開關撥到關(off)
的位置，就是命令燈泡不亮。再以一二樓間的電燈開關為例，一樓與二樓
各有一個開關，因此對燈泡而言有 4 種命令（1-關 2-關、1-關 2-開、1-開
2-關、1-開 2-開），通常（1-關 2-關、1-開 2-開）是命令燈泡不亮，而（1-
關 2-開、1-開 2-關）是命令燈泡亮。

電腦（computer）只是可以處理一組（8 個、16 個、32 個...）開關
的機器，由於一組（8 個、16 個、32 個...）開關有許多不同的變化，因此
可以處理許多不同的命令。例如，8 個開關有 2^8 = 256 種變化，所以可以
接受 256 種命令；16 個開關有 2^{16} = 65536 種變化，所以可以接受 65536
種命令；32 個開關有 2^{32} = 4294967396 種變化，所以可以接受 4294967396
種命令...以此類推。

　　程式（program） 則可視為對電腦下達一連串的命令。最早期的機器語言（mechine code）程式是直接對電腦輸入一連串的機器碼，對電腦而言處理一連串的二進位碼或十六進位碼是很輕鬆的事，但對人而言卻是非常麻煩的事。組合語言程式（Assembly language）就是為了解決二進位碼或十六進位碼的處理問題而開發的，程式設計師可使用組譯器（Assembler）所提供的指令符號撰寫程式，然後利用組譯器將組合語言程式翻譯成機器碼後執行。

　　雖然組合語言程式解決了二進位碼或十六進位碼的處理問題，但只有懂得電腦硬體結構的電腦工程師才會使用，對於不懂電腦硬體的人而言，仍然很難使用組合語言來設計電腦程式。因此，人們又開發了高階語言程式，如 Basic、Fortran、Cobol。

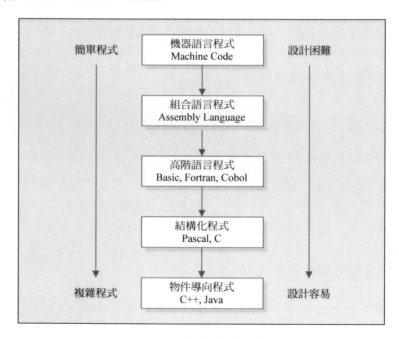

圖 1.1 **程式語言的演進**

　　可是當程式功能越來越強且指令敘述越來越多時，程式的管理與除錯也越來越麻煩，於是就開發了結構化程式語言（如 Pascal 與 C），這種語言是將常用的程式定義成函數，並將功能相近的函數存放在同一函式庫

（Library）中，先在程式起始處引入程式所需的函式庫，再由主程式呼叫
函式庫中的函數，如圖 1.2。

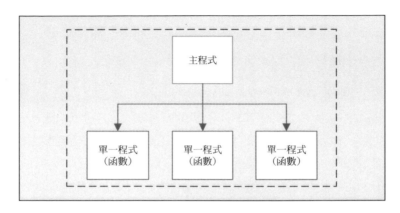

圖 1.2　結構化程式架構

同樣地，當結構化程式太過複雜時，也造成程式設計師管理上的困
難，因此程式設計就朝向物件導向程式發展。如圖 1.3 物件導向程式中的
物件類別（class）包含變數（資料成員）與函數（成員函數），所以每個
物件類別相當於一個結構化程式，因此可將龐大的結構化程式分割成若干
物件來管理。

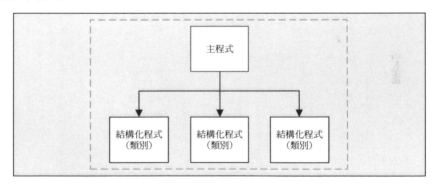

圖 1.3　物件導向程式架構

1.1.2　物件導向程式

使用結構化程式可以很輕鬆的管理一個或少數個班級的成績，可是當
使用結構化程式管理多數個班級的成績時，其主程式將變得非常龐大難以
管理。如圖 1.4 只管理二個班級的成績，主程式就令人覺得有點複雜，若

是管理全校所有班級的成績時，則主程式將更大更複雜。更何況管理全校成績時，那裡只是分別計算各班總分與平均而已，當然還要計算同一年級的總分與平均，比較同一年級各班各科的成績，或找出同一年級各科或總分最高分的學生，甚至找出全校最高分的學生等等，如此一來主程式將變成非常龐大的怪物，以致於造成管理與除錯上的困擾。

將圖 1.4 的結構化程式改成圖 1.5 的物件導向程式時，主程式就變得簡單且清楚多了。即使還要計算同一年級的總分與平均，比較同一年級各班各科的成績，或找出同一年級各科或總分最高分的學生，甚至找出全校最高分的學生等等。要管理各年級成績時，可定義一個 Grade 類別，且令 Grade 類別繼承 Point 類別的資料與函數（請參閱第 13 章類別繼承）。而要管理全校成績時，可定義一個 School 類別，且令 School 類別繼承 Grade 類別的資料與函數。如此一來複雜的主程式將變成管理幾個物件的簡單程式。

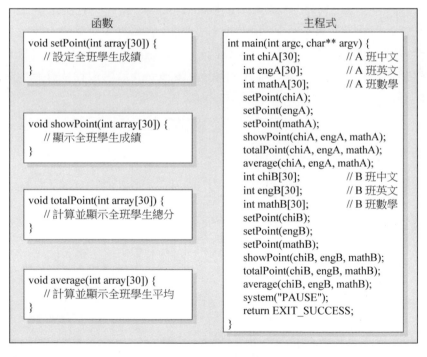

圖 1.4　結構化程式

```
            類別                                    主程式
class Point                          int main(int argc, char** argv) {
{                                        Point A;        // A 班物件
private:                                  A.setPoint();
    int chinese[30];                      A.showPoint();
    int english[30];                      A.totalPoint();
    int math[30];                         A.average();
public:
    void setPoint() {                     Point B;        // B 班物件
        // 設定全班學生各科成績              B.setPoint();
    }                                     B.showPoint();
    void showPoint() {                    B.totalPoint();
        // 顯示全班學生各科成績              B.average();
    }                                     .
    void totalPoint() {                   .
        // 計算與顯示全班總分                .
    }                                     .
    void average() {                      system("PAUSE");
        // 計算並顯示全班平均                return EXIT_SUCCESS;
    }                                 }
};
```

圖 1.5 物件導向程式

1.1.3 程式開發流程

1. 首先使用編輯器編輯原始程式，並存入指定的檔案名稱（例如 C0101.cpp）。

2. 使用 C++ Compiler 編譯原始程式時，編譯器會先處理前置處理區的指令，例如處理 include <iostream> 指令，插入 iostream 檔案到原始程式的最前面，然後編譯整個檔案。若編譯無誤則產生目的程式（例如 C0101.obj）。

3. 使用 C++ Linker 連結目的程式、其他目的程式與資料庫，連結無誤後則產生可執行程式（例如 C0101.exe）。

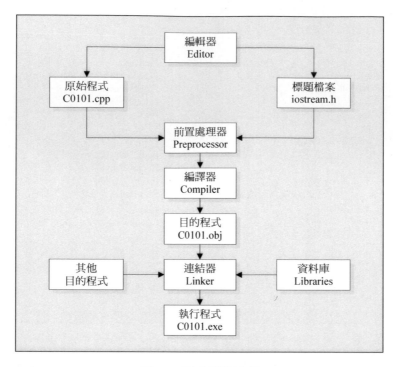

圖 1.6 程式開發流程

1.2 C++ 開發工具

整合式開發環境(Integrated Development Environment；簡稱 IDE) 是整合編輯、編譯、測試、除錯、與執行等功能的程式開發軟體，例如 Bloodshed Software 公司的 Dev C++、Microsoft 公司的 Visual C++、Borland 公司的 C++ Builder、IBM 公司的 VisualAge C++等都是整合式的 C++ 程式開發軟體。

1.2.1 下載 Dev C++

本書所有的語法、範例與程式都是使用 ANSI/ISO C++ 的標準，但也兼顧到 Visual C++ 的相容性，所以本書所有範例程式除了使用 Dev-Cpp 5.11 TDM-GCC 4.9.2 版編譯、連結與執行過之外，還在 Visual C++ 環境下編譯、連結與執行過，因此讀者可以放心大膽使用任何以 ANSI/ISO 為標準的 C++ 編譯器。因為 Dev-C++ 是免費下載的，所以對初學 C++ 程式設計而言是省錢又好用的程式開發工具。

Dev-C++開始於 BloodShed Software 公司的一個 SourceForge 計畫。目前的 Dev-C++提供一個 C/C++的整合式開發環境(IDE)，並用來開發與執行 Microsoft Windows 的程式。Dev-C++ 4.9.9.2 之前的版本使用 GCC MinGW 編譯器 (或 GNU 編譯器集合)，但 4.9.9.2 之前的版本已無法再 Windows 8 或 Windows 10 系統下進行 C/C++的編譯。2006 年後，Dev-C++主要開發者 Colin Laplace 因現實生活事務繁忙，所以無暇更新 Dev-C++版本。現在，Orwell 接手開發新的 Orwell Dev-C++，並於 2011 年 6 月 30 日釋出 4.9.9.3 非官方版本。Orwell Dev-C++使用 GCC 4.5.2 編譯器，修正 4.9.9.2 版的許多錯誤，並改善的 Dev-C++的穩定度。Orwell 於 2017 年釋出 Dev-C++ 5.0.0.0 非官方版本，而 Orwell Dev-C++ 5.0.0.5 終於在 SourceForge 安家落戶。

在 Google 搜尋"Dev C++"，並選擇搜尋所有網頁，則可找到新 Dev C++ 在 SourceForge.net 的網站，通常"Dev-C++ download | SourceForge.net"網站或"Download Dev-C++ from SourceForge.net"都會排在很前面。讀者可自行到該網站下載 SourceForge 所釋出的 Dev-C++最新版。因為寫作時的最新版為 Dev-Cpp 5.11 TDM-GCC 4.9.2，因此以下的安裝、編輯、編譯、與執行將以此版本為基礎。

1.2.2　安裝 Dev C++

由於 Dev C++的安裝相當簡單，所以在此只做簡單地說明。若讀者覺得不夠詳細可以在 google 搜尋"安裝 dev-C++"，如此可在網上找到詳細的安裝步驟與說明。

下載完成後執行 Dev-Cpp 5.11 TDM-GCC 4.9.2_setup.exe 檔：

1. 首先顯示選擇語言的對話框"Please select a language"如下，在這裡因為沒有中文的選項，所以先選擇"English"並按"OK"。

2. 接著顯示"License Agreement"，必須選擇"I Agree"。

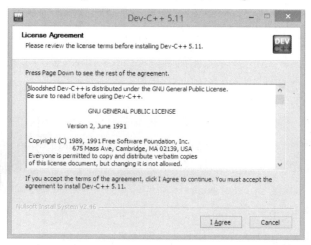

3. 接著按"Next >"進行下一步。

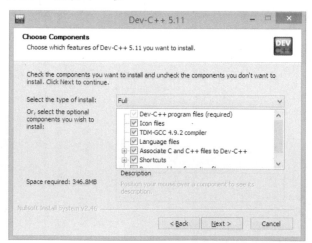

注意：Windows 10 系統無法使用 Dev-C++ 4.9.9.2 版本，而且 BloodShed Software 公司也不在更新 Dev-C++的版本。因此，讀者可以到 SourceForge.net 網站下載 SourceForge 所釋出的 Dev-C++最新版。例如，Dev-Cpp 5.11 TDM-GCC 4.9.2 版本。

4. 然後按"Install"開始解壓縮。

5. 解壓縮完成後，安裝過程需要一點時間，最後按"Finish"完成安裝。

當第一次執行 Dev-C++ 會要求使用者作初始設定：

6. 最初顯示選擇 Dev-C++介面的語言，這裡就有繁體中文，選擇 "Chinese (TW)"按"Next"就可以設定為繁體中文的介面。

7. 接著選擇 Dev-C++ 的主題，若使用預設主題則按"下一步"繼續。

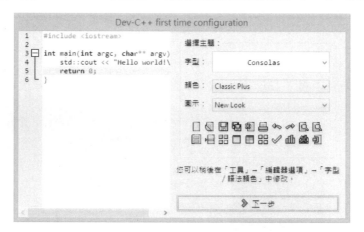

8. Dev-C++已經調整完成，接著按"OK"完成設定。

9. 完成設定後的畫面如下。

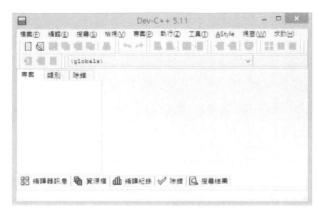

1.3 開發 C++ 程式

如 1.1.3 節程式開發流程所介紹，開發 C++ 程式包括編輯、編譯、連結與執行。

1.3.1 開新專案

若已經完成 Dev C++的安裝與初始設定，就可以直接開啟新 C++專案。

1. 首先選擇左上角工具列的"開新..."圖示再選擇"專案(P)..."功能項，或是功能表【**檔案\開新檔案\專案**】功能項，也可以達到開新專案的目的。

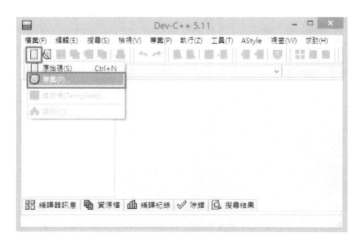

2. 在建立新專案對話方塊下，①保留預設的"Basic"標籤頁，②選擇 "Console Applaction"專案(也就是命令提示字元視窗下執行的程式專 案)，③選擇 C++ 專案(因為本書是以 C++ 為主)，④名稱輸入"C0101" (這是第一章第一個程式)，專案名稱請使用英文，因為中文名稱在 某些程式裡很容易出問題，⑤按"確定"進入下一個對話方塊。

3. 在"另存新檔"對話方塊中，①選擇磁碟機，②選擇資料夾，③保留預 設的專案名稱，④按"存檔"即可。

4. 然後 Dev-C++會自動產生一些程式碼和設定如下：main.cpp。

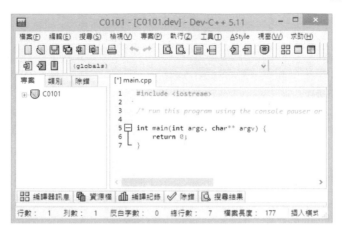

5. Dev-C++ 自動產生的程式碼只是程式的框架，程式設計者可以在此框架中加入任何合法的 C++ 指令，如下面程式加入一個 using 指令、二個 cout 指令、和一個 system 指令如下。

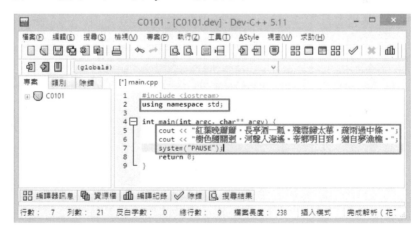

　　上面是第一個 C++ 程式，它的功能是在視窗中顯示二個字串，各指令的功能說明如下。

● 第 1 行：插入 iostream 標題檔到程式的前置處理區。

● 第 2 行：using namespace std; 表示使用 C++ 的標準命名空間。

● 第 4 行：定義 main 函數，第 4 與 9 行是 main 函數的起始與結束。

- 第 5 行：cout 是輸出字串敘述，它將在視窗中顯示第一個字串。

- 第 6 行：cout 是輸出字串敘述，它將在第一個字串後接著顯示第二個字串。註：使用 cout 函數必須插入 iostream 標題檔。

- 第 7 行：system("PAUSE") 是程式暫停，按鍵盤任意鍵程式才會再繼續。

- 第 8 行：return 0 則是成功退出程式並將控制權交還給系統。

1.3.2 編譯與執行

1. 程式完成後就可以開始編譯與執行，按工具列的編譯與執行圖示 ，或是按鍵盤的 F9，都可以達到編譯與執行的功能。

2. 在編譯之前，由於這是新專案，之前只儲存"專案檔"，main.cpp 還沒儲存，所以 Dev-C++ 會要求選擇儲存的位置。預設儲存位置是與專案相同的目錄，因此只須更改存檔檔名為"C0101.cpp"後按"存檔"就可以了。

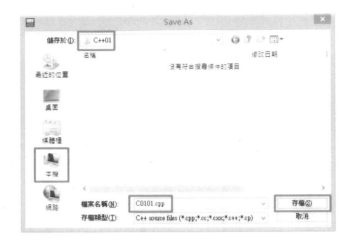

3. 編譯完成且程式沒有語法錯誤後，出現命令提示字元視窗，並根據 cout 指令輸出"紅葉晚蕭蕭，長亭酒一瓢。殘雲歸太華，疏雨過中條。樹色隨關迥，河聲入海遙。帝鄉明日到，猶自夢漁樵。"的字串。然後顯示"請按任意鍵繼續…"的提示訊息如下。

4. 若要結束 C0101.exe 程式，則按鍵盤的任意按鍵，結束程式並關閉命令提示字元視窗。

5. 若要結束 Dev-C++，則選擇【檔案\結束程式】功能項。

1.4 開發 Visual C++ 程式

1. 進入【visualstudio.microsoft.com】官網，選擇【Visual Studio ＞＞ Community 2019】下載 Visual Studio Community 2019。這個版本是免費提供個人開發人員、學術用途、和開放原始碼使用。

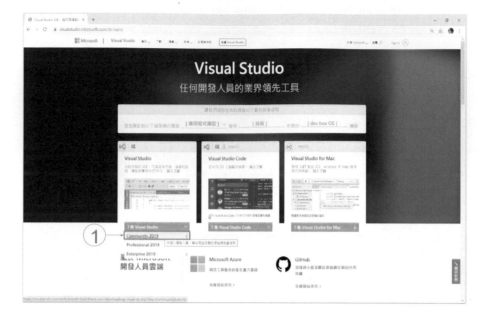

2. 下載後執行【**vs_community.exe**】安裝 Visual Studio Community
   2019 如下圖。因本書主要教導讀者開發的主控台程式,所以至少需
   選擇安裝【**使用 C++的桌面開發**】選項,然後點擊【**安裝**】鈕進行
   安裝。

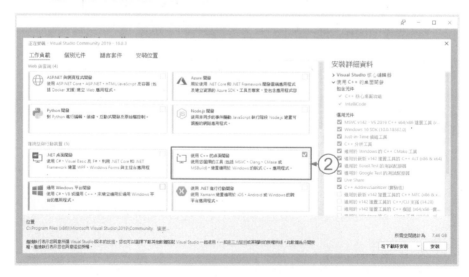

3. 安裝後，自動啟動 Visual Studio Community 2019 如下圖。選擇【建立新的專案】進入下一步驟。

4. 選擇【C++】、【Windows】、【主控台】，選擇【空白專案】後，按【下一步】按鈕開啟【設定新的專案】對話方塊。

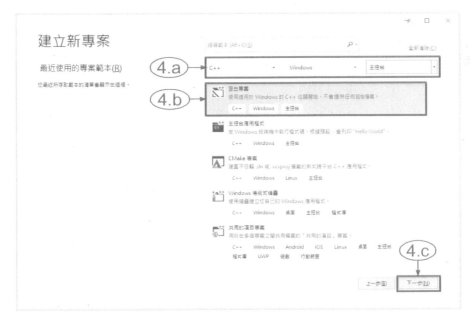

5. 在【設定新的專案】對話方塊中，點選【空白專案】，輸入專案名稱
【VC0101】，和選擇專案資料夾【D:\VC++01\】。然後按【建立】
鈕。

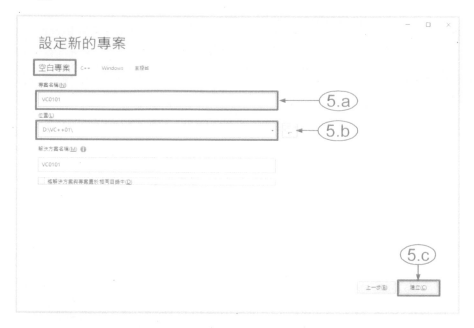

6. 選擇【專案(P) >> 加入新項目(W)】功能項，開啟【新增項目】對
話方塊。

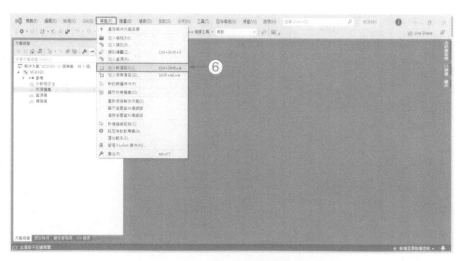

7. 選擇【Visual C++ >> C++檔 (.cpp)】，輸入檔案名稱【VC0101.cpp】，
   保持預設資料夾【D:\VC++01\VC0101\VC0101\】，然後按【新增】
   鈕。

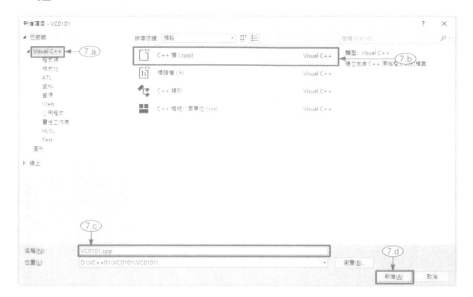

8. 在【VC0101】專案中，新增【VC0101.cpp】來源檔案，如下圖。

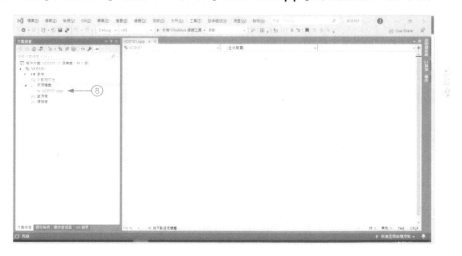

9. 然後在編輯區中，輸入下列指令，完成後如下圖。

```
#include <iostream>
using namespace std;
```

```
int main(int argc, char** argv)
{
    cout << "紅葉晚蕭蕭，長亭酒一瓢。殘雲歸太華，疏雨過中條。";
    cout << "樹色隨關迴，河聲入海遙。帝鄉明日到，猶自夢漁樵。";
    system("PAUSE");
    return 0;
}
```

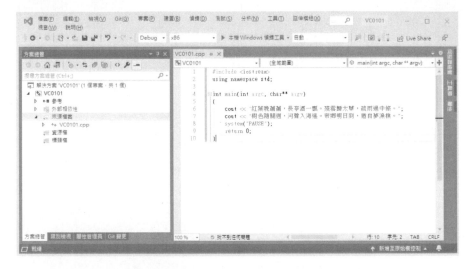

10. 按 F7 或執行【建置\建置方案】功能項，編譯與連結如下圖。

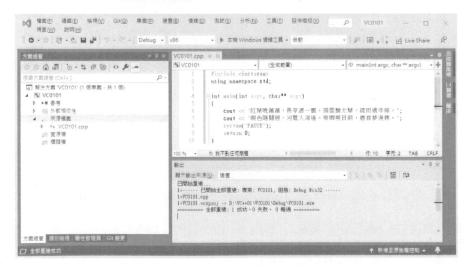

11. 建置成功後，按 F5 或選擇【偵錯\開始偵錯】功能項，執行 VC0101 專案，執行後開啟命令提示字元視窗，並根據 cout 指令輸出字串，最後因 system("PAUSE")指令會顯示"請按任意鍵繼續…"的訊息如下圖。

12. 若要結束程式，則按鍵盤上任意按鍵即可結束程式。Visual C++會在顯示訊息，並再一次提示按任意鍵關閉命令提示字元視窗。

13. 若要結束 Visual Studio Community 2019，則選擇【檔案\結束】功能項即可。

1.5 習題

> 選擇題

1. C++ 原始程式碼（source code）儲存於＿＿＿＿副檔名。

   a) .c   b) .c++   c) .cpp   d) .cplus

2. ＿＿＿＿將原始程式碼（source code）轉換成機器碼（machine code）。

   a) 程式設計師（programmer）   b) 程式使用者（user）

   c) 程式編譯器（compiler）   d) 程式轉換器（translator）

3. 在 Dev-C++開發環境中，編譯與執行的快捷鍵是＿＿＿＿。

   a) F3   b) F5   c) F7   d) F9

4. 在 Visual C++開發環境中，編譯與連結的快捷鍵是＿＿＿＿。

   a) F3   b) F5   c) F7   d) F9

5. 在 Visual C++開發環境中，執行的快捷鍵是_____。

    a) `F3`   b) `F5`   c) `F7`   d) `F9`

實作題

1. 編輯（Edit）Ex0101.cpp 程式。

2. 編譯（Compile）Ex0101.cpp 程式。

3. 執行（Execute）Ex0101.exe 程式。

```
1.   //d:\Ex01\Ex0101.cpp
2.   //第一個習題程式
3.   #include <cstdlib>
4.   #include <iostream>
5.
6.   using namespace std;
7.
8.   int main(int argc, char** argv)
9.   {
10.    cout  << "床前明月光，疑似地上霜。"
11.          << endl
12.          << "舉頭望明月，低頭思故鄉。"
13.          << endl << endl;
14.    system("PAUSE");
15.    return 0;
16.  }
```

常數變數與資料

2.1　C++ 程式結構

　　一般而言，一個複雜的 C++ 大程式是由許多不同檔案的小模組所組成，而一個簡單的 C++ 小程式可儲存於單一檔案中。然而一個簡單的 C++ 小程式可概分為七部分：程式註解區、前置處理區、公用變數區、程式起始區、區域變數區、程式敘述區、與程式結束區等。

　　（一）程式註解是給人看的，它不影響編譯與執行的結果，它可出現在任何需要說明的地方，包括出現在指令結束之後。（二）前置處理區提供如 #include 敘述載入程式所需的標題檔，標題檔包含程式所需呼叫的函數，因此前置處理區必須置於程式執行之前，也就是 main 函數宣告之前。（三）公用變數區也包含程式所需使用的變數，所以通常置於所有函數之前，以提供程式中所有函數的敘述使用。（四）程式起始區包含 main 函數與函數起始符號（左大括號），main 函數是每個 C++ 程式必要的函數，當執行 C++ 程式時，作業系統會呼叫 main 函數。（五）區域變數區通常置於該函數的前端，以供該函數的所有敘述使用，但變數若置於前置處理區，則為公用變數，如此所有函數的敘述皆可使用。（六）程式敘述區則一定包含於 main 函數或其他函數中。（七）程式結束區包含 system 與 return 指令與函數結束符號（右大括號），system("PAUSE")是令系統暫停執行直到按任意鍵才繼續，return 0 則傳回成功結束代碼給系統。

　　表 2.1 列出 C++程式語言常見的元素。表 2.2 列出圖 2.1 程式中所使用的符號與符號的用途說明。

程式註解區 → // 儲存檔名：d:\C++\02\C0209.cpp

前置處理區 → #include <iostream>
using namespace std;

公用變數區 → int num1 = 12345;

程式起始區 → int main(int argc, char** argv)
{

區域變數區 → unsigned short num2 = 65432
long num3 = 1234567890

程式敘述區 → cout << "有號整數：" << num1 << endl
           << "無號短整數：" << num2 << endl
           << "長整數：" << num3 << endl
           << endl;

程式結束區 → system("PAUSE");
return 0;
}

圖 2.1 C++ 程式架構

表 2.1 程式語言元素

語言元素	說明
關鍵字	具有特殊意義的字，用於預期的目的，也稱為保留字
自訂標示符號	自訂的符號名稱，表示常數符號、變數名稱或函數名稱
運算符號	用於對一個或多個數字執行運算
標點符號	用於標明項目的開頭、結尾、或隔開表列中的項目
程式語法	撰寫程式時必須遵循的規則。語法規定了關鍵字和運算符號的使用方式，以及標點符號必須出現的位置。

表 2.2 C++的特殊符號

字元	名稱	說明
//	雙斜線	為註解的起始符號，如 //檔案名稱：d:\C++\02\C0209.cpp
#	井號	為前置處理指令的起始符號，如 #include
< >	角括號	當使用 #include 指令時，用來包含要引入的標題檔名
( )	小括號	用於宣告函數，小括號內包含函數參數，如 int main(void)
{ }	大括號	用於包含一個或多個敘述，如 { cout << endl; }
" "	雙引號	用於包含一個字元串列，如 "Hello World!"
;	分號	為敘述的結束符號，如 return 0;

2.1.1 程式註解 //

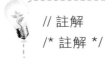

```
// 註解
/* 註解 */
```

- **註解**提供原始程式的輔助說明,它雖然屬於程式的一部分,但編譯器將忽略註解。

- **//** 是 C++ 型態的註解起始符號,所以雙斜線後的文字皆視為說明文字。

- **/* */** 是 C 語言型態的註解,/* */ 範圍內的文字也是說明文字。

下面範例的第一式是 C++ 型態的新型註解,第二式則是 C 型態的舊型註解。

```
//儲存檔名:d:\C++02\C0201.cpp
/* 宣告整數變數練習 */
```

2.1.2 插入標題檔 #include

```
#include <標題檔名>                    // 第一式
#include "標題檔名"                     // 第二式
```

- **#include** 是將標題檔案插入到程式內。例如因 cout 與 cin 函數不包含於 C++ 語言核心的函數,而是屬於輸入/輸出串列資料庫的一個函數。iostream 標題檔包含描述 iostream 物件的訊息,如果沒有插入 iostream 標題檔到前置處理區,則編譯器將無法編譯 cout 或 cin 函數。

```
#include <iostream>
```

● **#include** 是前置處理指令，不是 C++ 的敘述。所謂前置處理指令就是在 C++ 編譯敘述之前，將程式中所參考的函數或類別插入到 #include 指令之後，如此當 C++ 編譯時才不會產生錯誤。

```
#include <iostream>                          //插入 iostream 檔
using namespace std;                         //宣告使用標準函數庫
int main(int argc, char** argv)
{
    cout << "Hello World!";                  //正確顯示字串
    return 0;                                //傳回成功結束碼給系統
}
```

● 第一式的角括號 <> 用來插入 C++ 程式庫標題檔，第二式的雙引號 "" 則用來插入使用者自訂的標題檔。

```
#include "user.h"                            //插入使用者標題檔
```

表 2.3 則列出標題檔與檔案說明，標題檔包含於標準命名空間中，所以使用標題檔必須必須加上 using namespace std; 指令，宣告使用標準命名空間。

表 2.3 C++標題檔

標題檔	說明
<cassert>	包含程式除錯的巨集與資訊
<cctype>	包含字元測試與轉換函數
<cfloat>	包含浮點型態屬性定義
<climits>	包含整數型態屬性定義
<cmath>	包含數學運算函數
<cstdio>	包含標準輸入輸出函數
<cstdlib>	包含數值與字串轉換、記憶體配置、亂數與其他有用函數
<cstring>	包含 C-型態字串處理函數
<ctime>	包含處理時間和日期的函數
<iostream>	包含標準輸入與輸出函數

標題檔	說明
\<iomanip\>	包含串列型態資料的處理函數
\<fstream\>	包含檔案輸入與輸出的處理函數
\<utility\>	包含使用標準資料庫標題檔的類別與資料庫
\<vector\>, \<list\>, \<deque\>, \<queue\>, \<stack\>, \<map\>, \<set\>, \<bitset\>	包含執行標準資料庫的類別，標準資料庫如向量器、串列器、雙向緩衝器、緩衝器、堆疊器、對應器、設定器、位元設定器等。
\<functional\>	包含標準資料庫演算法的類別與函數
\<memory\>	包含標準資料庫記憶體配置的類別與函數
\<iterator\>	包含標準資料庫容器處理資料的類別
\<algorithm\>	包含標準資料庫容器處理資料的函數
\<exception\>	包含錯誤處理類別
\<stdexcept\>	包含錯誤處理類別
\<string\>	包含標準資料庫中 String 類別的定義
\<sstream\>	包含執行字串從記憶體與輸出設備輸入的函數原型
\<locale\>	包含不同語言處理串列的類別與函數
\<limits\>	包含定義數值資料型態在不同工作平台的限制類別
\<typeinfo\>	包含程式執行型態的 ID 類別

下面範例是插入標題檔。第一個敘述是插入 iostream 標題檔，第二個敘述是插入 cstring 標題檔，第三個敘述則是宣告程式使用標準命名空間。

```
#include <iostream>                    //插入 iostream 標題檔
#include <cstring>                     //插入 cstring 標題檔
using namespace std;                   //宣告程式使用標準命名空間
```

2.1.3　main() 函數

傳回型態 main(參數)
{
.
.
　　return 傳回值;
}

- C++ 程式是由一個或多個函數所組成，每個 C++ 程式在 MS-DOS 環境下都包含 main() 函數。

- **傳回型態**表示函數傳回值的資料型態，若傳回型態為 void 表示該函數不傳回任何值給 MS-DOS 系統。

- **參數**則是由 MS-DOS 傳遞給 main 函數的值，可以傳遞數值、變數、指標、陣列等參數。若省略參數或參數為 void 表示該函數不接收任何參數。

- main 的敘述區包含於二個大括號（{ }）中，左大括號表示 main 函數敘述區的起始點，右大括號表示 main 函數敘述區的結束點。

- **return** 是返回作業系統敘述，傳回值則是要傳回給作業系統的數值，若傳回型態為 void 表示不須傳回任何值給作業系統所以可以省略 return 敘述。對於詳細的函數定義、呼叫與返回請參閱 6.1 節。

下面範例的 main 前面的 void 宣告不傳回任何值給作業系統，而小括號內的 void 則宣告在作業系統下執行此程式也不須傳遞任何參數給 main 函數。

```
void main(void)                        //無參數呼叫也不傳回任何值
```

下面範例的 main 前面的 void 宣告不傳回任何值給作業系統，而小括號內省略任何參數則表示在作業系統下執行此程式也不須傳遞任何參數給 main 函數。

```
void main()                              //省略 void 仍為無參數呼叫
```

　　下面範例的 main 前面的 int 宣告會傳回整數值給作業系統,而小括號內的 void 則宣告在作業系統下執行此程式也不須傳遞任何參數給 main 函數。

```
int main(void)                           //無參數呼叫但須傳回整數
```

　　下面範例的 main 前面的 int 宣告會傳回整數值給作業系統,而小括號內省略任何參數則表示在作業系統下執行此程式也不須傳遞任何參數給 main 函數。

```
int main()                               //省略 void 仍為無參數呼叫
```

　　以上範例皆為 ANSI C++ 合法的語法,但是使用 Dev-C++ 建立專案時,會自動產生如下面範例的 main 函數與 return 指令,若修改 Dev-C++ 自動產生的 main 函數格式,則 Dev-C++ 在編譯時可能會產生錯誤訊息,所以本書所有範例皆使用 Dev-C++ 自動產生的 main 函數與 return 指令如下面範例。

```
int main(int argc, char** argv)
{                                        //main 函數起始點
    //插入敘述區
    return 0;                            //傳回成功結束碼給系統
}                                        //main 函數結束點
```

2.1.4 輸出函數 cout

cout 　<< 變數或字串 1 << 變數或字串 2 << . . . << 變數或字串 n;

● **cout 是螢幕輸出函數,<< 為串列輸出(stream output)**運算符號也就是將指定變數中的資料或字串常數資料依序向輸出設備移出,在此是依序輸出到螢幕上。輸出時可利用 endl 函數控制跳行或利用表 2.4 的特殊符號輸出特殊字元與控制碼。

下面範例的第三式是輸出串列包含字串、變數、與控制碼，所以使用三個串列輸出（<<）分別輸出字串、變數、與控制碼。**endl（end of line）** 為結束輸出行，因此下一次輸出將跳至下一行起頭。

```
cout << num1;                          //顯示變數 num1 的值
cout << "ANSI/ISO C++";                //顯示字串 ANSI/ISO C++
cout << "有號整數:" << num1 << endl;    //顯示字串、數值、跳行
```

程式 2-01：cout 練習

```
1.   // 儲存檔名:d:\C++02\C0201.cpp
2.   #include <iostream>
3.   using namespace std;
4.
5.   int main(int argc, char** argv)
6.   {
7.       cout << "紅葉晚蕭蕭，長亭酒一瓢。";        //輸出字串
8.       return 0;
9.   }
```

▶▶ 程式輸出

```
紅葉晚蕭蕭，長亭酒一瓢。
---------------------------------
Process exited after 1.498 seconds with return value 0
請按任意鍵繼續 . . .
```

由於"Orwell Dev-C++ 5.11 with GCC 4.9.2 編譯器"在程式結束、控制權還給系統時，顯示程式傳回值並暫停等待按任意鍵繼續，所以可刪除"system("PAUSE")"指令。另外，為真實反映程式執行結果，以後的程式輸出將只顯示程式的輸出結果，而省略系統所產生的訊息與請按任意鍵繼續等字串。

程式 2-02：二個 cout 練習

```
1.   //儲存檔名:d:\C++02\C0202.cpp
2.   #include <iostream>
3.   using namespace std;
4.
5.   int main(int argc, char** argv)
6.   {
7.       cout << "紅葉晚蕭蕭，";        //輸出字串游標停在最後面
8.       cout << "長亭酒一瓢。";        //接著輸出第二個字串
```

```
9.      return 0;
10.  }
```

紅葉晚蕭蕭，長亭酒一瓢。

程式 **2-03**：多個 cout 練習

```
1.   //儲存檔名：d:\C++02\C0203.cpp
2.   #include <iostream>
3.   using namespace std;
4.
5.   int main(int argc, char** argv)
6.   {
7.       cout << "紅葉晚蕭蕭，長亭酒一瓢。";        //輸出字串游標停在最後面
8.       cout << "殘雲歸太華，疏雨過中條。";        //接著輸出第二個字串
9.       cout << "樹色隨關迴，河聲入海遙。";        //接著輸出第三個字串
10.      cout << "帝鄉明日到，猶自夢漁樵。";        //接著輸出第四個字串
11.      return 0;
12.  }
```

▶▶ 程式輸出

紅葉晚蕭蕭，長亭酒一瓢。殘雲歸太華，疏雨過中條。樹色隨關迴，河聲入海遙。帝鄉明日
到，猶自夢漁樵。

　　上面程式輸出每行的字數將隨著螢幕解析度的不同而有差異，本書為
配合書的版面而以傳統的 640×480 螢幕解析度來顯示。也就是說，每個
畫面顯示 80×25 個英文字，其中每行 80 個英文字(40 個中文字)，每個畫
面可顯示 25 行英文字。

程式 **2-04**：多個 cout 與 endl 練習

```
1.   //儲存檔名：d:\C++02\C0204.cpp
2.   #include <iostream>
3.   using namespace std;
4.
5.   int main(int argc, char** argv)
6.   {
7.       cout << "紅葉晚蕭蕭，長亭酒一瓢。" << endl;//輸出字串游標移到下一行
8.       cout << "殘雲歸太華，疏雨過中條。" << endl;//輸出字串游標移到下一行
9.       cout << "樹色隨關迴，河聲入海遙。" << endl;//輸出字串游標移到下一行
10.      cout << "帝鄉明日到，猶自夢漁樵。" << endl;//輸出字串游標移到下一行
```

```
11.      return 0;
12.  }
```

▶▶ 程式輸出

紅葉晚蕭蕭，長亭酒一瓢。
殘雲歸太華，疏雨過中條。
樹色隨關迴，河聲入海遙。
帝鄉明日到，猶自夢漁樵。

⬇ 程式 2-05：一個 cout 與 endl 練習

```
1.    //儲存檔名：d:\C++02\C0205.cpp
2.    #include <iostream>
3.    using namespace std;
4.
5.    int main(int argc, char** argv)
6.    {
7.       cout   << "紅葉晚蕭蕭，長亭酒一瓢。" << endl //沒有分號，cout 未結束
8.              << "殘雲歸太華，疏雨過中條。" << endl //沒有分號，cout 未結束
9.              << "樹色隨關迴，河聲入海遙。" << endl //沒有分號，cout 未結束
10.             << "帝鄉明日到，猶自夢漁樵。" << endl;   //cout 結束
11.      return 0;
12.  }
```

▶▶ 程式輸出

紅葉晚蕭蕭，長亭酒一瓢。
殘雲歸太華，疏雨過中條。
樹色隨關迴，河聲入海遙。
帝鄉明日到，猶自夢漁樵。

⬇ 程式 2-06：一個 cout 與 '\n' 練習

```
1.    //儲存檔名：d:\C++02\C0206.cpp
2.    #include <iostream>
3.    using namespace std;
4.
5.    int main(int argc, char** argv)
6.    {
7.       cout   << "紅葉晚蕭蕭，長亭酒一瓢。\n"        //'\n'為 newline 符號
8.              << "殘雲歸太華，疏雨過中條。\n"        //'\n'為 newline 符號
9.              << "樹色隨關迴，河聲入海遙。\n"        //'\n'為 newline 符號
10.             << "帝鄉明日到，猶自夢漁樵。\n";       //cout 結束
11.      return 0;
12.  }
```

▶▶ 程式輸出

紅葉晚蕭蕭，長亭酒一瓢。
殘雲歸太華，疏雨過中條。
樹色隨關迥，河聲入海遙。
帝鄉明日到，猶自夢漁樵。

表 2.4 列出特殊字元表，特殊字元可用來輸出特殊的控制碼與特殊符號。

表 2.4 特殊字元表

字元值	字元格式	字元功能
0	\0	空格（null space）
7	\a	響鈴（bell ring）
8	\b	倒退（backspace）
9	\t	移到下一定位點（tab）
10	\n	插入新行（newline）
12	\f	跳至下一頁起點（form feed）
13	\r	跳至同一行起點（carriage return）
34	\"	插入雙引號（double quote）
39	\'	插入單引號（single quote）
92	\\	插入反斜線（back slash）

2.2 常數與變數

變數（variable）代表電腦記憶體中的一個儲存位置，而**常數**（constant）在程式執行中是不可改變的資料項目。

2.2.1 宣告變數

 資料型態　變數名稱 1, 變數名稱 2, …;

- **宣告變數（variable declaration）** 就是告訴編譯器在電腦的記憶體中配置一個指定資料型態的記憶空間，在程式執行中則以此指定的變數名稱來存取該記憶空間。

- **變數名稱（variable's name）** 是英文字母（a-z, A-Z）、數字（0-9）與底線符號（_）的組合，且必須以英文字母為開頭。變數型態表示該變數名稱可以存放數值的型態，如整數（int）、浮點數（float）、字元（char）等等，2.3.1 節至 2.3.4 節將更詳細介紹各型態的資料。

- **C++** 是區分大小寫（case sensitive）的程式語言，所以變數 value 與變數 Value 是不同的名稱。

```
int intVar;                    //宣告整數型態的變數 intVar
```

當 C++ 編譯 int intVar; 敘述時，將在記憶體中配置 4 個 byte 的記憶體空間如下圖，並以 intVar 作為存取該記憶體空間的名稱。

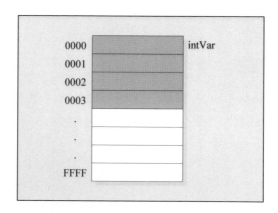

2.2.2　指定資料 =

資料型態　變數名稱 1, 變數名稱 2, …;
變數名稱 1 = 初值 1;
變數名稱 2 = 初值 2;
…;

- **等號（＝）**用來起始與指定變數值。當宣告變數後，則可利用等號（＝）給予該變數初值，設定初值後也可任意更改變數值，不過起始值與指定值的型態必須符合宣告的資料型態。

- 使用等號（＝）指定變數的等值時，必須視每個對等式為一個敘述，所以等式後面必須加分號（;）。

```
short shortVar;          //宣告短整數變數 shortVar
shortVar = 5;            //shortVar 的初值等於 5
.
shortVar = 10;           //改變 shortVar 的值為 10
```

資料型態　變數名稱 1=初值, 變數名稱 2=初值, …;

- 也可以宣告變數同時指定該變數的初值。此時，整個宣告視為一個敘述，所以每個等式間只須以逗點（,）隔開。

　　在下面範例中，當 C++ 編譯 short shortVar; 敘述時，將在記憶體中配置 1 個 byte 的記憶體空間並存入數值 5 如下圖，並以 shortVar 作為存取該記憶體空間的名稱。

```
short shortVar = 5;      //宣告短整數 shortVar = 5
```

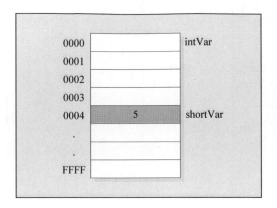

程式 **2-07**：宣告變數、起始與更改變數練習

```
1.    //儲存檔名：d:\C++02\C0207.cpp
2.    #include <iostream>
3.    using namespace std;
4.
5.    int main(int argc, char** argv)
6.    {
7.        int Var = 5;                        //宣告 Var = 5 (起始值)
8.        cout << "Var 起始值 = " << Var;      //顯示訊息字串與 Var 值
9.        Var = 10;                           //改變 Var = 10(變更值)
10.       cout << "\nVar 變更值 = " << Var << endl; //顯示訊息字串與 Var 值
11.       return 0;
12.   }
```

▶▶ 程式輸出

```
Var 起始值 = 5
Var 變更值 = 10
```

2.2.3 宣告常數 const

> const 資料型態　常數符號 1＝數值 1, 常數符號 2＝數值 2, …;

● **const** 是指定一個固定值給符號名稱。

● **常數符號**的命名方式與變數名稱相同。

● **資料型態**可以是任何形式的變數型態（如 int、double、float…）。

- **數值**則是與資料型態相符的固定值。

- 宣告常數符號時，必須同時賦予初值，而且符號被宣告為常數後，則該符號的值不能再被改變。

- C++ 編譯宣告常數符號敘述時，並不會配置記憶體空間給該常數符號，只是令該符號等於其指定值。因此當編譯同一程式的其他敘述時，若遇到相同的符號時，則直接以該符號的等值取代。

- 雖然常數符號的值經宣告後即不能再改變，但是常數符號也可用於運算式中。

　　下面範例宣告浮點常數符號時，最好使用 f 作為等號右邊常數 3.14159 的結尾，表示該常數 3.14159f 為浮點常數值。否則有些 C++ 編譯器會將浮點常數 3.14159 視為倍精度常數值，而編譯時將產生"truncation from 'const double' to 'const float'"的警告訊息。

```
const float fPI = 3.14159f;              //宣告浮點常數符號 fPI
const double dPI = 3.141592653;          //宣告倍精數常數符號 dPI
```

　　程式 2-08 第 13 與 18 行的 pow(radius, 2) 是計算 $(radius)^2$ 值，pow 函數的傳回型態為 double，而 float((pow(radius, 2)) 則將 double 型態的值轉成 float 型態並存入 area 中。冪次的計算請參閱 3.6.4 節，而資料型態轉換請參閱 3.4.3 節。

程式 2-08：宣告常數符號練習

```
1.    //儲存檔名：d:\C++02\C0208.cpp
2.    #include <iostream>
3.    #include <cmath>
4.    using namespace std;
5.
6.    const float PI = 3.14159f;            //宣告浮點常數符號 PI
7.
8.    int main(int argc, char** argv)
9.    {
10.      float area, circu;                 //宣告浮點數 area,circu
11.      float radius = 5;                  //宣告浮點數 radius=5
12.
13.      area = PI * float(pow(radius, 2)); //area=圓面積 1
14.      circu = 2 * PI * radius;           //circu=圓周長 1
```

```
15.      cout << "圓面積 1 = " << area
16.           << "\t 圓周長 1 = " << circu;
17.      radius = 10;                          //改變 radius=10
18.      area = PI * float(pow(radius, 2));    //area=圓面積 2
19.      circu = 2 * PI * radius;              //circu=圓周長 2
20.      cout << "\n 圓面積 2 = " << area
21.           << "\t 圓周長 2 = " << circu << endl;
22.      return 0;
23.  }
```

▶▶ 程式輸出

```
圓面積 1 = 78.5397      圓周長 1 = 31.4159
圓面積 2 = 314.159      圓周長 2 = 62.8318
```

2.2.4 宣告符號 #define

> #define 對等符號 對等資料

- **#define** 指令是早期 C 語言宣告常數符號的方法，雖然 C++ 語言提供 const 來宣告常數符號，但仍有許多程式使用 #define 指令。

- **對等符號**的命名方式與變數名稱相同。但大多數程式設計師喜歡使用大寫符號來區分該符號是使用 #define 宣告的符號。

- **對等資料**是在程式編譯前，以此對等資料取代程式中所有的對等符號。

- **C++ 前置處理器（preprocessor）**在編譯之前會先掃描程式，因此前置處理指令（preprocessor directives）將優先被處理，例如 #include 會先插入指定的標題檔， #define 則先置換程式中相同的符號。

- 對設計師而言，使用 const 與#define 宣告常數符號是相同的，但 C++ 編譯器處理 const 與 #define 的過程則不同。

- #define 是前置處理指令，所以不使用分號結尾。

　　下面範例在編譯之前，前置處理器將以 3.14159 取代程式中所有的符號 PI，然後才開始編譯。所以 circumference = 2 * PI * radius; 將被取代為 circumference = 2 * 3.14159 * radius; 後才開始編譯。

```
#define PI 3.14159
int main(int argc, char** argv)
{
    float circumference, radius = 10;
    circumference = 2 * PI * radius;          //2 * 3.14159 * radius
    return 0;                                 //傳回成功結束碼給系統
}
```

　　程式 2-09 第 13 與 18 行的 pow(radius, 2) 是計算 (radius)^2 值，pow 函數的傳回型態為 double，而 float((pow(radius, 2)) 則將 double 型態的值轉成 float 型態並存入 area 中。冪次的計算請參閱 3.6.4 節，而資料型態轉換請參閱 3.4.3 節。

程式 2-09：宣告常數練習

```
1.   //儲存檔名：d:\C++02\C0209.cpp
2.   #include <iostream>
3.   #include <cmath>
4.   using namespace std;
5.
6.   #define PI 3.14159f                      //宣告符號 PI=3.14159
7.
8.   int main(int argc, char** argv)
9.   {
10.      float area, circu;                   //宣告浮點數 area,circu
11.      float radius = 5;                    //宣告浮點數 radius=5
12.
13.      area = PI * float(pow(radius, 2));   //area=圓面積 1
14.      circu = 2 * PI * radius;             //circu=圓周長 1
15.      cout << "圓面積 1 = " << area
16.            << "\t 圓周長 1 = " << circu;
17.      radius = 10;                         //改變 radius=10
18.      area = PI * float(pow(radius, 2));   //area=圓面積 2
19.      circu = 2 * PI * radius;             //circu=圓周長 2
20.      cout << "\n 圓面積 2 = " << area
21.            << "\t 圓周長 2 = " << circu << endl;
22.      return 0;
23.   }
```

▶▶ 程式輸出

圓面積 1 = 78.5397	圓周長 1 = 31.4159
圓面積 2 = 314.159	圓周長 2 = 62.8318

2.2.5 C++ 保留字

表 2.5 是 C++ 保留的**關鍵字（keyword）**，包括 C++ 的敘述、參數、函數、或類別等名稱，這些保留字是不能被改變或重新定義的，所以使用者為程式的變數命名時，應避開這些 C++ 的保留字。

表 2.5 C++ 保留字

asm	do	inline	short	typeid
auto	double	int	signed	typename
break	else	long	sizeof	union
bool	enum	mutable	static	unsigned
case	explicit	namespace	struct	using
catch	extern	new	switch	virtual
char	false	operator	template	void
class	float	private	this	volatile
const	for	proteted	throw	while
continue	friend	public	true	
default	goto	register	try	
delete	if	return	typedef	

2.3 C++ 資料型態

C++ 的**內建資料型態（build-in data type）**包括整數型態、字元型態、浮點數型態、與邏輯型態等。其中整數又分為短整數、整數、與長整數等型態，浮點數又分為單精度、倍精度、與長倍精度等型態。

2.3.1 整數資料 int

整數（integer）以正負號可分為有號數（signed）或無號數（unsigned），以大小可分為短整數（short）、整數（int）與長整數（long），整數變數的宣告型態、儲存空間、與數值範圍如表 2.6 所示。

表 2.6 整數變數的型態、功能、儲存空間、與範圍

宣告型態	宣告功能	儲存空間	數值範圍
short	有號短整數	2 bytes	-32,768 至 +32,767
unsigned short	無號短整數	2 bytes	0 至 65,535
int	有號整數	4 bytes	-2,147,483,648 至 +2147483647
unsigned int	無號整數	4 bytes	0 至 4,294,967,295
long int	有號長整數	4 bytes	-2,147,483,648 至 +2147483647
unsigned long int	無號長整數	4 bytes	0 至 4,294,967,295
long long int	有號倍長整數	8 bytes	- 9,223,372,036,854,775,808 至 9,223,372,036,854,775,807
unsigned long long int	無號倍長整數	8 bytes	0 至 8,446,744,073,709,551,615

註：long long int 和 unsigned long long int 數據類型是 C++ 11 新增的。

下面範例是宣告 num0 為整數變數，也就是配置 4 bytes 空間給 num0 變數，因為只宣告 num0 而未指定初值，所以 num0 的初值是未知的，有些系統會自動起始為 0，但有些系統則不會。

```
int num0;                            //宣告變數但未給予初值

int num1 = -12345;                   //num1 = -12345
unsigned int num2 = 65432;           //num2 = 65432

int short num3 = 12345;              //num3 = 12345
unsigned int short num4 = 65432;     //num4 = 65432

long int num5 = -1234567890;         //num5 = -1234567890
unsigned long int num6 = 3210987654; //num6 = 3210987654
```

程式 **2-10**：宣告整數變數練習

```
1.    //儲存檔名：d:\C++02\C0210.cpp
2.    #include <iostream>
3.    using namespace std;
4.
5.    int main(int argc, char** argv)
6.    {
7.       int num1 = -12345;                          //num1 = -12345
8.       unsigned short num2 = 65432;                //num2 = 65432
9.       long int num3 = 1234567890;                 //num3 = 1234567890
10.
11.      cout << "有號整數:" << num1 << endl        //輸出字串、數值、跳行
12.            << "無號短整數:" << num2 << endl       //輸出字串、數值、跳行
13.            << "長整數:" << num3 << endl;          //輸出字串、數值、跳行
14.      return 0;
15.   }
```

▶▶ 程式輸出

```
有號整數：-12345
無號短整數：65432
長整數：1234567890
```

2.3.2 字元資料 char

　　表 2.7 列出字元與字串變數的宣告型態、宣告功能、儲存空間、與數值範圍。

表 2.7　字元變數的型態、功能、與長度

型態	宣告功能	儲存空間	範例
char	宣告字元	1 位元組	char letter = 'C';
char[n]	宣告字串	n 位元組	char str1[3] = {'C', '+', '+'}; char str2[4] = "C++"; char str3[] = "C++ 全方位學習";

註：字元常數使用單引號，字串常數使用雙引號。若省略 n 值，是宣告不定長字串。

　　char str1[3] = {'C', '+', '+'}; 是配置 3 個字元空間給變數 str1，char str2[4] = "C++"; 是配置 4 個字元空間給變數 str2，char str3[] = "C++ 全方位學習";

則是根據字串資料的長度配置空間給 str3。第 7 章與第 9 章將會更詳細的介紹陣列與字串的觀念。

ASCIIZ 字串是以 '\0' 為結尾的字串。當程式使用字串資料時，C++ 會自動加入 '\0' 到**字串**資料的尾端形成 ASCIIZ 字串，但不會加入 '\0' 到**字元**資料的尾端。所以在 C++ 語言中，字元資料（'C'）與字串資料（"C"）是不同的，C++ 將在 "C" 結尾加入 '\0' 如下圖。因此，應配置 3 個字元空間給字元陣列資料 {'C', '+', '+'}，而應配置 4 個字元空間給字串資料 "C++"。

字元資料 'C' 佔用 1 byte 的記憶體空間，而字串資料 "C" 則佔用 2 bytes 的記憶體空間。所以宣告陣列變數 str1 時，只保留 1 byte 的空間，而宣告陣列變數 str2 時，則須保留 2 bytes 的空間如下圖。

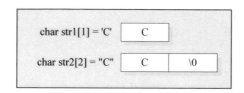

事實上，C++ 會先將字元資料或字串資料轉成 ASCII 碼再存入記憶體中，所以字元 'C' 會先轉成 C 的 ASCII 碼 67 再存入記憶體中，而 '\0' 會先轉成 ASCII 碼 0 再存入記憶體中，如下圖則是實際存在記憶體中的資料。

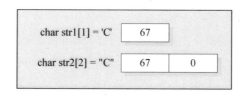

下面範例的敘述 char letter0 是宣告字元變數但未指定變數初值，char letter1 = 'C' 則宣告並指定 letter1 的初值為字元 C，char letter2 = 67 的初值 67 等於字元 C 的十進位 ASCII 碼，char letter3 = 0x43 的初值 0x43 等於字元 C 的十六進位 ASCII 碼，char tab = '\t' 是指定 tab 的初值為定位符號，char string[] = "ANSI C++" 的 char string[] 為宣告字元陣列，此字元陣列的初值可以是許多字元或一個字串，請參閱 7.4 節字串陣列說明。

```
char letter0;                    //宣告字元變數但未給予初值
char letter1 = 'C';              //直接以單引號定義字元
```

```
char letter2 = 67;                    //以'C'的 ASCII 值定義字元
char letter3 = 0x43;                  //以'C'的 16 進位 ASCII 值
char tab = '\t';                      //宣告字元並令 tab=定位符號
char string[] = "ANSI C++";           //字串 str="ANSI C++"
```

註：0x43 表示十六進位數，其對應的十進位數為 $4*16^1+3*16^0=67$。

📥 **程式 2-11**：宣告字元變數練習

```
1.    //儲存檔名：d:\C++02\C0211.cpp
2.    #include <iostream>
3.    using namespace std;
4.
5.    int main(int argc, char** argv)
6.    {
7.        char str1[] = "第一欄";          //宣告字串 str1="第一欄"
8.        char str2[] = "第二欄";          //宣告字串 str2="第二欄"
9.        char tab = '\t';                //宣告字元 tab=定位符號
10.       cout << str1 << tab << str2 << endl; //輸出字串、字元、字串
11.       return 0;
12.   }
```

▶▶ 程式輸出

第一欄　　第二欄

2.3.3　浮點資料 float, double

浮點數可分為單精度、倍精度、與長倍精度浮點數。單精度、倍精度、與長倍精度的差異在數值的有效位數與數值範圍。其中單精度為 7 位有效位數，倍精度與長倍精度為 16 位有效位數。至於浮點變數的宣告型態、儲存空間、與數值範圍如表 2.8 所示。

表 2.8　浮點數變數的型態、功能、長度、與範圍

型態	宣告功能	儲存空間	數值範圍
float	單精度浮點數	4 bytes	$\pm3.4*10^{-38}$ 至 $\pm3.4*10^{+38}$
double	倍精度浮點數	8 bytes	$\pm1.7*10^{-308}$ 至 $\pm1.7*10^{+308}$
long double	長倍精度浮點數	8 bytes	$\pm1.7*10^{-308}$ 至 $\pm1.7*10^{+308}$

註：有些編譯器配置 10 個位元組的空間給 long double 型態變數。

下面範例的敘述 float num0 是宣告浮點變數但未指定變數的初值，float pi1 = 3.14159f 是指定 pi1 的初值為 3.14159f，f 表示將常數數值限定為浮點數，若省略 f 則有些編譯器會出現警告訊息。float value2 = 4.5e+16f 指定 value2 等於 $4.5*10^{16}$，double pi3 = 3.141592653 指定 pi3 的初值為 3.141592653，double value4 = 4.5e+101 指定 value4 的初值為 $4.5*10^{101}$。

```
float num0;                      //宣告浮點變數但未給予初值
float pi1 = 3.14159f;            //宣告 pi1 = 3.14159
float value2 = 4.5e+16f;         //宣告 value2 = 4.5*10¹⁶
double pi3 = 3.141592653;        //宣告 pi3 = 3.141592653
double value4 = 4.5e+101;        //宣告 value4 = 4.5*10¹⁰¹
```

程式 2-12：宣告浮點變數練習

```
1.   //儲存檔名：d:\C++02\C0212.cpp
2.   #include <iostream>
3.   #include <cfloat>
4.   using namespace std;
5.
6.   const float PI = 3.14159f;               //宣告常數 PI = 3.14159
7.
8.   int main(int argc, char** argv)
9.   {
10.      char str1[] = "單精數 pi = ";          //宣告字串 str1
11.      char str2[] = "倍精數 val = ";         //宣告字串 str2
12.      double val = 4.5e+101;               //宣告 val = 4.5e+101
13.      cout << str1 << PI << endl            //輸出字串、單精數、跳行
14.           << str2 << val << endl;          //輸出字串、倍精數
15.      return 0;
16.   }
```

▶▶ 程式輸出

```
單精數 pi = 3.14159
倍精數 val = 4.5e+101
```

2.3.4 邏輯資料 bool

邏輯數值是用來表示運算式的真或假，數值 1 或 true 表示真，數值 0 或 false 表示假。表 2.9 列出邏輯變數的宣告型態、宣告功能與數值範圍。

表 2.9 邏輯變數的型態、功能、長度、與範圍

宣告型態	宣告功能	數值範圍
bool	邏輯變數	true（1）或 false（0）

下面範例的敘述 bool fontBold 是宣告邏輯變數但未指定變數的初值，bool fontitalic = true 則指定 fontItalic 的初值為 true。

```
bool fontBold;                      //宣告邏輯變數但未給予初值
bool fontItalic = true;             //宣告 fontItalic = 真
```

程式 2-13：宣告邏輯變數練習

```
1.    //儲存檔名：d:\C++02\C0213.cpp
2.    #include <iostream>
3.    using namespace std;
4.
5.    int main(int argc, char** argv)
6.    {
7.        bool bValue = true;               //宣告並起始邏輯變數值
8.
9.        cout << "邏輯預設值 = " << bValue << endl;   //顯示訊息與邏輯變數值
10.       bValue = false;                   //更改邏輯變數值
11.       cout << "邏輯更改值 = " << bValue << endl;   //顯示訊息與邏輯變數值
12.       return 0;
13.   }
```

▶▶ 程式輸出

```
邏輯預設值 = 1
邏輯更改值 = 0
```

2.3.5 取得型態大小 sizeof

sizeof(資料型態 | 變數名稱)

● **sizeof** 運算符號（operator）用於取得資料型態如 int、float、bool 的儲存空間或變數的儲存空間。

- **資料型態（data type）**是 C++ 的原始資料型態，也就是 2.3.1 節至 2.3.4 節所介紹的資料型態。也可以是使用者自定的資料型態，本書後面章節將會介紹使用者自定的資料型態。

- **變數名稱（variable）**是宣告過的變數名稱。

程式 2-14：取得資料型態大小練習

```
1.    //儲存檔名：d:\C++02\C0214.cpp
2.    #include <iostream>
3.    using namespace std;
4.
5.    int main(int argc, char** argv)
6.    {
7.        double dType;
8.
9.        cout << "long int 型態的位元組數 = "
10.            << sizeof(long int) << "bytes\n";  //取得 long int 型態大小
11.       cout << "int 型態的位元組數 = "
12.            << sizeof(int) << "bytes\n";        //取得 int 型態大小
13.       cout << "short 型態的位元組數 = "
14.            << sizeof(short) << "bytes\n";      //取得 short 型態大小
15.       cout << "bool 型態的位元組數 = "
16.            << sizeof(bool) << "bytes\n";       //取得 bool 型態大小
17.       cout << "變數 dType 的位元組數 = "
18.            << sizeof(dType) << "bytes\n";      //取得變數 dType 的大小
19.       return 0;
20.   }
```

▶▶ 程式輸出

```
long int 型態的位元組數 = 4bytes
int 型態的位元組數 = 4bytes
short 型態的位元組數 = 2bytes
bool 型態的位元組數 = 1bytes
變數 dType 的位元組數 = 8bytes
```

2.4 習題

選擇題

1. C++ 敘述的結束符號是_____。

   a) 句號（.）　　　b) 冒號（:）　　　c) 分號（;）　　　d) 右大括號（）)

2. C++ 形式註解的起始符號是_____。

a) \\   b) //   c) *\   d) */

3. 在 cout 敘述輸出，_____是插入新行（newline）的字元。

a) '\t'   b) '\n'   c) '\f'   d) '\r'

4. 在 cout 敘述輸出，_____是跳至下一定位點（tab）的字元。

a) '\t'   b) '\n'   c) '\f'   d) '\r'

5. 宣告常數符號時，必須指定_____。

a)資料型態   b) 常數符號   c) 初值   d) 以上皆對

6. _____是有效的變數名稱。

a) tri-Area   b) tri Area   c) tri_Area   d) 123Area

7. _____是有效的短整數（short）資料。

a) 65,536   b) -145,694   c) 5,621   d) +65

8. _____是有效的整數（int）資料。

a) 5.14326   b) 514326   c) 5.14326f5   d) 以上皆對

實作題

1. 寫一程式以 7×6 星號（＊）矩陣顯示一個字母 B 如下。

```
*****
*    *
*****
*    *
*****
```

2. 寫一程式先定義與起始個人的姓名、電話、與地址等變數，然後將變數內容顯示於視窗中。

你（妳）的姓名
你（妳）的電話
你（妳）的地址

數學運算

3.1　鍵盤輸入

標準輸入元件是鍵盤,所以本節將介紹如何在磁碟作業系統(Disk Operating System, DOS)下或在命令提示字元視窗下,使用 cin 函數讀取鍵盤輸入的字元與字串。

3.1.1　輸入函數 cin

```
#include <iostream>
cin >> 變數;
```

- **cin** 是讀取鍵盤輸入資料,直到輸入 Enter 鍵為止。

- **＞＞** 是串列輸入符號（stream input）,它依序將串列資料移入指定變數中。

- cin 物件包含於 iostream 標題檔中,所以使用前須先插入 iostream 檔。

下面範例是讀取鍵盤輸入的數值資料,並存入整數變數 length 中。

```
int length;                          //宣告整數變數 length
cin >> length;                       //將輸入資料存入 length
```

3.1.2 多重輸入 cin

> #include <iostream>
> cin >> 變數 1 >> 變數 2 >> . . . >> 變數 n;

- 若包含二個以上變數時，則以 Space 作為每筆資料的間隔符號，所以第一個空白前的資料存入第一個變數，第二個空白前的資料存入第二個變數，以此類推。

- 若 cin 只含有一個變數，而輸入資料中含有空白，則空白後的資料將被刪除。

- 若輸入第一筆資料後就按 Enter 鍵，則系統還是會等待使用者輸入第二筆資料並按 Enter 鍵才結束輸入。

下面範例雖然包含二個輸入串列，第一個為 width 第二個為 height，但輸入第一筆資料按 Space 鍵或 Enter 鍵再輸入第二筆資料。

```
int width, height;                    //宣告變數 width 與 height
cin >> width >> height;               //分別存入 width 與 height
```

程式 3-01：cin 練習

```
1.    //儲存檔名：d:\C++03\C0301.cpp
2.    #include <iostream>
3.    using namespace std;
4.
5.    int main(int argc, char** argv)
6.    {
7.        char key;                       //宣告字元變數 key
8.        cout << "請按任意鍵：";          //輸出訊息字串
9.        cin >> key;                     //取得鍵盤輸入
10.       cout << "輸入按鍵是：" << key << endl;   //顯示訊息與輸入字元
11.       return 0;
12.   }
```

程式輸出：粗體字表示鍵盤輸入

請按任意鍵：**t** Enter
輸入按鍵是：t

▶▶ 程式輸出：粗體字表示鍵盤輸入

請按任意鍵：**G**　Enter
輸入按鍵是：G

3.2　輸出格式化

　　如下面程式，雖然使用定位（'\t'）字元對齊輸出資料，但實際輸出卻因為輸出數值的有效位數不同，而影響定位輸出，使得輸出資料無法對齊。因此本節將討論如何輸出格式化的資料。

📥 程式 **3-02**：定位輸出練習

```
1.    //儲存檔名：d:\C++03\C0302.cpp
2.    #include <iostream>
3.    using namespace std;
4.
5.    int main(int argc, char** argv)
6.    {
7.        int n11 = 14, n12 = 21474836, n13 = 44;
8.        int n21 = -889162, n22 = 9, n23 = 524;
9.        cout << n11 << '\t'                    //輸出 n11 後跳至下一定位
10.              << n12 << '\t'                    //輸出 n12 後跳至下一定位
11.              << n13 << endl;                   //輸出 n13 後跳至下一行
12.        cout << n21 << '\t'                    //輸出 n21 後跳至下一定位
13.              << n22 << '\t'                    //輸出 n22 後跳至下一定位
14.              << n23 << endl;                   //輸出 n23 後跳至下一行
15.        return 0;
16.    }
```

▶▶ 程式輸出

```
14      21474836        44
-889162 9           524
```

3.2.1　設定輸出長度

　　#include <iomanip>
　　setw(指定長度)

● **setw** 是指定輸出長度函數，它將設定下一次輸出的字元長度。

- 若輸出的字元個數小於指定長度,則輸出字元向右對齊,前面則補空白。

- setw 函數包含於 iomanip 標題檔中,所以使用前須先插入 iomanip 檔。

- 若輸出的字元個數大於指定長度,則輸出字元將超出指定長度。

下面範例的第 3 行敘述在輸出整數變數 number 值之前,先設定輸出長度為 3,所以輸出 number=25 時,會在前面補 1 個空白使 25 向右對齊輸出格式。第 4 行敘述在輸出整數變數 number 值之前,先設定輸出長度為 5,所以輸出 number=25 時,會在前面補 3 個空白使 25 向右對齊輸出格式。

```
int number = 25;
cout << '(' << number << ")\n";                //輸出(25)
cout << '(' << setw(3) << number << ")\n";     //輸出( 25)
cout << '(' << setw(5) << number << ")\n";     //輸出(   25)
```

下面範例的第 3 行敘述在輸出整數變數 number 值之前,設定輸出長度為 3,但是 number=1234,雖然預留的長度不夠,可是輸出時仍然輸出完整的數值 1234。第 4 行敘述在輸出整數變數 number 值之前,先設定輸出長度為 5,所以輸出 number=1234 時,會在前面補 1 個空白使 1234 向右對齊輸出格式。

```
int number = 1234;
cout << '(' << number << ")\n";                //輸出(1234)
cout << '(' << setw(3) << number << ")\n";     //輸出(1234)
cout << '(' << setw(5) << number << ")\n";     //輸出( 1234)
```

程式 3-03:cout 與 setw() 練習

```
1.   //儲存檔名:d:\C++03\C0303.cpp
2.   #include <iostream>
3.   #include <iomanip>                         //包含 setw()的標題檔
4.   using namespace std;
5.
6.   int main(int argc, char** argv)
7.   {
8.       int n11 = 14, n12 = 21474836, n13 = 44;
9.       int n21 = -889162, n22 = 9, n23 = 524;
10.      cout << setw(12) << n11               //設定 12 空間給 n11 輸出
```

```
11.             << setw(12) << n12              //設定 12 空間給 n12 輸出
12.             << setw(12) << n13              //設定 12 空間給 n13 輸出
13.             << endl;                        //跳至下一行
14.     cout << setw(12) << n21                 //設定 12 空間給 n21 輸出
15.             << setw(12) << n22              //設定 12 空間給 n22 輸出
16.             << setw(12) << n23              //設定 12 空間給 n23 輸出
17.             << endl;                        //跳至下一行
18.     return 0;
19. }
```

▶▶ 程式輸出

```
      14    21474836          44
 -889162           9         524
```

3.2.2 設定有效數字

#include <iomanip>
setprecision(有效位數)

- **setprecision** 是設定輸出精確度函數，它將設定下一次輸出的字元長度。

- 輸出的字元自動向左對齊，超過有效位數的部份將四捨五入。

- 若有效位數大於輸出字元個數，多餘的空白也將被刪除。

- setw 函數包含於 iomanip 標題檔中，所以使用前須先插入 iomanip 檔。

　　下面範例的第 2 行敘述在輸出倍精度常數 PI 值之前，設定輸出有效位數為 10，所以將輸出 3.141592653 十位有效數字。第 3 行敘述先設定輸出有效位數為 8，所以將輸出 3.1415927 八位有效數字。第 4 行敘述先設定輸出有效位數為 6，所以將輸出 3.14159 六位有效數字。

```
const double PI = 3.141592653;
cout << setprecision(10) << PI << endl;    //輸出 3.141592653 十位有效
cout << setprecision(8) << PI << endl;     //輸出 3.1415927 八位有效
cout << setprecision(6) << PI << endl;     //輸出 3.14159 六位有效
```

程式 **3-04**：設定輸出精確度練習

```
1.    //儲存檔名：d:\C++03\C0304.cpp
2.    #include <iostream>
3.    #include <iomanip>                        //包含 setprecision()標題檔
4.    using namespace std;
5.    const double PI = 3.141592653;
6.
7.    int main(int argc, char** argv)
8.    {
9.        cout << PI << endl;                    //使用預設有效數字
10.       cout << setprecision(10) << PI << endl; //設定 10 位有效數字
11.       cout << setprecision(8) << PI << endl;  //設定 8 位有效數字
12.       cout << setprecision(6) << PI << endl;  //設定 6 位有效數字
13.       cout << setprecision(3) << PI << endl;  //設定 3 位有效數字
14.       cout << setprecision(1) << PI << endl;  //設定 1 位有效數字
15.       return 0;
16.   }
```

▶▶ 程式輸出

```
3.14159
3.141592653
3.1415927
3.14159
3.14
3
```

程式 **3-05**：setw() 與 setprecision() 練習

```
1.    //儲存檔名：d:\C++03\C0305.cpp
2.    #include <iostream>
3.    #include <iomanip>                        //包含 setprecision()
4.    using namespace std;
5.    const double PI = 3.141592653;
6.
7.    int main(int argc, char** argv)
8.    {
9.        cout << setprecision(10);              //設定 10 位有效數字
10.       cout << setw(12) << PI * -1 << endl;    //設定 12 空間輸出 PI*-1
11.       cout << setw(12) << PI * 100 << endl;   //設定 12 空間輸出 PI*100
12.       cout << setw(12) << PI * 10000 << endl; //設定 12 空間輸出 PI*10000
13.       return 0;
14.   }
```

▶▶ 程式輸出

```
-3.141592653
 314.1592653
 31415.92653
```

3.2.3 設定輸出旗號

> #include <iomanip>
> setiosflags(ios::格式旗號);

- **setiosflags** 是根據參數中的格式旗號設定輸出資料的格式。

- **格式旗號（format flag）**是 setiosflags 的參數，其可用的格式如表 3.1 所示。

- setiosflags 旗號設定後則 setprecision() 的設定將被改為設定小數點後的有效位數。

- setiosflags() 包含於 iomanip 標題檔中，所以使用前須先引入 iomanip 檔。

- 若要使用二個或多個格式旗號，只需用（|）號將各個參數隔開。

表 3.1 setiosflags 的旗號

格式旗號	說明
ios::left	向左對齊到輸出欄位的最左邊
ios::right	向右對齊到輸出欄位的最右邊
ios::fixed	根據 setprecision(n) 設定輸出值的小數有效位數
ios::scientific	以科學記號顯示輸出的數值，例 1.38e+23
ios::dec	以十進位格式顯示整數資料
ios::hex	以十六進位格式顯示整數資料
ios::oct	以八進位格式顯示整數資料
ios::showpoint	根據有效位數，強迫顯示小數點後的 0
ios::showpos	在正數的前面顯示 + 號
ios::uppercase	以大寫顯示科學記號中的 E 和十六進位的 X

下面範例的第 2 行敘述在輸出浮點數 number 值之前，設定輸出有效位數為 4，所以將輸出空白後再輸出 35.7。第 3 行敘述的 ios::fixed 表示固定小數位數，所以 setprecision 設定的 2 位有效位數變成 2 位小數的有效位數，但因為 35.7 只有 1 位小數所以只輸出 35.7。

```
float number = 35.7
cout  << setprecision(4) << number;              //顯示 35.7
cout  << setiosflags(ios::fixed)
      << setprecision(2) << number;              //顯示 35.70
```

下面範例的 setiosflags 格式 ios::fixed|ios::showpoint 表示固定小數位數且不足位數補 0，所以 35.7 被輸出為 35.70。

```
float number = 35.7
cout  << setiosflags(ios::fixed|ios::showpoint)
      << setprecision(2) << number;              //顯示 35.70
```

程式 3-06：setprecision() 與 setiosflags() 練習

```
1.    //儲存檔名：d:\C++03\C0306.cpp
2.    #include <iostream>
3.    #include <iomanip>                         //包含 setprecision()
4.    using namespace std;
5.    const double PI = 3.141592653;
6.
7.    int main(int argc, char** argv)
8.    {
9.       cout << setprecision(2)
10.           << setiosflags(ios::fixed);        //2 位小數有效數
11.      cout << setw(10) << PI * -1 << endl;     //設定 10 空間輸出 PI*-1
12.      cout << setw(10) << PI * 100 << endl;    //設定 10 空間輸出 PI*100
13.      cout << setw(10) << PI * 10000 << endl;  //設定 10 空間輸出 PI*10000
14.      return 0;
15.   }
```

程式輸出

```
     -3.14
    314.16
  31415.93
```

setprecision() 配合 setiosflags() 函數可以用於對齊小數點。

3.2.4　cout 成員函數

　　成員函數（member function）是屬於類別的觀念，本書將在第 11 章詳細介紹類別與其成員函數，在此只簡單說明如何使用 cout 的成員函數。

　　除了使用 setw()、setprecision()、setiosflags() 等函數來設定輸出格式化以外，還可利用 cout 的成員函數更改 cout 的預設輸出格式。這些可更改 cout 預設輸出格式的成員函數如 .width()、.precision()、.setf()、.unsetf() 函數包含於 cout 函數中，所以使用前只須插入 iostream 標題檔即可，其用法與說明如下：

cout.width()

cout.width(欄位寬度)

- **width** 成員函數可更改 cout 的輸出欄位寬度，相當於 setw() 函數的功能。

```
cout.width(5);                    //相當於 cout << setw(5);
```

cout.precision()

cout.precision(有效位數)

- **precision** 成員函數可更改 cout 輸出的有效位數，相當於 setprecision() 函數的功能。

```
cout.precision(2);                //cout<<setprecision(2);
```

cout.setf()

cout.setf(ios::格式旗號)

● **setf** 成員函數可更改 cout 輸出的預設格式,相當於 setiosflags() 函數的功能。

```
cout.setf(ios::fixed);                    //相當於 cout <<
                                          //setiosflags(ios::fixed);
```

cout.unsetf()

> cout.unsetf(ios::格式旗號)

● **unsetf** 成員函數則是關閉指定的格式。

```
cout.unsetf(ios::fixed);                  //關閉固定小數位數格式
cout.unsetf(ios::left);                   //關閉向左對齊格式
```

程式 3-07:cout 成員函數練習

```
1.    //儲存檔名:d:\C++03\C0307.cpp
2.    #include <iostream>
3.    using namespace std;
4.    const double PI = 3.141592653;
5.
6.    int main(int argc, char** argv)
7.    {
8.        cout.precision(2);              //設定 2 位有效位數
9.        cout.setf(ios::fixed);          //改為 2 位小數有效數字
10.       cout.width(10);                 //設定輸出空間為 10 個
11.       cout << PI * -1 << endl;        //輸出 PI*-1
12.       cout.width(10);                 //設定輸出空間為 10 個
13.       cout << PI * 100 << endl;       //輸出 PI*100
14.       cout.width(10);                 //設定輸出空間為 10 個
15.       cout << PI * 10000 << endl;     //輸出 PI*10000
16.       return 0;
17.   }
```

▶▶ 程式輸出

```
     -3.14
    314.16
  31415.93
```

3.3 輸入格式化

輸入格式化資料包括設定輸入長度、讀取單一字元、讀取包含空白的資料、以及忽略緩衝器的資料等等。

3.3.1 設定輸入長度

> #include <iomanip>
> setw(指定長度)

● **setw** 是指定輸入長度函數，它將設定下一次輸入的字元長度。

● setw 函數包含於 iomanip 標題檔中，所以使用前須先插入 iomanip 檔。

下面範例因為 string 陣列長度為 4，所以 setw(4) 設定輸入字串長度為 4。

```
char string[4];                        //宣告字串變數 string
cin >> setw(4) >> string;              //設定輸入字數並取得輸入
```

程式 3-08：cin 與 setw() 練習

```
1.   //儲存檔名：d:\C++03\C0308.cpp
2.   #include <iostream>
3.   #include <iomanip>                    //包含 setw()的標題檔
4.   using namespace std;
5.
6.   int main(int argc, char** argv)
7.   {
8.       char string[4];                   //宣告字串變數 string
9.       cout << "請輸入字串：";            //輸出訊息字串
10.      cin >> setw(4) >> string;         //設定輸入字數並取得輸入
11.      cout << "輸入字串是：" << string << endl; //顯示訊息與輸入字串
12.      return 0;
13.  }
```

▶▶ **程式輸出：粗體字表示鍵盤輸入**

請輸入字串：**C++** Enter
輸入字串是：C++

▶▶ 程式輸出：粗體字表示鍵盤輸入

請輸入字串：**Java** Enter
輸入字串是：Jav

3.3.2 cin 成員函數

除了使用 setw() 函數設定輸入格式化以外，還可利用 cin 的成員函數更改 cin 的預設輸入格式。這些可更改 cin 輸入格式的成員函數如 .width()、.getline()、.get()、.ignore() 函數包含於 cin 函數中，所以使用前只須插入 iostream 標題檔即可，其用法與說明如下：

cin.width()

cin.width(欄位寬度)

● **width** 成員函數可更改 cin 的輸入欄位寬度，相當於 setw() 函數的功能。

```
cin.width(5);                          //相當於 cin >> setw(5);
```

🔽 **程式 3-09**：cin.width() 練習

```
1.   //儲存檔名：d:\C++03\C0309.cpp
2.   #include <iostream>
3.   using namespace std;
4.
5.   int main(int argc, char** argv)
6.   {
7.      char string[5];                      //宣告字串變數 string
8.      cout << "請輸入字串:";               //輸出訊息字串
9.      cin.width(5);                        //設定輸入字元數
10.     cin >> string;                       //取得輸入字串
11.     cout << "輸入字串是:" << string << endl; //顯示訊息與輸入字串
12.     return 0;
13.  }
```

▶▶ 程式輸出：粗體字表示鍵盤輸入

請輸入字串：**C++** Enter
輸入字串是：C++

▶▶ 程式輸出：粗體字表示鍵盤輸入

請輸入字串：**Java** Enter
輸入字串是：Java

cin.getline()

 cin.getline(變數, 長度, '\n')

● getline 是讀取鍵盤輸入資料包含空白，直到輸入鍵為止。若輸入的字元數大於指定輸入長度時，則大於的部份將被刪除。

```
char sentence[81];                    //宣告字串變數
cin.getline(sentence, 81, 'n');       //取得包含空白的句子
```

程式 3-10： cin.getline() 練習

```
1.    //儲存檔名：d:\C++03\C0310.cpp
2.    #include <iostream>
3.    using namespace std;
4.
5.    int main(int argc, char** argv)
6.    {
7.        char sentence[81];                    //宣告字串變數
8.        cout << "請輸入字串：";                //輸出訊息字串
9.        cin.getline(sentence, 81);            //取得輸入句子
10.       cout << "輸入字串是：" << sentence << endl; //顯示訊息與輸入句子
11.       return 0;
12.   }
```

▶▶ 程式輸出：粗體字表示鍵盤輸入

請輸入字串：**Success is never ending, Failure is never final.** Enter
輸入字串是：Success is never ending, Failure is never final.

cin.get()

 cin.get(字元變數)

- **get** 是讀取一個鍵盤字元資料並存入字元變數中。

- **字元變數**是使用 char 宣告的變數。

- 在執行 cin.get() 時，會等待使用者輸入任意鍵直到按 Enter 鍵結束輸入，但 cin.get() 只讀取第一個輸入的字元存入字元變數中。

- 若輸入緩衝器中已存在前一次輸入的資料（含 Enter ），則 cin.get() 將直接取得前次輸入的 Enter 鍵而結束輸入。所以執行 cin.get() 之前，可使用 cin.ignore() 忽略前次輸入的資料，以便輸入新的資料。

```
char key;                              //宣告字元變數 key
cin.get(key);                          //取得鍵盤按鍵
```

程式 3-11：cin.get() 練習

```
1.   //儲存檔名:d:\C++03\C0311.cpp
2.   #include <iostream>
3.   using namespace std;
4.
5.   int main(int argc, char** argv)
6.   {
7.       char key;                     //宣告字元變數 key
8.       cout << "請按任意鍵:";         //輸出訊息字串
9.       cin.get(key);                 //取得鍵盤按鍵
10.      cout << "輸入按鍵是:" << key << endl;   //顯示訊息與輸入字元
11.      return 0;
12.  }
```

▶▶ **程式輸出：粗體字表示鍵盤輸入**

請按任意鍵：**H** Enter
輸入按鍵是：H

▶▶ **程式輸出：粗體字表示鍵盤輸入**

請按任意鍵：**C++** Enter
輸入按鍵是：C

cin.ignore()

 cin.ignore(長度)

- **ignore** 是忽略輸入緩衝器中指定長度的資料，若省略長度則忽略 1 個字元。

```
int num;                                //宣告整數變數
char key;                               //宣告字元變數
cin >> num;                             //讀取數值並存入 num
cin.ignore();                           //忽略前一輸入字元 Enter
cin.get(key);                           //取得鍵盤按鍵
```

程式 3-12：cin.ignore() 練習

```
1.    //儲存檔名：d:\C++03\C0312.cpp
2.    #include <iostream>
3.    using namespace std;
4.
5.    int main(int argc, char** argv)
6.    {
7.        int num;                       //宣告整數變數
8.        char key;                      //宣告字元變數
9.        cout << "請輸入一整數：";       //輸出訊息字串
10.       cin >> num;                    //讀取數值並存入 num
11.       cin.ignore();                  //忽略前一輸入字元 Enter
12.       cout << "請按 Enter 結束：";    //輸出訊息字串
13.       cin.get(key);                  //取得鍵盤按鍵
14.       cout << "謝謝！\n";            //顯示訊息
15.       return 0;
16.   }
```

▶▶ **程式輸出：粗體字表示鍵盤輸入**

請輸入一整數：**12** Enter
請按 Enter 結束： Enter
謝謝！

▶▶ **程式輸出：若無 CIN.IGNORE() 敘述，則程式輸出如下：粗體字表示鍵盤輸入**

請輸入一整數：**12** Enter
請按 Enter 結束：謝謝！

省略 cin.ignore() 敘述，則 cin.get(key) 直接取得前一個 `Enter` 鍵，而顯示字串後結束。

3.4 算術運算

C++ 的**數學運算式**（mathematical expressions）與一般數學運算式相容，它代表一個數值的敘述，例如

```
int a = 5, b = 3, c = 6;
int x = 3 * a + 2 * b + c;
```

a, b, c 為整數變數分別存放 5, 3, 6，故運算式 3 * a + 2 * b + c = 3 * 5 + 2 * 3 + 6 = 27，最後將運算式的值存入變數 x 中。其中 C++ 運算式 3 * a + 2 * b + c 相當於一般運算式的 3a+2b+c。

3.4.1 算術運算符號

算術運算符號（arithmetic operators）包括加號（+）、減號（-）、乘號（*）、除號（/）、餘數（%）、正號（+）、負號（-）等。表 3.2 列出算術運算符號的功能、範例、與說明。

表 3.2 算術運算符號

符號	功能	C++運算式	一般數學運算式
-x	負號	a = -x	a = -5
+x	正號	a = +x	a = +5
*	乘號	a = x * y	a = 5 × 3
/	除號	a = x / y	a = 5 / 3
%	餘數	a = x % y	a = 5 / 3 的餘數
+	加號	a = x + y	a = 5 + 3
-	減號	a = x - y	a = 5 - 3

下面範例是指定 sum 等於 15+10 的運算值。

```
int sum = 15 + 10;                    //15+10=25 存入變數 sum
```

下面範例的 a = x * y 敘述是指定 a 等於 x 乘 y 的運算值，b = a％8 敘述是指定 b 等於 a 除 8 的餘數，c = b + 3 敘述是指定 c 等於 b 加 3 的運算值，total = a + b + c 敘述是指定 total 等於 a, b, c 三數的總和。

```
int x = 20;
int y = 5;
int a, b, c, total;
a = x * y;                           //a=x*y=20*5=100
b = a % 8;                           //b=a%8=100%8=4
c = b + 3;                           //c=b+3=4+3=7
total = a + b + c;                   //total=100+4+7=111
```

算術運算的優先運算順序是正負號優先、然後乘除、最後才是加減，例如 a = x + 2 * y 的運算順序是先處理 2 * y 再 + x，最後將運算結果存入記憶體 a。如下面範例所示：

```
int x = 5;
int y = 3;
int a = x + 2 * y;                   //a=x+2y=5+2*3=5+6=11
```

上面範例如必須先處理 x + 2，則將先運算的部分置於小括號中，例如 a = (x + 2) * y 的運算順序是先處理 x + 2 再 * y，最後將運算結果存入記憶體 a。如下面範例所示：

```
int x = 5;
int y = 3;
int a = (x + 2) * y;                 //a=(x+2)*y=(5+2)*3=21
```

⬇ 程式 3-13：算術運算符號練習

```
1.   //儲存檔名:d:\C++03\C0313.cpp
2.   #include <iostream>
3.   using namespace std;
4.
5.   int main(int argc, char** argv)
6.   {
7.       int a = 1, b = 4, c = 4;            //宣告並啟始 a, b, c 值
8.       int x = b * b - 4 * a * c;          //宣告並指定 x 值
9.       cout << "a=" << a << endl           //輸出字串、a 值、跳行
10.          << "b=" << b << endl            //輸出字串、b 值、跳行
11.          << "c=" << c << endl            //輸出字串、c 值、跳行
12.          << "b*b-4*a*c=" << x << endl;   //輸出字串、x 值、跳行
```

```
13.    return 0;
14. }
```

▶▶ 程式輸出

```
a=1
b=4
c=4
b*b-4*a*c=0
```

　　在 3.6.4 節將會介紹次方的運算，未介紹之前先以 b*b 來處理 b^2 的運算。

3.4.2 上限與下限溢位

　　上限溢位（overflows）就是指定一個較大型態的資料給一個較小型態的變數。如下面第一個範例 short 整數 n1 為 0x7fff（32767），當 n1+1 後等於 0x8000，對於 short 整數而言，0x8000 表示-32768 而不是+32768，所以此運算值為錯誤。第二個範例無正負號的 short 整數 n2 為 0xffff（65535），當 n2+1 後等於 0x0000（0）而不是+65536。

```
short n1 = 32767;                    //n1=0x7fff
n1 = n1 + 1;                         //n1=0x8000=-32768 溢位


unsigned short n2 = 65535;           //n2=0xffff
n2 = n2 + 1;                         //n2=0x0000=0 上限溢位
```

　　下限溢位（underflows）也是指定一個較大型態的資料給一個較小型態的變數。如下面第一個範例 short 整數 n3 為 0x8000（-32768），當 n3-1 後等於 0x7fff，對於 short 整數而言，0x7fff 表示 +32767 而不是-32769，所以此運算值為錯誤。第二個範例無正負號的 short 整數 n4 為 0x0000(0)，當 n4-1 後等於 0xffff（65535）而不是-1。

```
short n3 = -32768;                   //n3=0x8000
n3 = n3 - 1;                         //n3=0x7fff=32767 溢位


unsigned short n4 = 0;               //n4=0x0000
n4 = n4 - 1;                         //n4=0xffff=65536 溢位
```

上限溢位與下限溢位都不會產生錯誤訊息，但其運算結果為錯誤的，所以寫程式時應該要注意。也就是當加法與乘法運算後可能產生上限溢位，而減法與除法運算後可能產生下限溢位。

程式 3-14：上限溢位與下限溢位練習

```cpp
1.    //儲存檔名：d:\C++03\C0314.cpp
2.    #include <iostream>
3.    using namespace std;
4.
5.    int main(int argc, char** argv)
6.    {
7.       short n1 = 32767;                //n1=32767=0x7fff
8.       cout << n1 << " + 1 = ";
9.       n1 = n1 + 1;                     //n1+1=-32768 上限溢位
10.      cout << n1 << endl;
11.
12.      unsigned short n2 = 65535;       //n2=0xffff
13.      cout << n2 << " + 1 = ";
14.      n2 = n2 + 1;                     //n2+1=0x0000=0 上限溢位
15.      cout << n2 << endl;
16.
17.      short n3 = -32768;               //n3=-32768=0x8000
18.      cout << n3 << " - 1 = ";
19.      n3 = n3 - 1;                     //n3-1=32767 下限溢位
20.      cout << n3 << endl;
21.
22.      unsigned short n4 = 0;           //n4=0x0000
23.      cout << n4 << " - 1 = ";
24.      n4 = n4 - 1;                     //n4-1=0xffff=65536 下限溢位
25.      cout << n4 << endl;
26.      return 0;
27.   }
```

▶▶ 程式輸出

```
32767 + 1 = -32768
65535 + 1 = 0
-32768 - 1 = 32767
0 - 1 = 65535
```

3.4.3 轉換資料型態

 指定型態(資料 | 變數)

● C++ 的資料型態是具有包容性的，使用者指定不同型態的資料或變數給另一個型態變數時，C++ 都自動轉換來源資料以符合目的變數的型態。

● **指定型態**是要轉換的目的型態。雖然 C++ 非常的寬容大量，但有些人閱讀別人的程式時並不是那麼的 nice，所以為了替閱讀程式的人著想，或者說為了自己的分數著想，使用型態指定符號讓程式更容易閱讀。

● **資料或變數**則是要被轉換的來源資料或變數。

由小轉大

目的變數型態的範圍大於來源資料型態的範圍，則 C++ 會自動轉換來源資料或變數的型態並存入目的變數，而且會保留來源變數的型態。例如短整數可轉成長整數、整數可轉成浮點數、浮點數可轉成倍精數、或字元轉成整數。**注意！**字元（char）對人而言是文字符號但對電腦而言是 ASCII 值，所以它也可被轉成整數或浮點數。

例如前一小節產生溢位與借位的運算中，將 short 整數的運算結果存入 int 整數變數中，即可解決溢位與借位的問題。在此將溢位與借位的四個範例改寫如下，其中加了型態指定符號是為了使程式更容易閱讀。

```
int n;
short n1 = 32767;                    //n1=32767
n = int(n1 + 1);                     //n=32767+1=32768
```

```
int n;
unsigned short n2 = 65535;           //n2=65535
n = int(n2 + 1);                     //n=65535+1=65536
```

```
int n;
short n3 = -32768;                   //n3=-32768
n = int(n3 - 1);                     //n=-32768-1=-32769
```

```
int n;
unsigned short n4 = 0;                      //n4=0
n = int(n4 - 1);                            //n=0-1=-1
```

下面範例的 a 與 b 被宣告為整數，而 float c = (float(a) / float(b)) 先將 a 與 b 轉成浮點型態後相除，所以運算值為 1.6667。如果第 3 行敘述改為 float c=a/b，則 5/3 為整數運算，它的運算值只保留整數部分，所以運算後 c 等於 1。

```
int a=5;
int b=3;
float c = (float(a) / float(b));
```

程式 3-15：型態由小轉大練習

```
1.   //儲存檔名：d:\C++03\C0315.cpp
2.   #include <iostream>
3.   using namespace std;
4.
5.   int main(int argc, char** argv)
6.   {
7.       int n;
8.
9.       short n1 = 32767;                   //n1=32767
10.      n = int(n1 + 1);                    //n=32767+1=32768
11.      cout << n1 << " + 1 = " << n << endl;
12.
13.      unsigned short n2 = 65535;          //n2=65535
14.      n = int(n2 + 1);                    //n=65535+1=65536
15.      cout << n2 << " + 1 = " << n << endl;
16.
17.      short n3 = -32768;                  //n3=-32768
18.      n = int(n3 - 1);                    //n=-32768-1=-32769
19.      cout << n3 << " - 1 = " << n << endl;
20.
21.      unsigned short n4 = 0;              //n4=0
22.      n = int(n4 - 1);                    //n=0-1=-1
23.      cout << n4 << " - 1 = " << n << endl;
24.      return 0;
25.  }
```

▶▶ 程式輸出

```
32767 + 1 = 32768
65535 + 1 = 65536
-32768 - 1 = -32769
0 - 1 = -1
```

由大轉小

從大範圍型態轉成小範圍型態時,部分資料可能被切掉。例如,從浮點數轉成長整數時小數部分將被刪除,而且整數部分若大於整數變數所能儲存的範圍時,超過部分也會被刪除。

下面範例將整數 65500 轉成有號短整數時,因為有號短整數的範圍是 -32768~32767(0x8000~0x7ffff),而 65500(0xffdc)則等於短整數的-36。

```
int intVar = 65500;                          //intVar=65500
signed short shortVar = short(intVar);       //shortVar=-36
```

下面範例的 char(shortLet) 是將短整數 65 轉成字元 'A'。

```
short shortLet = 65;                             //shortLet=65
char charLet = char(shortLet);                   //charLet='A'
```

下面範例的 int(floatNum) 是將浮點數 70000.0f 轉成整數 70000,short(floatNum) 則將浮點數 70000.0f 轉成短整數 4464。因為 70000 的十六進位為 0x11170,而短整數只保留 0x1170 也就是十進位的 4464。

```
float floatNum = 70000.0f;                   //floatNum=70000.0
int intNum = int(floatNum);                  //intNum=70000
short shortNum = short(floatNum);            //shortNum=4464
```

📥 **程式 3-16**:型態由大轉小練習

```
1.    //儲存檔名:d:\C++03\C0316.cpp
2.    #include <iostream>
3.    using namespace std;
4.
5.    int main(int argc, char** argv)
6.    {
7.        int intVar = 500;                    //intVar=500
8.        short shortVar = short(intVar);      //shortVar=500
9.        cout << "intVar = " << intVar << endl;
10.       cout << "shortVar = short(intVar) = " << shortVar << endl;
11.
12.       short shortLet = 65;                 //shortLet=65
13.       char charLet = char(shortLet);       //charLet='A'
14.       cout << "shortLet = " << shortLet << endl;
15.       cout << "charLet = " << charLet << endl;
16.
```

```
17.     float floatNum = 70000.0f;              //floatNum=70000.0
18.     int intNum = int(floatNum);             //intNum=70000
19.     short shortNum = short(floatNum);       //shortNum=4464
20.     cout << "floatNum = " << floatNum << endl;
21.     cout << "intNum = int(floatNum) = " << intNum << endl;
22.     cout << "shortNum = short(floatNum) = " << shortNum << endl;
23.     return 0;
24. }
```

▶▶ 程式輸出

```
intVar = 500
shortVar = (short)intVar = 500
shortLet = 65
charLet = A
floatNum = 70000
intNum = (int)floatNum = 70000
shortNum = (short)floatNum = 4464
```

3.5 指定運算

指定運算符號（assignment operators）包括單一指定運算符號（＝）、多重指定運算符號、與混合運算符號（+=、-=、*=、/=、%=）。

3.5.1 單一指定

資料型態　變數名稱 1, 變數名稱 2, ...
變數名稱 1 = 初值, 變數名稱 2 = 初值, ...

● **等號（＝）**用來起始與指定變數值。當宣告變數後，則可利用等號（＝）給予該變數初值，設定初值後也可任意更改變數值，不過起始值與指定值的型態必須符合宣告的資料型態。

```
short shortVar;                 //宣告短整數變數 shortVar
shortVar = 5;                   //shortVar 的初值等於 5

shortVar = 10;                  //改變 shortVar 的值為 10
```

> 資料型態　變數名稱 1 = 初值, 變數名稱 2 = 初值, …

● 也可以將宣告變數與指定初值合併為一個敘述，也就是宣告變數同時指定該變數的初值。

```
short shortVar = 5;                    //shortVar 的初值等於 5
```

3.5.2　多重指定

> 變數名稱 1 = 變數名稱 2 … = 初值

● **多重指定（multiple assignment operators）** 的意思是在一個敘述中指定相同的值給多個不同的變數。注意！不能直接宣告並使用多重指定。

下面範例是先宣告整數變數 a, b, c, d，再指定整數變數 a, b, c, d 皆等於 10。

```
int a, b, c, d;                    //宣告整數變數 a, b, c, d
a = b = c = d = 10;                //令 a=b=c=d=10
```

下面範例的 var1 = var2 = var3 = VALUE 敘述是指定整數變數 var1, var2, var3 皆等於常數 VALUE。

```
const int VALUE = 100;             //宣告常數符號
int var1, var2, var3;              //宣告變數
var1 = var2 = var3 = VALUE;        //令多個變數=100
```

3.5.3　混合指定

> 變數名稱 op= 資料

● **混合指定（combined assignment operators）**是在算術運算中，二個來源運算元之一為目的運算元，也就是運算結果存回二個來源運算元之一時，可將算術運算符號與指定運算符號合併使用，以簡化原來的運算式，減少使用者重覆輸入相同的變數（運算元）。

● **op=** 表示混合運算符號，如 +=、-=、*=、/=、%= 等符號。

下面二個運算式的功能是相等的，都是計算 a+10 然後將結果存回變數 a，但第二式不必重複輸入變數 a。

```
a = a + 10;                        //a+10 存回 a

a += 10;                           //a+10 存回 a
```

但下面運算式則不能使用混合指定運算符號簡化，因為來源運算元（b）不等於目的運算元（a）。

```
a = b + 10;                        //b+10 存入 a
```

表 3.3 混合指定運算符號

符號	功能	混合指定運算式	等效運算式
=	單一指定符號	x = 1	x = 1
+=	加法指定符號	x += 4	x = x + 4
-=	減法指定符號	x -= 5	x = x – 5
*=	乘法指定符號	x *= 6	x = x * 6
/=	除法指定符號	x /= a	x = x / a
%=	餘數指定符號	x %= b	x = x % b

程式 3-17：指定運算練習

```
1.   //儲存檔名：d:\C++03\C0317.cpp
2.   #include <iostream>
3.   using namespace std;
4.
5.   int main(int argc, char** argv)
6.   {
```

```
7.      float a, b, c, d, x = 6;          // 宣告變數 a,b,c,d,x
8.      int f = 20;                       // 宣告變數 f = 20
9.      a = b = c = d = float(f);         // 令 a=b=c=d= 20
10.     cout << "a = b = c = d = f = 20, x = 6"  // 輸出字串
11.         << "\na += x => a = " << (a += x)    // 輸出跳行、字串、a 值
12.         << "\nb -= x => b = " << (b -= x)    // 輸出跳行、字串、b 值
13.         << "\nc *= x => c = " << (c *= x)    // 輸出跳行、字串、c 值
14.         << "\nd /= x => d = " << (d /= x)    // 輸出跳行、字串、d 值
15.         << "\nf %= x => f = " << (f %= x)    // 輸出跳行、字串、f 值
16.         << endl;                       // 輸出跳行
17.     return 0;
18. }
```

▶▶ 程式輸出

```
a = b = c = d = f = 20, x = 6
a += x => a = 26
b -= x => b = 14
c *= x => c = 120
d /= x => d = 3.33333
f %= x => f = 2
```

3.6 數值函數

C++ 語言提供一些常用的數學函數（mathematical functions），如三角函數、指數與對數函數、冪次與開方函數、取整數函數、取絕對值函數、還有產生亂數函數等等。這些數學函數包含於 cmath 標題檔中，亂數函數則包含於 cstdlib 標題檔中，所以使用這些函數之前必須先插入包含該函數的標題檔到使用者程式的前置處理區。

3.6.1 亂數函數

產生固定亂數

```
#include <cstdlib>
int rand(void)
```

● **rand** 函數會產生 0 到 RAND_MAX 之間的整數亂數。

- **rand** 函數包含於 cstdlib 標題檔中，所以使用前須先插入 cstdlib 檔。

```
cout << rand() << endl;                      //輸出亂數
```

程式 3-18：產生亂數練習

```
1.   //儲存檔名：d:\C++03\C0318.cpp
2.   #include <iostream>
3.   #include <cstdlib>                      //插入亂數函數標題檔
4.   using namespace std;
5.
6.   int main(int argc, char** argv)
7.   {
8.     cout << rand() << endl;               //輸出亂數
9.     cout << rand() << endl;               //輸出亂數
10.    cout << rand() << endl;               //輸出亂數
11.    return 0;
12.  }
```

▶▶ 程式輸出

```
41
18467
6334
```

▶▶ 程式輸出

```
41
18467
6334
```

　　當每次執行上面範例時，它的輸出結果都是一樣。如此一來，這只算是固定的亂數，而不是隨機亂數。

產生種子亂數

> #include <cstdlib>
> void srand (unsigned 種子數)

- **srand** 函數是依據種子數來設定亂數的起點，所以它必須置於 rand 函數之前，如此一來，不同的種子數就產生不同的亂數樣式。

● **種子數（seed）**是無號數。srand 函數包含於 cstdlib 標題檔中，所以使用前須先插入 cstdlib 檔。

```
srand (5);                                    //種子數 = 5
```

程式 3-19：使用種子數練習

```
1.   //儲存檔名：d:\C++03\C0319.cpp
2.   #include <iostream>
3.   #include <cstdlib>
4.   using namespace std;
5.
6.   int main(int argc, char** argv)
7.   {
8.       unsigned seed;                        //unsigned int seed;
9.       cout << "請輸入種子數：";
10.      cin >> seed;                          //輸入種子數
11.      srand(seed);                          //設定亂數種子數
12.      cout << rand() << endl;               //輸出亂數
13.      cout << rand() << endl;               //輸出亂數
14.      cout << rand() << endl;               //輸出亂數
15.      return 0;
16.  }
```

▶▶ 程式輸出

請輸入種子數：**3** `Enter`
48
7196
9294

▶▶ 程式輸出

請輸入種子數：**25** `Enter`
120
14285
9090

　　當每次執行上面範例時，若輸入的種子數一樣則它的輸出結果還是一樣。也就是說不同的種子數產生不同的亂數樣式而已，所以它仍然產生有規則的亂數。

產生隨機亂數

> #include <ctime>
> time(*指標)

- **time** 函數傳回從午夜 00:00:00 算起所經過的秒數，通常無法確實掌握取得的秒數，因此若以 time 為亂數種子數，則每次產生的亂數將是隨機亂數。

- ***指標**可以是空指標 NULL 或指向 time_t 型態的變數指標，**NULL** 是定義於 cstdlib 與 ctime 標題檔中的常數 0。

- time 函數包含於 ctime 標題檔中，所以使用前須先插入 ctime 檔。

```cpp
#include <cstdlib>
#include <ctime>
void srand (time(NULL));              //使用 time(NULL)為種子數
```

程式 3-20：產生亂數練習

```cpp
1.   //儲存檔名：d:\C++03\C0320.cpp
2.   #include <iostream>
3.   #include <cstdlib>                    //插入亂數函數標題檔
4.   #include <ctime>                      //插入時間函數標題檔
5.   using namespace std;
6.
7.   int main(int argc, char** argv)
8.   {
9.       srand(time(NULL));               //以時間函數為種子數
10.      cout << rand() << endl;          //輸出亂數
11.      cout << rand() << endl;          //輸出亂數
12.      cout << rand() << endl;          //輸出亂數
13.      return 0;
14.  }
```

▶▶ 程式輸出

```
323
25540
9123
```

▶▶ 程式輸出

542
24788
26374

▶▶ 程式輸出

640
19560
5243

上面三次執行的結果都不相同，所以是隨機亂數。

調整亂數範圍

下限 + rand() % (上限 − 下限 + 1)

● **下限（lowerbound）**是要調整亂數範圍的最小值。

● **上限（upperbound）**是要調整亂數範圍的最大值。

下面範例的 1 + rand() % (10 - 1 + 1) 是產生 1 至 10 之間的整數亂數，而 rand() % (99 + 1) 則是產生 0 至 99 之間的整數亂數。

```
int x, y;
x = 1 + rand() % (10 - 1 + 1);          //1~10 之間的整數亂數
y = rand() % (99 + 1);                  //0~99 之間的整數亂數
```

⬇ 程式 3-21：產生亂數練習

```
1.   //儲存檔名：d:\C++03\C0321.cpp
2.   #include <iostream>                        //插入字串標題檔
3.   #include <cstdlib>                         //插入亂數函數標題檔
4.   #include <ctime>                           //插入時間函數標題檔
5.   using namespace std;
6.
7.   int main(int argc, char** argv)
8.   {
9.       srand(time(NULL));                     //以時間函數為種子數
10.      cout << 1 + rand() % (10 - 1 + 1) << endl; //輸出 1-10 之間的亂數
11.      cout << 1 + rand() % (10 - 1 + 1) << endl; //輸出 1-10 之間的亂數
```

```
12.     cout << 1 + rand() % (10 - 1 + 1) << endl; //輸出1-10之間的亂數
13.     return 0;
14. }
```

>> 程式輸出

```
1
5
2
```

>> 程式輸出

```
6
5
8
```

>> 程式輸出

```
5
9
3
```

上面三次執行的結果都產生 1 到 10 之間的亂數。

3.6.2 三角函數

#include <cmath>
double sin(double 徑度)
double cos(double 徑度)
double tan(double 徑度)

- **sin** 函數是傳回指定徑度的 sin 函數值。

- **cos** 函數是傳回指定徑度的 cos 函數值。

- **tan** 函數是傳回指定徑度的 tan 函數值。

- sin、cos、tan 函數徑度值與傳回值皆為倍精度數值（double）。

- sin、cos、tan 函數包含於 cmath 標題檔中，所以使用前須先插入 cmath 檔。

下面範例 x = 30 * (3.14159 / 180) 敘述是將 30° 轉成徑度，再帶入 sin、cos、tan 函數。

```
x = 30 * (3.14159 / 180);                    //x = 30°
double a = sin(x);                           //a = sin(30°)
double b = cos(x);                           //b = cos(30°)
double c = tan(x);                           //c = tan(30°)
```

程式 3-22：三角函數練習

```
1.   //儲存檔名：d:\C++03\C0322.cpp
2.   #include <iostream>
3.   #include <iomanip>
4.   #include <cmath>                         //數值函數標題檔
5.   using namespace std;
6.
7.   int main(int argc, char** argv)
8.   {
9.       float degree = (3.1415926f) / 180;   //degree=徑/度
10.      int d;                               //宣告整數變數
11.
12.      cout << "請輸入整數:";
13.      cin >> d;                            //取得鍵盤輸入
14.      cout << setprecision(3) << setiosflags(ios::fixed);
                                              //設定有效位數
15.      cout << "d = " << d << endl;              //輸出角度
16.      cout << "sin("<< d << ") = " << sin(degree*d) << endl; //輸出正弦函數值
17.      cout << "cos("<< d << ") = " << cos(degree*d) << endl; //輸出餘弦函數值
18.      cout << "tan("<< d << ") = " << tan(degree*d) << endl; //輸出正切函數值
19.      return 0;
20.  }
```

▶▶ 程式輸出：粗體字表示鍵盤輸入

```
請輸入整數：30 Enter
d = 30
sin(30) = 0.500
cos(30) = 0.866
tan(30) = 0.577
```

▶▶ 程式輸出：粗體字表示鍵盤輸入

```
請輸入整數：60 Enter
d = 60
sin(60) = 0.866
cos(60) = 0.500
tan(60) = 1.732
```

3.6.3 指數與對數

#include <cmath>
double exp(數值)
double log(數值)
double log10(數值)

- **exp** 函數是傳回 e^{數值} 值。

- **log** 函數是傳回 ln 數值（或稱 $\log_e$ 數值）。

- **log10** 函數是傳回 log 數值（或稱 $\log_{10}$ 數值）。

- exp、log、log10 的參數值與傳回值皆為倍精度值（double）。

- exp、log、log10 函數包含於 cmath 標題檔中，所以使用前須先插入 cmath 檔。

```
double a = log(2);                              //a = ln(2)
double b = log10(2);                            //b = log10(2)
double c = exp(2);                              //c = e²
```

程式 **3-23**：指數與對數練習

```
1.   //儲存檔名:d:\C++03\C0323.cpp
2.   #include <iostream>
3.   #include <iomanip>
4.   #include <cmath>                             //數值函數標題檔
5.   using namespace std;
6.
7.   int main(int argc, char** argv)
8.   {
9.       int x;                                   //宣告整數變數
10.
11.      cout << "請輸入整數:";
12.      cin >> x;                                //取得鍵盤輸入
13.      cout << setprecision(3) << setiosflags(ios::fixed); //設定有效位數
14.      cout << "x = " << x;                     //輸出數值
15.      cout << "\nlog("<< x << ") = " << log(x);        //輸出自然對數值
16.      cout << "\nlog10("<< x << ") = " << log10(x);   //輸出基底10對數值
17.      cout << "\nexp("<< x << ") = " << exp(x);        //輸出 e 的 x 次方值
18.      cout << endl;
```

```
19.    return 0;
20.  }
```

▶▶ 程式輸出：粗體字表示鍵盤輸入

```
請輸入整數：2 Enter
x = 2
log(2) = 0.693
log10(2) = 0.301
exp(2) = 7.389
```

▶▶ 程式輸出：粗體字表示鍵盤輸入

```
請輸入整數：3 Enter
x = 3
log(3) = 1.099
log10(3) = 0.477
exp(3) = 20.086
```

3.6.4　冪次與開方

```
#include <cmath>
double pow(底數, 冪次)
double sqrt(數值)
```

- **pow** 函數是傳回底數的冪次方值，其中以參數值包含底數與冪次。

- **sqrt** 函數是傳回參數值的開方值。

- pow、sqrt 函數包含於 cmath 標題檔中，所以使用前須先插入 cmath 檔。

- pow 與 sqrt 函數的參數與傳回值皆為倍精度值（double）。

```
double a = pow(2, 3);                       //a=2³
double b = sqrt(3);                         //b=√3
```

程式 **3-24**：次方與開方練習

```
1.    //儲存檔名：d:\C++03\C0324.cpp
2.    #include <iostream>
3.    #include <iomanip>
4.    #include <cmath>                              //數值函數標題檔
5.    using namespace std;
6.
7.    int main(int argc, char** argv)
8.    {
9.        float x;                                 //宣告浮點數變數
10.
11.       cout << "請輸入浮點數：";
12.       cin >> x;                                //取得鍵盤輸入
13.       cout << setprecision(2) << setiosflags(ios::fixed); //設定有效位數
14.       cout << "x = " << x;                     //輸出數值
15.       cout << "\npow(" << x << ") = " << pow(x, 2); //輸出 x 的平方值
16.       cout << "\nsqrt(" << x << ") = " << sqrt(x);  //輸出 x 的開方值
17.       cout << endl;                            //輸出跳行
18.       return 0;
19.   }
```

▶▶ 程式輸出：粗體字表示鍵盤輸入

```
請輸入整數：8  Enter
x = 8.00
pow(8) = 64.00
sqrt(8) = 2.83
```

▶▶ 程式輸出：粗體字表示鍵盤輸入

```
請輸入整數：21  Enter
x = 21.00
pow(21) = 441.00
sqrt(21) = 4.58
```

3.6.5 小數進位與切除小數

#include <cmath>
double ceil(數值)
double floor(數值)

- **ceil** 函數將先測試參數值是否含小數部份，若有小數部份（0.1~0.9）則進位。

- **floor** 函數將先測試參數值是否含小數部份，若有小數部份（0.1~0.9）則刪除。

- ceil、floor 函數包含於 cmath 標題檔中，所以使用前須先插入 cmath 檔。

- ceil 與 floor 的參數與傳回值皆為倍精度值（double）。

```
int m1 = ceil(3.33)                        //m1 = 4
int n1 = floor(3.33);                      //n1 = 3
int m2 = ceil(-3.33)                       //m2 = -3
int n2 = floor(-3.33);                     //n2 = -4
```

程式 3-25：取整數練習

```
1.    //儲存檔名：d:\C++03\C0325.cpp
2.    #include <iostream>
3.    #include <iomanip>
4.    #include <cmath>                         //數值函數標題檔
5.    using namespace std;
6.
7.    int main(int argc, char** argv)
8.    {
9.        float x;                             //宣告浮點數變數
10.
11.       cout << "請輸入浮點數:";
12.       cin >> x;                            //取得鍵盤輸入
13.       cout << "x = " << x;                 //輸出數值
14.       cout << "\nceil("<< x << ") = " << ceil(x);   //輸出大於 x 的整數
15.       cout << "\nfloor("<< x << ") = " << floor(x); //輸出小於 x 的整數
16.       cout << endl;                        //輸出跳行
17.       return 0;
18.   }
```

▶▶ 程式輸出：粗體字表示鍵盤輸入

```
請輸入浮點數：3.5  Enter
x = 3.5
ceil(3.5) = 4
floor(3.5) = 3
```

>> 程式輸出：粗體字表示鍵盤輸入

```
請輸入浮點數：-5.3 Enter
x = -5.3
ceil(-5.3) = -5
floor(-5.3) = -6
```

3.6.6 取絕對值

> #include <cmath>
> double fabs (數值)

● **fabs** 函數將先測試參數值是否為負數，若為負數則傳回該負數的正數值，若為正數則直接傳回該數值。

● fabs 函數包含於 cmath 標題檔中，所以使用前須先插入 cmath 檔。

● fabs 的參數與傳回值皆為倍精度值（double）。

```
int a = fabs(5.25);                              //a = 5.25
int b = fabs(-3.75);                             //b = 3.75
```

📥 **程式 3-26**：取絕對值練習

```
1.    //儲存檔名：d:\C++03\C0326.cpp
2.    #include <iostream>
3.    #include <iomanip>
4.    #include <cmath>                            //數值函數標題檔
5.    using namespace std;
6.
7.    int main(int argc, char** argv)
8.    {
9.        float x;                                //宣告浮點數變數
10.
11.       cout << "請輸入浮點數：";
12.       cin >> x;                               //取得鍵盤輸入
13.       cout << "x = " << x;                     //輸出數值
14.       cout << "\nfabs("<< x << ") = " << fabs(x); //輸出 x 的絕對值
15.       cout << endl;                            //輸出跳行
16.       return 0;
17.   }
```

▶▶ 程式輸出：粗體字表示鍵盤輸入

請輸入浮點數：**3.25** Enter
x = 3.25
fabs(3.25) = 3.25

▶▶ 程式輸出：粗體字表示鍵盤輸入

請輸入浮點數：**-5.75** Enter
x = -5.75
fabs(-5.75) = 5.75

3.7 習題

選擇題

1. 在 C++ 程式中，使用 cin 或 cout 函數，須在前置處理區插入_____標題檔。

   a) #include <iostream>　　　　　b) #include <cmath>

   c) #include <cstdlib>　　　　　d) 不需要插入任何

2. 在 C++ 程式中，若要使用算術運算符號如 +、-、*、/、% 等，須在前置處理區插入_____標題檔。

   a) #include <iostream>　　　　　b) #include <cmath>

   c) #include <cstdlib>　　　　　d) 不需要插入任何

3. 在 C++ 程式中，要使用數學函數如三角函數、指數與對數函數、冪次與開方函數、取整數函數、與取絕對值函數，則在前置處理區插入_____標題檔。

   a) #include <iostream>　　　　　b) #include <cmath>

   c) #include <cstdlib>　　　　　d) 不需要插入任何

4. C++ 敘述 int r = 3 * 2 + 14 % 5 - 4; ，則 r = _____。

   a) 6　　　　　b) 4.8　　　　　c) 4　　　　　d) -4

5. C++ 敘述 float s = 15 / 2 + 12 * (3 - 5);，則 s = _____。

   a) -35.0   b) -34.0   c) -17.0   d) -16.5

6. _____是 x^3 的 C++ 等效函數。

   a) pow(x, 3)   b) pow(3, x)

   c) Math.pow(x, 3)   d) Math.pow(3, x)

7. _____是 $\sqrt{100}$ 的 C++ 等效函數。

   a) sqr(100)   b) sqrt(100)

   c) Math.sqr(100)   d)Math.sqrt(100)

   假設程式片段如下：

```
int a = 0, b = 2;
float c = 2.4;
a = b * c;
```

   則執行後 a 等於_____。

   a) 0   b) 2.4   c) 4.8   d) 4

8. 產生亂數的 C++ 函數是_____。

   a) rnd()   b) rand()   c) srand()   d) random()

實作題

1. 寫一 C++ 程式，由鍵盤輸入圓半徑（r），計算並顯示圓周長與圓面積。（圓周長：perimeter = $2\pi r$，圓面積：area = πr^2）

2. 寫一 C++ 程式，計算一個人一天所需攝取的熱量，由鍵盤輸入一個人的體重（單位：公斤），計算並輸出該體重每天需攝取多少卡路里的熱量，假設每磅體重一天需要 41.8 卡路里的熱量。

條件選擇

4
CHAPTER

4.1 程式基本結構

　　程式的基本結構可概分為循序式結構（sequence structure）、選擇式結構（selection structure），與重複式結構（repetition structure）等三種，幾乎所有程式都是在循序式結構的基礎上，加上選擇式結構或重複式結構。

4.1.1 循序式結構

　　循序式結構（sequence structure）的程式是指程式依序從第一個敘述執行至最後一個敘述，如下面範例所示。循序式結構在前幾章已經介紹了很多，因此讀者也都很熟悉循序式結構的程式。

```
//循序式結構
#include <iostream>
using namespace std;

int main(int argc, char** argv)
{
    int Var = 5;                        //第 1 步
    cout  << "Var 起始值 = " << Var;      //第 2 步
    Var = 10;                           //第 3 步
    cout  << "\nVar 變更值 = " << Var;    //第 4 步
    return 0;                           //第 5 步
}
```

4.1.2 選擇式結構

選擇式結構（selection structure）的程式是指程式含有條件敘述，當條件敘述的條件成立（也就是條件運算式的值為 1）時，執行條件成立區的敘述。反之，當條件敘述的條件不成立（也就是條件運算式的值為 0）時，則結束條件選擇（是非結構）如下面範例一，或是執行條件不成立區的敘述（二選一結構）如下面範例二。

```cpp
//選擇式結構一（是非結構）
#include <iostream>
using namespace std;

int main(int argc, char** argv)
{
    char inkey;                              //第 1 步
    cout << "請按 Y 鍵，再按 Enter···";      //第 2 步
    cin >> inkey;                            //第 3 步
    if(inkey == 'Y' || inkey == 'y') {       //第 4 步
        cout << "祝您一路順風！\n";          //if 運算值為 1 時的第 5 步
    }                                        //if 運算值為 0 省略第 5 步
    return 0;                                //第 6 步
}
```

```cpp
//選擇式結構二（二選一結構）
#include <iostream>
using namespace std;

int main(int argc, char** argv)
{
    char inkey;                              //第 1 步
    cout << "請按 Y 鍵，再按 Enter···";      //第 2 步
    cin >> inkey;                            //第 3 步
    if(inkey == 'Y' || inkey == 'y')         //第 4 步
        cout << "祝您一路順風！\n";          //if 運算值為 1 時的第 5 步
    else                                     //否則
        cout << "God Bless！\n";             //if 運算值為 0 時的第 5 步
    return 0;                                //第 6 步
}
```

選擇式結構除了是非結構（if）與二選一結構（if-else），另外還有多選一結構（if-elseif），將在 4.3 節詳細介紹。

4.1.3 重複式結構

重複式結構（repetition structure）的程式是指程式含有重複敘述，當重複敘述的條件成立（也就是條件運算式的值為 1）時，重複執行重複區的敘述。反之，當重複敘述的條件不成立（也就是條件運算式的值為 0）時，則結束重複結構，如下面範例。

重複式結構除了下面範例的後測試型迴圈結構（do-while loop）外，還有前測試型迴圈結構（while loop）與計數型迴圈結構（for loop），將在下一章詳細介紹。

```
//重複式結構
#include <iostream>
using namespace std;
int main(int argc, char** argv)
{
    int count = 1, sum = 0;              //第 1 步
    do {                                 //第 2 步
        sum += count;                    //第 3 步 ←
        count ++;                        //第 4 步
    } while (count <= 10);               //count<=10 返回第 3 步
    return 0;
}
```

4.2 條件選擇

在日常生活中，通常處理某些事情時都事先分析判斷再作決定。例如，今天要不要帶電腦課本，此時您會先想想今天有沒有電腦課，有電腦課則要帶電腦課本，沒有則不帶電腦課本。同理，在程式設計中，也經常使用條件敘述，協助判斷並決定程式流程。例如，是否要結束程式時，通常先判斷使用者的輸入，若使用者輸入 "y" 或 "Y" 則結束程式，若使用者輸入 "n" 或 "N" 則不結束程式。

4.2.1 關係運算符號

微處理器（micro processor）中的算術邏輯單元（arithmetic logic unit）除了可以處理算術運算之外，還可以處理關係運算與邏輯運算。關

係運算就是比較二個運算元的大小，包括大於、小於、大於等於、小於等於、等於、不等於。

關係運算符號（relational operators） 包括 >、>=、<、<=、==、!= 等。關係運算的值為真或假，若為真則傳回值為 1（true），若為假則傳回值為 0（false）。表 4.1 列出各個關係運算符號與它們的功能、範例與說明。

表 4.1 關係運算符號

符號	功能	範例	說明
>	大於	a>b	若 a>b 則結果為真
<	小於	a<b	若 a<b 則結果為真
>=	大於等於	a>=b	若 a>=b 則結果為真
<=	小於等於	a<=b	若 a<=b 則結果為真
==	等於	a==b	若 a==b 則結果為真
!=	不等於	a!=b	若 a!=b 則結果為真

表 4.2 列出許多簡單的關係運算式與運算值，這些都只是數值形式的關係運算式，所以讀者很容易從關係運算式與它的運算值了解各個關係運算符號的功能。

表 4.2 關係運算式值

關係運算式	關係運算式值
4.3 > 3.7	1 (true)
2.5 < 0.25	0 (false)
6.125 >= 6.25	0 (false)
3.75 <= 3.75	1 (true)
1 != 1	0 (false)

表 4.3 列出算術運算符號與關係運算符號的優先運算順序，從表中可看出小括號第一優先，第二是算術運算中的乘除與餘數運算符號，第三是算術運算中的加減運算符號，第四才是關係運算符號。

表 4.3 運算符號的優先順序

運算符號（operators）	優先順序（priority）
( )	1
*, /, %	2
+, -	3
==, <, >, <=, >=, !=	4

　　下面範例提供一個算術與關係運算的混合運算式，第一式是原始的混合運算式，從此式可能很難看出運算的結果。第二式則是將優先運算的部分放入小括號中，因此可以很清楚的表示出混合運算式的優先運算順序，進而推算出運算式的值。所以筆者建議在混合運算式中盡量使用小括號來表示運算的順序。

```
18 % 4 * 5 - 7        <= 12 + 25 / 4 - 18        //第 1 式
(((18 % 4) * 5) - 7)  <= ((12 + (25 / 4)) - 18)  //第 2 式
((    2    * 5) - 7)  <= ((12 +     6  ) - 18)
(     10      - 7)    <= (       18      - 18)
          3           <=          0
                     false
```

　　下面三個範例提供變數的關係運算，實際上比較變數的關係就是比較變數值的關係，例如第一個範例首先宣告 a = 3 然後比較是否 a == 3，比較時先以 3 代入 a，然後比較是否 3 == 3。別忘了關係運算值是布林值（0 或 1），所以存放關係運算值的變數 x 必須宣告為 bool 型態。

```
int a = 3;
bool x = (a == 3);                       //∵a 等於 3 ∴x=true
```

　　第二與第三個範例中，都使用 cout << (關係運算式);，因此直接輸出關係運算式值，而不儲存到變數中。

```
int a = 3, b = 6, c = 3;
bool x = (b >= a);                       //∵b>a ∴x=1
bool y = (c >= a);                       //∵c==a ∴y=1
cout << (a >= b);                        //∵a<b ∴顯示 0
```

```
int a = 5, b = 5, c = 3;
bool x = (a == b);                            //∵a==b ∴x=1
bool y = (a != b);                            //∵a==b ∴y=0
cout << (a != c);                             //∵a!=c ∴輸出 1
```

程式 4-01：關係運算符號練習

```
1.    //儲存檔名：d:\C++04\C0401.cpp
2.    #include <iostream>
3.    using namespace std;
4.
5.    int main(int argc, char** argv)
6.    {
7.        int a = 1, b = 4, c = 4;                //宣告並啟始 a, b, c 值
8.        cout << "a=" << a << endl;              //輸出字串、a 值、跳行
9.        cout << "b=" << b << endl;              //輸出字串、b 值、跳行
10.       cout << "c=" << c << endl;              //輸出字串、c 值、跳行
11.       bool x = a<b, y = c>=a;
12.       cout << "a<b 為 " << x << endl;          //輸出字串、a<b 值
13.       cout << "c>=a 為 " << y << endl;         //輸出字串、c>=a 值
14.       cout << "a!=b 為 " << (a!=b) << endl;    //輸出字串、a!=b 值
15.       cout << "a==c 為 " << (a==c) << endl;    //輸出字串、a==c 值
16.       return 0;
17.   }
```

▶▶ 程式輸出

```
a=1
b=4
c=4
a<b 為 1
c>=a 為 1
a!=b 為 1
a==c 為 0
```

4.2.2 邏輯運算符號

邏輯運算符號（logical operators）包括 !、&&、||。邏輯運算的值為真或假，若為真則傳回值為 1（true），若為假則傳回值為 0（false）。

表 4.4 邏輯運算符號

符號	功能	範例	說明
!	邏輯 NOT	!(a==1)	若 a≠1 則結果為真
&&	邏輯 AND	a>1 && a<9	若 1<a<9 則結果為真
||	邏輯 OR	a<1 || a>9	若 a<1 或 a>9 則為真

　　表 4.5 列出 AND 與 OR 運算的真值表。AND 邏輯運算（&&）是二個運算式皆為 1（true）則運算值為 1（true），其餘的運算值為 0（false）。OR 邏輯運算（||）是有一個運算式為 1（true）則運算值為 1（true），其餘的運算值為 0（false）。口訣如下：

AND 運算：有一個運算式為 0（false）則 A && B 為 0（false）。
OR 運算：有一個運算式為 1（true）則 A || B 為 1（true）。

表 4.5 邏輯 AND 與 OR 運算真值表

運算式 A	運算式 B	A && B	A || B
0 (false)	0 (false)	0 (false)	0 (false)
0 (false)	1 (true)	0 (false)	1 (true)
1 (true)	0 (false)	0 (false)	1 (true)
1 (true)	1 (true)	1 (true)	1 (true)

　　表 4.6 列出 NOT 運算的真值表，NOT 邏輯運算（!）是符號右邊的運算式為 0（false）時其運算值為 1（true），而符號右邊的運算式為 1（true）時其運算值為 0（false）。

表 4.6 邏輯 NOT 運算真值表

運算式 A	!A
0 (false)	1 (true)
1 (true)	0 (false)

　　表 4.7 列出許多簡單的邏輯運算式與運算值，這些都只是數值形式的邏輯運算式，所以讀者很容易從邏輯運算式與它的運算值了解各個邏輯運算符號的功能。

表 4.7 邏輯運算式值

邏輯運算式	邏輯運算式值
(4.3 > 3.7) && (7 == 5 + 2)	1 (true)
(2.5 < 0.25) || (7 == 15 / 2)	1 (true)
!(15 >= 10 + 5)	0 (false)

表 4.8 列出算術運算、關係運算、與邏輯運算符號的優先運算順序。若運算式中包含多個小括號則內層先運算再向外層運算，其餘的同等級的運算符號都是由左而右運算。

表 4.8 運算符號的優先順序

運算符號（operators）	優先順序（priority）
( )	由內而外運算
!	由左而右運算
*, /, %	由左而右運算
+, -	由左而右運算
==, <, >, <=, >=, !=	由左而右運算
&&	由左而右運算
||	由左而右運算

下面範例提供一個算術與邏輯運算的混合運算式，它是將優先運算的部分放入小括號中，因此可以很清楚的表示出混合運算式的優先運算順序，進而推算出運算式的值。所以筆者建議在混合運算式中盡量使用小括號來表示運算的順序。

```
!(4.3 > 3.7)  && (7 == 5 + 2) || (15 / 3 < 5)
!(   true  ) && (   true  ) || (  5  <  5  )
(    false ) && (   true  ) || (   false   )
(        false             ) || (   false   )
                  false
```

程式 4-02：邏輯與關係運算符號練習

```
1.    //儲存檔名：d:\C++04\C0402.cpp
2.    #include <iostream>
3.    using namespace std;
4.
5.    int main(int argc, char** argv)
6.    {
7.        int a = 1, b = 4, c = 4;                    //宣告並啟始 a, b, c 值
8.        bool x = !(a < b && b == c || c <=a);       //宣告並指定 x 值
9.        cout << "a=" << a << endl;                  //輸出字串、a 值、跳行
10.       cout << "b=" << b << endl;                  //輸出字串、b 值、跳行
11.       cout << "c=" << c << endl;                  //輸出字串、c 值、跳行
12.       cout << "!(a<b && b==c || c<=a) = " << x << endl; //輸出字串、x 值
13.       return 0;
14.   }
```

▶▶ 程式輸出

```
a=1
b=4
c=4
!(a<b && b==c || c<=a) = 0
```

4.2.3 if 敘述

> if (條件運算式)
> 　　C++ 敘述;

- **if 敘述（if statement）**是是非結構。若條件運算式的結果為 1（true）則執行 if 的下一個敘述後結束 if，若條件運算式的結果為 0（false）則跳過 if 的下一個敘述而結束 if。

下面範例是判斷輸入字元是否為 'Y' 或 'y'。利用 if 敘述判斷輸入值 letter 是否等於字元 'Y' 或 'y'，若等於則顯示 "Yes" 訊息，若不等於則不顯示 "Yes" 訊息而結束。

```
cin >> letter;                            //輸入 letter 字元
if (letter == 'Y' || letter == 'y')       //若 letter = 'Y'或'y'
    cout << "Yes";                         //則顯示"Yes"
```

下面範例是判斷輸入值是否為 3 的倍數。利用 if 敘述判斷輸入值 number 除 3 的餘數是否等於 0，若餘數為 0 表示 number 是 3 的倍數則顯示一訊息，若餘數不為 0 表示 number 不是 3 的倍數則不顯示訊息而結束。

```
cin >> number;                          //輸入 number 資料
if (number % 3 == 0)                    //若 number/3 餘數為 0
    cout << number << " 為 3 的倍數";    //則顯示訊息
```

下面範例是判斷輸入值是否為大於 0。利用 if 敘述判斷輸入值 num 是否大於 0，若大於 0 則執行 sum+=num 敘述，若小於 0 則不執行 sum+=num 敘述而結束。

```
sum = 0
cin >> num;                             //輸入 num 資料
if (num > 0)                            //若 num 大於 0
    sum += num;                         //sum=sum+num
```

上面範例的 if 敘述與 sum+=num; 敘述可以合併成一行敘述如下。

```
sum = 0
cin >> num;                             //輸入 num 資料
if (num > 0) sum += num;                //若 num>0 則 sum+=num
```

下圖是 if 敘述的結構圖，它顯示條件運算式的結果為 1（true）則執行敘述 1，條件運算式的結果為 0（false）則跳過敘述 1。

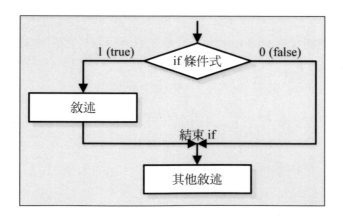

```
if (條件運算式)
{
    敘述 1;
    敘述 2;
          .
    敘述 n;
}
```

- **if 區塊（if block）**的工作方式與 if 敘述的工作方式相似。若條件運算式的結果為 1（true）則執行區塊中所有的敘述，若條件運算式的結果為 0（false）則不執行區塊中任何敘述而結束 if 區塊。

- **{ }** 大括號指示 if 區塊的起始與結束位置，若省略大括號則變成 if 的單行敘述。

下面範例是從 if 單行敘述修改而來，當輸入值 num 是否大於 0 則執行 sum+=num 敘述與 cout << sum; 敘述，若小於 0 則不執行區塊中的任何敘述而結束。

```
sum = 0
cin >> num;                          //輸入 num 資料
if (num > 0)                         //若 num 大於 0
{                                    //if 區塊起始
    sum += num;                      //sum=sum+num
    cout << sum;                     //顯示 sum 值
}                                    //if 區塊結束
```

程式 4-03：判斷正數

```
1.    //儲存檔名：d:\C++04\C0403.cpp
2.    #include <iostream>
3.    using namespace std;
4.
5.    int main(int argc, char** argv)
6.    {
7.        int input;
8.
9.        cout << "請輸入一個整數：";
10.       cin >> input;                      //輸入整數並存入 input
```

```
11.    if (input >= 0) {              //若 input >= 0
12.       cout << input << " 是正數。\n";   //   顯示訊息
13.    }                              //若 input < 0 則結束
14.    return 0;
15. }
```

▶▶ 程式輸出：粗體字表示鍵盤輸入

請輸入一個整數：**25** Enter
25 是正數。

▶▶ 程式輸出：粗體字表示鍵盤輸入

請輸入一個整數：**-25** Enter

　　上面程式的 if 區塊只包含一個敘述，所以可以省略 if 起始與結束的大括號。

4.2.4 if-else 敘述

```
if (條件運算式)
      敘述 1;
else
      敘述 2;
```

● **if-else 敘述（if-else statement）** 是二選一的結構。若條件運算式的結果為 1（true）則執行 if 區塊的敘述後結束 if，若條件運算式的結果為 0（false）則執行 else 區塊的敘述後結束 if。

　　下面範例是判斷輸入字元是否為 'Y' 或 'y'。利用 if 敘述判斷輸入值 letter 是否等於字元 'Y' 或 'y'，若等於則顯示 "Yes" 訊息，若不等於則顯示 "No" 訊息而結束。

```
cin >> letter;                    //輸入 letter 字元
if (letter == 'Y' || letter == 'y')  //若 letter == 'Y'或'y'
   cout << "Yes";                 //則顯示"Yes"
else                              //否則
   cout << "No";                  //則顯示"No"
```

下面範例是判斷輸入值是否為 3 的倍數。利用 if 敘述判斷輸入值 number 除 3 的餘數是否等於 0，若餘數為 0 表示 number 是 3 的倍數則顯示 "是 3 的倍數"，若餘數不為 0 表示 number 不是 3 的倍數則顯示 "不是 3 的倍數" 後結束。

```
cin >> number;                          //輸入 number 資料
if (number % 3 == 0)                    //若 number/3 餘數為 0
    cout << number << " 是 3 的倍數";    //則顯示訊息 1
else                                    //否則
    cout << number << " 不是 3 的倍數";  //則顯示訊息 2
```

下圖是 if-else 敘述的結構圖，它顯示條件運算式的結果為 1（true）則執行敘述 1 後結束 if，條件運算式的結果為 0（false）則執行敘述 2 後結束 if。

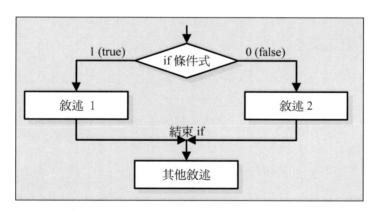

if (條件運算式)
{
    敘述區 1;
} else {
    敘述區 2;
}

● **if-else 區塊（if-else block）**的工作方式與 if-else 敘述的工作方式相似。若條件運算式的結果為 1（true）則執行區塊 1 中所有的敘述後結束 if，若條件運算式的結果為 0（false）則執行區塊 2 中所有的敘述後結束 if。

● **{ }** 大括號指示 if 區塊的起始位置與結束位置，若省略大括號則變成 if 的單行敘述。

● **敘述區**中可包含一個或多個 C++ 敘述。

程式 4-04：判斷正、負數

```
1.    //儲存檔名：d:\C++04\C0404.cpp
2.    #include <iostream>
3.    using namespace std;
4.
5.    int main(int argc, char** argv)
6.    {
7.        int number;
8.
9.        cout << "請輸入一個整數：";
10.       cin >> number;                          //輸入整數並存入 number
11.       if (number >= 0) {                      //若 number >= 0
12.           cout << number << " 是零或正整數。\n"; //  顯示訊息
13.       }                                       //if 區塊結束點
14.       else {                                  //若 number < 0
15.           cout << number << " 是負整數。\n";   //  顯示訊息
16.       }                                       //else 區塊結束點
17.       return 0;
18.   }
```

▶▶ 程式輸出：粗體字表示鍵盤輸入

請輸入一個整數：**25** Enter
25 是零或正整數

▶▶ 程式輸出：粗體字表示鍵盤輸入

請輸入一個整數：**-25** Enter
-25 是負整數。

　　上面程式的 if 區塊與 else 區塊都只包含一個敘述，所以可以省略 if 或 else 的起始與結束大括號。

程式 **4-05**：判斷奇、偶數

```
1.   //儲存檔名：d:\C++04\C0405.cpp
2.   #include <iostream>
3.   using namespace std;
4.
5.   int main(int argc, char** argv)
6.   {
7.       cout << "請輸入一整數：";
8.       int number;                        //宣告整數變數
9.       cin >> number;                     //輸入 number 資料
10.      if (number % 2 == 0)               //若 number/2 餘數為 0
11.          cout << number << " 是偶數\n";  //則顯示訊息 1
12.      else                               //否則
13.          cout << number << " 是奇數\n";  //則顯示訊息 2
14.      return 0;
15.  }
```

▶▶ 程式輸出：粗體字表示鍵盤輸入

請輸入一整數：**125**　Enter
125 是奇數

▶▶ 程式輸出：粗體字表示鍵盤輸入

請輸入一整數：**250**　Enter
250 是偶數

程式 **4-06**：判斷上限溢位

```
1.   //儲存檔名：d:\C++04\C0406.cpp
2.   #include <iostream>
3.   using namespace std;
4.
5.   int main(int argc, char** argv)
6.   {
7.       short num1, num2, sum;
8.
9.       cout << "請輸入短整數 1：";
10.      cin >> num1;                              //輸入短整數並存入 num1
11.      cout << "請輸入短整數 2：";
12.      cin >> num2;                              //輸入短整數並存入 num2
13.      if ((num1 + num2) > 32767) {              //若 num1+num2 > 32767
14.          cout << num1 << " + " << num2 << " = 上限溢位\n"; //顯示錯誤訊息
15.      } else {                                  //若 num1+num2<=32767
16.          sum = num1 + num2;
17.          cout << num1 << " + " << num2 << " = " << sum << endl;//顯示運算值
```

```
18.    }
19.    return 0;
20. }
```

▶▶ 程式輸出：粗體字表示鍵盤輸入

請輸入短整數 1：**32700** `Enter`
請輸入短整數 2：**68** `Enter`
32700 + 68 = 上限溢位

▶▶ 程式輸出：粗體字表示鍵盤輸入

請輸入短整數 1：**32700** `Enter`
請輸入短整數 2：**67** `Enter`
32700 + 67 = 32767

4.2.5 if-else if 敘述

```
if(條件運算式 1)
      敘述 1;
else if(條件運算式 2)
      敘述 2;
else
      敘述 n;
```

- **if-else if 敘述（if-else if statement）**是多選一的結構。若 if 條件運算式的值為 1（true）則執行 if 區塊的敘述後結束 if，若 if 條件運算式的值為 0（false）則再比較 else if 的條件運算式，若 else if 條件運算式的值為 1（true）則執行該 else if 區塊的敘述後結束 if，若所有的條件運算式的值皆為 0（false）則執行 else 區塊的敘述後結束 if。

- **if-else if 結構**就類似單選的選擇題。假設有 4 個選擇的單選題，若答案 1 正確則選 1，若答案 2 正確則選 2，若答案 3 正確則選 3，若 1、2、3 皆錯則選 4 以上皆非。

- **else 敘述**就等於單選題的以上皆非。可是有些題目並沒有以上皆非的答案，而且答案 1、2、3、4 皆錯怎麼辦？這時候就應該填 0。所以在 if-else if 結構中，若省略 else 敘述而所有條件運算式值皆為 0（false），則不執行任何敘述而結束 if。

下面範例是利用 if-else if 判斷變數值的正、負、或零，若變數 num>0 則 plus 加 1，若變數 num<0 則 minus 加 1，以上皆非則 zero 加 1。

```
if (num > 0)                          //若 num > 0
   plus += 1;                         //則 plus = plus + 1
else if (num < 0)                     //若 num < 0
   minus += 1;                        //則 minus = minus + 1
else                                  //以上皆非
   zero += 1;                         //則 zero = zero + 1
```

```
if(條件運算式 1)
{
     敘述區 1;
} else if(條件運算式 2) {
     敘述區 2;
} else {
     敘述區 n;
}
```

- **if-else if 區塊（if-else if block）**的工作方式與 if-else if 敘述的工作方式相似。若 if 條件運算式的值為 1（true）則執行敘述區 1 所有的敘述後結束 if，若 if 條件運算式的值為 0（false）則繼續比較其餘的 else if 的條件運算式，若其中一個 else if 的條件運算式值為 1（true）則執行該 else if 敘述區 2 所有的敘述後結束 if，若所有的條件運算式的值皆為 0（false）則執行 else 敘述區 n 的敘述後結束 if。

- 若省略 else 敘述而所有條件運算式值皆為 0（false），則不執行任何敘述而結束 if。

● **{ } 大括號**指示 if 區塊的起始與結束位置，若省略大括號則變成 if 的單行敘述。

● **敘述區**中可包含一個或多個 C++ 敘述。

下面範例是在 short 的加法運算前，利用 if-else if 判斷加法運算是否會產生 short 的上限或下限溢位，若溢位則顯示上限或下限溢位，若沒有溢位則進行 short 的加法運算。注意：若輸入值大於 32767，則會被當成負數，可能不會造成溢位。

```cpp
short num1, num2;
if ((num1 + num2) > 32767) {              //若 num1+num2>32767
    cout << num1 << " + " << num2;
    cout << " = 上限溢位";               //  顯示錯誤訊息
} else if ((num1 + num2) < -32768) {      //若 num1+num2<-32768
    cout << num1 << " + (" << num2;
    cout << ") = 下限溢位";              //  顯示錯誤訊息
} else {                                   //以上皆非
    sum = num1 + num2;
    cout << num1 << " + " << num2;
    cout << " = " << sum;                  //顯示運算值
}
```

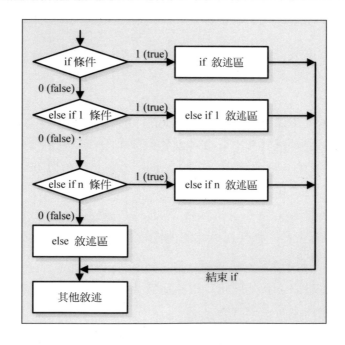

程式 **4-07**：判斷大於、小於、或等於零

```
1.    //儲存檔名：d:\C++04\C0407.cpp
2.    #include <iostream>
3.    using namespace std;
4.
5.    int main(int argc, char** argv)
6.    {
7.        int number;
8.
9.        cout << "請輸入一個整數：";
10.       cin >> number;                      //輸入整數並存入 number
11.       if(number > 0) {                    //若 number >= 0
12.           cout << number << " 大於 0\n";   //   顯示訊息
13.       }                                   //if 區塊結束點
14.       else if(number < 0) {               //若 number < 0
15.           cout << number << " 小於 0\n";   //   顯示訊息
16.       }                                   //else if 區塊結束點
17.       else {                              //以上皆非
18.           cout << number << " 等於 0\n";   //   顯示訊息
19.       }                                   //else 區塊結束點
20.       return 0;
21.   }
```

▶▶ 程式輸出：粗體字表示鍵盤輸入

請輸入一個整數：**25** Enter
25 大於 0

▶▶ 程式輸出：粗體字表示鍵盤輸入

請輸入一個整數：**-25** Enter
-25 小於 0

▶▶ 程式輸出：粗體字表示鍵盤輸入

請輸入一個整數：**0** Enter
0 等於 0

　　上面程式的 if 區塊、else if 區塊與 else 區塊都只包含一個敘述，所以可以省略 if、else if 或 else 的起始與結束大括號。

⬇ **程式 4-08**：判斷大寫、小寫、數字、與符號鍵

```
1.    //儲存檔名：d:\C++04\C0408.cpp
2.    #include <iostream>
3.    using namespace std;
4.
5.    int main(int argc, char** argv)
6.    {
7.        char letter;
8.        cout << "請按打字鍵，再按 Enter：";
9.        cin >> letter;                          //輸入字元並存入 letter
10.       if (letter >= 'A' && letter <= 'Z')     //若'A'<=letter<='Z'則
11.           cout << letter << " 為大寫鍵\n";     //   輸出字串並結束 if
12.       else if (letter >= 'a' && letter <= 'z') //若'a'<=letter<='z'則
13.           cout << letter << " 為小寫鍵\n";     //   輸出字串並結束 if
14.       else if (letter >= '0' && letter <= '9') //若'0'<=letter<='9'則
15.           cout << letter << " 為數字鍵\n";     //   輸出字串並結束 if
16.       else                                    //以上皆非則
17.           cout << letter << " 為符號鍵\n";     //   輸出字串並結束 if
18.       return 0;
19.   }
```

▶▶ **程式輸出**：粗體字表示鍵盤輸入

請按打字鍵，再按 Enter：**C** Enter
C 為大寫鍵

▶▶ **程式輸出**：粗體字表示鍵盤輸入

請按打字鍵，再按 Enter：**+** Enter
+ 為符號鍵

▶▶ **程式輸出**：粗體字表示鍵盤輸入

請按打字鍵，再按 Enter：**7** Enter
7 為數字鍵

▶▶ **程式輸出**：粗體字表示鍵盤輸入

請按打字鍵，再按 Enter：**a** Enter
a 為小寫鍵

⬇ 程式 **4-09**：區分分數等級

```
1.    //儲存檔名：d:\C++04\C0409.cpp
2.    #include <iostream>
3.    using namespace std;
4.
5.    int main(int argc, char** argv)
6.    {
7.        short number;
8.        cout << "請輸入成績 (0 - 100):";
9.        cin >> number;                          //輸入數值並存入 number
10.       if (number >= 90 && number <= 100)      //若 90<=number<=100 則
11.           cout << "成績甲等\n";               //  輸出字串並結束 if
12.       else if (number >= 80 && number <= 89)  //若 80<=number<=89 則
13.           cout << "成績乙等\n";               //  輸出字串並結束 if
14.       else if (number >= 70 && number <= 79)  //若 70<=number<=79 則
15.           cout << "成績丙等\n";               //  輸出字串並結束 if
16.       else if (number >= 60 && number <= 69)  //若 60<=number<=69 則
17.           cout << "成績丁等\n";               //  輸出字串並結束 if
18.       else if (number <= 59)                  //若 number<=59 則
19.           cout << "成績戊等\n";               //  輸出字串並結束 if
20.       return 0;
21.   }
```

▶▶ **程式輸出：粗體字表示鍵盤輸入**

請輸入分數 (0 - 100)：**95** [Enter]
成績甲等

▶▶ **程式輸出：粗體字表示鍵盤輸入**

請輸入分數 (0 - 100)：**89** [Enter]
成績乙等

▶▶ **程式輸出：粗體字表示鍵盤輸入**

請輸入分數 (0 - 100)：**78** [Enter]
成績丙等

▶▶ **程式輸出：粗體字表示鍵盤輸入**

請輸入分數 (0 - 100)：**57** [Enter]
成績戊等

程式 4-10：判斷上限與下限溢位

```
1.    //儲存檔名：d:\C++04\C0410.cpp
2.    #include <iostream>
3.    using namespace std;
4.
5.    int main(int argc, char** argv)
6.    {
7.        short num1, num2, sum;
8.
9.        cout << "請輸入短整數 1:";
10.       cin >> num1;                          //輸入字元並存入 num1
11.       cout << "請輸入短整數 2:";
12.       cin >> num2;                          //輸入字元並存入 num2
13.       if ((num1 + num2) > 32767) {          //若 num1+num2>32767
14.           cout << num1 << " + " << num2;
15.           cout << " = 上限溢位\n";           //   顯示錯誤訊息
16.       } else if ((num1 + num2) < -32768) {  //若 num1+num2<-32768
17.           cout << num1 << " + (" << num2;
18.           cout << ") = 下限溢位\n";          //   顯示錯誤訊息
19.       } else {                              //以上皆非
20.           sum = num1 + num2;
21.           cout << num1 << " + " << num2;
22.           cout << " = " << sum << endl;     //   顯示運算值
23.       }
24.       return 0;
25.   }
```

▶▶ **程式輸出：粗體字表示鍵盤輸入**

請輸入短整數 1:**-32767** Enter
請輸入短整數 2:**-2** Enter
-32767 + (-2) = 下限溢位

▶▶ **程式輸出：粗體字表示鍵盤輸入**

請輸入短整數 1:**32767** Enter
請輸入短整數 2:**2** Enter
32767 + 2 = 上限溢位

▶▶ **程式輸出：粗體字表示鍵盤輸入**

請輸入短整數 1:**30000** Enter
請輸入短整數 2:**2000** Enter
30000 + 2000 = 32000

4.2.6　巢狀 if 敘述

巢狀 if 敘述（nested if statements）是一個 if 敘述（或區塊）包含於另一個 if 敘述（或區塊）之中，簡單的說就是大 if 包小 if。

下面範例是巢狀 if 結構，首先外層 if 先判斷 number 是否大於 0，若大於 0 再進行內層 if 判斷 number 是否小於 9，二個條件皆成立時顯示 "YES" 字串。若外層 if 判斷 number 小於或等於 0，則不再執行內層 if 而結束外層 if 敘述。實際上，它相當於 if(number > 0 && number < 9) 的關係運算式。

```cpp
if (number > 0)                             //若 number>0
{
   if (number < 9)                          //若 number<9
      cout << "Yes";                        //則顯示"Yes"
}
```

下面範例先判斷 num 是否被 3 整除，若被 3 整除再判斷 num 是否被 5 整除，二個條件皆成立時顯示 "是 3 和 5 的倍數" 字串。可是當不能被 3 整除時，則執行 else 下的敘述顯示 "不是 3 的倍數" 字串。例如當 num=35 時，num 除以 3 不等於 0，所以執行 else 敘述，顯示 "35 不是 3 的倍數"。

```cpp
if (num % 3 == 0)                           //num 是否為 3 的倍數
{                                           //num 是 3 的倍數
   if (num % 5 == 0)                        //num 是否為 5 的倍數
      cout << num << "是 3 和 5 的倍數";     //num 是 3 和 5 的倍數
}
else                                        //num 不是 3 的倍數
   cout << num << "不是 3 的倍數";           //顯示字串 2
```

若將上面巢狀 if-else 區塊範例中的大括號省略如下：

```cpp
if (num % 3 == 0)                           //若 num 除以 3 等於 0
   if (num % 5 == 0)                        //若 num 除以 5 等於 0
      cout << num << "是 3 和 5 的倍數";     //則輸出數值與字串一
else                                        //若 num 除以 3 不等於 0
   cout << num << "不是 3 的倍數";           //則輸出數值與字串二
```

則 C++ 編譯器會以下面區塊型式來編譯上面的巢狀 if，雖然程式語法沒有錯誤，編譯過程也沒有錯誤，但程式邏輯錯誤，所以執行結果當然有錯。例如當 num=36 時，num 除以 3 等於 0，但 num 除以 5 不等於 0，所以執行內層的 else 敘述，顯示 "36 不是 3 的倍數"，而造成錯誤。

```
if (num % 3 == 0) {                    //若 num 除以 3 等於 0
   if (num % 5 == 0)                   //若 num 除以 5 等於 0
      cout << num << "是 3 和 5 的倍數";   //則輸出數值與字串一
   else                               //若 num 除以 5 不等於 0
      cout << num << "不是 3 的倍數";     //則輸出數值與字串二
}
```

下面範例是巢狀 if 結構來判斷 year 是否為閏年年份，判斷順序如下：

1. 不是 4 的倍數，則不是閏年，例如 2003 年。

2. 是 100 和 400 的倍數，則是閏年，例如 2000 年。

3. 是 100 但不是 400 的倍數，則不是閏年，例如 1000 年。

4. 其他是 4 的倍數，則都是閏年，例如 2004 年。

```
int year;
if (year % 4 != 0)                     //若 year 不是 4 的倍數
   cout << year << "不是閏年";          //則顯示 year 不是閏年
else if (year % 100 == 0)              //若 year 是 100 的倍數
{
   if (year % 400 == 0)                //且 year 是 400 的倍數
      cout << year << "是閏年";         //則顯示 year 是閏年
   else                               //否
      cout << year << "不是閏年";       //則顯示 year 不是閏年
}
else                                  //否
   cout << year << "是閏年";            //則顯示 year 是閏年
```

上面範例的巢狀 if 結構也可簡化成非巢狀 if 結構如下，但是判斷條件由小範圍到大範圍，例如先判斷 400 倍數、再判斷 100 倍數、再判斷 4 的倍數。

```
int year;
if(year %400 == 0) {                   //若 year 是 400 的倍數
   cout << year << "是閏年";            //則顯示 year 是閏年
} else if (year %100 ==0){             //若 year 是 100 的倍數
   cout << year << "不是閏年";          //則顯示 year 不是閏年
} else if (year %4 == 0) {             //若 year 是 4 的倍數
```

```
      cout << year << "是閏年";                //則顯示 year 是閏年
   } else {                                      //若 year 不是 4 的倍數
      cout << year << "不是閏年";              //則顯示 year 不是閏年
   }
```

如果在搭配關係運算符號與邏輯運算符號，還可將上面的範例簡化如程式 4-11。

程式 4-11：判斷閏年年份

```
1.   //儲存檔名：d:\C++04\C0411.cpp
2.   #include <iostream>
3.   using namespace std;
4.
5.   int main(int argc, char** argv)
6.   {
7.       int year;
8.       cout << "請輸入西元年份：";
9.       cin >> year;
10.      if((year%400 == 0) || ((year%4 == 0) && (year%100 != 0)))
11.          cout << year << "是閏年\n";          //則顯示 year 是閏年
12.      else                                       //否
13.          cout << year << "不是閏年\n";        //則顯示 year 不是閏年
14.      return 0;
15.  }
```

▶▶ **程式輸出：粗體字表示鍵盤輸入**

請輸入西元年份：**2021** Enter
2021 不是閏年

▶▶ **程式輸出：粗體字表示鍵盤輸入**

請輸入西元年份：**2020** Enter
2020 是閏年

▶▶ **程式輸出：粗體字表示鍵盤輸入**

請輸入西元年份：**2000** Enter
2000 是閏年

▶▶ **程式輸出：粗體字表示鍵盤輸入**

請輸入西元年份：**1000** Enter
1000 不是閏年

4.2.7 switch 敘述

```
switch (條件運算式)
{
    case 數值 1:
        敘述區 1;
        break;                          //中斷 switch
    case 數值 2:
        敘述區 2;
        break;                          //中斷 switch
    default:
        敘述區 n;
}
```

● **switch** 是多重分支的條件判斷敘述。switch 敘述的功能類似 if-else if 敘述，不同的是 switch 只有一個判斷條件，而 if-else if 可以有許多不同的判斷條件。

● **條件運算式**相當於 switch 敘述的條件，此運算式的值必須是整數（short、int、或 long）或字元（char），而不是布林值（bool）。

● **數值 1、數值 2、...、數值 n** 是與運算式的比較值。當運算式的值等於數值 1 則執行敘述區 1 的敘述，當運算式的值等於數值 2 則執行敘述區 2 的敘述，當運算式的值皆不等於數值 1、數值 2... 時則執行 default 敘述區 n 的敘述。

● **敘述區**中可包含一個或多個 C++ 敘述。

● **break** 用來中斷 switch 敘述。因為執行完任何 case 敘述區後並不自動結束 switch 區塊，所以必須使用 break 敘述結束 switch 區塊，否則他會繼續向下執行其他 case 敘述區與 default 敘述區。

● **{ }** 大括號表示 switch 區塊的起始與結束位置，若只有一個敘述則可簡化如下。

```
switch(條件運算式)
{
    case 數值 1: 敘述 1;
        break;                          // 中斷 switch
    case 數值 2: 敘述 2;
        break;                          // 中斷 switch
    default: 敘述 n;
}
```

下面範例是以 switch 敘述來比較字元變數 letter 與字元資料 'Y' 或 'N'。當 letter 的值等於 'Y' 則執行 case 'Y' 的敘述,直到執行 break 敘述才結束 switch 區塊。當 letter 的值等於 'N' 則執行 case 'N' 下的敘述,直到執行 break 敘述才結束 switch 區塊。若 letter 的值不等於 'Y' 或 'N' 則執行 default 敘述後結束 switch。

```
switch(letter)                    //條件 = letter
{
    case 'Y':                     //若 letter = 'Y'
        cout << "Yes";            //顯示 "Yes"
        break;                    //中斷 switch
    case 'N':                     //若 letter = 'N'
        cout << "No";             //顯示 "No"
        break;                    //中斷 switch
    default:                      //若 letter != 'Y'或'N'
        cout << "Unexpected";     //顯示 "Unexpected"
}
```

上面範例可被簡化如下:

```
switch(letter) {                  //條件 = letter
    case 'Y': cout << "Yes";      //letter='Y'顯示 "Yes"
        break;                    //中斷 switch
    case 'N': cout << "No";       //letter='N'則顯示 "No"
        break;                    //中斷 switch
    default:                      //若 letter != 'Y'或'N'
        cout << "Unexpected";     //顯示 "Unexpected"
}
```

或許讀者會問，若寫一個類似 if (letter=='Y' || letter=='y') 的 case 的敘述，是不是使用 case 'Y' || 'y': ？當然不是，而是使用連續的二個 case 'Y': case 'y': 表示若 letter 等於大寫 'Y' 或小寫 'y' 都執行相同的敘述。同理，使用連續的二個 case 'N': case 'n': 表示若 letter 等於大寫 'N' 或小寫 'n' 都執行相同的敘述。

下面範例的原理很簡單，當 letter = 'Y': 則符合 case 'Y': 並執行 case 'y': 與 cout << "Yes"; 直到 break; 敘述才中斷 switch，所以不論 letter 是否等於 'y': cout << "Yes"; 敘述都將被執行。而當 letter = 'y': 則符合 case 'y': 並執行 cout << "Yes"; 直到 break; 敘述才中斷 switch。

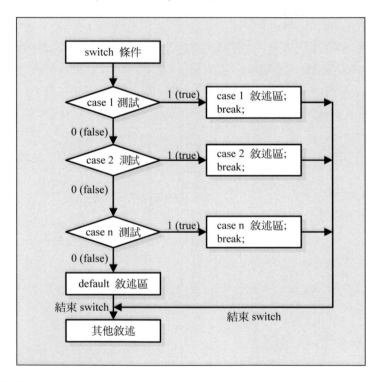

```
switch(letter) {              //條件 = letter
   case 'Y':                  //若 letter = 'Y'
   case 'y':                  //若 letter = 'y'
      cout << "Yes";          //顯示 "Yes"
      break;                  //中斷 switch
   case 'N':                  //若 letter = 'N'
   case 'n':                  //若 letter = 'n'
      cout << "No";           //顯示 "No"
```

```
      break;                          //中斷 switch
    default:                          //若 letter != 'Y'或'N'
      cout << "Unexpected";           //顯示 "Unexpected"
  }
```

程式 **4-12**：按 + - * / 鍵執行 + - * / 運算

```
1.    //儲存檔名：d:\C++04\C0412.cpp
2.    #include <iostream>
3.    using namespace std;
4.
5.    int main(int argc, char** argv)
6.    {
7.        char letter;
8.        int num1 = 75, num2 = 15;
9.        cout << "num1 = 75, num2 = 15 \n";
10.       cout << "請選擇 +,-,*,/ : ";
11.       cin >> letter;                      //輸入字元並存入 letter
12.       switch (letter)
13.       {
14.         case '+':                          //若 letter = '+'
15.            cout << "num1 + num2 = " << num1 + num2;
16.            cout << endl; break;            //跳行、並跳出 switch
17.         case '-':                          //若 letter = '-'
18.            cout << "num1 - num2 = " << num1 - num2;
19.            cout << endl; break;            //跳行、並跳出 switch
20.         case '*':                          //若 letter = '*'
21.            cout << "num1 * num2 = " << num1 * num2;
22.            cout << endl; break;            //跳行、並跳出 switch
23.         case '/':                          //若 letter = '/'
24.            cout << "num1 / num2 = " << num1 / num2;
25.            cout << endl; break;            //跳行、並跳出 switch
26.       }
27.       return 0;
28.   }
```

▶▶ 程式輸出：粗體字表示鍵盤輸入

```
num1 = 75, num2 = 15
請選擇 +,-,*,/ : + Enter
num1 + num2 = 90
```

▶▶ 程式輸出：粗體字表示鍵盤輸入

```
num1 = 75, num2 = 15
請選擇 +,-,*,/ : - Enter
num1 - num2 = 60
```

>> 程式輸出：粗體字表示鍵盤輸入

---

num1 = 75, num2 = 15
請選擇 +,-,*,/ ：***** Enter
num1 * num2 = 1125

>> 程式輸出：粗體字表示鍵盤輸入

---

num1 = 75, num2 = 15
請選擇 +,-,*,/ ：**/** Enter
num1 / num2 = 5

程式 **4-13**：建立功能表

```
1.   //儲存檔名：d:\C++04\C0413.cpp
2.   #include <iostream>
3.
4.   using namespace std;
5.
6.   int main(int argc, char** argv)
7.   {
8.       char inChar;
9.       cout << "a. 新增資料\tb. 插入資料\tc. 刪除資料\t 其他. 結束程式：";
10.      cin >> inChar;                      //inChar=輸入字元
11.      switch (inChar)
12.      {
13.        case 'A':                         //若 inChar 為 A 字元
14.        case 'a':                         //或 inChar 為 a 字元
15.          cout << "新增資料\n";
16.          break;
17.        case 'B':                         //若 inChar 為 B 字元
18.        case 'b':                         //或 inChar 為 b 字元
19.          cout << "插入資料\n";
20.          break;
21.        case 'C':                         //若 inChar 為 C 字元
22.        case 'c':                         //或 inChar 為 c 字元
23.          cout << "刪除資料\n";
24.          break;
25.        default:                          //inChar 為其他字元
26.          cout << "結束程式\n";
27.      }
28.      return 0;
29.   }
```

>> **程式輸出：粗體字表示鍵盤輸入**

a. 新增資料　　b. 插入資料　　c. 刪除資料　　其他. 結束程式：**a** Enter

新增資料

>> **程式輸出：粗體字表示鍵盤輸入**

a. 新增資料　　b. 插入資料　　c. 刪除資料　　其他. 結束程式：**b** Enter

插入資料

>> **程式輸出：粗體字表示鍵盤輸入**

a. 新增資料　　b. 插入資料　　c. 刪除資料　　其他. 結束程式：**c** Enter

刪除資料

>> **程式輸出：粗體字表示鍵盤輸入**

a. 新增資料　　b. 插入資料　　c. 刪除資料　　其他. 結束程式：**z** Enter

結束程式

4.2.8 條件運算符號

> 變數 = 運算式 1？運算式 2：運算式 3;

● **條件運算符號（?:）** 的第一種用法是若運算式 1 為 true（1）則變數等於運算式 2，若運算式 1 為 false（0）則變數等於運算式 3 的值。

　下面範例是令 letter 等於條件運算式的值，也就是當 num>=0 則 letter = '+'，而當 num<0 則 letter = '-'。

```
letter = (num >= 0) ? '+' : '-';
```

　上面條件運算式可以改成等效的 if-else 敘述如下，由此可知 1 行的條件運算敘述比 4 行的 if 敘述簡化許多。

```
if (num >= 0)                          //若 num >= 0
    letter = '+';                      // letter = '+'
else                                   //否
    letter = '-';                      // letter = '-'
```

運算式 1？敘述 2：敘述 3

● **條件運算符號（?:）**的第二種用法是當運算式 1 為 true（1）則執行敘述 2，而運算式 1 為 false（0）則執行敘述 3。

下面範例是當 num>=0 則 plus += 1，而當 num<0 則 minus += 1。

```
(num >= 0) ? plus+=1 : minus+=1;
```

上面範例若改用一般敘述，則其敘述如下：

```
if (num >= 0)                                  //若 num >= 0
   plus += 1;                                   //則 plus = plus + 1
else                                            //否
   minus += 1;                                  //則 minus = minus + 1
```

程式 4-14：判斷正數或負數

```
1.    //儲存檔名：d:\C++04\C0414.cpp
2.    #include <iostream>
3.    using namespace std;
4.
5.    int main(int argc, char** argv)
6.    {
7.        int num;
8.
9.        cout << "請輸入整數：";
10.       cin >> num;                            //輸入整數
11.       cout << num;                           //顯示輸入值
12.       cout << ((num > 0) ? "是正數\n" : "是負數\n");//執行條件運算敘述
13.       return 0;
14.   }
```

▶▶ 程式輸出：粗體字表示鍵盤輸入

請輸入整數：**25** Enter
25 是正數

▶▶ 程式輸出：粗體字表示鍵盤輸入

請輸入整數：**-25** Enter
-25 是負數

4.3 習題

選擇題

1. ＞、＜、＞=、＜=、==、!= 等符號稱為_____符號。

   a) 算術運算　　　b) 指定運算　　　c) 關係運算　　　d) 邏輯運算

2. _____是關係運算符號中，比較二運算式是否等於的運算符號。

   a) ==　　　　　b) !=　　　　　c) =　　　　　d) ->

3. 在 if 敘述中，判斷變數 number 的值是否介於-10 到 10 之間的條件運算式是_____。

   a) -10 <= number <= 10　　　　　b) number >= -10 && <= 10

   c) number => -10 && number <= 10　d) number >= -10 && number <= 10

4. 假設 x = 5, y = 3 則運算式 x == 5 || y > 3 的值是_____。

   a) 0　　　　　b) 1　　　　　c) 3　　　　　d) 5

5. 假設 number 的起始值為 10，則執行下列 if 敘述後 number = _____。

   ```
   if(number <= 10)
      number *= 2;
   else
      if(number > 50)
         number *= 3;
   ```

   a) 10　　　　　b) 20　　　　　c) 30　　　　　d) 50

6. 下列程式碼的輸出結果是_____。

   ```
   int num = 10;
   if(num % 5 == 0 && num % 3 == 0) {
      cout << "是 3 和 5 的倍數";
   } else if(num % 5 == 0) {
      cout << "是 5 的倍數";
   } else if(num % 3 == 0) {
      cout << "是 3 的倍數";
   } else {
      cout << "不是 3 或 5 的倍數";
   }
   ```

a) 是 3 的倍數   b) 是 5 的倍數

c) 是 3 和 5 的倍數   d) 不是 3 或 5 的倍數

7. 下列程式碼的輸出結果是_____。

```cpp
int a = -10;
char letter = (a > 0) ? '+' : '-';
cout << letter;
```

a) '+'   b) '-'   c) -10   d) 以上皆非

8. 執行下列程式碼，則 x = _____。

```cpp
int x;
int y = 1;
x = (y == 0) ? 5 : 10;
```

a) 0   b) 5   c) 10   d) 以上皆非

實作題

1. 寫一 C++ 程式，由鍵盤輸入國文、英文、數學三科的成績，然後計算並顯示總分與平均，當平均高於 90 分則顯示一恭喜的訊息。

2. 寫一 C++ 程式計算中華郵政 2018 年普通小包郵資費，由鍵盤輸入包裹重量，然後計算並顯示包裹郵費，其中重量與郵費對應如下表。

級別	重量(公克)	郵費(元)
1	<20	8
2	21~50	16
3	51~100	24
4	101~250	40
5	251~500	72
6	501~1000	112
7	1001~2000	160

重複迴圈

5.1 增減運算符號

雖然 C++ 語言已經提供了算術運算符號的加法（+）與減法（-）與混合指定運算符號的加法指定（+=）與減法指定（-=）等符號，但為了提供使用者更多的選擇，C++ 語言還提供增量（++）與減量（--）運算符號。

5.1.1 增量運算符號 ++

增量（increment）運算就是運算元加 1。3.4.1 節介紹過加法運算符號（+）與 3.5.3 節的加法指定運算符號（+=）皆可用於執行加 1 運算，如下範例所示。

```
num = num + 1;                          //num 的值加 1
num += 1;                               //num 的值加 1
```

C++ 語言還提供增量運算符號（++），它是單運算元符號（unary operators），功能是執行運算元加 1，所以上面範例若改用增量運算符號，則更簡單容易如下。

```
num++;                                  //功能與 num=num+1 相同
```

如果真要追根究底詢問，為什麼有加法運算符號（+）與加法指定運算符號（+=），還要提供增量運算符號（++）？這是脫褲子放屁，還是找 C++ 使用者麻煩？答案當然不是。實際上，是因為 CPU 提供 "ADD 運算元 A, 運算元 B" 與 "INC 運算元" 二種指令,而 INC 的執行速度比 ADD 的執行速度快很多,所以若只是要執行運算元加 1 則使用 INC 指令,也就 是 C++ 提供的增量運算符號(++)。

或許有些讀者不在乎幾奈秒(nano second)的時間,但如果比較下面 二敘述,還是會發現增項與減量運算符號的方便。

```
int num = 9;                            //宣告整數變數
cout << num + 1;                        //第一式
cout << ++num;                          //第二式
```

上面二個等式接輸出 10,但第一式輸出 num+1=10 後 num 仍等於 9, 而第二式則是先執行 num=num+1=10 後再輸出 num 值。

```
++變數                                  //前置型增量
變數++                                  //後置型增量
```

- **增量運算符號(increment operators)**分為前置型(prefix mode) 增量與後置型(postfix mode)增量。當單獨使用增量運算符號 時,不論前置增量或後置增量都是執行運算元加 1,但配合其他 敘述使用時前置增量或後置增量則不同作用。

- **變數(variable)** 是 ++ 符號的運算元。++ 只能用於代表記憶體 的變數加 1,不能用於常數或運算式加 1。

```
++num;                                  //與 num=num+1 功能相同
num++;                                  //與 num=num+1 功能相同
```

- **前置型增量**又稱預先增量(**pre-increment**),當配合其他敘述 使用時,增量運算元先加 1 再執行其他敘述。如下面範例,cout << ++num 是先執行增加 num 為 2 再輸出 num 值(=2),所以輸 出值為 2。

```
int num = 1;
cout << ++num;                          //先執行++num=2,再輸出
num
```

● **後置型增量**又稱後續增量（**post-increment**），當配合其他敘述使用時，是先執行其他敘述再執行增量運算。因此後續增量的值不影響配合的敘述，但影響以後的敘述。如下面範例，cout << num++ 是先輸出 num 值（=1）再增加 num 值為 2。

```
int num = 1;
cout << num++;                              //先輸出 num=1 再執行
num++
```

程式 5-01：測試預先增量

```
1.   //儲存檔名：d:\C++05\C0501.cpp
2.   #include <iostream>
3.   using namespace std;
4.
5.   int main(int argc, char** argv)
6.   {
7.       int c = 0;                         //宣告變數
8.       cout << ++c << endl;               //c=0+1=1 後輸出 c 值=1
9.       cout << ++c << endl;               //c=1+1=2 後輸出 c 值=2
10.      cout << ++c << endl;               //c=2+1=3 後輸出 c 值=3
11.      return 0;
12.  }
```

▶▶ 程式輸出

```
1
2
3
```

程式 5-02：測試後續增量

```
1.   //儲存檔名：d:\C++05\C0502.cpp
2.   #include <iostream>
3.   using namespace std;
4.
5.   int main(int argc, char** argv)
6.   {
7.       int c = 0;                         //宣告變數
8.       cout << c++ << endl;               //輸出 c=0 後 c=0+1=1
9.       cout << c++ << endl;               //輸出 c=1 後 c=0+1=2
10.      cout << c++ << endl;               //輸出 c=2 後 c=0+1=3
11.      return 0;
12.  }
```

```
0
1
2
```

5.1.2 減量運算符號 --

減量（decrement）運算就是運算元減 1。3.4.1 節介紹過減法運算符號（-）與 3.5.3 節的減法指定運算符號（-=）皆可用於執行減 1 運算，如下範例所示。

```
num = num - 1;                              //num 的值減 1
num -= 1;                                    //num 的值減 1
```

除了減法運算符號（-）與減法指定運算符號（-=）之外，C++ 語言還提供減量運算符號（--），它是單運算元符號（unary operators），功能是執行運算元減 1，所以上面範例若改用減量運算符號，則更簡單容易如下。

```
num--;                                       //功能與 num=num-1 相同
```

同理，減法運算符號（-）與減法指定運算符號（-=）編譯成 SUB 機械碼，而減量運算符號（--）則被編譯成 DEC 機械碼，所以（--）運算速度快於（-）與（-=）。

```
--變數                                         //前置型減量
變數--                                         //後置型減量
```

- **減量量運算符號**（increment operators）分為前置型（prefix mode）減量與後置型（postfix mode）減量。當單獨使用減量運算符號時，不論前置減量或後置減量都是執行運算元減 1，但配合其他敘述使用時前置減量或後置減量則不同作用。

- **變數**（variable）是 -- 符號的運算元。-- 只能用於代表記憶體的變數減 1，不能用於常數或運算式減 1。

```
--num;                                      //與 num=num-1 功能相同
num--;                                      //與 num=num-1 功能相同
```

- **前置型減量**又稱預先減量（**pre-decrement**），當配合其他敘述使用時，減量運算元先減 1 再執行其他敘述。如下面範例，cout << --num 是先執行 num-1 等於 0 再輸出 num 值（=0），所以輸出值為 0。

```
int num = 1;
cout << --num;                              //先執行--num=0,再輸出 num
```

- **後置型減量**又稱後續減量（**post-decrement**），當配合其他敘述使用時，是先執行其他敘述再執行減量運算。因此後續減量的值不影響配合的敘述，但影響以後的敘述。如下面範例，cout << num-- 是先輸出 num 值（=1）num 再減 1。

```
int num = 1;
cout << num--;                              //先輸出 num=1 再執行 num--
```

程式 **5-03**：測試預先減量

```
1.   //儲存檔名：d:\C++05\C0503.cpp
2.   #include <iostream>
3.   using namespace std;
4.
5.   int main(int argc, char** argv)
6.   {
7.       int c = 3;                     //宣告變數
8.       cout << --c << endl;           //c=3-1=2 後輸出 c 值
9.       cout << --c << endl;           //c=2-1=1 後輸出 c 值
10.      cout << --c << endl;           //c=1-1=0 後輸出 c 值
11.      return 0;
12.  }
```

▶▶ 程式輸出

```
2
1
0
```

程式 5-04：測試後續減量

```
1.    //儲存檔名:d:\C++05\C0504.cpp
2.    #include <iostream>
3.
4.    using namespace std;
5.
6.    int main(int argc, char** argv)
7.    {
8.       int c = 3;                        //宣告變數
9.       cout << c-- << endl;              //輸出 c=3 後 c=3-1=2
10.      cout << c-- << endl;              //輸出 c=2 後 c=2-1=1
11.      cout << c-- << endl;              //輸出 c=1 後 c=1-1=0
12.      return 0;
13.   }
```

▶▶ 程式輸出

```
3
2
1
```

5.1.3 ++/--與算術運算式

雖然增量（++）與減量（--）運算符號不能對整個運算式加 1 或減 1，但卻可用於算術運算式中的某一個變數。如下面第一個範例，x = a * b++; 其中 b++ 是後置運算，所以執行順序是先執行 x = a * b 再執行 b=b+1。而下面第二個範例，x = a * ++b; 其中++b 是前置運算，所以執行順序是先執行 b=b+1 再執行 x = a * b。

```
a = 5;
b = 2;
x = a * b++;                             //先x=a*b=10,後
b=b+1=3
```

```
a = 5;
b = 2;
x = a * ++b;                             //先b=b+1=3,後
x=a*b=15
```

增量或減量符號的運算元必須是代表記憶體的變數，如果用於常數或運算式之前或之後，則將產生 "Lvalue required" 的錯誤訊息，如下面二個

範例。所謂 Lvalue 是指變數，此變數代表記憶體的位址且此變數值可以被
改變。

```
a = 5;
b = 2;
x = ++(a * b);                          //錯誤, 需要 Lvalue


a = 5;
b = 2;
x = (a * b)++;                          //錯誤, 需要 Lvalue
```

5.1.4 ++/--與關係運算式

同理，增量（++）與減量（--）運算符號也可用於關係運算式中的某一
個變數。如下面第一個範例，if(n-- < 0) 其中 n-- 是後置運算，所以執行順
序是先判斷 n 是否小於 0 再執行 n=n-1=-1。而下面第二個範例，if(--n < 0) 其
中--n 是前置運算，所以執行順序是先執行 n=n-1=-1 再判斷 n 是否小於 0。

```
n = 0;
if(n-- < 0)                             //先判斷 n<0,後 n=n-1=-1
   cout << n << " 是負數";


n = 0;
if(--n < 0)                             //先 n=n-1=-1,後判斷 n<0
   cout << n << " 是負數";
```

5.2 迴圈敘述

迴圈是重複執行某一敘述區的敘述。所以將需要重複執行的敘述置於
迴圈中，再給予迴圈一個計數值，則此計數值將依初值、結束值、與增減
量來決定執行迴圈的次數。

下面範例是循序式結構的程式，為了重複輸出 i 值 5 次，而每輸出 1
次後 i 值加 1，它重複了 5 次同樣的敘述。如果依據循序式結構，為了要
重複輸出 i 值 100 次，則要重複同樣的敘述 100 次。為了要重複輸出 i 值
1000 次，則要重複同樣的敘述 1000 次。這種寫作程式的方法實在是太沒

有效率了，所以本章將介紹重複式結構的程式，以便有效的管理重複式的動作與敘述。

```
int i = 1;                                    //i=1
cout << i << endl;
i = i + 1;                                    //i=1+1=2
cout << i << endl;
i = i + 1;                                    //i=2+1=3
cout << i << endl;
i = i + 1;                                    //i=3+1=4
cout << i << endl;
i = i + 1;                                    //i=4+1=5
cout << i << endl;
```

下面則以 for 迴圈敘述來管理重複的動作，其輸出結果與上面範例相同，但卻省掉許多敘述。只重複 5 次或許差異還不算太大，若重複 100 次或 1000 次則上面範例將有 200 個或 2000 個敘述，而下面範例只需將 i<=5 改成 i<=100 或 i<=1000 即可。

```
for(int i=1; i<=5; i++)                       //i=1, 2, 3, 4, 5
    cout << i << endl;
```

上面二個範例的輸出如下：

```
1
2
3
4
5
```

5.2.1 前測試迴圈 while

while (條件運算式)
    單一敘述;

- **while 迴圈（while loop）** 是一個前測試迴圈（pre-test loop）。
  while 敘述包含條件運算式與一個 C++ 敘述，當條件運算式成立時則執行該 C++ 敘述，若條件運算式繼續成立則該敘述繼續被執行。

● **條件運算式**是判斷迴圈是否繼續的運算式，其結果必須是布林值（bool）。若條件成立（true）則迴圈繼續，若條件不成立（false）則迴圈中止。

● **單一敘述**是一個 C++ 敘述。

```
while (條件運算式)
{
    多敘述區;
}
```

● **while 迴圈（while loop）**是一個前測試迴圈（pre-test loop）。while 區塊包含條件運算式與多個 C++ 敘述，當條件運算式成立時則執行迴圈內的多個 C++ 敘述，若條件運算式繼續成立則敘述區的多個敘述繼續被執行。

● **多敘述區**中可包含一個或多個 C++ 敘述。

● **{ }** 大括號表示 while 區塊的起始與結束位置。

下面範例是測試輸入值，若 year != 0 成立，則執行迴圈內敘述 cin >> year，讀取鍵盤輸入值到 year，若輸入值仍不等於 0 則迴圈繼續成立，直到輸入值等於 0 迴圈條件不成立而結束迴圈。

```
cin >> year;                          //輸入 year
while (year != 0)                     //若 year!=0 則迴圈成立
{
    cin >> year;                      //輸入 year
}
```

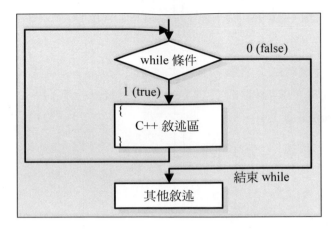

圖 5.1 while 迴圈流程圖

⬇ **程式 5-05**：判斷輸入值是否為 0

```
1.    //儲存檔名：d:\C++05\C0505.cpp
2.    #include <iostream>
3.    using namespace std;
4.
5.    int main(int argc, char** argv)
6.    {
7.        int year;
8.        cout << "請輸入整數，若輸入 0 則結束:";
9.        cin >> year;                        //讀取鍵盤輸入
10.       while (year != 0)                   //若輸入不是 0 則迴圈成立
11.       {
12.           cout << "請輸入整數，若輸入 0 則結束:";
13.           cin >> year;                    //讀取鍵盤輸入
14.       }
15.       return 0;
16.   }
```

▶▶ **程式輸出：粗體字表示鍵盤輸入**

請輸入整數，若輸入 0 則結束：**5** `Enter`
請輸入整數，若輸入 0 則結束：**3** `Enter`
請輸入整數，若輸入 0 則結束：**0** `Enter`

⬇ **程式 5-06**：判斷閏年年份

```
1.    //儲存檔名：d:\C++05\C0506.cpp
2.    #include <iostream>
3.    using namespace std;
4.
```

```
5.   int main(int argc, char** argv)
6.   {
7.       unsigned int year;
8.       cout << "請輸入西元年份，若輸入 0 則結束:";
9.       cin >> year;
10.      while (year != 0)                         //若輸入不是 0 則迴圈成立
11.      {
12.          if ((year%400==0) || (year%4==0) && (year%100!=0))
13.              //若(year 是 400 倍數)或(year 是 4 的倍數且不是 100 的倍數)
14.              cout << year << "年是閏年";          //則顯示 year 不是閏年
15.          else
16.              cout << year << "不年是閏年";          //則顯示 year 不是閏年
17.
18.          cout << "\n 請輸入西元年份，若輸入 0 則結束:";
19.          cin >> year;
20.      }
21.      return 0;
22.  }
```

▶▶ 程式輸出：粗體字表示鍵盤輸入

請輸入西元年份，若輸入 0 則結束：**2021** `Enter`
2021 年不是閏年
請輸入西元年份，若輸入 0 則結束：**2000** `Enter`
2000 年是閏年
請輸入西元年份，若輸入 0 則結束：**1000** `Enter`
1000 年不是閏年
請輸入西元年份，若輸入 0 則結束：**400** `Enter`
400 年是閏年
請輸入西元年份，若輸入 0 則結束：**0** `Enter`

5.2.2 計數器 counter

在 while 迴圈加上計數器成為 while 計數型迴圈，執行此迴圈不須讀取鍵盤輸入，利用計數值增減而自動終止迴圈。如下圖（1）設定計數器初值在 while 敘述之前，（2）利用計數值作為 while 的條件運算式，（3）條件運算式成立則執行 while 區塊中的敘述而且計數器遞增或遞減，（4）重回步驟 3 重新判斷計數值，若條件成立則執行 while 區塊敘述，且計數值再遞增或遞減，直到條件不成立則結束 while 迴圈。

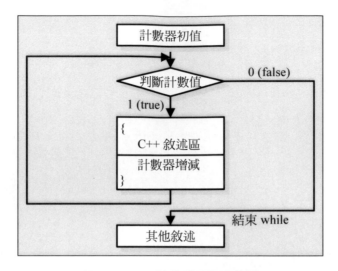

圖 5.2 while 計數型迴圈流程圖

下面範例是測試計數值，（1）設定 count 的初值為 1，（2）判斷 count <= 9，（3）若 count <= 9 成立則執行 cout << count 敘述並令 count++，（4）重回步驟 3 再判斷 count <= 9 是否成立，若條件成立則執行 cout << count 敘述並令 count++，若條件不成立則結束 while 迴圈。因此迴圈會輸出 1 至 9，而 count++ 後 count = 10 > 9 則結束迴圈。

```
int count = 1;                          //計數值 count = 1
while (count <= 9)                      //設定 while 條件運算式
{
    cout << count;                      //輸出 count 值
    count++;                            //計數值 count 加 1
}
```

如果將上面範例的 count++; 敘述搬到 cout << count; 敘述之前如下面範例，則輸出改為 2 至 10，因為 count 輸出前先加 1。

```
int count = 1;                          //計數值 count = 1
while (count <= 9)                      //設定 while 條件運算式
{
    count++;                            //計數值 count 加 1
    cout << count;                      //輸出 count 值
}
```

如果將 count++; 敘述置於 cout << count; 敘述之前，但仍然輸出 1 至 9，則必須修改計數器 count 的初值 = 0 而條件改為 count <= 8 或 count < 9，如下面範例。

```
int count = 0;                          //計數值 count = 0
while (count < 9)                       //設定 while 條件運算式
{
    count++;                            //計數值 count 加 1
    cout << count;                      //輸出 count 值
}
```

下面範例是將上一個範例的 count++ 併入條件運算式中，則程式簡化如下，它仍然是先判斷 count 是否 < 9，然後再執行 count++。

```
int count = 0;                          //計數值 count = 0
while (count++ < 9)                     //設定 while 條件運算式
    cout << count;                      //輸出 count 值
```

程式 5-07：列出 1 2 3 4 5 6 7 8 9

```
1.    //儲存檔名：d:\C++05\C0507.cpp
2.    #include <iostream>
3.    using namespace std;
4.
5.    int main(int argc, char** argv)
6.    {
7.        int count = 0;                //宣告迴圈計數初值
8.        while (count++ < 9)           //定義 while 迴圈
9.        {
10.           cout << count << ' ';     //迴圈敘述
11.       }
12.       cout << endl;    //輸出跳行
13.       return 0;
14.   }
```

程式輸出

```
1 2 3 4 5 6 7 8 9
```

下面範例是以遞減方式計數，因此它的起始值為 10，而以 >= 1 判斷是否結束。while 是先執行 --count，然後再判斷 count 是否 >= 1，所以它的輸出是 9 8 7 6 5 4 3 2 1。

```
int count = 10;                         //計數值 count = 10
while (--count >= 1)                    //設定 while 條件運算式
    cout << count;                      //輸出 count 值
```

程式 5-08：計算 10 + 9 + 8 + … + 1

```
1.    //儲存檔名：d:\C++05\C0508.cpp
2.    #include <iostream>
3.
4.    using namespace std;
5.
6.    int main(int argc, char** argv)
7.    {
8.        int count = 11, sum = 0;
9.
10.       while (--count >= 1)              //定義 while 迴圈
11.           sum += count;                //sum=sum+count
12.       cout << "10 + 9 + 8 + ... + 1 = " << sum  //輸出字串與總和
13.           << endl;                     //跳行
14.       return 0;
15.   }
```

▶▶ 程式輸出

```
10 + 9 + 8 + ... + 1 = 55
```

　　下表顯示程式 5-8 的重複過程，最左欄列出執行 while 條件之前的 count 值，第二欄是先執行 --count 的值，第三欄則判斷 count >= 1 是否成立，若條件成立則執行第四欄的 sum+=count 敘述。因此，當最後一列 count=1，--count=0，count>=1 不成立則結束程式，而 sum 仍維持前一次運算值 55。

count	--count	count >= 1	sum += count
11	count=11-1=10	成立	sum = 0+10 =10
10	count=10-1=9	成立	sum = 10+9 = 19
9	count=9-1=8	成立	sum = 19+8 = 27
8	count=8-1=7	成立	sum = 27+7 = 34
7	count=7-1=6	成立	sum = 34+6 = 40
6	count=6-1=5	成立	sum = 40+5 = 45
5	count=5-1=4	成立	sum = 45+4 = 49

count	--count	count >= 1	sum += count
4	count=4-1=3	成立	sum = 49+3 = 52
3	count=3-1=2	成立	sum = 52+2 = 54
2	count=2-1=1	成立	sum = 54+1 = 55
1	count=1-1=0	不成立結束 while	

程式 5-09：列出 2^1 至 2^{10} 值

```cpp
1.    //儲存檔名：d:\C++05\C0509.cpp
2.    #include <iostream>
3.    #include <iomanip>
4.    #include <cmath>
5.    using namespace std;
6.
7.    int main(int argc, char** argv)
8.    {
9.        double count = 0;                    //while 迴圈初值
10.       double power;                        //宣告 power 變數
11.       cout << "計數\t" << "2 的 n 次方\n";    //輸出字串
12.       while (count++ < 10)                 //判斷 count<10 後再加 1
13.       {
14.           power = pow(2, count);           //計算 2 的 n 次方
15.           cout << setw(3) << count << '\t'; //輸出計數值
16.           cout << setw(6) << power << endl; //輸出 2 的 n 次方值
17.       }
18.       return 0;
19.   }
```

▶▶ 程式輸出

```
計數    2 的 n 次方
  1        2
  2        4
  3        8
  4       16
  5       32
  6       64
  7      128
  8      256
  9      512
 10     1024
```

5.2.3 後測試迴圈 do-while

```
do
    單一敘述;
while (條件運算式);
```

- **do-while 迴圈（do-while loop）**是後測試型迴圈（post-test loop）。do-while 敘述先執行 do 迴圈內的單一敘述,再測試 while 條件是否成立,若成立則返回迴圈起點重複執行迴圈敘述。因此,do-while 迴圈內的敘述至少會被執行一次。

- **條件運算式**是判斷迴圈是否繼續的運算式,其結果必須是布林值(bool)。若條件成立(true)則迴圈繼續,若條件不成立(false)則迴圈中止。

- **單一敘述**是一個 C++ 敘述。

```
do
{
    多敘述區;
} while (條件運算式);
```

- **do-while 迴圈（do-while loop）**是後測試型迴圈（post-test loop）。do-while 區塊先執行 do 迴圈敘述區,再測試 while 條件是否成立,若成立則返回迴圈起點重複執行迴圈敘述區的敘述。因此,do-while 敘述區內的敘述至少會被執行一次。

- **條件運算式**是判斷迴圈是否繼續的運算式,其結果必須是布林值(bool)。若條件成立(true)則迴圈繼續,若條件不成立(false)則迴圈中止。

- **多敘述區**中可包含一個或多個 C++ 敘述。

- **{ }** 大括號表示 while 區塊的起始與結束位置。

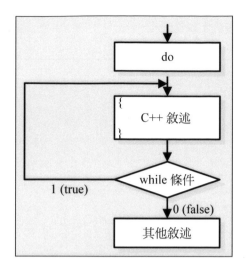

圖 5.3 do-while 迴圈流程圖

　　下面範例是先執行迴圈內敘述然後再測試輸入值，所以先執行迴圈內敘述 cin >> year; 然後由輸入值測試 year != '\0' 是否成立，若輸入值仍不等於 '\0' 則迴圈繼續，直到輸入值等於 0 則迴圈條件不成立而結束迴圈。

```
do
{
   cin >> year;                              //輸入 year
} while (year != 0);                         //若 year!=0 則迴圈繼續
```

程式 5-10：判斷輸入值是否為 0

```
1.   //儲存檔名：d:\C++05\C0510.cpp
2.   #include <iostream>
3.   using namespace std;
4.
5.   int main(int argc, char** argv)
6.   {
7.      unsigned int year;
8.      do
9.      {
10.        cout << "請輸入整數，若輸入 0 則結束：";
11.        cin >> year;                       //讀取鍵盤輸入
12.     } while (year != 0);                  //若輸入不是 0 則迴圈繼續
13.     return 0;
14.   }
```

▶▶ 程式輸出：粗體字表示鍵盤輸入

請輸入整數，若輸入 0 則結束：**5** `Enter`
請輸入整數，若輸入 0 則結束：**3** `Enter`
請輸入整數，若輸入 0 則結束：**0** `Enter`

⬇ 程式 **5-11**：計算正、負、零的個數

```
1.    //儲存檔名：d:\C++05\C0511.cpp
2.    #include <iostream>
3.    using namespace std;
4.
5.    int main(int argc, char** argv)
6.    {
7.       char inkey;
8.       short num;
9.       short  plus = 0, minus = 0, zero = 0;
10.      do
11.      {
12.         cout << "請輸入 -32768 到 32767 的數值：";
13.         cin >> num;                            //輸入有號整數
14.         if (num != 0)                          //若 num 不等於 0
15.            (num > 0) ? plus++ : minus++;       //執行條件運算敘述
16.         else                                   //否則
17.            zero++;                             //zero = zero + 1
18.         cout << "是否輸入下一筆數值 (y/n)：";
19.         cin >> inkey;                          //輸入字元
20.      } while (inkey == 'Y' || inkey == 'y'); //若字元='Y'則重複迴圈
21.      cout << "\n 正數有" << plus << "個";        //顯示正數個數
22.      cout << "\n 負數有" << minus << "個";       //顯示負數個數
23.      cout << "\n 零有" << zero << "個\n";        //顯示零的個數
24.      return 0;
25.   }
```

▶▶ 程式輸出：粗體字表示鍵盤輸入

請輸入 -32768 到 32767 的數值：**1024** `Enter`
是否輸入下一筆數值 (y/n)：**y** `Enter`
請輸入 -32768 到 32767 的數值：**-32768** `Enter`
是否輸入下一筆數值 (y/n)：**y** `Enter`
請輸入 -32768 到 32767 的數值：**0** `Enter`
是否輸入下一筆數值 (y/n)：**y** `Enter`
請輸入 -32768 到 32767 的數值：**-128** `Enter`
是否輸入下一筆數值 (y/n)：**y** `Enter`
請輸入 -32768 到 32767 的數值：**12345** `Enter`
是否輸入下一筆數值 (y/n)：**n** `Enter`

```
正數有 2 個
負數有 2 個
零有 1 個
```

在 do-while 迴圈加上計數器成為 do-while 計數型迴圈。與 while 計數型迴圈類似，執行此迴圈不須讀取鍵盤輸入，利用計數值增減而自動終止迴圈。如下圖（1）設定計數器初值在 do 敘述之前，（2）執行 do-while 區塊內的敘述，（3）令計數器遞增或遞減，（4）利用計數值作為 do-while 的條件運算式，此條件運算式成立則重回步驟 2 繼續執行 do-while 區塊中的敘述，直到條件不成立則結束 do-while 迴圈。

下面範例是後測試計數型 do-while 迴圈，其結構與 while 迴圈類似，只是將 while(條件運算式) 搬到 do-while 敘述區塊之後，所以同樣輸出 1 至 9。

```
int count = 1;                          //計數值 count = 1
do
{
    cout << count;                      //輸出 count 值
    count++;                            //計數值 count 加 1
} while (count <= 9);                   //設定 while 條件運算式
```

如果將 count++ 併入條件運算式以簡化程式，但仍保留 count 的起始值 1 與結束條件 count <= 9，則只須修改條件運算式為 ++count <= 9 即可。

```
int count = 1;                          //計數值 count = 1
do
{
    cout << count;                      //輸出 count 值
} while (++count <= 9);                 //設定 while 條件運算式
```

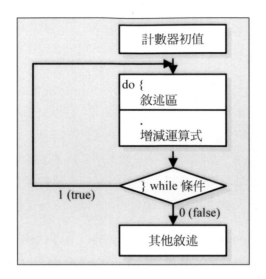

圖 5.4 do-while 計數型迴圈流程圖

程式 **5-12**：列出 1 2 3 4 5 6 7 8 9

```
1.    //儲存檔名：d:\C++05\C0512.cpp
2.    #include <iostream>
3.    using namespace std;
4.
5.    int main(int argc, char** argv)
6.    {
7.       int count = 1;                      //宣告迴圈計數初值
8.       do
9.       {
10.         cout << count << ' ';            //迴圈敘述
11.      } while (count++ < 9);              //設定 while 條件運算式
12.      cout << endl;                       //跳行
13.      return 0;
14.   }
```

▶▶ 程式輸出

1 2 3 4 5 6 7 8 9

　　下面範例是以遞減方式計數，因此它的起始值為 9，而以 > 0 判斷是否結束。while 先執行--count，然後再判斷 count 是否 > 0，所以它的輸出是 9 8 7 6 5 4 3 2 1。

```
int count = 9;                            //計數值 count = 9
do
    cout << count;                        //輸出 count 值
while (--count > 0);                      //設定 while 條件運算式
```

程式 5-13：計算 10 + 9 + 8 + ... + 1

```
1.    //儲存檔名：d:\C++05\C0513.cpp
2.    #include <iostream>
3.    using namespace std;
4.
5.    int main(int argc, char** argv)
6.    {
7.        int count = 10, sum = 0;
8.        do
9.            sum += count;                //sum=sum+count
10.       while (--count >= 1);            //設定 while 條件
11.       cout << "10 + 9 + 8 + ... + 1 = " << sum    //輸出字串與總和
12.           << endl;                     //跳行
13.       return 0;
14.   }
```

▶▶ **程式輸出**

```
10 + 9 + 8 + ... + 1 = 55
```

　　下表顯示程式 5-13 的重複過程，最左欄列出執行 while 條件之前的 count 值，第二欄是先執行 sum+=count 敘述，第三欄執行 --count 的值，第四欄則判斷 count >= 1 是否成立，若條件成立則重複迴圈。因此，當最後一列 count=1，sum+=1=55，--count=0，count>=1 不成立則結束程式，所以 sum=55。

count	sum += count	--count	count >= 1
10	sum = 0+10 =10	count=10-1=9	成立
9	sum = 10+9 = 19	count=9-1=8	成立
8	sum = 19+8 = 27	count=8-1=7	成立
7	sum = 27+7 = 34	count=7-1=6	成立
6	sum = 34+6 = 40	count=6-1=5	成立
5	sum = 40+5 = 45	count=5-1=4	成立
4	sum = 45+4 = 49	count=4-1=3	成立

count	sum += count	--count	count >= 1
3	sum = 49+3 = 52	count=3-1=2	成立
2	sum = 52+2 = 54	count=2-1=1	成立
1	sum = 54+1 = 55	count=1-1=0	不成立結束 do-while

程式 5-14：列出 1 到 10 的階乘

```
1.    //儲存檔名：d:\C++05\C0514.cpp
2.    #include <iostream>
3.    #include <iomanip>
4.    using namespace std;
5.
6.    int main(int argc, char** argv)
7.    {
8.        int count = 1, factor = 1;          //while 迴圈初值
9.        cout << "計數\t" << setw(8) << "階乘\n"; //輸出字串
10.       do                                  //do 迴圈
11.       {
12.           factor *= count;                //計算階乘
13.           cout << setw(3) << count << '\t';   //輸出計數值
14.           cout << setw(7) << factor << endl; //輸出階乘
15.       } while (++count <= 10);            //count<=10 迴圈繼續
16.       return 0;
17.   }
```

▶▶ 範例輸出

```
計數      階乘
  1        1
  2        2
  3        6
  4       24
  5      120
  6      720
  7     5040
  8    40320
  9   362880
 10  3628800
```

5.2.4 計數型迴圈 for

 for (起始運算式; 條件運算式; 更新運算式)
　　單一敘述;

- **for 迴圈（for loop）**是一個前測試計數型迴圈，它只能是固定執行次數的迴圈，而不能像 while 或 do-while 迴圈提供輸入讓使用者決定繼續或結束迴圈。

- **起始運算式**是一個指定初值的控制變數（例如 int i = 0），此變數控制重複執行迴圈的次數。

- **條件運算式**通常是控制變數與數值比較的關係運算式（例如 i <= 9），若條件成立時（true）則執行迴圈內的敘述，若條件不成立時（false）則結束迴圈。

- **更新運算式**是改變控制變數的值使它漸漸接近條件運算式所設定的值。通常是以遞增（由下向上數）或遞減（由上向下數）的方式改變控制變數值（例如 i++）。

- **單一敘述**是一個 C++ 敘述。

- **控制變數（control variable）**是指定初值的起始運算式，此控制變數可以在迴圈之前被宣告或是直接在起始運算式中宣告。

下面 for 迴圈範例是輸出 1 至 9，它的起始運算式 int i = 1 包含宣告並起始計數值，條件運算式是 i<=9 表示若 i 小於等於 9 則迴圈成立，而更新運算式是 i++ 表示每執行迴圈敘述一次則 i=i+1。所以下面迴圈代表 i 從 1 上數到 9，而每數一次迴圈內的敘述 cout << i << ' ' 就執行一次，所以迴圈共重複 9 次，且每次執行敘述時就輸出 i 值與空白。

```
for(int i=1; i<=9; i++)
   cout << i << ' ';
```

▶▶ 範例輸出

```
1 2 3 4 5 6 7 8 9
```

程式 5-15：列出 1 2 3 4 5 6 7 8 9

```
1.   //儲存檔名：d:\C++05\C0515.cpp
2.   #include <iostream>
3.   using namespace std;
4.
5.   int main(int argc, char** argv)
6.   {
7.     for(int i=1; i<=9; i++)          //設定 for 初值,條件,更新
8.       cout << i << ' ';             //輸出控制變數 i 值
9.     cout << endl;                   //跳行
10.    return 0;
11. }
```

▶▶ 程式輸出

1 2 3 4 5 6 7 8 9

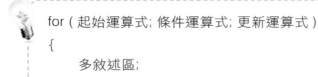

for (起始運算式; 條件運算式; 更新運算式)
{
    多敘述區;
}

- **for 迴圈區塊**則是使用大括號包含多個敘述，所以每重複一次迴圈就執行敘述區中的每個敘述一次。

- **多敘述區**中可包含一個或多個 C++ 敘述。

- **{ }** 大括號表示 for 區塊的起始與結束位置，若只有一個敘述可省略大括號如下。

- 若程式中包含多個 for 迴圈，有些編譯器可以重複宣告並使用同一變數如下面範例，但有些編譯器則不行。

```
for (int i=0; i<10; i++)                    //宣告並使用 i 變數
    cout << 2*i << endl;
for (int i=0; i<10; i++)                    //重複宣告並使用 i 變數
    cout << i*i << endl;
```

- 一勞永逸的方法是在迴圈之前宣告變數，然後就可重複使用該變數作為迴圈的計數值，如下面範例。

```
int i = 0;                          //宣告並起始變數 i
for (i=0; i<10; i++)                //使用 i 變數
    cout << 2*i << endl;
for (i=0; i<10; i++)                //重複使用 i 變數
    cout << i*i << endl;
```

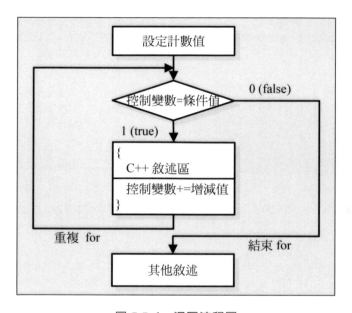

圖 5.5 for 迴圈流程圖

基本型：下面範例是根據 for 迴圈區塊語法而寫的，在 for 敘述中包含起始運算式、條件運算式、更新運算式等基本條件運算式。

```
int sum = 0;                              //宣告並起始 sum
for (int count = 1; count <= MAX; count++) //for 敘述
{                                         //start of for
    sum += count;                         //迴圈敘述
}                                         //end of for
```

簡化型：下面範例是根據 for 迴圈敘述語法而寫的，它與基本型類似但迴圈的重複部分只能包含一個敘述，而基本型的大括號則可包含多個敘述。

```
int sum = 0;                              //宣告並起始 sum
for (int count = 1; count <= MAX; count++) // for 敘述
    sum += count;                         //迴圈敘述
```

省略型：下面第一個範例是在 for 之前先宣告與起始 count 變數，所以在 for 敘述中可以省略起始運算式，但必須保留分號（；）否則編譯會產生錯誤訊息。第二個範例則省略起始與更新運算式，而更新則放在 sum+=count++ 敘述中。

```
int count = 1, sum = 0;              //宣告與起始count,sum
for ( ; count <= MAX; count++)        //省略起始運算式
    sum += count;                     //迴圈敘述


int count = 1, sum = 0;              //宣告與起始count,sum
for ( ; count <= MAX; )               //省略起始與更新運算式
    sum += count++;                   //迴圈敘述
```

單行型：下面範例在 for 敘述的起始運算式中起始多個變數，如 count=1, sum=0，中間使用逗點隔開，但仍以分號為結束。條件運算式不變，如 count <= MAX。最後更新運算式也分成多個敘述且以逗點隔開，如 sum += count, count++。

```
int count, sum;                       //宣告count, sum
for (count = 1, sum = 0; count <= MAX; sum += count, count++);
```

以上四個 for 迴圈範例的作用相同。基本型與簡化型比較容易閱讀，變化型與單行型適合比較熟練的設計人員使用。

⬇ **程式 5-16**：計算 10 + 9 + 8 + ... + 1

```
1.    //儲存檔名：d:\C++05\C0516.cpp
2.    #include <iostream>
3.    using namespace std;
4.
5.    int main(int argc, char** argv)
6.    {
7.        int count, sum;
8.        for (count = 11, sum = 0; count > 1; count--, sum += count);
9.        cout << "10 + 9 + 8 + ... + 1 = " << sum    //輸出字串與總和
10.           << endl;                                //跳行
11.       return 0;
12.   }
```

▶▶ 程式輸出

```
10 + 9 + 8 + ... + 1 = 55
```

下表顯示程式 5-16 的重複過程，最左欄列出執行 for 起始運算式的 count 值，第二欄是判斷 count >= 1 是否成立，第三欄是條件成立則先執行 count--，第四欄是執行 sum+=count 敘述。因此，當最後一列 count=1，count>=1 不成立則結束程式，而 sum 則是前一次運算結果 55。

Count	count > 1	count--	sum += count
11	成立	count=11-1=10	sum = 0+10 =10
10	成立	count=10-1=9	sum = 10+9 = 19
9	成立	count=9-1=8	sum = 19+8 = 27
8	成立	count=8-1=7	sum = 27+7 = 34
7	成立	count=7-1=6	sum = 34+6 = 40
6	成立	count=6-1=5	sum = 40+5 = 45
5	成立	count=5-1=4	sum = 45+4 = 49
4	成立	count=4-1=3	sum = 49+3 = 52
3	成立	count=3-1=2	sum = 52+2 = 54
2	成立	count=2-1=1	sum = 54+1 = 55
1	不成立結束 for		

程式 5-17：列出 sin(x) 值

```
1.    //儲存檔名：d:\C++05\C0517.cpp
2.    #include <iostream>
3.    #include <iomanip>
4.    #include <cmath>
5.    using namespace std;
6.    const double PI = 3.141592653;
7.
8.    int main(int argc, char** argv)
9.    {
10.       int x;                            //while 迴圈初值
11.       double sine;                      //宣告 x 變數
12.       cout << " x\t" << "sin(x)\n";     //輸出字串
13.       for (x=0; x<=90; x+=15)           //判斷 x<=90 後再加 15
14.       {
15.          sine = sin(PI * x / 180);      //計算 sin(x)
16.          cout << setprecision(3) << setiosflags(ios::fixed);//設定輸出格式
17.          cout << setw(2) << x << '\t';  //輸出計數值
18.          cout << setw(6) << sine << endl; //輸出 sin 值
```

```
19.     }
20.     return 0;
21.  }
```

>> 程式輸出

```
x       sin(x)
 0       0.000
15       0.259
30       0.500
45       0.707
60       0.866
75       0.966
90       1.000
```

5.3 巢狀迴圈

　　巢狀迴圈（nested loops）就是在迴圈中包含另一個迴圈，也就是大迴圈包小迴圈。而且可以在 for 迴圈中包含 while 迴圈或 do 迴圈，反之亦然。

　　外層迴圈（outer loop）與內層迴圈（inner loop）的關係就好像時鐘的分針與秒針關係，當分針前進一格（1分）則秒針繞了一圈（60秒），分針再前進一格（1分）則秒針必須再繞了一圈（60秒）。所以在巢狀迴圈中，當外層迴圈被執行 1 次，內層迴圈將被執行 n 次（n 為內層迴圈總次數）。

5.3.1 while 巢狀迴圈

　　下面範例是大 while 包小 while 的巢狀迴圈，外層迴圈從 1 數到 2，內層迴圈從 1 數到 3。在內層迴圈中輸出運算值（外層計數值*內層計數值）。當外層計數值為 1，則內層從 1 數到 3，而運算值依次為 1, 2, 3，所以分別輸出 123 後跳行。當外層計數值為 2，則內層仍然從 1 數到 3，而運算值依次為 2, 4, 6，所以分別輸出 246 後跳行。

```
int count1 = 1;                    //宣告外層迴圈計數值
while (count1 <= 2)                //定義外層 while 迴圈
{                                  //外層 while 迴圈起點
    int count2 = 1;                //宣告內層迴圈計數值
```

```
    while (count2 <= 3)                      //定義內層while迴圈
    {                                        //內層while迴圈起點
        cout << count1 * count2;             //輸出運算值
        count2++;                            //內層計數值加1
    }                                        //內層while迴圈結束點
    count1++;                                //外層計數值加1
    cout << endl;                            //跳行
}                                            //外層while迴圈結束點
```

▶▶ 範例輸出

```
123
246
```

程式 **5-18**：列出數字三角形矩陣

```
1.    //儲存檔名：d:\C++05\C0518.cpp
2.    #include <iostream>
3.    #include <iomanip>
4.    using namespace std;
5.
6.    int main(int argc, char** argv)
7.    {
8.        int outer = 0;                     //外層迴圈計數值
9.        while (outer++ <= 4)               //外層while條件
10.       {
11.           int inner = 0;                 //內層迴圈計數值
12.           while (inner++ < outer)        //內層while條件
13.           {
14.               cout << setw(3) << inner;  //輸出inner值
15.           } //end of inner
16.           cout << endl;
17.       } //end of outer
18.       return 0;
19.   }
```

▶▶ 程式輸出

```
  1
  1  2
  1  2  3
  1  2  3  4
  1  2  3  4  5
```

5.3.2 do-while 巢狀迴圈

下面範例是大 do-while 包小 do-while 的巢狀迴圈，它與前節的 while 巢狀迴圈相同，外層迴圈從 1 數到 2，而內層迴圈從 1 數到 3，且輸出相同的運算值。只是將 count++ 併入 while 的條件運算式而以，程式感覺比較簡短，讀者可以自行比較。

```
int count1 = 1;                    //宣告外層 do 迴圈計數初值
do                                 //定義外層 do 迴圈
{                                  //外層 do 迴圈起點
    int count2 = 1;                //宣告內層 do 迴圈計數初值
    do                             //定義內層 do 迴圈
        cout << count1 * count2;   //輸出運算值
    while (++count2 <= 3);         //內層 while 條件與返回點
    cout << endl;                  //跳行
} while (++count1 <= 2);           //外層 while 條件與返回點
```

▶▶ 範例輸出

```
123
246
```

⬇ 程式 5-19：列出數字三角形矩陣

```
1.    //儲存檔名：d:\C++05\C0519.cpp
2.    #include <iostream>
3.    #include <iomanip>
4.    using namespace std;
5.
6.    int main(int argc, char** argv)
7.    {
8.        int outer = 1;                      //宣告外層迴圈計數值
9.        do
10.       {                                   //外層 while 迴圈起點
11.           int inner = 1;                  //宣告內層迴圈計數值
12.           do
13.           {                               //內層 while 迴圈起點
14.               cout << setw(3) << inner;   //輸出運算值
15.           } while (inner++ <= 5-outer);   //內層 while 條件
16.           cout << endl;
17.       } while (outer++ <= 4);             //外層 while 條件
18.       return 0;
19.   }
```

```
1   2   3   4   5
1   2   3   4
1   2   3
1   2
1
```

5.3.3 for 巢狀迴圈

下面範例是大 for 包小 for 的巢狀迴圈，它與前節的 while 或 do-while 巢狀迴圈相同，外層迴圈從 1 數到 2，而內層迴圈從 1 數到 3，且輸出相同的運算值。但程式比 while 巢狀或 do-while 巢狀迴圈更簡短，讀者可以自行比較。因此，for 迴圈是作為計數型迴圈最好的選擇。

```
for (count1 = 1; count1 <= 2; count1 ++)        //外層迴圈
{
    for (count2 = 1; count1 <= 3; count2 ++)    //內層迴圈
        cout << count1 * count2;
}
```

▶▶ 範例輸出

```
123
246
```

電子鐘是個很好的巢狀迴圈範例，但因為被放在下一節無窮迴圈當範例，所以在此先使用其他範例介紹巢狀迴圈。除了電子鐘外，九九乘法表也是個典型的巢狀迴圈的範例，因為乘數從 1 數到 9，被乘數也從 1 數到 9。下面程式的外迴圈的計數值是被乘數，內迴圈的計數值是乘數，所以輸出順序是內迴圈的乘數、'*' 號、外迴圈的被乘數、'=' 號、最後是運算值（例如 2*1= 2）。

或許有讀者會問，為什麼被乘數為外迴圈，而乘數為內迴圈？因為輸出是由左到右如下：

```
2*1= 2   3*1= 3   4*1= 4   5*1= 5   6*1= 6   7*1= 7   8*1= 8   9*1= 9
2*2= 4   3*2= 6   4*2= 8   5*2=10   6*2=12   7*2=14   8*2=16   9*2=18
2*3= 6   3*3= 9   4*3=12   5*3=15   6*3=18   7*3=21   8*3=24   9*3=27
.
.
```

也就是輸出 2*1= 2 後，是輸出 3*1= 3，而不是 2*2= 4。而且外層迴圈執行 1 次，內層迴圈要從 2 數到 9 執行 8 次，正好符合 2*1= 2 3*1= 3 4*1= 4 … 9*1= 9。然後外層迴圈加 1，內層迴圈再執行 8 次 2*2= 4 3*2= 6 4*2= 8 … 9*2=18。以此類推…

程式 5-20：九九乘法表

```
1.   //儲存檔名：d:\C++05\C0520.cpp
2.   #include <iostream>
3.   #include <iomanip>
4.   using namespace std;
5.
6.   int main(int argc, char** argv)
7.   {
8.      int multiplier, faciend;
9.      for (faciend=1; faciend<=9; faciend++)  //定義被乘數迴圈由 1 到 9
10.     {
11.        for (multiplier=2; multiplier<=9; multiplier++)
                                            //乘數由 2 數到 9
12.        {
13.           cout << multiplier << '*';        //輸出 multiplier *
14.           cout << faciend << '=';           //輸出 faciend =
15.           cout << setw(2);                  //設定輸出二位數
16.           cout << multiplier*faciend << '\t'; //輸出運算值後跳下一定位
17.        }
18.        cout << endl;                        //輸出跳行
19.     }
20.     return 0;
21.  }
```

▶▶ 程式輸出

```
2*1= 2   3*1= 3   4*1= 4   5*1= 5   6*1= 6   7*1= 7   8*1= 8   9*1= 9
2*2= 4   3*2= 6   4*2= 8   5*2=10   6*2=12   7*2=14   8*2=16   9*2=18
2*3= 6   3*3= 9   4*3=12   5*3=15   6*3=18   7*3=21   8*3=24   9*3=27
2*4= 8   3*4=12   4*4=16   5*4=20   6*4=24   7*4=28   8*4=32   9*4=36
2*5=10   3*5=15   4*5=20   5*5=25   6*5=30   7*5=35   8*5=40   9*5=45
2*6=12   3*6=18   4*6=24   5*6=30   6*6=36   7*6=42   8*6=48   9*6=54
2*7=14   3*7=21   4*7=28   5*7=35   6*7=42   7*7=49   8*7=56   9*7=63
2*8=16   3*8=24   4*8=32   5*8=40   6*8=48   7*8=56   8*8=64   9*8=72
2*9=18   3*9=27   4*9=36   5*9=45   6*9=54   7*9=63   8*9=72   9*9=81
```

5.4 無窮迴圈

無窮迴圈就是迴圈將永遠的循環下去，方法是另 for 或 while 敘述的條件永遠成立則形成 for 或 while 的無窮迴圈。若要中斷無窮迴圈，則可以在迴圈中加 if 敘述，再配合 5.5.1 節的 break 敘述中斷迴圈。

5.4.1 無窮 while

下面範例是 while 無窮迴圈，因為 while 的條件運算式永遠是 true。

```
while (true)                                    //條件永遠成立(true)
{
    cout << "forever";
}
```

5.4.2 無窮 do-while

下面範例是 do-while 無窮迴圈，因為 while 的條件運算式永遠是 true。

```
do
{
    cout << "forever";
} while (true);                                 //條件永遠成立(true)
```

5.4.3 無窮 for

下面範例是 for 無窮迴圈，因為 for 的計數沒有起始值、終止值、與條件值。

```
for ( ; ; )                                     //無起始也無終止
{
    cout << "forever";
}
```

電子鐘是個典型的無窮迴圈的範例，因為時間是永無休止的。下面程式是四層的巢狀迴圈，最內層秒的計數值，其次是分的計數，再來是時的計數，最外層則是無窮迴圈。在最內層迴圈中輸出時間（時：分：秒），

所以每當秒數改變則輸出時間一次。輸出格式設定 cout.setf(ios::fixed | ios::right) 是輸出二位數且向右對齊（例如 1: 5: 5），而 cout.fill('0') 則是空白部分補 0（例如 01:05:05）。輸出秒數後利用 '\r' 將輸出游標移到同一行起點，也就是回覆（carriage return）但不產生新行（newline）。

本程式只是利用電子鐘介紹迴圈結構，並未在迴圈中加上延遲時間，所以時間的計算並不精確。因此，當讀者執行此程式時，會有光陰似箭，歲月如梭的感覺。不過，它也給讀者一個警惕，莫等閒白了少年頭。加油，加油，再加油！！！

程式 5-21：電子鐘

```cpp
1.   //儲存檔名：d:\C++05\C0521.cpp
2.   #include <iostream>
3.   #include <iomanip>
4.   #include <ctime>
5.   using namespace std;
6.
7.   int main(int argc, char** argv)
8.   {
9.      cout.setf(ios::fixed | ios::right);      //設定輸出向右對齊
10.     cout.fill('0');                          //若左邊空白則補 0
11.     while (true)                             //無窮迴圈
12.     {
13.        for (int hrs=0; hrs<24; hrs++)        //時：從 0 數到 23
14.        {
15.           for (int min=0; min<60; min++)     //分：從 0 數到 59
16.           {
17.              for (int sec=0; sec<60; sec++)  //秒：從 0 數到 59
18.              {
19.                 cout << setw(2) << hrs << ':'; //輸出時數
20.                 cout << setw(2) << min << ':'; //輸出分鐘數
21.                 cout << setw(2) << sec << ' '; //輸出秒數
22.                 cout << '\r';                  //游標移至前面
23.                 unsigned int startTime = time(0)+1;
24.                 while(time(0) < startTime);    //延遲 1 秒迴圈
25.              }
26.           }
27.        }
28.     }
29.     return 0;
30.  }
```

▶▶ 程式輸出：按 Ctrl＋C 可中斷執行

14:21:38

5.5　中斷與繼續

中斷（break）敘述用來提前結束迴圈的執行。例如，要判斷 10 是否是質數，則使用迴圈重複 10 除以 2、3、4、5、6、7、8、9，當 10 可以被 2 除盡時已證明 10 不是質數，不需再除以 3 到 9，此時可以利用 break 中斷迴圈（請參閱程式 5.23）。

繼續（continue）敘述則用來跳過某些敘述而繼續下一個計數。例如，要搜尋 1 至 30 中為 3 的倍數時，若為 3 的倍數則執行顯示敘述，若不為 3 的倍數則使用 continue 跳過顯示敘述，而繼續比較下一個數值（請參閱程式 5-24）。

5.5.1　break 敘述

> break;

- **break** 敘述是用來中斷 switch、for、while、do-while 等區塊。4.2.7 節討論過 break 在 switch 敘述區塊中的功用，至於 break 用於 for、while、do-while 迴圈時，通常都配合 if 條件敘述，也就是當 if 條件成立時執行 break 敘述中斷迴圈的執行。

通常 for 迴圈有固定的次數，而下面範例在 for 迴圈中加入 if 條件與 break 敘述，當條件成立則中斷 for 迴圈。也就是迴圈預計執行 n 次，但發生特殊狀況時則中斷迴圈。

```
for (count = 0; count <= stringlength; count++)
{
   if (string[count] == letter)        //若條件成立
      break;                           //中斷 for 迴圈
}
```

● 程式 **5-22**：搜尋第一個相符字元

```
1.   //儲存檔名：d:\C++05\C0522.cpp
2.   #include <iostream>
3.   using namespace std;
4.
5.   int main(int argc, char** argv)
6.   {
7.       char string[25] = "ANSI/ISO C++";        //宣告與啟始字串
8.       char letter;                             //宣告字元變數
9.       int count;                               //宣告整數變數
10.      for (count = 0; count <= 24; count++)    //利用迴圈顯示字串變數
11.      {
12.         cout << string[count];
13.      }
14.      cout << "\n請輸入要搜尋的字元:";          //顯示字串常數
15.      cin >> letter;                           //輸入字元
16.      for (count = 0; count <= 24; count++)    //定義迴圈
17.      {
18.         if (string[count] == letter)          //找到相符字元
19.            break;                             //中斷迴圈
20.      }
21.      if (count <= 24)                          //若計數值<=字串長度
22.         cout << "第 " << ++count << " 個字元為 "  //則顯示字串位置
23.              << letter << '\n';
24.      else
25.         cout << "找不到相符字元\n";            //否則顯示找不到
26.      return 0;
27.   }
```

▶▶ 程式輸出：粗體字表示鍵盤輸入

```
ANSI/ISO C++
請輸入要搜尋的字元：S  Enter
第 3 個字元為 S
```

● 程式 **5-23**：找尋質數

```
1.   //儲存檔名：d:\C++05\C0523.cpp
2.   #include <iostream>
3.   using namespace std;
4.
5.   int main(int argc, char** argv)
6.   {
7.       cout << "1 至 30 間的質數有: ";
8.       for(int i=2; i<=30; i++)                  //搜尋 2 至 30
9.       {
```

```
10.        for(int j=2; j<i; j++)              //除數從 2 至 i
11.        {
12.          if (i==2 && j==2)                 //2 為質數
13.            cout << i << " ";
14.          else if(i%j==0)                   //若整除則非質數
15.            break;                          //中斷內迴圈
16.          else if(j==i-1)                   //確定為質數
17.            cout << i << " ";
18.        }
19.      }
20.      cout << endl;                         //跳行
21.      return 0;
22.  }
```

▶▶ **程式輸出：粗體字表示鍵盤輸入**

1 至 30 間的質數有：2 3 5 7 11 13 17 19 23 29

　　程式 5-24 是求二數的最大公因數（GCD），原理很簡單：以第 1 數為迴圈計數值 n，然後 n 依次遞減 1，並找出 a 除以 n、b 除以 n 皆等於 0 的 n 值即為二數的最大公因數（GCD）。另外，習題則要求讀者利用輾轉相除法求二數的 GCD。

🔽 **程式 5-24**：求二數的 GCD

```
1.  //儲存檔名:d:\C++05\C0524.cpp
2.  #include <iostream>
3.  using namespace std;
4.
5.  int main(int argc, char** argv)
6.  {
7.    int a, b, n;                            //宣告變數
8.    cout << "請輸入二個整數 (a b):";        //輸出訊息
9.    cin >> a >> b;                          //輸入 a, b 二數
10.   for(n=a; n>=1; n--)
11.     if(a%n==0 && b%n==0)                  //二數除以 n 皆等於 0
12.       break;                              //中斷迴圈
13.   cout << "GCD = " << n << endl;          //輸出 GCD
14.   return 0;
15. }
```

▶▶ **程式輸出：粗體字表示鍵盤輸入**

請輸入二個整數 (a b)：**35 54** Enter
GCD = 1

請輸入二個整數（a b）：**18 12** Enter
GCD = 6

請輸入二個整數（a b）：**630 735** Enter
GCD = 105

程式 5-25 是求二數的最小公倍數（LCM），原理很簡單：以第 1 數為迴圈計數值 n，然後 n 依次遞增 a，找出 n 除以 b 等於 0 的 n 值即為二數的最小公倍數（LCM）。

⬇ **程式 5-25**：求二數的 LCM

```cpp
1.    //儲存檔名：d:\C++05\C0525.cpp
2.    #include <iostream>
3.    using namespace std;
4.
5.    int main(int argc, char** argv)
6.    {
7.        int a, b, n;                        //宣告變數
8.        cout << "請輸入二個整數（a b）:";    //輸出訊息
9.        cin >> a >> b;                      //輸入 a, b 二數
10.       for(n=a; n<=a*b; n+=a)
11.           if(n%b==0)                      //a 的倍數除以 b 等於 0
12.               break;                      //中斷迴圈
13.       cout << "LCM = " << n << endl;      //輸出 LCM
14.       return 0;
15.   }
```

請輸入二個整數（a b）：**3 4** Enter
LCM = 12

請輸入二個整數（a b）：**6 8** Enter
LCM = 24

請輸入二個整數（a b）：**40 60** Enter
LCM = 120

5.5.2 continue 敘述

continue;

● **continue** 敘述配合 if 條件，放在 for、while、do-while 迴圈中，用以跳過 continue 至迴圈結束點間的敘述，而返回迴圈起點。也就是說，當 if 條件成立時回到迴圈起點，當 if 條件不成立時才執行剩餘的敘述。

下面範例是在 for 迴圈中加入 if 條件與 continue 敘述，當條件成立則跳過 cout << count 敘述。也就是說，當 count 除以 3 餘數不等於 0，表示不是 3 的倍數，所以跳過 cout 不輸出該數，而進行下一個數值的比較。

```
for (count = 1; count <= maxnum; count++)
{
    if (count % 3 != 0)                    //若不是 3 的倍數
        continue;                          //返回迴圈起點
    cout << count;                         //若非 3 的倍數則不顯示
}
```

程式 5-26：找尋 3 的倍數

```
1.    //儲存檔名:d:\C++05\C0526.cpp
2.    #include <iostream>
3.    using namespace std;
4.
5.    int main(int argc, char** argv)
6.    {
7.        int count;
8.        cout << "1 至 30 間 3 的倍數為:";
9.        for (count = 1; count <= 30; count++)   //定義迴圈
10.       {
11.           if (count % 3 != 0)                 //若不是 3 的倍數
12.               continue;                       //返回迴圈起點
13.           cout << count << '\0';              //顯示 3 的倍數並空格
14.       }
15.       cout << endl;                           //輸出跳行
16.       return 0;
17.   }
```

▶▶ 程式輸出：粗體字表示鍵盤輸入

1 至 30 間 3 的倍數為：3 6 9 12 15 18 21 24 27 30

5.6 習題

選擇題

1. 下列程式碼的輸出結果是_____。

```
int i = 5;
   cout << i++;
```

a) 4   b) 5   c) 6   d) 7

2. 下列程式碼的輸出結果是_____。

```
int i = 5;
   cout << ++i;
```

a) 4   b) 5   c) 6   d) 7

3. 下列程式碼的輸出結果是_____。

```
int i = 5;
   cout << i--;
```

a) 3   b) 4   c) 5   d) 6

4. 下列程式碼的輸出結果是_____。

```
int i = 5;
   cout << --i;
```

a) 3   b) 4   c) 5   d) 6

5. 下列程式碼的輸出結果是_____。

```
int i = 1;
while(i < 3) {
   cout << i << " ";
```

```
        i++;
    }
```

a) 1   b) 1 2   c) 1 2 3   d) 1 1 1 1 …

6. 下列程式碼的輸出結果是_____。

```
for(int i=0; i<5; ++i)
    cout << i << " ";
```

a) 0 0 0 0 0   b) 0 1 2 3 4   c) 1 2 3 4 5   d) 0 1 2 3 4 5

7. 下列程式碼的輸出結果是_____。

```
for(int i=0; i<5; i++)
    cout << i << " ";
```

a) 0 0 0 0 0   b) 0 1 2 3 4   c) 1 2 3 4 5   d) 0 1 2 3 4 5

8. C++ 語言用來中斷迴圈的敘述是_____。

a) break   b) stop   c) exit   d) endl

實作題

1. 寫一 C++ 程式，列出 1 到 100 間 3 和 5 的倍數。

2. 寫一 C++ 程式，以亂數丟 10000 次銅板然後計算並列出出現正面與
    反面的次數。

使用者函數

6.1 函數定義

函數（function）是執行一項特殊工作之敘述的集合。在前幾章我們已經使用過二種函數：（1）每個程式都必須包含的 main() 函數，（2）如第三章介紹的數學函數 sin()、pow()、rand() 等函數。本章將介紹如何建立使用者自定的函數，事實上 sin()、pow()、rand() 等函數也都是先建立好存在資料庫供開發程式使用。

函數的主要功能有二：一是將程式中重複執行的敘述區塊定義成函數，然後以重複呼叫函數來執行函數中的敘述，如此可使程式更簡潔；二是在大程式中可將程式依功能分成許多程式片斷，然後再將各程式片斷定義成函數，如此可使程式結構化且更方便管理。

上一章討論的迴圈是有規則的重複執行某些敘述，而本章討論的函數則提供主程式隨時呼叫。例如，利用迴圈可以設計計算 1+2+3+...+10 的程式。可是程式中第一次要計算 1+2+3+...+10，第二次要計算 1+2+3+...+100，則可以將計算總和的迴圈定義成函數。當呼叫總和函數並傳遞參數 10，則函數計算 1+2+3+...+10 並傳回 55 給呼叫敘述，當呼叫總和函數並傳遞參數 100，則函數計算 1+2+3+...+100 並傳回 5050 給呼叫敘述。

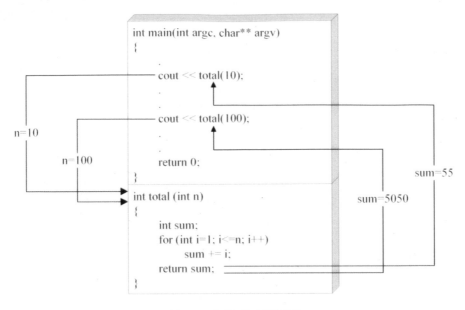

圖 6.1 函數呼叫與返回

6.1.1 宣告函數

傳回型態　函數名稱 (參數列)
{
　　//函數本體
　　return 傳回值;
}

- **函數表頭（header）**是指函數的第一行宣告包括傳回型態、函數名稱、與參數列。

- **函數名稱**的命名方式必須符合變數命名的原則。

- **傳回型態**表示函數傳回值的資料型態，若傳回型態為 void 表示該函數不傳回任何值，且可省略區塊中的 return 敘述。

- **參數列**可包括 0 個或多個參數，而宣告必須包含參數型態與參數名稱，例如(int a, float b, char c)。

- **參數**則是由呼叫敘述傳遞到函數的值,可以傳遞數值、變數、指標、陣列等參數。

- **return** 是返回呼叫敘述,傳回值則是要傳回給呼叫敘述的數值,若傳回型態為 void 表示不須傳回任何值,所以可以省略 return 敘述。

- **大括號({ })** 表示函數敘述區的起始點與結束點。

下面範例是一個使用者自定函數 womain,函數內只使用 cout 敘述輸出一個字串與跳行後結束。void womain() 表示此函數結束時將不傳回任何值給呼叫敘述,而 womain(void)則表示呼叫 womain 函數不需要傳遞任何參數給 womain。

```
void womain(void)                              //使用者函數
{
    cout << "Woman: I'm doing good. How about you?";
    cout << endl;
}
```

6.1.2 呼叫函數

 函數名稱 (參數 0, 參數 1, 參數 2, ...);

- 直接使用函數名稱來呼叫函數,也可將函數名稱置於其他敘述中。

- 呼叫時傳遞的參數個數與型態,必須與定義函數時的參數個數與型態相符。

下面範例是呼叫上一個範例的 womain 函數,因為 womain 函數被定義為不需要傳遞任何參數,所以呼叫 womain 時小括號內是空的。

```
womain();                                      //呼叫使用者函數 womain
```

下圖顯示 main 函數直接呼叫 womain 函數的方塊圖，此圖只是簡單的表示出 main 函數與 womain 函數間的關係。程式 6-1 與說明流程圖將顯示程式流程的轉換過程。

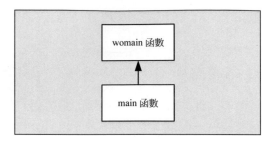

圖 6.2　呼叫函數方塊圖

程式 6-01：宣告與呼叫函數

```
1.    //儲存檔名：d:\C++06\C0601.cpp
2.    #include <iostream>
3.    using namespace std;
4.
5.    void womain(void)                        //使用者函數
6.    {
7.        cout << "Womain: I'm doing good. How about you?";
8.        cout << endl;
9.    }
10.
11.   int main(int argc, char** argv)
12.   {
13.       cout << "Main: Hi! How are you doing?" << endl;
14.       womain();                            //呼叫使用者函數womain
15.       cout << "Main: Very well! Thank you!" << endl;
16.       return 0;
17.   }
```

▶▶ 程式輸出

```
Main: Hi! How are you doing?
Womain: I'm doing good. How about you?
Main: Very well! Thank you!
```

下圖顯示程式 6-1 的流程轉移過程：（1）程式首先起始 main 函數並顯示 "Main: Hi! How are you doing?" 字串，（2）main 函數呼叫 womain 函數，將程式執行的流程轉移給 womain 函數，womain 函數則顯示 "Womain: I'm doing good. How about you?"，（3）執行完 womain 函數後

再將程式流程還給 main 函數，並繼續執行呼叫敘述的下一個敘述，顯示 "Main: Very well! Thank you!" 字串。

```
void womain(void)
{
    cout << "Womain: I'm doing good. ";
    cout << "How about you?" << endl;
}

呼叫                                                          2
                                                            返回
int main(int argc, char** argv)
{
    cout << "Main: Hi! How are you doing?\n";
    womain();
    cout << "Main: Good! Thank you!" << endl;
    return 0;
}
```

6.1.3 呼叫多個函數

下圖顯示 main 函數直接呼叫 sub1 函數與 sub2 函數的方塊圖，此圖簡單的表示出 main 函數與 sub1 函數或 sub2 函數間的關係，而 sub1 函數與 sub2 函數並無直接關係。程式 6-2 與說明流程圖將顯示程式流程的轉換過程。

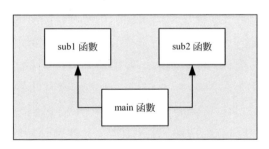

圖 6.3 呼叫多個函數方塊圖

程式 **6-02**：呼叫多個函數練習

```
1.    //儲存檔名:d:\C++06\C0602.cpp
2.    #include <iostream>
3.    using namespace std;
4.
5.    void sub1(void)                              //使用者函數1
6.    {
7.        cout << "進入 sub1 函數\n";
8.    }
```

```
9.
10.   void sub2(void)                          //使用者函數 2
11.   {
12.      cout << "進入 sub2 函數\n";
13.   }
14.
15.   int main(int argc, char** argv)
16.   {
17.      cout << "起始 main 函數\n";
18.      sub1();                                //呼叫 sub1
19.      cout << "返回 main 函數\n";
20.      sub2();                                //呼叫 sub2
21.      cout << "返回 main 函數\n";
22.      return 0;
23.   }
```

» 程式輸出

```
起始 main 函數
進入 sub1 函數
返回 main 函數
進入 sub2 函數
返回 main 函數
```

　　下圖顯示程式 6-2 的流程轉移過程，（0）程式首先起始 main 函數並顯示 "起始 main 函數" 字串，（1）main 函數呼叫 sub1 函數，將程式的流程轉移給 sub1 函數，sub1 則顯示 "進入 sub1 函數" 字串，（2）執行完 sub1 函數後將程式流程還給 main 函數，並繼續執行呼叫敘述的下一個敘述，顯示 "返回 main 函數" 字串。（3）main 函數繼續呼叫 sub2 函數，將程式的流程轉移給 sub2 函數，sub2 則顯示 "進入 sub2 函數" 字串，（4）執行完 sub2 函數後將程式流程還給 main 函數，並繼續執行呼叫敘述的下一個敘述，顯示 "返回 main 函數" 字串。

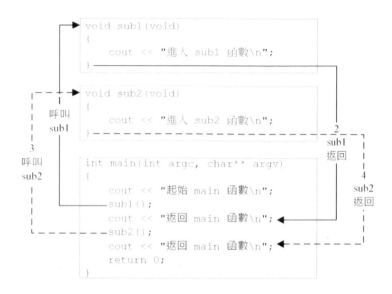

6.1.4　多重呼叫函數

　　下圖是多重呼叫函數方塊圖，它顯示 main 函數直接呼叫 childUser 函數，而 childUser 函數又呼叫 grandUser 函數的方塊圖。從圖中看出，雖然 main 函數不直接呼叫 grandUser 函數，可是它卻透過 childUser 函數呼叫 grandUser 函數，所以相當於間接呼叫 grandUser 函數。而 grandUser 函數傳回給 childUser 函數的值，也影響到整個程式的執行。程式 6-3 與說明流程圖將顯示程式流程的轉換過程。

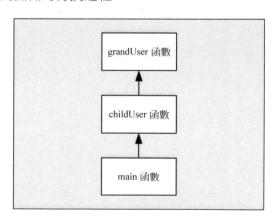

圖 6.4　多重呼叫函數方塊圖

⬇ 程式 6-03：多重呼叫函數練習

```
1.    //儲存檔名：d:\C++06\C0603.cpp
2.    #include <iostream>
3.    using namespace std;
4.
5.    void grandUser(void)                    //使用者函數2
6.    {
7.        cout << "進入 grandUser 函數\n";
8.    }
9.
10.   void childUser(void)                    //使用者函數1
11.   {
12.       cout << "進入 childUser 函數\n";
13.       grandUser();                        //呼叫 grandUser 函數
14.       cout << "返回 childUser 函數\n";
15.   }
16.
17.   int main(int argc, char** argv)
18.   {
19.       cout << "起始 main 函數\n";
20.       childUser();                        //呼叫 childUser
21.       cout << "返回 main 函數\n";
22.       return 0;
23.   }
```

▶▶ 程式輸出

```
起始 main 函數
進入 childUser 函數
進入 grandUser 函數
返回 childUser 函數
返回 main 函數
```

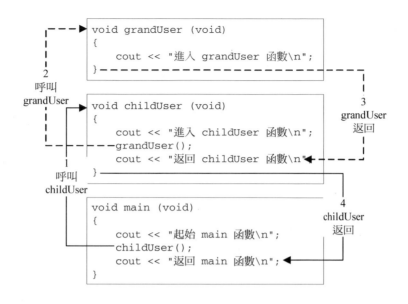

上圖顯示程式 6-3 的流程轉移過程：（0）程式首先起始 main 函數並顯示 "起始 main 函數" 字串，（1）main 函數呼叫 childUser 函數，將程式的流程轉移給 childUser 函數，childUser 則顯示 "進入 childUser 函數" 字串，（2）接著 childUser 函數呼叫 grandUser 函數，將程式的流程轉移給 grandUser 函數，grandUser 函數則顯示 "進入 grandUser 函數" 字串，（3）執行完 grandUser 函數後將程式流程還給 childUser 函數，並繼續執行呼叫敘述的下一個敘述，顯示 "返回 childUser 函數" 字串。（4）執行完 childUser 函數後將程式流程還給 main 函數，並繼續執行呼叫敘述的下一個敘述，顯示 "返回 main 函數" 字串。

6.1.5 宣告函數原型

 傳回型態　函數名稱 (參數型態 0, 參數型態 1, 參數型態 2, …);

● **宣告函數原型（function prototype）**敘述與函數標題敘述相同，它提供函數的基本資訊給編譯程式，包括傳遞給函數的參數型態與函數傳回的資料型態。

● 宣告函數原型必須出現在呼叫敘述之前,通常是放在程式的前置
處理區。

習慣上,總是將 main 函數放在前面,而將被呼叫函數放在後面。可
是從程式 6.1 至程式 6.3 可看出被呼叫函數必須定義在 main 函數之前,如
果將被呼叫函數 womain 定義在 main 函數之後如下,則 main 函數呼叫
womain 函數時將產生 "Call to undefined function 'womain' " 的錯誤。也就
是說,當 C++ 編譯器編譯到呼叫 womain() 函數時,將不認識 womain() 函
數,因為在呼叫之前並沒有宣告。

```cpp
int main(int argc, char** argv)                    //main 函數
{
    cout << "Main: Hi! How are you doing?" << endl;
    womain();                                      //錯誤,呼叫未定義函數
    cout << "Main: Very well! Thank you!" << endl;
    return 0;
}

void womain(void)                                  //使用者函數
{
    cout << "Womain: I'm doing good. How about you?";
    cout << endl;
}
```

在上面範例的 main 函數之前,宣告 womain 函數原型如下面範例,則
編譯呼叫 womain 函數時就不會產生錯誤。宣告 womain 函數原型只是告
訴 C++ 編譯器,本程式稍後會定義與使用 womain 函數,則編譯器會按照
函數原型的宣告,保留 womain 的符號與相關資訊(如參數與傳回資料等)。

```cpp
void womain(void);                                 //宣告使用者函數原型

int main(int argc, char** argv)                    //main 函數
{
    cout << "Main: Hi! How are you doing?" << endl;
    womain();                                      //呼叫使用者函數 womain
    cout << "Main: Very well! Thank you!" << endl;
    return 0;
}

void womain(void)                                  //使用者函數
{
    cout << "Womain: I'm doing good. How about you?";
```

```
      cout << endl;
   }
```

📥 程式 **6-04**：宣告函數原型練習

```
1.    //儲存檔名：d:\C++06\C0604.cpp
2.    #include <iostream>
3.    using namespace std;
4.
5.    void womain(void);                          //宣告使用者函數原型
6.
7.    int main(int argc, char** argv)
8.    {
9.       cout << "Main: Hi! How are you doing?" << endl;
10.      womain();                                //呼叫使用者函數 womain
11.      cout << "Main: Very well! Thank you!" << endl;
12.      return 0;
13.   }
14.
15.   void womain(void)                           //使用者函數
16.   {
17.      cout << "Womain: I'm doing good. How about you?";
18.      cout << endl;
19.   }
```

▶▶ 程式輸出

```
Main: Hi! How are you doing?
Womain: I'm doing good. How about you?
Main: Very well! Thank you!
```

6.2 傳遞參數

參數（arguments）就是某敘述呼叫函數時，同時傳遞給該函數的數值。例如呼叫正弦函數（sin）必須傳遞要計算的角度，或呼叫冪次函數（pow）必須傳遞要計算的底數與冪次。如下範例：

```
x = sin(30 / 180 * 3.14159);               //求 sin(30°)值
p = pow(2, 5);                             //求 2⁵值
```

下圖的參數加 s，表示呼叫敘述可以傳遞多個參數給被呼叫的函數。但是傳遞參數的個數必須與函數宣告的參數個數相等，且被傳遞的參數型態也必須與函數宣告的參數型態相符。不過 6.1 節也曾使用無參數的呼

叫，也就是不傳遞參數給被呼叫的函數，因此該函數只能使用公用變數或
函數本身的區域變數。

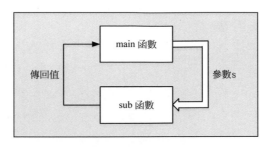

圖 6.5　傳遞參數流程

6.2.1　傳遞單一參數

　　首先介紹**傳遞單一數值（pass-by-value）參數**，也就是被呼叫的函
數只宣告一個參數，而呼叫敘述也只傳遞一個參數。

　　程式 6-05 是將 main 函數放在被呼叫的函數之前，所以在 main 函數的
呼叫敘述之前必須宣告函數原型。

```
void number(int);                                    //宣告函數原型
```

　　然後可以將函數定義在 main 函數之後。void number(int n) 宣告此函
數名稱為 number，它必須接受一個整數型態的參數（n），void 表示此函
數沒有傳回值。Number 函數是判斷接收的參數是否是 5 的倍數，因 number
沒有傳回值，所以如果要知道函數執行結果，則可以在函數中使用 cout
函數輸出訊息。

```
void number(int n)                            //判斷 5 的倍數函數
{
   if (n % 5 == 0)                            //若參數 n 除以 5 餘數為 0
      cout << n << " 是 5 的倍數\n";
   else
      cout << n << " 不是 5 的倍數\n";
}
```

　　定義函數後，可以在 main 函數中使用函數名稱 number 呼叫該函數，
呼叫時必須傳遞一個整數型態的參數（如 135）。

```
int main(int argc, char** argv)
{
    number(135);
    return 0;
}

void number(int n)
{
    if (n % 5 == 0)
        cout << n << " 是 5 的倍數";
    else
        cout << n << " 不是 5 的倍數";
}
```

程式 6-05：判斷是否為 5 的倍數

```
1.   // 儲存檔名：d:\C++06\C0605.cpp
2.   #include <iostream>
3.   using namespace std;
4.
5.   void number(int n);                    //宣告函數原型
6.
7.   int main(int argc, char** argv)
8.   {
9.      number(5);                          //傳遞 5 給 number 函數
10.     number(58);                         //傳遞 58 給 number 函數
11.     number(135);                        //傳遞 135 給 number 函數
12.     return 0;
13.   }
14.
15.  void number(int n)                     //判斷 5 的倍數函數
16.  {
17.     if (n % 5 == 0)                     //若參數 n 除以 5 餘數為 0
18.        cout << n << " 是 5 的倍數\n";
19.     else
20.        cout << n << " 不是 5 的倍數\n";
21.  }
```

程式輸出

```
5 是 5 的倍數
58 不是 5 的倍數
135 是 5 的倍數
```

6.2.2 傳遞多個參數

其次介紹**傳遞多個數值（pass-by-value）參數**，當被呼叫的函數宣告多個參數，則呼叫敘述也必須傳遞多個參數，這些被傳遞的參數將會按照順序對應，也就是第一個數值對應第一個參數，第二個數值對應第二個參數，第三個數值對應第三個參數。

程式 6-06 是將 main 函數放在被呼叫的函數之前，所以在 main 函數的呼叫敘述之前必須宣告函數原型。

```
void sum(int, int, int);                         //宣告函數原型
```

然後可以定義函數在 main 函數之後。void sum(int a, int b, int c) 宣告此函數名稱為 sum，它必須接受 3 個整數型態的參數（a, b, c），void 表示此函數沒有傳回值。sum 函數會先輸出參數 a、b、c 值，再執行 a+b+c 運算與輸出運算值。

```
void sum(int a, int b, int c)                    //計算總和函數
{
    cout << a << " + " << b << " + " << c;
    cout << " = " << a + b + c << endl;          //計算並輸出總和
}
```

定義函數後，可以在 main 函數中使用函數名稱 sum 呼叫該函數，呼叫時必須傳遞 3 個整數型態的參數（如 562, 194, 817），此 3 個數值分別對應函數宣告的 a、b、c 值。也就是說 a=562、b=194、c=817，如下圖所示。

```
int main(int argc, char** argv)
{
    sum(562, 194, 817);
    return 0;
}

void sum(int a, int b, int c)
{
    cout << a << " + " << b << " + " << c;
    cout << " = " << a + b + c << endl;
}
```

📥 程式 **6-06**：計算總和

```
1.    // 儲存檔名：d:\C++06\C0606.cpp
2.    #include <iostream>
3.    using namespace std;
4.
5.    void sum(int, int, int);                 //宣告函數原型
6.
7.    int main(int argc, char** argv)
8.    {
9.        sum(95, 24, 657);                    //傳遞 3 個參數給 sum 函數
10.       sum(562, 194, 817);                  //傳遞 3 個參數給 sum 函數
11.       sum(16, 256, 1024);                  //傳遞 3 個參數給 sum 函數
12.       return 0;
13.   }
14.
15.   void sum(int a, int b, int c)            //計算總和函數
16.   {
17.       cout << a << " + " << b << " + " << c;
18.       cout << " = " << a + b + c << endl;  //計算並輸出總和
19.   }
```

▶▶ 程式輸出

```
95 + 24 + 657 = 776
562 + 194 + 817 = 1573
16 + 256 + 1024 = 1296
```

6.2.3 傳遞常數符號

第三介紹**傳遞常數符號（pass-by-value using a constant variable）參數**。前面傳遞的都是數值常數，但也可傳遞已經宣告過的常數符號。

程式 6-07 是將 main 函數放在被呼叫的函數之前，所以在 main 函數的呼叫敘述之前必須宣告函數原型。

```
void area(float, float);                 //宣告函數原型
```

然後可以定義函數在 main 函數之後。void area(float pi, float r) 宣告此函數名稱為 area，它必須接受 2 個浮點數型態的參數（pi, r），void 表示此函數沒有傳回值。area 函數會先輸出參數 r 值，再執行 pi*r*r 運算與輸出運算值。

```
void area(float pi, float r)                    //計算圓面積函數
{
    cout.precision(2);                          //設定輸出格式
    cout.setf(ios::fixed|ios::right);           //設定輸出有效位數
    cout << setw(6) << r << '\t';               //輸出圓半徑值
    cout << setw(8) << pi * r * r << endl;      //計算並輸出圓面積
}
```

　　定義函數後，可以在 main 函數中使用函數名稱 area 呼叫該函數，呼叫時必須傳遞 2 個浮點數型態的參數（如 PI, 25.0），此 2 個數值分別對應函數宣告的 pi、r 值，PI 是常數符號，25.0 則是數值常數，如下圖所示。如果 PI 在前置處理區宣告，則成為公用常數符號，也就是 main 函數與 area 函數皆可使用的符號，則不需要傳遞，6.4 節將詳細討論公用變數或公用符號。

```
int main(int argc, char** argv)
{
    const float PI = 3.1415926;
    area(PI, 25.0);
    return 0;
}           常數符號    常數

void area(float pi, float r)
{
    cout.precision(2);
    cout.setf(ios::fixed|ios::right);
    cout << setw(6) << r << '\t';
    cout << setw(8) << pi * r * r << endl;
}
```

程式 6-07：計算圓面積

```
1.   // 儲存檔名：d:\C++06\C0607.cpp
2.   #include <iostream>
3.   #include <iomanip>
4.   using namespace std;
5.
6.   void area(float, float);                   //宣告函數原型
7.
8.   int main(int argc, char** argv)
9.   {
10.      const float PI = 3.1415926f;           //宣告常數符號
11.      cout << "圓半徑\t  圓面積\n";            //輸出表頭字串
12.      area(PI, 5.0);                         //傳遞 2 個參數給 area
13.      area(PI, 15.0);                        //傳遞 2 個參數給 area
```

```
14.     area(PI, 25.0);                        //傳遞 2 個參數給 area
15.     return 0;
16.  }
17.
18.  void area(float pi, float r)              //計算圓面積函數
19.  {
20.     cout.precision(2);                      //設定輸出格式
21.     cout.setf(ios::fixed|ios::right);       //設定輸出有效位數
22.     cout << setw(6) << r << '\t';           //輸出圓半徑值
23.     cout << setw(8) << pi * r * r << endl;  //計算並輸出圓面積
24.  }
```

▶▶ 程式輸出

```
圓半徑      圓面積
 5.00      78.54
15.00     706.86
25.00    1963.50
```

6.2.4 傳遞變數數值

第四介紹**傳遞變數數值（pass-by-value using a variable）參數**。既然可以傳遞常數符號，當然也可傳遞變數資料，不過只是傳遞變數的值，所以被呼叫函數只是接收該變數的資料，而不能改變被傳遞變數的資料。下一節將討論傳遞變數位址，那時就可以直接改變被傳遞的變數值。

程式 6-08 是將 main 函數放在被呼叫的函數之前，所以在 main 函數的呼叫敘述之前必須宣告函數原型。

```
void calculate(int, int, int);              //宣告函數原型
```

然後可以定義函數在 main 函數之後。void calculate(int c, int e, int m) 宣告此函數名稱為 calculate，它必須接受 3 個整數型態的參數（c, e, m），void 表示此函數沒有傳回值。calculate 函數會先計算並輸出 c+e+m 值，再計算與輸出 (c+e+m)/3 值。

```
void calculate(int c, int e, int m)           //計算總和與平均函數
{
   cout << "總分 = " << c + e + m << endl;     //計算並輸出總和
   cout << "平均 = " << float((c + e + m) / 3);//計算並輸出平均
```

```
    cout  << endl;
}
```

定義函數後，可以在 main 函數中使用函數名稱 calculate 呼叫該函數，呼叫時必須傳遞 3 個整數型態的參數（如 chinese, english, math），此 3 個變數分別對應函數宣告的 c、e、m 值，也就是說 c=chinese、e=english、m=math。此程式會先從鍵盤讀取資料並存入 chinese、english、math 三變數，然後再呼叫 calculate 並傳遞三變數值給 calculate，如下圖所示。

```
int main(int argc, char** argv)
{
    int chinese, english, math;
    cin >> chinese >> english >> math;
    calculate(chinese, english, math);
    return 0;
}

void calculate(int c, int e, int m)
{
    cout << "總分 = " << c + e + m << endl;
    cout << "平均 = " << float((c + e + m) / 3);
    cout  << endl;
}
```

📥 **程式 6-08**：計算總和與平均

```
1.   // 儲存檔名：d:\C++06\C0608.cpp
2.   #include <iostream>
3.   using namespace std;
4.
5.   void calculate(int, int, int);          //宣告函數原型
6.
7.   int main(int argc, char** argv)
8.   {
9.      int chinese, english, math;          //宣告整數變數
10.
11.     for (int i=0; i<3; i++)
12.     {
13.        cout << "請輸入國文, 英文, 數學分數:";
14.        cin >> chinese >> english >> math;  //輸入 3 個數值
15.        calculate(chinese, english, math);  //傳遞 3 個參數給 sum 函數
16.     }
17.     return 0;
18.  }
19.
20.  void calculate(int c, int e, int m)       //計算總和與平均函數
```

```
21. {
22.     cout << "總分 = " << c + e + m << endl;        //計算並輸出總和
23.     cout << "平均 = " << float((c + e + m) / 3);   //計算並輸出平均
24.     cout  << endl;
25. }
```

▶▶ **程式輸出**

請輸入國文，英文，數學分數：**90 80 70** Enter
總分 = 240
平均 = 80
請輸入國文，英文，數學分數：**88 76 98** Enter
總分 = 262
平均 = 87
請輸入國文，英文，數學分數：**65 96 89** Enter
總分 = 250
平均 = 83

6.2.5 傳遞變數位址

　　第五介紹**傳遞變數位址（pass-by-reference）參數**。呼叫敘述傳給被呼叫函數的參數是一個變數位址，被呼叫函數直接以宣告的參數名稱存取包含呼叫敘述的函數（main）的變數值，所以當被呼叫函數將新值存入宣告的參數名稱，則該值將直接改變變數的值。

　　程式 6-09 是將 main 函數放在被呼叫的函數之前，所以在 main 函數的呼叫敘述之前必須宣告函數原型，而只以 & 符號宣告變數位址參數。第 8 章討論指標時 8.2.1 節將會詳細介紹 & 符號的用法。

```
void swap(int &, int &);                    //宣告函數原型
```

　　然後可以定義函數在 main 函數之後。void swap(int &num1, int &num2) 宣告此函數名稱為 swap，它必須接受 2 個整數變數的位址（&num1，&num2），void 表示此函數沒有傳回值。swap 函數會對調 num1 與 num2 的值後返回呼叫的下一個敘述。

```
void swap(int &num1, int &num2)             //資料對調函數
{
```

```
    int buffer;
    buffer = num1;
    num1 = num2;
    num2 = buffer;
}
```

定義函數後，可以在 main 函數中使用函數名稱 swap 呼叫該函數，呼叫時雖然傳遞 2 個整數變數（如 var1, var2），但實際上 swap 函數是取得 var1 與 var2 的位址，所以當 swap 函數對調 num1 與 num2 的值時，即直接對調 var1 與 var2 的資料，如下圖所示。

```
int main(int argc, char** argv)
{
    int var1 = 53, var2 = 75;
    swap(var1, var2);
    return 0;
}
        傳遞&var1  傳遞&var2

void swap(int &num1, int &num2)
{
    int buffer;
    buffer = num1;
    num1 = num2;
    num2 = buffer;
}
```

程式 6-09：資料對調

```
1.   // 儲存檔名：d:\C++06\C0609.cpp
2.   #include <iostream>
3.   using namespace std;
4.
5.   void swap(int &, int &);              //宣告函數原型
6.
7.   int main(int argc, char** argv)
8.   {
9.       int var1 = 53, var2 = 75;         //宣告整數變數
10.
11.      cout << "對調前：";
12.      cout << "A = " << var1 << '\t';   //顯示對調前的數值 A
13.      cout << "B = " << var2 << endl;   //顯示對調前的數值 B
14.      swap(var1, var2);                 //傳遞 var1 與 var2 的位址
15.      cout << "對調後：";
16.      cout << "A = " << var1 << '\t';   //顯示對調後的數值 A
17.      cout << "B = " << var2 << endl;   //顯示對調後的數值 B
18.      return 0;
```

```
19.   }
20.
21.   void swap(int &num1, int &num2)          //資料對調函數
22.   {
23.       int buffer;
24.       buffer = num1;
25.       num1 = num2;
26.       num2 = buffer;
27.   }
```

▶▶ 程式輸出

```
對調前： A = 53 B = 75
對調後： A = 75 B = 53
```

6.2.6 傳遞預設參數

　　最後介紹傳遞參數預設值，所謂**預設參數（default arguments）**是當呼叫敘述未提供參數時，自動傳給函數的數值。

　　程式 6-10 是將 main 函數放在被呼叫的函數之前，所以在 main 函數的呼叫敘述之前必須宣告函數原型。而宣告函數原型的參數時，即同時指定預設的參數值如下範例。

```
void weight(float lb = 1.0);                //宣告原型並指定參數預設值
```

　　然後可以定義函數在 main 函數之後。void weight(float lb) 宣告此函數名稱為 weight，它必須接受 1 個浮點數型態的參數（lb），void 表示此函數沒有傳回值。weight 函數將接收的參數轉換成公斤後輸出，若呼叫敘述未傳遞所需要的參數，則 weight 函數將自動接收函數原型所預設的參數值（1.0）。

```
void weight(float lb)                            //重量轉換函數
{
    cout << lb << "磅 = " << lb/2.20462 << "公斤";   //顯示函數傳回值
    cout << endl;
}
```

定義函數後，可以在 main 函數中使用函數名稱 weight 呼叫該函數，呼叫時必須傳遞 1 個浮點數型態的參數（如 150.0 或 170.0），若未傳遞參數如 weight() 則 lb=1.0。

程式 6-10：重量轉換：磅 - 公斤

```
1.    //儲存檔名：d:\C++06\C0610.cpp
2.    #include <iostream>
3.    using namespace std;
4.
5.    void weight(float lb = 1.0);            //宣告原型,指定參數預設值
6.
7.    int main(int argc, char** argv)
8.    {
9.       weight(150.0);                       //傳遞參數 150.0
10.      weight(170.0);                       //傳遞參數 170.0
11.      weight();                            //傳遞預設參數 1
12.      return 0;
13.   }
14.
15.   void weight(float lb)                    //重量轉換函數
16.   {
17.      cout << lb << "磅 = " << lb / 2.20462 << "公斤"; //顯示函數傳回值
18.      cout << endl;
19.   }
```

▶▶ 程式輸出

```
150 磅 = 68.0389 公斤
170 磅 = 77.1108 公斤
1 磅 = 0.453593 公斤
```

6.3 函數傳回值

傳回值（return value） 就是函數結束時傳回給呼叫敘述的資料。如下圖呼叫敘述可以傳遞多個參數給被呼叫的函數，但被呼叫的函數結束時只能傳回一個資料給呼叫敘述。

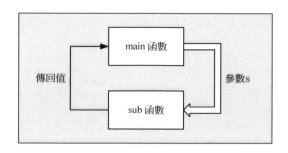

圖 6.6 函數傳回值

6.3.1 return 敘述

return 傳回值;

● **return** 表示返回呼叫敘述時，將傳回值傳回給呼叫敘述。

● **傳回值**則是要傳回給呼叫敘述的數值，若傳回型態為 void 表示不須傳回任何值，所以可以省略 return 敘述。

int main() 表示結束 main 時須傳回整數資料給作業系統（operating system；OS），所以在右大括號（）之前，必須有 "return 整數資料" 的敘述。return 0 將傳回 0 給系統表示程式正常結束，若程式非正常結束則可傳回錯誤碼給系統。

```
int main(int argc, char** argv)            //需傳回整數資料給OS
{
    //敘述區
    return 0;                              //0 表示正常結束程式
}
```

如果覺得 int main() 麻煩，反正不傳回任何值給 OS，就可使用 void main() 省略傳回值，因此在 main 函數結束前也不需要 return 敘述如下。雖然下面範例是 C++合法語法，不過使用 Dev-C++時，還是使用 Dev-C++ 自動產生的 main 函數語法，或是使用上面範例的 main 函數，以免造成編譯錯誤。

```
void main()                              //不須傳回任何資料給 OS
{
    //敘述區
    //不須要 return 敘述
}                                        //main 函數結束點
```

程式 6-11 的 total 函數是計算 1+2+3+…+n 的值,n 等於呼叫敘述傳給 total 函數的參數(如下圖的 10),total 計算完總和(=55)後,存放在 total 的區域變數 sum 中,main 函數的敘述無法取得 sum 的值,所以只有利用 return sum; 敘述將 sum 的值(55)傳回給呼叫敘述 total(10),所以 total(10) 就等於 55。

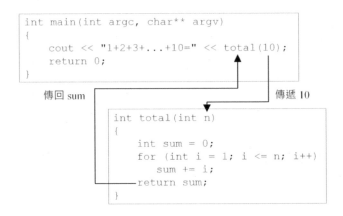

程式 6-11:計算 1+2+3+…+n 值

```
1.    //儲存檔名:d:\C++06\C0611.cpp
2.    #include <iostream>
3.    using namespace std;
4.
5.    int total(int);                       //宣告函數原型
6.
7.    int main(int argc, char** argv)
8.    {
9.        cout << "1+2+3+...+10=" << total(10);   //顯示函數傳回值
10.       cout << "\n1+2+3+...+100=" << total(100);  //顯示函數傳回值
11.       cout << "\n1+2+3+...+1000=" << total(1000);//顯示函數傳回值
12.       cout << endl;
13.       return 0;
14.   }
15.
16.   int total(int n)                      //計算 1+2+…+n 函數
```

```
17.  {
18.     int sum = 0;                          //宣告區域變數
19.     for (int i = 1; i <= n; i++)          //計算總和迴圈
20.        sum += i;
21.     return sum;                           //傳回 sum 給呼叫敘述
22.  }
```

▶▶ 程式輸出

```
1+2+3+...+10=55
1+2+3+...+100=5050
1+2+3+...+1000=500500
```

6.3.2 傳回數值

程式 6-12 的 factorial 函數是計算 n 階乘的值，n 等於呼叫敘述傳給 factorial 函數的參數（5），factorial 計算完階乘（=120）後，存放在 factorial 的區域變數 fact 中，然後利用 return fact 敘述將 fact 的值（120）傳回給呼叫敘述 factorial(5)，所以 factorial(5) 就等於 120。

```
int main(int argc, char** argv)
{
    cout << "5! = " << factorial(5);
    return 0;
}
                                         傳遞 5

傳回 fact
            int factorial(int n)
            {
                int fact = 1;
                for (int i = 1; i <= n; i++)
                    fact *= i;
                return fact;
            }
```

⬇ 程式 6-12：計算階乘

```
1.   // 儲存檔名:d:\C++06\C0612.cpp
2.   #include <iostream>
3.   using namespace std;
4.
5.   int factorial(int);                    //宣告函數原型
6.
7.   int main(int argc, char** argv)
8.   {
```

```
9.      cout << "3! = " << factorial(3);        //顯示函數傳回值
10.     cout << "\n5! = " << factorial(5);       //顯示函數傳回值
11.     cout << "\n7! = " << factorial(7);       //顯示函數傳回值
12.     cout << endl;
13.     return 0;
14. }
15.
16. int factorial(int n)                         //計算階乘函數
17. {
18.     int fact = 1;                            //宣告區域變數
19.     for (int i = 1; i <= n; i++)             //計算階乘迴圈
20.         fact *= i;
21.     return fact;                             //傳回 fact 給呼叫敘述
22. }
```

>> 程式輸出

```
3! = 6
5! = 120
7! = 5040
```

6.3.3　傳回布林值

程式 6-13 的 number 函數是判斷 n 值是否為偶數，n 等於呼叫敘述傳給 number 函數的參數（val），number 判斷完奇偶數後，若為偶數則傳回 true，若為奇數則傳回 false。呼叫敘述 if 再利用 number(val) 值來決定輸出 "偶數" 或 "奇數" 字串。

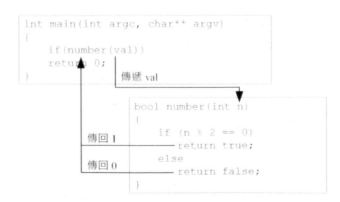

程式 **6-13**：判斷奇偶數

```
1.    // 儲存檔名：d:\C++06\C0613.cpp
2.    #include <iostream>
3.    using namespace std;
4.
5.    bool number(int);                    //宣告函數原型
6.
7.    int main(int argc, char** argv)
8.    {
9.        int val;                         //宣告整數變數
10.
11.       cout << "請輸入整數：";
12.       cin >> val;                      //讀取鍵盤輸入
13.       if(number(val))                  //若 number(val)==true
14.           cout << val << " 是偶數\n";
15.       else
16.           cout << val << " 是奇數\n";
17.       return 0;
18.   }
19.
20.   bool number(int n)                   //判斷奇偶數函數
21.   {
22.       if (n % 2 == 0)                  //若參數 n 除以 0 餘數為 0
23.           return true;                 //傳回 true
24.       else
25.           return false;                //傳回 false
26.   }
```

▶▶ 程式輸出

請輸入整數：**38**　Enter
38 是偶數

▶▶ 程式輸出

請輸入整數：**33**　Enter
33 是奇數

6.4 變數範圍

變數範圍是指變數可使用的範圍，包括區域變數、公用變數、外部變數、靜態變數、與暫存器變數。例如在 main 函數區塊內宣告的變數只有 main 函數區塊內的敘述可以使用，其他函數則不能直接存取 main 函數內的變數。同理,任何函數內的區域變數只有該函數內的敘述可以使用。而公用變數則可提供同一程式中所有函數的敘述使用。

6.4.1 區域變數 auto

auto [資料型態] 變數名稱 = 初值;

- **auto** 宣告的變數必須包含於函數區塊內,而且只供包含 auto 變數的函數使用,所以稱為**區域變數(local variable)**。

- 若在函數區塊內宣告變數且不指明變數範圍,則該變數即為 auto 變數,如前面在函數內所有宣告的變數。

- **資料型態(如 int 或 double)**:在 Dev-C++編譯器中,使用 auto 宣告區域變數時,必須加上該變數的資料型態(如 int 或 double)。在 Visual C++編譯器中,使用 auto 宣告區域變數時,必須省略該變數的資料型態(如 int 或 double),但必須賦予變數初值,由變數初值的型態來決定該區域變數的型態。

```
int main(int argc, char** argv)  //必須傳回整數值給系統
{
    auto int ft = 0;              //在 Dev-C++環境下,宣告 main 區域變數
    auto ft = 0;                  //在 Visual C++環境下,宣告 main 區域變數
    return 0;
}

double length(int ft)
{
    auto double m = 0.0;          //在 Dev-C++環境下,宣告 length 區域變數
    auto m = 0.0;                 //在 Visual C++環境下,宣告 length 區域變數
    .
}
```

在不同的函數區塊內,可以宣告相同的區域變數名稱,而它們都有各自獨立的記憶體空間,如下面範例 main 函數與 length 函數都宣告了 count 變數。但在同一個函數區塊內,則不可以宣告二個或多個相同的區域變數名稱。

```
int main(int argc, char** argv)          //必須傳回整數值給系統
{
    for (int count=0; count<10; count++)  //main 區域變數 count
    return 0;
}                                         //不需要 return 敘述

double length(int ft)
{
    for (int count=1; count<=5; count++)  //length 區域變數 count
        .
}
```

下面程式 6-14 是 Dev-C++版本的程式，至於 Visual C++版本的程式 6-14，請參考光碟片\VC++06\VC0606\VC0606\VC0614.cpp。它們之間的差別在於宣告 auto 變數，如下面範例所示。

```
auto int ft = 0;            //Dev-C++宣告方式
auto double m = 0.0;        //Dev-C++的宣告方式

auto ft = 0;               //Visual C++宣告方式
auto m = 0.0;              //Visual C++的宣告方式
```

程式 6-14：長度轉換：英呎 - 公尺

```
1.    //儲存檔名：d:\C++06\C0614.cpp
2.    #include <iostream>
3.    #include <iomanip>
4.    using namespace std;
5.
6.    double length(int);                              //宣告函數原型
7.
8.    int main(int argc, char** argv)
9.    {
10.       auto int ft = 0;                             //宣告區域變數
11.
12.       cout << "英呎\t" << " 公尺\n";                 //顯示字串
13.       cout << setprecision(4);                     //設定 4 位有效位數
14.       cout << setiosflags(ios::fixed|ios::right);  //改為 4 位小數有效位數
15.       for (ft = 1; ft <= 10; ft++)                 //以英呎為計數值
16.       {
17.          cout << setw(3) << ft << '\t';            //顯示英尺值
18.          cout << setw(6) << length(ft) << '\n';    //顯示函數傳回公尺值
19.       }
20.       return 0;
```

```
21.  }
22.
23.  double length(int ft)                     //長度轉換函數
24.  {
25.      auto double m = 0.0;                   //宣告區域變數
26.      m = 0.3048 * double(ft);               //英呎轉成公尺
27.      return m;                              //返回並傳遞 m
28.  }
```

▶▶ 程式輸出

英呎	公尺
1	0.3048
2	0.6096
3	0.9144
4	1.2192
5	1.5240
6	1.8288
7	2.1336
8	2.4384
9	2.7432
10	3.0480

6.4.2 公用變數

> 資料型態 變數名稱 = 初值;

- 在函數區塊以外宣告變數，則該變數名稱為唯一的且可供所有函
  數存取，所以稱為**公用變數（public variable）或稱全域變數
  （global variable）**。

- 因為公用變數可供所有函數存取，所以不須使用參數來傳遞公用
  變數，或指定公用變數為函數的傳回值。也就是說，將公用變數
  作為參數傳遞或作為函數傳回值，只是讓電腦多運動而已。

```
double m;                                //宣告公用變數
double ft;                               //宣告公用變數

int main(int argc, char** argv)          //必須傳回整數值給系統
{
```

```
    m = 10;                                    //10 存入公用變數 m
    length();                                  //呼叫函數
    cout << m << '\t' << ft;                    //顯示公用變數值
    return 0;
}

void length()                                  //長度轉換函數
{
    ft = 3.20808 * m;                          //運算值存入公用變數 ft
}
```

程式 **6-15**：長度轉換：公尺 - 英呎

```
1.   //儲存檔名：d:\C++06\C0615.cpp
2.   #include <iostream>
3.   #include <iomanip>
4.   using namespace std;
5.
6.   void length(void);                        //宣告函數原型
7.   int m;                                    //宣告公用變數
8.   double ft;                                //宣告公用變數
9.
10.  int main(int argc, char** argv)
11.  {
12.      cout << "公尺\t  英呎\n";              //顯示字串
13.      cout << setprecision(4);              //設定 4 位有效位數
14.      cout << setiosflags(ios::fixed|ios::right); //改為 4 位小數有效位數
15.      for (m = 1; m <= 10; m++)             //以公尺為計數值
16.      {
17.          length();                         //呼叫函數
18.          cout << setw(3) << m << '\t';     //輸出公尺值
19.          cout << setw(7) << ft << '\n';    //輸出英呎值
20.      }
21.      return 0;
22.  }
23.
24.  void length(void)                         //長度轉換函數
25.  {
26.      ft = 3.20808 * double(m);             //公尺轉成英呎
27.  }
```

▶▶ 程式輸出

公尺	英呎
1	3.2081
2	6.4162
3	9.6242
4	12.8323

```
    5       16.0404
    6       19.2485
    7       22.4566
    8       25.6646
    9       28.8727
   10       32.0808
```

6.4.3 外部變數 extern

> extern 資料型態 變數名稱 = 初值;

- 在 C++ 程式中，使用每個變數之前都必須先宣告。若有一個公用變數被宣告於函數之後，則使用該變數之前必須先宣告該變數為**外部變數（external variable）**。

- C++ 為二階段編譯程式，第一階段先配置記憶體給宣告的名稱，而第二階段才編譯 C++ 敘述。所以當某變數被宣告為外部變數，則 C++ 在第一階段編譯時將略過該變數，而在第二階段編譯時再參照已宣告的外部變數。

下面範例中，因變數 c 被宣告在 degree 與 main 函數之間，且在 f = ((9 * c) / 5) + 32 敘述之後。因此在 f = ((9 * c) / 5) + 32 敘述之前，必須先以 extern double c 宣告 c 為外部變數，否則編譯時將產生錯誤。

```
double degree(void)                    //溫度轉換函數
{
    extern double c;                   //宣告外部變數
    double f;                          //宣告區域變數
    f = ((9 * c ) / 5) + 32;           //攝氏轉成華氏
    .
}

double c;                              //宣告公用變數

int main(int argc, char** argv)        //必須傳回整數值給系統
{
    .
    for (c = 36; c <= 40; c++)         //攝氏溫度=計數
```

```
        return 0;
    }
```

新增 Visual C++標題檔的方法

1. 選擇 Visual C++【**專案(P)\加入新項目(W)**】功能項,開啟加入新項目對話方塊如下圖。

2. 依序①點選【**Visual C++**】,②點選【**C++檔(.cpp)**】,③選擇資料夾【**D:\VC++06\VC0616\VC0616**】與輸入檔案名稱(**如 VC0616.h**),④最後按【**新增**】鈕新增 VC0616.h 標題檔到專案中。

3. 然後可以在編輯區中輸入標題檔(**如 VC0616.h**)的指令。

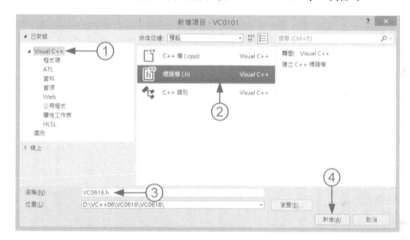

　　程式 6-16 將 degree 函數存入 C0616.h 的標題檔中,然後利用 #include "C0616.h" 敘述插入 C0616.h 標題檔到 C0616.cpp 程式的前置處理區。雖然變數 c 是 C0616.cpp 的公用變數,但在 C0616.h 標題檔中卻屬於外在的變數,所以在 C0616.h 標題檔中必須宣告 c 為 extern。

程式 6-16:溫度轉換:攝氏 - 華氏

```
1.    //儲存檔名:d:\C++06\C0616.cpp
2.    #include <iostream>
3.    #include <iomanip>
4.    #include "C0616.h"                        //插入自建標題檔
5.    using namespace std;
6.
```

```
7.    double c;                                      //宣告公用變數
8.
9.    int main(int argc, char** argv)
10.   {
11.       cout << "攝氏\t 華氏\n";                      //顯示字串
12.       cout << setprecision(2);                   //設定 2 位有效位數
13.       cout << setiosflags(ios::fixed|ios::right); //改為 2 位小數有效位數
14.       for (c = 36; c <= 40; c++)                 //攝氏溫度=計數
15.       {
16.          cout << setw(5) << c << '\t';           //顯示英尺值
17.          cout << setw(6) << degree() << '\n';    //顯示函數傳回公尺值
18.       }
19.       return 0;
20.   }
```

⬇ 程式 **6-16**：溫度轉換：標題檔

```
1.    //儲存檔名：d:\C++06\C0616.h
2.
3.    double degree(void)                    //溫度轉換函數
4.    {
5.       extern double c;                    //宣告外部變數
6.       double f;                           //宣告區域變數
7.       f = ((9 * c ) / 5) + 32;            //攝氏轉成華氏
8.       return f;                           //傳回 f 給呼叫敘述
9.    }
```

▶▶ 程式輸出

攝氏	華氏
36.00	96.80
37.00	98.60
38.00	100.40
39.00	102.20
40.00	104.00

　　C0616.h 檔被插入 C0616.cpp 檔後，檔案內容如下。從程式中清楚的看到 double c; 的宣告是在插入 degree 函數之後，因此對 degree 函數而言，變數 c 確實是外部變數。

⬇ 程式 **6-16**：溫度轉換：合併檔

```
1.    //儲存檔名：d:\C++06\C0616.cpp
2.    #include <iostream>
3.    #include <iomanip>
```

```
4.
5.    //儲存檔名：d:\C++06\C0616.h
6.
7.    double degree(void)                            //溫度轉換函數
8.    {
9.       extern double c;                            //宣告外部變數
10.      double f;                                   //宣告區域變數
11.      f = ((9 * c ) / 5) + 32;                    //攝氏轉成華氏
12.      return f;                                   //傳回 f 給呼叫敘述
13.   }
14.
15.   using namespace std;
16.
17.   double c;                                      //宣告公用變數
18.
19.   int main(int argc, char** argv)
20.   {
21.      cout << "攝氏\t 華氏\n";                    //顯示字串
22.      cout << setprecision(2);                    //設定 2 位有效位數
23.      cout << setiosflags(ios::fixed|ios::right); //改為 2 位小數有效位數
24.      for (c = 36; c <= 40; c++)                  //攝氏溫度=計數
25.      {
26.         cout << setw(5) << c << '\t';            //顯示英尺值
27.         cout << setw(6) << degree() << '\n';     //顯示函數傳回公尺值
28.      }
29.      return 0;
30.   }
```

6.4.4 暫存器變數 register

register 資料型態 變數名稱 = 初值;

- **暫存器（register）**是為了增加 CPU 的運算速度，而在 CPU 內部增設儲存設備。因為暫存器的數量少，通常用來存放算術運算或邏輯運算的運算元與運算值。

- **暫存器變數（register variable）**只適用於區域變數的宣告，且個數不能超過 2 個，若超過 2 個，則編譯器會自動將超過的 register 變數轉成 auto 區域變數。

- 通常在撰寫系統程式或驅動程式時，使用 register 變數當作迴圈的計數值，以加快執行的速度。至於一般的普通程式，使用

register 或 auto 變數的迴圈計數值，對使用者而言感覺不到有什
麼差別。

```
int main(int argc, char** argv)          //必須傳回整數值給系統
{
    register double f;                   //宣告暫存器變數
    return 0;
}

double degree(double fahr)               //溫度轉換函數
{
    register double c;                   //宣告暫存器變數
    .
}
```

程式 6-17：溫度轉換：華氏—攝氏

```
1.   //儲存檔名:d:\C++06\C0617.cpp
2.   #include <iostream>
3.   #include <iomanip>
4.   using namespace std;
5.
6.   double degree(double);                      //宣告函數原型
7.
8.   int main(int argc, char** argv)
9.   {
10.      register double f;                       //宣告暫存器變數
11.      cout << " 華氏\t  攝氏\n";                //顯示字串
12.      cout << setprecision(2);                 //設定2位有效位數
13.      cout << setiosflags(ios::fixed|ios::right); //改為2位小數有效位數
14.      for (f = 96; f <= 104; f += 2)           //攝氏溫度=計數
15.      {
16.         cout << setw(6) << f << '\t';         //顯示華氏值
17.         cout << setw(6) << degree(f) << '\n'; //顯示函數傳回攝氏值
18.      }
19.      return 0;
20.  }
21.
22.  double degree(double fahr)                   //溫度轉換函數
23.  {
24.      register double c;                       //宣告暫存器變數
25.      c = (fahr -32) * 5 / 9;                  //華氏轉成攝氏
26.      return c;                                //返回並傳遞 c
27.  }
```

▶▶ 程式輸出

華氏	攝氏
96.00	35.56
98.00	36.67
100.00	37.78
102.00	38.89
104.00	40.00

6.4.5 靜態變數 static

> static 資料型態 變數名稱 = 初值;

● 區域變數所佔用的記憶體位置，於函數返回（return）時會被清除並釋放；而**靜態變數（static variable）**所佔用的記憶體位置，則直到程式結束時才交還給系統，所以存放在靜態變數中的值，也將被保留直到再寫入或程式結束為止。

● 在編譯時，靜態變數初值會被自動設為 0，如下面範例的 sum 被設為 0。

程式 6-11 執行 1+2+3+…+n 時，其重複迴圈放在 total 函數中，也就是在 total 函數中完成加總的運算。而下面範例與程式 6-18 的重複迴圈則是在 main 函數中，如果 total 函數的變數 sum 不是靜態變數，則每次呼叫時都必須重新建立 sum，所以 sum 無法儲存之前的運算值，因此運算值為錯誤的。如果 sum 被宣告為靜態變數，則每次結束 total 返回 main 時 sum 的值將被保留，下次再呼叫 total 函數時 sum 的值則被累計下去，所以迴圈結束 oddsum 值才是正確的。

```
int main(int argc, char** argv)              //必須傳回整數值給系統
{
    .
    for (count = 1; count <= 100; count += 2)   //呼叫函數迴圈
        oddsum = total(count);                  //oddsum=函數傳回值
    return 0;
}
```

```
int total(int n)
{
    static int sum;                    //宣告靜態變數
    sum += n;                          //sum(n+1)=sum(n)+n
        .
}
```

或許讀者會問，那麼麻煩做什麼，直接使用公用變數不是更簡單嗎？使用公用變數可能是比較簡單，但在一個大程式中 sum 只是 total 函數的區域變數，或者有其他函數也有變數 sum 但儲存不同的資料時，則不能宣告 sum 為公用變數，只能以靜態變數來處理此問題。

程式 6-18：計算 1+3+5+...+99 之和

```
1.   //儲存檔名：d:\C++06\C0618.cpp
2.   #include <iostream>
3.   using namespace std;
4.
5.   int total(int);                         //宣告函數原型
6.
7.   int main(int argc, char** argv)
8.   {
9.       int count, oddsum;                  //宣告區域變數
10.      for (count = 1; count <= 100; count += 2) //呼叫函數迴圈
11.          oddsum = total(count);          //oddsum=函數傳回值
12.      cout << "1+3+5+...+99=" << oddsum;   //顯示最後 oddsum 值
13.      cout << endl;
14.      return 0;
15.  }
16.
17.  int total(int n)                        //計算總和函數
18.  {
19.      static int sum;                     //宣告靜態變數
20.      sum += n;                           //sum(n+1)=sum(n)+n
21.      return sum;                         //返回並傳回 sum
22.  }
```

程式輸出

```
1+3+5+...+99=2500
```

6.5 函數特殊用途

6.5.1 遞迴函數

　　遞迴函數呼叫（Recursive Function Calls）就是函數中包含一個呼叫自己的敘述。它也可能出現在二函數之間，如函數 1 呼叫函數 2，而函數 2 再呼叫函數 1 而形成遞迴呼叫。

　　下面範例是遞迴函數呼叫，當 n>0 時傳回 n+total(n-1)，而 total(n-1) 又呼叫 total 函數並傳遞 n-1 值。假設 n=10，所以呼叫 total(10) 傳回 10+total(9)，接著呼叫 total(9) 傳回 9+total(8)，total(8) 傳回 8+total(7)，total(7) 傳回 7+total(6)，total(6) 傳回 6+total(5)，total(5) 傳回 5+total(4)，total(4) 傳回 4+total(3)，total(3) 傳回 3+total(2)，total(2) 傳回 2+total(1)，total(1) 則傳回 1 並結束遞迴呼叫如下圖。

```
int total(int n)                        //計算總和函數
{
   if (n > 1)                           //若 n > 1
      return n + total(n-1);            //呼叫函數自身
   else                                 //若 n<=1
      return 1;                         //結束遞迴呼叫，並傳回1
}
```

```
n = 10          total(10) = 10 + total(9)

n = 9           total(9) = 9 + total(8)

n = 8           total(8) = 8 + total(7)

n = 7           total(7) = 7 + total(6)

n = 6           total(6) = 6 + total(5)

n = 5           total(5) = 5 + total(4)

n = 4           total(4) = 4 + total(3)

n = 3           total(3) = 3 + total(2)

n = 2           total(2) = 2 + total(1)

n = 1           1
```

程式 **6-19**：遞迴呼叫計算總和

```
1.    //儲存檔名：d:\C++06\C0619.cpp
2.    #include <iostream>
3.    using namespace std;
4.
5.    int total(int);                        //宣告函數原型
6.
7.    int main(int argc, char** argv)
8.    {
9.       cout << "1+2+3+...+10=" << total(10);   //顯示函數傳回值
10.      cout << "\n1+2+3+...+100=" << total(100);  //顯示函數傳回值
11.      cout << endl;
12.      return 0;
13.   }
14.
15.   int total(int n)                       //計算總和函數
16.   {
17.      if (n > 1)                          //若 n > 1
18.         return n + total(n-1);           //呼叫函數自身
19.      else                                //若 n<=1
20.         return 1;                        //結束遞迴呼叫，並傳回1
21.   }
```

▶▶ 程式輸出

```
1+2+3+...+10=55
1+2+3+...+100=5050
```

6.5.2 定義函數巨集 #define

#define　巨集名稱　數值
#define　巨集名稱　字串
#define　巨集名稱　函數

- **#define** 指令（directive）可以定義一個巨集名稱來取代數值、字串、或函數。

- **巨集名稱**的命名方式與變數名稱相同。但大多數程式設計師喜歡使用大寫符號來區分該符號是使用 #define 宣告的符號。

● **數值、字串、函數**是在程式編譯前，以此對等資料取代程式中所有的巨集名稱。

● #define 是前置處理指令（preprocessor directive），所以不使用分號結尾。

下面範例是定義一個常數巨集，令 PI 等於浮點數值 3.14159。

```
#define  PI 3.14159                          //定義符號 PI
```

下面範例是定義三個字串或標點符號巨集，令 BEGIN 等於左大括號（{}）、END 等於右大括號（）））、TAB 等於定位字元（'\t'）。

```
範例：定義字串與符號巨集名稱
#define  BEGIN    {                          //定義起始符號
#define  END      }                          //定義結束符號
#define  TAB      '\t'                       //定義定位符號
```

下面範例是定義二個函數巨集，第一式令 ABS(n) 等於 (n<0 ? −n : n)，當參數小於 0 則傳回-n 值，當參數不小於 0 則傳回 n 值。第一式令 EVEN(n) 等於 (n%2==0 ? "偶數" : "奇數")，當參數 n 除以 2 餘數等於 0 則傳回字串 "偶數"，當參數 n 除以 2 餘數不等於 0 則傳回字串 "奇數"。

```
#define  ABS(n)   (n<0 ? -n : n)             //定義取絕對值函數巨集
#define  EVEN(n)  (n%2==0 ? "偶數" : "奇數") //定義判斷奇偶數函數巨集
```

程式 6-20：#define 定義常數符號

```
1.   //儲存檔名：d:\C++06\C0620.cpp
2.   #include <iostream>
3.   using namespace std;
4.
5.   #define  PI 3.14159                      //定義符號 PI
6.
7.   int main(int argc, char** argv)
8.   {
9.       int r = 5;
10.      cout << "圓半徑 = " << r;            //顯示圓半徑值
11.      cout << "\n圓周長 = " << 2 * PI * r; //顯示圓周長值
12.      cout << "\n圓面積 = " << PI * r * r;  //顯示圓面積值
13.      cout << endl;
```

```
14.     return 0;                                //告訴OS程式正常結束
15.   }
```

>> **程式輸出**

```
圓半徑 = 5
圓周長 = 31.4159
圓面積 = 78.5397
```

⬇ **程式 6-21**：#define 定義字串名稱

```
1.   //儲存檔名：d:\C++06\C0621.cpp
2.   #include <iostream>
3.   #include <iomanip>
4.   using namespace std;
5.
6.   #define  BEGIN    {                  //定義起始符號
7.   #define  END      }                  //定義結束符號
8.   #define  TAB      '\t'               //定義定位符號
9.   #define  PI       3.14159            //定義常數符號
10.
11.  int main(int argc, char** argv)
12.  BEGIN                                //使用起始符號
13.     cout << "半徑\t圓周長\t  圓面積\n";
14.     cout.precision(3); cout.setf(ios::fixed);   //設定輸出格式
15.     for (int r = 5; r <= 10; r++)      //顯示計算值迴圈
16.     BEGIN                              //使用起始符號
17.        cout << setw(3) << r << TAB;          //顯示圓半徑值
18.        cout << setw(6) << 2 * PI * r << TAB; //顯示圓周長值
19.        cout << setw(9) << PI * r * r << endl;//顯示圓面積值
20.     END                                //使用結束符號
21.     return 0;
22.  END                                  //使用結束符號
```

>> **程式輸出**

半徑	圓周長	圓面積
5	31.416	78.540
6	37.699	113.097
7	43.982	153.938
8	50.265	201.062
9	56.549	254.469
10	62.832	314.159

程式 6-22：#define 定義函數巨集

```
1.    //儲存檔名：d:\C++06\C0622.cpp
2.    #include <iostream>
3.    using namespace std;
4.
5.    #define MAX(x, y) ((x>y) ? x : y)          //判斷較大值函數巨集
6.    #define MIN(x, y) ((x<y) ? x : y)          //判斷較小值函數巨集
7.
8.    int main(int argc, char** argv)
9.    {
10.       int num1, num2;
11.       cout << "請輸入二個整數:";
12.       cin >> num1 >> num2;
13.       cout << num1 << " 和 " << num2;
14.       cout << " 的較大值是 " << MAX(num1, num2);   //呼叫巨集函數 MAX
15.       cout << endl;
16.       cout << num1 << " 和 " << num2;
17.       cout << " 的較小值是 " << MIN(num1, num2);   //呼叫巨集函數 MIN
18.       cout << endl;
19.       return 0;
20.    }
```

▶▶ 程式輸出

```
請輸入二個整數：234 345
234 和 345 的較大值是 345
234 和 345 的較小值是 234
```

6.6 習題

選擇題

1. 如果函數沒有傳回值，則必須宣告傳回型態為_____。

   a) null   b) NULL   c) void   d) VOID

2. 若函數的表頭是 void show(int number)，則正確呼叫此函數的敘述是
   _____。

   a) show(5);   b) show(5.5);   c) show(int 5);   d) void show(int 5);

3. 傳遞給函數的數值稱為_____。

   a) 變數   b) 參數   c) 傳遞值   d) 巨集

4. 如果被呼叫函數定義於呼叫敘述後,則必須在呼叫函數前宣告____。

a) 函數巨集　　　　b) 函數表頭　　　　c) 函數原型　　　　d) 函數名稱

5. 一個函數可以包含_____參數。

a) 0 或 1 個　　　　b) 2 個　　　　c) 多個　　　　d) 以上皆對

6. 一個函數可以包含_____傳回值。

a) 0 或 1 個　　　　b) 2 個　　　　c) 多個　　　　d) 以上皆對

7. _____函數可以終止程式執行。

a) break()　　　　b) stop()　　　　c) exit()　　　　d) end()

8. 如果函數中包含一個呼叫自己的敘述,則此函數稱為_____。

a) 巨集函數　　　　b) 呼叫函數　　　　c) 遞迴函數　　　　d) 多載函數

實作題

1. 寫一 C++ 程式,計算球面積與體積。

a) 定義一個 sArea(pi, r) 函數,接收 pi 與 r 參數,傳回球面積給呼叫敘述。

b) 定義一個 sVolumn(pi, r) 函數,接收 pi 與 r 參數,傳回球體積給呼叫敘述。

c) 在 main 函數中,呼叫 sArea() 函數與 sVolumn 函數,假設球半徑為 5、6、7、8、9、10。（公式：球表面積 = $4\pi r^2$,球體積 = $(4/3)\pi r^3$）

2. 寫一 C++ 程式,求二個整數的最大公因數（GCD）與最小公倍數（LCM）。

a) 定義 gcd(x, y) 與 lcm(x, y) 二個函數,分別計算二個整數 x 與 y 的最大公因數（GCD）與最小公倍數（LCM）,並傳回 GCD 與 LCM 給呼叫敘述。

b) 程式從鍵盤輸入二個整數資料 x 與 y,然後顯示二數的 GCD 與 LCM。

陣列與搜尋

7

CHAPTER

7.1 陣列

陣列是使用同一個變數儲存一組相同型態的資料,然後以相同的名稱但不同的註標存取陣列中個別的資料。

7.1.1 一般資料變數

一般資料變數只能開啟一個記憶體位址來存放資料,若要存放一串資料,則必須使用多個資料變數來開啟多個記憶體位址,如下圖所示。這些不同變數之間沒有共同的關係,所以無法使用迴圈來處理各個獨立的變數。若要使用迴圈來存取記憶體中非獨立的變數,則必須使用陣列變數來存放資料,如下一節的討論。

```
int a, b, c, d, e;                          //宣告 5 個整數變數
```

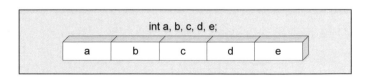

圖 7.1 宣告資料變數

程式 7-01：計算一般資料總和

```
1.    //檔案名稱：d:\C++07\C0701.cpp
2.    #include <iostream>
3.    using namespace std;
4.
5.    int main(int argc, char** argv)
6.    {
7.        int a=87, b=93, c=85;                  //定義與起始變數
8.
9.        cout << "a = " << a << endl;           //輸出變數值
10.       cout << "b = " << b << endl;           //輸出變數值
11.       cout << "c = " << c << endl;           //輸出變數值
12.       int sum = a + b + c;                   //計算總和
13.       cout << "總和 = " << sum << endl;       //輸出總和
14.       return 0;
15.   }
```

▶▶ 程式輸出

```
a = 87
b = 93
c = 85
總和 = 265
```

7.1.2 宣告一維陣列

資料型態 陣列名稱[陣列長度];

● 宣告陣列與宣告變數的型式相似。

● **資料型態**指示該陣列存放的資料型態，如 int、char、float、double、bool、...等。

● **陣列名稱**附予記憶體陣列的辨識名稱，陣列的命名原則與變數的命名原則相同。

● **陣列長度**表示可存放資料的個數，是正整數值。若只有中括號[] 而省略陣列長度則表示宣告不定長度的陣列。

- 陣列是以一個變數多個註標來定義多個記憶體空間，且其註標值為連續的正整數數值，所以利用迴圈的計數值來指定不同的陣列註標，以存取不同的計憶體位置。

- 一維陣列變數只使用一個註標值來開啟多個記憶體位置，以便存放多個資料，如下圖所示。

```
int a[5];                               //宣告整數陣列
char a[4], b[3], c[2];                  //宣告多個字串陣列
```

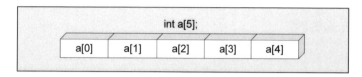

圖 7.2 宣告一維陣列

程式 7-02：計算個人成績總和

```
1.    //檔案名稱：d:\C++07\C0702.cpp
2.    #include <iostream>
3.    using namespace std;
4.
5.    int main(int argc, char** argv)
6.    {
7.       int a[3] ={87, 93, 85};                //定義與起始陣列
8.       int sum = 0;                           //定義與起始變數
9.
10.      for(int i=0; i<3; i++)
11.      {
12.         cout << "a[" << i << "] = " << a[i] << endl; //輸出陣列內容
13.         sum += a[i];                        //計算總和
14.      }
15.      cout << "總和 = " << sum << endl;        //輸出總和
16.      return 0;
17.   }
```

▶▶ 程式輸出

```
a[0] = 87
a[1] = 93
a[2] = 85
總和 = 265
```

7.1.3 起始一維陣列

資料型態 陣列名稱[陣列長度] = {初值 0, 初值 1, 初值 2, …};

● 陣列（array）開啟一個串列的記憶體空間。宣告不同的資料型
  態，則開啟陣列所保留的記憶體空間也不同，例如 short 型態的
  陣列每一個空間為 2 bytes，int 型態的陣列每一個空間為 4
  bytes，char 型態的陣列每一個空間為 1 byte。

起始所有元素資料

下面範例是宣告陣列後，指定資料給陣列的個別元素。這通常是用於
更改某些陣列元素的資料，如果要起始陣列所有元素資料，則可參考敘述
語法提供的方法，在宣告陣列同時起始陣列元素資料。

```
char ascii[10];          //宣告 10 空間的字元陣列
ascii[0] = '0';          //起始 ascii 陣列第 0 元素
ascii[1] = '1';          //起始 ascii 陣列第 1 元素
ascii[2] = '2';          //起始 ascii 陣列第 2 元素
ascii[3] = '3';          //起始 ascii 陣列第 3 元素
ascii[4] = '4';          //起始 ascii 陣列第 4 元素
ascii[5] = '5';          //起始 ascii 陣列第 5 元素
ascii[6] = '6';          //起始 ascii 陣列第 6 元素
ascii[7] = '7';          //起始 ascii 陣列第 7 元素
ascii[8] = '8';          //起始 ascii 陣列第 8 元素
ascii[9] = '9';          //起始 ascii 陣列第 9 元素
```

索引值	[0]	[1]	[2]	[3]	[4]	[5]	[6]	[7]	[8]	[9]
	'0'	'1'	'2'	'3'	'4'	'5'	'6'	'7'	'8'	'9'
	元素0	元素1	元素2	元素3	元素4	元素5	元素6	元素7	元素8	元素9

下面範例在宣告陣列同時指定陣列元素資料。與上一範例比較，這種
做法比較實際也比較方便。

```
//宣告並起始陣列元素資料
char ascii[10] = {'0', '1', '2', '3', '4', '5', '6', '7', '8', '9'};
```

上面範例用於陣列元素少時，如果陣列元素增多，則可以將起始資料分割成數列，最後一列再加大括號與分號，如下面範例。

```
char ascii[26] = {'A', 'B', 'C', 'D', 'E',      //不加大括號與分號
                  'F', 'G', 'H', 'I', 'J',      //不加大括號與分號
                  'K', 'L', 'M', 'N', 'O',      //不加大括號與分號
                  'K', 'Q', 'R', 'S', 'T',      //不加大括號與分號
                  'U', 'V', 'W', 'X', 'Y',      //不加大括號與分號
                  'Z'};                         //最後加大括號與分號
```

起始部分元素資料

下面範例是起始陣列部分元素。其中 long value[15] = {0}; 表示起始所有的元素為 0。而 int a[5] = {1, 2, 3}; 只起始 3 個元素 a[0]=1, a[1]=2, a[2]=3，其餘元素則使用預設的起始值，所以 a[3]=0, a[4]=0。

```
long value[15] = {0};                   //value[0]至value[14]=0
int a[5] = {1, 2, 3};                   //a[0]=1,a[1]=2,a[2]=3
                                        //a[3]=0,a[4]=0
```

下面範例中，起始陣列部分元素的方法是錯誤的，因為起始部分元素時，只能省略後面的元素資料，而不能省略前面或中間的元素資料。

```
int errArray[5] = {1, , 3, , 5};        //錯誤
```

隱含陣列大小

下面範例雖沒有指定陣列的大小，但因包含 6 個起始資料，所以 C++ 只預留 0 到 5 共 6 個空間給 freeSize 陣列。

```
int freeSize[] = {1, 4, 5, 6, 9, 4};     //freeSize 陣列大小等於 6
```

起始字串資料

第 2 章曾經介紹過，當程式中使用字串資料時，C++ 會自動加入 '\0' 到字串資料的尾端形成 ASCIIZ 字串，所以會在 "C++" 結尾加入 '\0' 如下圖。因此，配置字串記憶體空間時，應該配置 4 個字元空間給字串資料 "C++"。

```
char str1[4] = "C++";                    //配置 4 個空間給 str1
```

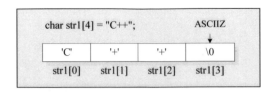

但 C++ 不會加入 '\0' 到字元資料的尾端,所以只須配置 3 個字元空間給字元陣列資料 {'C', '+', '+'} 就夠了。

```
char str2[3] = {'C', '+', '+'};          //配置 3 個空間給 str2
```

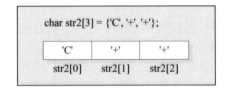

⬇ **程式 7-03**:取得文數字的 ASCII 碼

```
1.    //檔案名稱:d:\C++07\C0703.cpp
2.    #include <iostream>
3.    #include <iomanip>
4.    using namespace std;
5.
6.    int main(int argc, char** argv)
7.    {
8.        char ascii[10] = {'0', '1', '2', '3', '4',
9.                          '5', '6', '7', '8', '9'};//宣告並起始字元陣列
10.
11.       cout << "字元\tASCII 碼\n";               //輸出表頭
12.       cout << "----\t--------\n";               //輸出表頭
13.       for (int count = 0; count <= 9; count++) //for count = 0 to 9
14.       {
15.          cout << setw(3) << ascii[count] << '\t';//輸出數字
16.          cout << setw(5) << int(ascii[count]);    //輸出對應的ASCII 碼
17.          cout << endl;
18.       }
19.       return 0;
20.   }
```

>> 程式輸出

字元	ASCII 碼
0	48
1	49
2	50
3	51
4	52
5	53
6	54
7	55
8	56
9	57

7.1.4 宣告二維陣列

 資料型態　陣列名稱[y 長度] [x 長度];

- 一維陣列的註標如直線 [x] 座標，二維陣列的註標如平面 [y][x] 座標，三維陣列的註標則類似空間 [z][y][x] 座標，以此類推…，最多可達 60 個維度。

　　下面範例是宣告一個 3 列 5 行的整數陣列 a，陣列註標是由 0 開始，所以 3 列表示 0, 1, 2，而 5 行表示 0, 1, 2, 3, 4。

```
int a[3][5];                           //宣告二維長整數陣列
```

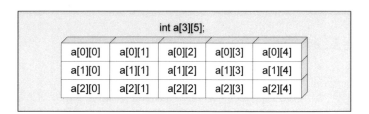

圖 7.3 宣告二維陣列

程式 **7-04**：計算個人成績總和

```
1.    //檔案名稱：d:\C++07\C0704.cpp
2.    #include <iostream>
3.    #include <iomanip>
4.    using namespace std;
5.
6.    int main(int argc, char** argv)
7.    {
8.        int a[2][3] ={ {87, 93, 85},              //起始 a[0][0]~a[0][2]
9.                      {95, 85, 90} };             //起始 a[1][0]~a[1][2]
10.       int sum[2] = {0, 0};                      //定義與起始 sum 陣列
11.
12.       cout << "學號\t 國文\t 英文\t 數學\t 總分\n";
13.       cout << "----\t----\t----\t----\t----\n";
14.       for(int i=0; i<2; i++)
15.       {
16.           cout << " a" << i << '\t';            //輸出學號
17.           for(int j=0; j<3; j++)
18.           {
19.               cout << setw(3) << a[i][j] << '\t';    //輸出個人成績
20.               sum[i] += a[i][j];                     //計算個人總和
21.           }
22.           cout << setw(4) << sum[i] << endl;    //輸出總和
23.       }
24.       return 0;
25.   }
```

▶▶ 程式輸出

學號	國文	英文	數學	總分
a0	87	93	85	265
a1	95	85	90	270

7.1.5 起始二維陣列

資料型態　陣列名稱[y 長度] [x 長度] = {{初值 00, 初值 01, …, 初值 0x},
　　　　　　　　　　　　　　　{初值 10, 初值 11, …, 初值 1x},
　　　　　　　　　　　　　　　.
　　　　　　　　　　　　　　　{初值 y0, 初值 y1, …, 初值 yx} };

● **大括號**只適用於起始陣列初值。只有起始陣列初值時，可以一次
起始所有元素。

● 若要指定陣列元素的值於宣告陣列完成後，則不能使用大括號，而且一次只能指定一個值給一個元素。

下面範例是宣告一個 2 列 4 行的長整數陣列 array1，並起始陣列的所有元素為 0。

```
long array1[2][4] = {0};                    //所有元素的啟始值為 0
```

下面範例一樣是宣告一個 2 列 4 行的長整數陣列 array2，同時起始陣列各元素的初值。

```
long array2[2][4] = {1, 2, 3, 4, 5, 6, 7, 8}; //各元素的啟始值皆不同
long x = array2[1][2]                       //x = 7
```

上面起始二維陣列初值的方式較不實用，因為很難看出元素 [1][2] 的位置。如果改用下列範例的起始方式，則元素 [1][2] 可輕鬆的對映到第 1 列第 2 行的值（等於 7）。

```
long array2[2][4] = {
                {1, 2, 3, 4 },              //第 0 列, 0, 1, 2, 3 行
                {5, 6, 7, 8 }              //第 1 列, 0, 1, 2, 3 行
                };                          //各元素的啟始值皆不同
.
long x = array2[1][2]                       //x = 7
```

下面範例只起始陣列部分資料，而 C++ 會指定 0 給未起始的元素，例如 array[1][0]=5, 而 array[0][3]=0。

```
double array[2][4] = {
                {1, 2, 3      },            //第 0 列, 0, 1, 2, 3 行
                {5, 6         }            //第 1 列, 0, 1, 2, 3 行
                };                          // 定義部份元素啟始值
.
double x = array[1][0]                      // x = 5
double y = array[0][3]                      // y = 0
```

下面範例是宣告並起始三維陣列，其中最內層大括號表示 x 維度，中間層大括號表示 y 維度，最外層大括號表示 z 維度，所以 number[2][0][2] =19。

```
int number[3][2][4] = {
                    { {1, 2, 3, 4 }, {5, 6, 7, 8 } },//z=0
                    { {9, 10, 11, 12 }, {13, 14, 15, 16 } },//z=1
                    { {17, 18, 19, 20 }, {21, 22, 23, 24 } }//z=2
                    };
.
.
int x = number[2][0][2]                                //x=19
```

程式 7-05 是計算二階行列式的值，計算方式如下。

$$\Delta = \begin{vmatrix} a_1 & b_1 \\ a_2 & b_2 \end{vmatrix} = a_1 \times b_2 - a_2 \times b_1$$

程式 7-05：求二階行列式之值

```
1.    //檔案名稱：d:\C++07\C0705.cpp
2.    #include <iostream>
3.    using namespace std;
4.
5.    int main(int argc, char** argv)
6.    {
7.        int eq[2][2] = { {3, 8},
8.                        {4, 9} };                    //宣告並起始二維陣列
9.        cout << "求行列式 x 的值\n";
10.       //計算行列式值
11.       int d = eq[0][0] * eq[1][1] - eq[1][0] * eq[0][1];
12.       //輸出陣列元素
13.       cout << "x = |" << eq[0][0] << " " << eq[0][1] << "| = ";
14.       cout << d << endl;                           //輸出行列式值
15.       cout << "    |" << eq[1][0] << " " << eq[1][1] << "|\n";
16.       return 0;
17.   }
```

▶▶ 程式輸出

```
求行列式 x 的值
x = |3 8| = -5
    |4 9|
```

程式 7-06 是求二元一次聯立方程組的 x 與 y 值，計算方式如下。

$$\begin{cases} a_1 x + b_1 y = c_1 \\ a_2 x + b_2 y = c_2 \end{cases}$$

$$\Delta = \begin{vmatrix} a_1 & b_1 \\ a_2 & b_2 \end{vmatrix} = a_1 \times b_2 - a_2 \times b_1$$

$$\Delta_x = \begin{vmatrix} c_1 & b_1 \\ c_2 & b_2 \end{vmatrix} = c_1 \times b_2 - c_2 \times b_1 \ \Rightarrow \ x = \frac{\Delta_x}{\Delta}$$

$$\Delta_x = \begin{vmatrix} a_1 & c_1 \\ a_2 & c_2 \end{vmatrix} = a_1 \times c_2 - a_2 \times c_1 \ \Rightarrow \ y = \frac{\Delta_y}{\Delta}$$

程式 7-06：求二元一次聯立方程組之解

```
1.   //檔案名稱：d:\C++07\C0706.cpp
2.   #include <iostream>
3.   using namespace std;
4.
5.   int main(int argc, char** argv)
6.   {
7.       int eq[2][3] = { {3, 8, 7},
8.                        {4, 9, 2} };            //宣告並起始二維陣列
9.       cout << "求二元一次聯立方程組之解\n";
10.      cout << eq[0][0] << "x + " << eq[0][1];          //輸出陣列元素
11.      cout << "y = " << eq[0][2] << endl;              //輸出陣列元素
12.      cout << eq[1][0] << "x + " << eq[1][1];          //輸出陣列元素
13.      cout << "y = " << eq[1][2] << endl;              //輸出陣列元素
14.      //計算 delta 值
15.      int d = eq[0][0] * eq[1][1] - eq[1][0] * eq[0][1];
16.      //計算 delta x 值
17.      int dx = eq[0][2] * eq[1][1] - eq[1][2] * eq[0][1];
18.      //計算 delta y 值
19.      int dy = eq[0][0] * eq[1][2] - eq[1][0] * eq[0][2];
20.      cout << "則 x = " << float(dx) / float(d);         //輸出 dx/d 值
21.      cout << "\ty = " << float(dy) / float(d) << endl; //輸出 dy/d 值
22.      return 0;
23.  }
```

▶▶ **程式輸出**

```
求二元一次聯立方程組之解
3x + 8y = 7
4x + 9y = 2
則 x = -9.4      y = 4.4
```

7.2 存取陣列

存取陣列包括輸出陣列元素、複製陣列元素、清除陣列元素、與存取陣列元素等等。

7.2.1 輸出陣列元素

> cout << 陣列名稱[註標]; //輸出單一陣列元素

- 輸出陣列單一元素時，必須使用陣列註標輸出註標位置的資料。

- 若要輸出整個陣列，也必須使用陣列註標依次輸出，通常配合迴圈可以依次輸出所有的陣列元素。不過，輸出 C 型態的字串陣列則屬例外。

下面範例是宣告並起始整數陣列 array[6]，array 陣列有 6 個元素 array[0]~array[5]，且 array[0]=1, array[1]=4, array[2]=5, array[3]=6, array[4]=9, array[5]=4。第二個敘述則宣告並起始字串陣列 str[]，str[0] = 'C', str[1] = '+', str[2] = '+', str[2] = '\0'。

```
int array[6] = {1, 4, 5, 6, 9, 4};          //宣告並起始整數陣列
char str[4] = "C++";                         //宣告並起始字串陣列
```

下面範例的第一個敘述是錯誤的，因為必須使用註標輸出整數陣列元素。但因為字串陣列的一個字串等於一個元素，所以第二個敘述是正確的，它的輸出是字串 "C++"。

```
cout << array << endl;                       //錯誤
cout << str << endl;                         //輸出字串 C++
```

正確輸出整數陣列元素的敘述如下，array[5] 將取得 array 的第 5 個元素（陣列從第 0 元素開始），所以它的輸出值為 4。

```
cout << array[5] << endl;                    //輸出第 5 個元素資料 4
```

如果要輸出陣列全部元素,則可配合迴圈依次輸出陣列所有的元素,當然迴圈的計數值是從 0 到陣列長度減 1。

```
for(int i=0; i<5; i++)                    //輸出陣列元素迴圈
    cout << array[i] << endl;             //依次輸出陣列元素
```

程式 7-07:輸出一維陣列元素

```
1.    //檔案名稱:d:\C++07\C0707.cpp
2.    #include <iostream>
3.    using namespace std;
4.
5.    int main(int argc, char** argv)
6.    {
7.        int source[3] = {5, 9, 3};              //宣告一維陣列變數
8.        cout << "輸出陣列元素\n";
9.        for (int i=0; i<=2; i++)                 //輸出陣列元素迴圈
10.       {
11.           cout << "source[" << i << "] = ";    //輸出陣列索引值
12.           cout << source[i] << '\t';           //輸出陣列元素
13.       }
14.       cout << endl;                            //跳行
15.       return 0;
16.   }
```

▶▶ 程式輸出

```
輸出陣列元素
source[0] = 5    source[1] = 9    source[2] = 3
```

程式 7-08 是以三元一次方程組型式輸出陣列元素值,例如第 0 列輸出為 7x+1y+3=6,不過第 1 列與第 2 列都含有負數,如果直接輸出則變成 4x+-1y+1z=1,所以輸出時必須稍做調整,使輸出負係數時不輸出 + 號,例如輸出 4x-1y+1z=1。程式 13 與 14 行則是利用 if 敘述判斷下一個係數,若為正數則輸出 + 號,若為負數則省略 + 號。

或許讀者也發現是不是當係數為 1 或 -1 時要省略 1 值,例如輸出 4x+y-z=1。當然是的,只是筆者想一步一步來,不要一下子弄得太複雜。事實上,當讀者了解如何判斷並省略 + 號,同樣的也有能力加上判斷並省略係數 1。

程式 **7-08**：輸出三元一次方程組

```
1.    //檔案名稱：d:\C++07\C0708.cpp
2.    #include <iostream>
3.    using namespace std;
4.
5.    int main(int argc, char** argv)
6.    {
7.        int eq[3][4] = { {7, 1, 3, 6},
8.                         {4, -1, 1, 1},
9.                         {5, 3, -2, 8} };         //宣告並起始二維陣列
10.       cout << "三元一次方程組\n";
11.       for(int i=0; i<3; i++)                    //輸出方程組迴圈
12.       {
13.           cout << eq[i][0] << (eq[i][1]>0 ? "x +" : "x ");//輸出 ax + 或 ax
14.           cout << eq[i][1] << (eq[i][2]>0 ? "y +" : "y ");//輸出 by + 或 by
15.           cout << eq[i][2] << "z= ";            //輸出 cz
16.           cout << eq[i][3] << "\n";             //輸出 d
17.       }
18.       return 0;
19.   }
```

▶▶ 程式輸出

```
三元一次方程組
7x +1y +3z= 6
4x -1y +1z= 1
5x +3y -2z= 8
```

7.2.2 複製陣列元素

 目的陣列[註標 2] = 來源陣列[註標 1];   //複製單一陣列元素

● 複製單一陣列元素時，也必須使用陣列註標。若要複製整個陣列則可配合迴圈一次複製所有的陣列元素。不過，複製 C 型態字串陣列則例外。

下面範例是宣告並起始 iSource 整數陣列與 cSource 字串陣列，還宣告 iTarget 整數陣列與 cTarget 字元陣列。

```
int iSource[6] = {1, 4, 5, 6, 9, 4};              //宣告並起始整數陣列
int iTarget[6];                                   //宣告整數陣列
```

```
char cSource[4] = "C++";                    //宣告並起始字串陣列
char cTarget[4];                            //宣告字串陣列
```

下面範例的第一個敘述是錯誤的，因為必須使用註標複製數值陣列元素。但第二個敘述是正確的，它可從 cSource 複製整個字串 "C++" 到 cTarget。

```
iTarget = iSource;                          //錯誤
cTarget = cSource;                          //複製字串 C++
```

正確複製整數陣列元素的敘述如下，iSource[4] 的值複製到 iTarget[3] 中，所以複製後 iTarget[3] 的值等於 9。

```
iTarget[3] = iSource[4];                    //複製後 iTarget[3] = 9
```

如果要複製陣列全部元素，則可配合迴圈依次輸出陣列所有的元素，當然迴圈的計數值是從 0 到陣列長度減 1。

```
for(int i=0; i<5; i++)                      //複製陣列元素迴圈
    iTarget[i] = iSource[i];                //依次複製陣列元素
```

⬇ **程式 7-09**：複製一維陣列

```
1.    //檔案名稱:d:\C++07\C0709.cpp
2.    #include <iostream>
3.    using namespace std;
4.
5.    int main(int argc, char** argv)
6.    {
7.        int source[3] = {5, 9, 3};            //宣告一維陣列變數
8.        int target[3] = {0};                  //起始 target 元素為 0
9.        cout << "複製前\n";
10.       for (int i=0; i<=2; i++)              //輸出來源迴圈
11.       {
12.           cout << "source[" << i << "] = " << source[i] << '\t';
13.           cout << "target[" << i << "] = " << target[i] << endl;
14.       }
15.       for (int j=0; j<=2; j++)              //複製迴圈
16.       {
17.           target[j] = source[j];            //複製 source 到 target
18.       }
19.       cout << "\n 複製後\n";
```

```
20.       for (int k=0; k<=2; k++)                    //輸出目的迴圈
21.       {
22.         cout << "source[" << k << "] = " << source[k] << '\t';
23.         cout << "target[" << k << "] = " << target[k] << endl;
24.       }
25.       return 0;
26.   }
```

▶▶ 程式輸出

複製前
```
source[0] = 5    target[0] = 0
source[1] = 9    target[1] = 0
source[2] = 3    target[2] = 0
```

複製後
```
source[0] = 5    target[0] = 5
source[1] = 9    target[1] = 9
source[2] = 3    target[2] = 3
```

程式 7-10：複製三階行列式

```
1.    //檔案名稱：d:\C++07\C0710.cpp
2.    #include <iostream>
3.    #include <iomanip>
4.    using namespace std;
5.
6.    int main(int argc, char** argv)
7.    {
8.        int i, x, y;
9.        int eq[3][4] = { {7, 1, 3, 6},
10.                        {4, -1, 1, 1},
11.                        {5, 3, -2, 8} };         //宣告並起始二維陣列
12.        int dd[3][3] = {0};                      //宣告並起始二維陣列
13.        //輸出方程組
14.        cout << "三元一次方程組\n";
15.        for(i=0; i<3; i++)
16.        {
17.          cout << eq[i][0] << (eq[i][1]>0 ? "x +" : "x "); //輸出 ax
18.          cout << eq[i][1] << (eq[i][2]>0 ? "y +" : "y "); //輸出 by
19.          cout << eq[i][2] << "z= ";                       //輸出 cz
20.          cout << eq[i][3] << "\n";                        //輸出 d
21.        }
22.        //複製陣列元素
23.        for(y=0; y<3; y++)                       //外層迴圈,改變索引值 y
24.        {
25.          for(x=0; x<3; x++)                     //內層迴圈,改變索引值 x
```

```
26.           dd[y][x] = eq[y][x];                   //複製陣列元素
27.       }
28.       //輸出陣列元素
29.       cout << "\nd = ";
30.       for(y=0; y<3; y++)                          //外層迴圈,改變索引值 y
31.       {
32.         cout << ((y == 0) ? "| " : "     | ");
33.         for(x=0; x<3; x++)                          //內層迴圈,改變索引值 x
34.           cout << setw(2) << dd[y][x] << ' ';    //輸出陣列元素
35.         cout << "|\n";
36.       }
37.       return 0;
38.  }
```

▶▶ 程式輸出

```
三元一次方程組
7x +1y +3z= 6
4x -1y +1z= 1
5x +3y -2z= 8

d = |  7    1    3 |
    |  4   -1    1 |
    |  5    3   -2 |
```

7.2.3 清除陣列元素

> 陣列名稱[註標] = 新值;　//指定單一陣列元素

　　定義陣列時曾經說過大括號只適用於宣告並起始陣列元素。若宣告後要指定或清除陣列元素,則必須指定單一元素等於新值或 0;若要指定或清除整個陣列,則可以配合迴圈依序指定同一新值或 0 給每個陣列元素。不過,清除 C 型態字串陣列則例外。

　　下面範例的第一個敘述是宣告並起始整數陣列 array[],array 陣列有 6 個元素 array[0] ~ array[5],且 array[0]=1, array[1]=4, array[2]=5, array[3]=6, array[4]=9, array[5]=4。第二個敘述則宣告並起始字串陣列 str[],str[0] = 'C', str[1] = '+', str[2] = '+', str[3] = '\0'。

```
int array[6] = {1, 4, 5, 6, 9, 4}              //宣告並起始整數陣列
char str[4] = "C++";                            //宣告並起始字串陣列
```

下面範例的第一個敘述是錯誤的，因為指定新值不能使用大括號，而且 array 只宣告 0 到 5 共 6 個元素，所以 array[6] 表示第 6 個元素是不存在的。但第二個敘述是正確的，它令 str 等於空字串。

```
array[6] = {0};                                 //錯誤
str = "";                                        //清除 C++
```

正確指定或清除整數陣列元素的敘述如下，array[4] 將指向 array 的第 4 個元素（陣列從第 0 元素開始），然後令它的新值為 0。

```
array[4] = 0;                                    //清除 array[4] = 0
```

如果要指定或清除陣列全部元素，則可配合迴圈依次指定或清除陣列所有的元素，當然迴圈的計數值是從 0 到陣列長度減 1。

```
for(int i=0; i<5; i++)                          //清除陣列元素迴圈
    array[i] = 0;                                //依次清除陣列元素
```

程式 7-11：清除三階行列式

```
1.    //檔案名稱：d:\C++07\C0711.cpp
2.    #include <iostream>
3.    using namespace std;
4.
5.    int main(int argc, char** argv)
6.    {
7.        int source[3] = {5, 9, 3};            //宣告並起始 source 陣列
8.        int target[3];                         //宣告 target 陣列
9.        int i;
10.       cout << "複製前\n";
11.       for (i=0; i<=2; i++)                   //輸出迴圈
12.       {
13.           cout << "source[" << i << "] = " << source[i] << '\t';
14.           cout << "target[" << i << "] = " << target[i] << endl;
15.       }
16.       for (i=0; i<=2; i++)                   //複製迴圈
17.       {
18.           target[i] = source[i];            //複製 source 到 target
19.       }
```

```
20.     cout << "\n 複製後\n";
21.     for (i=0; i<=2; i++)                      //輸出迴圈
22.     {
23.         cout << "source[" << i << "] = " << source[i] << '\t';
24.         cout << "target[" << i << "] = " << target[i] << endl;
25.     }
26.     for (i=0; i<=2; i++)                      //清除迴圈
27.     {
28.         target[i] = 0;                        //清除 target
29.     }
30.     cout << "\n 清除 target 後\n";
31.     for (i=0; i<=2; i++)                      //輸出迴圈
32.     {
33.         cout << "source[" << i << "] = " << source[i] << '\t';
34.         cout << "target[" << i << "] = " << target[i] << endl;
35.     }
36.     return 0;
37. }
```

▶▶ **程式輸出**

```
複製前
source[0] = 5    target[0] = 4301064
source[1] = 9    target[1] = 2147348480
source[2] = 3    target[2] = 4329160

複製後
source[0] = 5    target[0] = 5
source[1] = 9    target[1] = 9
source[2] = 3    target[2] = 3

清除 target 後
source[0] = 5    target[0] = 0
source[1] = 9    target[1] = 0
source[2] = 3    target[2] = 0
```

⬇ **程式 7-12**：輸出三階行列式

```
1.     //檔案名稱：d:\C++07\C0712.cpp
2.     #include <iostream>
3.     #include <iomanip>
4.     using namespace std;
5.
6.     int main(int argc, char** argv)
7.     {
8.         int eq[3][4] = { {7, 1, 3, 6},
9.                          {4, -1, 1, 1},
10.                         {5, 3, -2, 8} };      //宣告並起始二維陣列
```

```
11.      int dd[3][3] = {0};                    //宣告並起始二維陣列
12.      int i, x, y;                           //宣告整數變數
13.      //輸出方程組
14.      cout << "三元一次方程組\n";
15.      for(i=0; i<3; i++)
16.      {
17.         cout << eq[i][0] << (eq[i][1]>0 ? "x +" : "x "); //輸出 ax
18.         cout << eq[i][1] << (eq[i][2]>0 ? "y +" : "y "); //輸出 by
19.         cout << eq[i][2] << "z= ";                       //輸出 cz
20.         cout << eq[i][3] << "\n";                        //輸出 d
21.      }
22.                                             //複製陣列元素
23.      for(y=0; y<3; y++)                     //外層迴圈,改變索引值 y
24.      {
25.         for(x=0; x<3; x++)                  //內層迴圈,改變索引值 x
26.            dd[y][x] = eq[y][x];             //複製陣列元素
27.      }
28.                                             //輸出陣列元素
29.      cout << "\nd = ";
30.      for(y=0; y<3; y++)                     //外層迴圈,改變索引值 y
31.      {
32.         cout << ((y == 0) ? "| " : "      | ");
33.         for(x=0; x<3; x++)                  //內層迴圈,改變索引值 x
34.            cout << setw(2) << dd[y][x] << ' ';  //輸出陣列元素
35.         cout << "|\n";
36.      }
37.                                             //清除陣列元素
38.      for(y=0; y<3; y++)                     //外層迴圈,改變索引值 y
39.      {
40.         for(x=0; x<3; x++)                  //內層迴圈,改變索引值 x
41.            dd[y][x] = 0;                    //清除陣列元素
42.      }
43.                                             //複製陣列元素
44.      for(y=0; y<3; y++)                     //外層迴圈,改變索引值 y
45.      {
46.         for(x=0; x<3; x++)                  //內層迴圈,改變索引值 x
47.            dd[y][x] = eq[y][x];             //複製陣列元素
48.      }
49.      for(y=0; y<3; y++)
50.         dd[y][0] = eq[y][3];               //以 d 取代 a
51.                                             //輸出陣列元素
52.      cout << "\ndx = ";
53.      for(y=0; y<3; y++)                     //外層迴圈,改變索引值 y
54.      {
55.         cout << ((y == 0) ? "| " : "      | ");
56.         for(x=0; x<3; x++)                  //內層迴圈,改變索引值 x
57.            cout << setw(2) << dd[y][x] << ' ';  //輸出陣列元素
58.         cout << "|\n";
```

```
59.      }
60.      return 0;
61.  }
```

>> 程式輸出

```
三元一次方程組
7x +1y +3z= 6
4x -1y +1z= 1
5x +3y -2z= 8

d  =  |  7   1   3 |
      |  4  -1   1 |
      |  5   3  -2 |

dx =  |  6   1   3 |
      |  1  -1   1 |
      |  8   3  -2 |
```

7.2.4 存取陣列元素

　　指定陣列元素就是存入陣列元素的動作，而輸出陣列元素則是取得陣列元素的方式之一。程式 7-13 是利用迴圈依序取得 number[count] 值，再與變數 max 比較，若 number[count] 值大於 max 值，則以 number[count] 值取代 max 值，直到迴圈結束則 max 的儲存值為整個陣列的最大值。

⬇ 程式 **7-13**：找尋最大值

```
1.   //檔案名稱：d:\C++07\C0713.cpp
2.   #include <iostream>
3.   using namespace std;
4.
5.   int main(int argc, char** argv)
6.   {
7.      int count, max = 0;                     //宣告整數變數
8.      int number[5] = {5, 9, 3, 4, 7};        //宣告並起始 number 陣列
9.      for (count = 0; count <= 4; count++)    //找尋最大值迴圈
10.     {
11.        if (number[count] > max)             //若數值>緩衝器值
12.           max = number[count];              //則取代緩衝器值
13.     }
14.     cout << "5, 9, 3, 4, 7 五數的最大值 = " << max; //顯示最大值
15.     cout << endl;
16.     return 0;
17.  }
```

▶▶ **程式輸出**

5, 9, 3, 4, 7 五數的最大值 = 9

程式 7-14 是計算三階行列式的值，計算方式如下。

$$\Delta = \begin{vmatrix} A_{00} & A_{01} & A_{02} \\ A_{10} & A_{11} & A_{12} \\ A_{20} & A_{21} & A_{22} \end{vmatrix}$$

$$= A_{00} \times A_{11} \times A_{22} + A_{01} \times A_{12} \times A_{20} + A_{02} \times A_{10} \times A_{21} - A_{00} \times A_{12} \times A_{21} - A_{01} \times A_{10} \times A_{22} - A_{02} \times A_{11} \times A_{20}$$

程式 7-14：計算三階行列式值

```cpp
1.    //檔案名稱:d:\C++07\C0714.cpp
2.    #include <iostream>
3.    #include <iomanip>
4.    using namespace std;
5.
6.    int main(int argc, char** argv)
7.    {
8.        int eq[3][3] = { {7, 1, 3},
9.                         {4, -1, 1},
10.                        {5, 3, -2} };           //宣告並起始二維陣列
11.       long d = 0;                             //宣告並起始變數 d
12.       cout << "計算行列式 a 值\n";
13.       //計算行列式值
14.       for(int i=0; i<3; i++)                  //計算行列式值迴圈
15.       {
16.           d += eq[0][i]*eq[1][(i+1)%3]*eq[2][(i+2)%3];
17.           d -= eq[0][i]*eq[1][(i+2)%3]*eq[2][(i+1)%3];
18.       }
19.       //輸出陣列元素
20.       for(int y=0; y<3; y++)                  //外層迴圈,改變索引值 y
21.       {
22.           if(y==1)
23.               cout << "a = | ";
24.           else
25.               cout << "    | ";
26.           for(int x=0; x<3; x++)              //內層迴圈,改變索引值 x
27.               cout << setw(2) << eq[y][x] << ' ';   //輸出陣列元素
28.           if(y==1)
29.               cout << "| = " << d << endl;    //輸出行列式值
30.           else
31.               cout << "|\n";
32.       }
33.       return 0;
34.   }
```

程式輸出

```
計算行列式 a 值
   | 7  1  3 |
a =| 4 -1  1 | = 57
   | 5  3 -2 |
```

7.3　傳遞陣列

　　傳遞陣列元素相當於傳遞變數數值（pass-by-value using a variable），傳遞陣列名稱則相當於傳遞變數位址（pass-by-reference）。不過，實際上是傳遞陣列指標（pass-by-reference using pointer）。

7.3.1　傳遞陣列元素

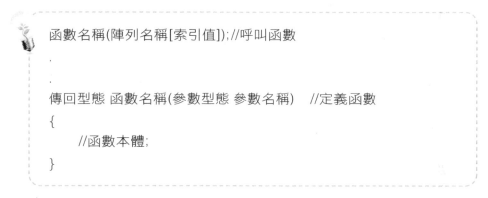

```
函數名稱(陣列名稱[索引值]);//呼叫函數
  .
  .
傳回型態 函數名稱(參數型態 參數名稱)　//定義函數
{
    //函數本體;
}
```

● **傳遞陣列元素**給被呼叫函數相當於傳遞元素數值（pass-by-value）給被呼叫函數。

　　下面範例是以單一陣列元素為 showArray 函數的參數，showArray 函數接收此參數後，可利用此參數值做運算或輸出等等。

```
int source[3] = {5, 9, 3};
showArray(source[0]);                    //傳遞單一元素給函數

void showArray(int var)                   //函數,參數為單一變數
{
    cout << var << endl;                  //輸出 source[0]
}
```

⬇ 程式 7-15：複製與清除陣列

```
1.   //檔案名稱：d:\C++07\C0715.cpp
2.   #include <iostream>
3.   using namespace std;
4.
5.   void showArray(int, int, int);              //宣告函數原型
6.
7.   int main(int argc, char** argv)
8.   {
9.      int source[3] = {5, 9, 3};               //宣告並起始 source 陣列
10.     int target[3];                           //宣告 target 陣列
11.     cout << "複製前\n";
12.     for (int i=0; i<=2; i++)                 //輸出陣列迴圈
13.        showArray(i, source[i], target[i]);   //呼叫 showArray 函數
14.
15.     for (int j=0; j<=2; j++)                 //複製迴圈
16.     {
17.        target[j] = source[j];                //複製 source 到 target
18.     }
19.     cout << "\n 複製後\n";
20.     for (int k=0; k<=2; k++)                 //輸出陣列迴圈
21.        showArray(k, source[k], target[k]);   //呼叫 showArray 函數
22.
23.     for (int l=0; l<=2; l++)                 //清除迴圈
24.     {
25.        target[l] = 0;                        //清除 target
26.     }
27.     cout << "\n 清除 target 後\n";
28.     for (int m=0; m<=2; m++)                 //輸出陣列迴圈
29.        showArray(m, source[m], target[m]);   //呼叫 showArray 函數
30.     return 0;
31.  }
32.
33.  void showArray(int index, int s, int t)     //輸出資料函數
34.  {
35.     cout << "source[" << index << "] = " << s << '\t'; //輸出參數 s 值
36.     cout << "target[" << index << "] = " << t << endl; //輸出參數 t 值
37.  }
```

≫ 程式輸出

```
複製前
source[0] = 5    target[0] = 4301064
source[1] = 9    target[1] = 2147348480
source[2] = 3    target[2] = 4329108

複製後
source[0] = 5    target[0] = 5
```

```
source[1] = 9    target[1] = 9
source[2] = 3    target[2] = 3

清除 target 後
source[0] = 5    target[0] = 0
source[1] = 9    target[1] = 0
source[2] = 3    target[2] = 0
```

7.3.2 傳遞陣列名稱

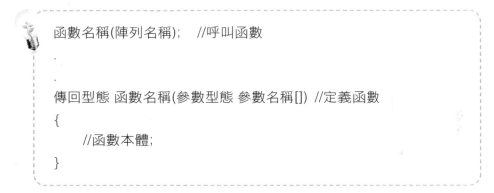

函數名稱(陣列名稱);   //呼叫函數

.

.

傳回型態 函數名稱(參數型態 參數名稱[]) //定義函數
{
    //函數本體;
}

- **傳遞陣列名稱**給被呼叫函數是傳遞陣列指標（pass-by-reference using pointer）給被呼叫函數。

- 宣告函數表頭時，必須宣告為整個陣列為參數，如 void showArray(int array[])。

下面範例是以整個陣列元素為 showArray 函數的參數，showArray 函數接收此參數後，可配合迴圈輸出整個陣列的資料。

```
int source[3] = {5, 9, 3};
showArray(source);                      //呼叫 showArray 函數

void showArray(int array[])             //函數,參數為整個陣列
{
    for (int i=0; i<=2; i++)            //輸出迴圈
        cout << array[i] << endl;       //依序輸出 source 陣列元素
}
```

程式 7-16：複製與清除陣列

```cpp
1.    //檔案名稱：d:\C++07\C0716.cpp
2.    #include <iostream>
3.    using namespace std;
4.
5.    void showArray(int [], int []);              //宣告函數原型
6.
7.    int main(int argc, char** argv)
8.    {
9.       int source[3] = {5, 9, 3};               //宣告並起始 source 陣列
10.      int target[3];                           //宣告 target 陣列
11.      cout << "複製前\n";
12.      showArray(source, target);               //呼叫 showArray 函數
13.      for (int j=0; j<=2; j++)                 //複製迴圈
14.      {
15.         target[j] = source[j];                //複製 source 到 target
16.      }
17.      cout << "\n複製後\n";
18.      showArray(source, target);               //呼叫 showArray 函數
19.      for (int k=0; k<=2; k++)                 //清除迴圈
20.      {
21.         target[k] = 0;                        //清除 target
22.      }
23.      cout << "\n清除 target 後\n";
24.      showArray(source, target);               //呼叫 showArray 函數
25.      return 0;
26.   }
27.
28.   void showArray(int s[], int t[])
29.   {
30.      for (int i=0; i<=2; i++)                 //輸出迴圈
31.      {
32.         cout << "source[" << i << "] = " << s[i] << '\t'; //輸出 s[i]值
33.         cout << "target[" << i << "] = " << t[i] << endl; //輸出 t[i]值
34.      }
35.   }
```

》 程式輸出

```
複製前
source[0] = 5    target[0] = 4301064
source[1] = 9    target[1] = 2147348480
source[2] = 3    target[2] = 4329108

複製後
source[0] = 5    target[0] = 5
source[1] = 9    target[1] = 9
source[2] = 3    target[2] = 3
```

```
清除 target 後
source[0] = 5    target[0] = 0
source[1] = 9    target[1] = 0
source[2] = 3    target[2] = 0
```

7.3.3 傳遞二維陣列

函數名稱(陣列名稱);   //呼叫函數

.

.

傳回型態 函數名稱(參數型態 參數名稱[][長度])   //定義函數
{
    //函數本體;
}

● 傳遞二維或多維陣列給被呼叫函數時，是傳遞陣列指標給被呼叫
  函數。

● 宣告函數表頭時，參數除了包括宣告為整個二維陣列，還必須提
  供 x 維度的長度，如 void showArray(int array[][3])。

下面範例在定義函數時，以整個陣列元素為 calArray[][] 函數的參數，
同時提供 x 維度的長度，例如 int calArray(int array[][3])。而呼叫函數傳遞
參數時，只須提供陣列名稱，不需要加陣列註標，若加陣列註標則成為傳
遞單一陣列元素。

```
int eq[3][3] = { {7, 1, 3},
                 {4, -1, 1},
                 {5, 3, -2} };          //宣告並起始二維陣列
dy = calArray(eq);                      //dy=calArray 傳回值

int calArray(int array[][3])            //函數,參數為二維陣列
{
    int a = 0;
    for(int i=0; i<3; i++)              //計算行列式值迴圈
    {
        a += array[0][i]*array[1][(i+1)%3]*array[2][(i+2)%3];
```

```
    a -= array[0][i]*array[1][(i+2)%3]*array[2][(i+1)%3];
  }
  return a;                                    //傳回計算值
}
```

程式 7-17 是求三元一次聯立方程組的 x、y、z 值，計算方式如下。

$$\begin{cases} a_1x + b_1y + c_1z = d_1 \\ a_2x + b_2y + c_2z = d_2 \\ a_3x + b_3y + c_3z = d_3 \end{cases} \qquad \Delta = \begin{vmatrix} a_1 & b_1 & c_1 \\ a_2 & b_2 & c_2 \\ a_3 & b_3 & c_3 \end{vmatrix}$$

$$\Delta_x = \begin{vmatrix} d_1 & b_1 & c_1 \\ d_2 & b_2 & c_2 \\ d_3 & b_3 & c_3 \end{vmatrix} \Rightarrow x = \frac{\Delta_x}{\Delta} \qquad \Delta_y = \begin{vmatrix} a_1 & d_1 & c_1 \\ a_2 & d_2 & c_2 \\ a_3 & d_3 & c_3 \end{vmatrix} \Rightarrow y = \frac{\Delta_y}{\Delta}$$

$$\Delta_z = \begin{vmatrix} a_1 & b_1 & d_1 \\ a_2 & b_2 & d_2 \\ a_3 & b_3 & d_3 \end{vmatrix} \Rightarrow z = \frac{\Delta_z}{\Delta}$$

程式 7-17：解三元一次聯立方程組

```cpp
1.   //檔案名稱：d:\C++07\C0717.cpp
2.   #include <iostream>
3.   #include <iomanip>
4.   using namespace std;
5.
6.   void showArray(int [][3], int, char []); //宣告函數原型
7.   int calArray(int [][3]);                 //宣告函數原型
8.
9.   int main(int argc, char** argv)
10.  {
11.    int eq[3][4] = { {7, 1, 3, 6},
12.                     {4, -1, 1, 1},
13.                     {5, 3, -2, 8} };        //宣告並起始二維陣列
14.    int dd[3][3] = {0};                      //宣告並起始二維陣列
15.    int d, dx, dy, dz, y;                    //宣告整數變數
16.
17.    //輸出方程組
18.    cout << "三元一次聯立方程組\n";
19.    for(y=0; y<3; y++)
20.    {
21.      cout << eq[y][0] << (eq[y][1]>0 ? "x +" : "x "); //輸出 ax
22.      cout << eq[y][1] << (eq[y][2]>0 ? "y +" : "y "); //輸出 by
23.      cout << eq[y][2] << "z= ";                       //輸出 cz
24.      cout << eq[y][3] << "\n";                         //輸出 d
```

```
25.        }
26.                                           //計算與輸出 d 值
27.        for(y=0; y<3; y++)                 //複製陣列元素
28.        {
29.            dd[y][0] = eq[y][0];           //複製 eq 第 0 到 dd 第 0 列
30.            dd[y][1] = eq[y][1];           //複製 eq 第 1 到 dd 第 1 列
31.            dd[y][2] = eq[y][2];           //複製 eq 第 2 到 dd 第 2 列
32.        }
33.        d = calArray(dd);                  //計算行列式值
34.        showArray(dd, d, "d = | ");        //輸出行列式與值
35.                                           //計算與輸出 dx 值
36.        for(y=0; y<3; y++)                 //複製陣列元素
37.        {
38.            dd[y][0] = eq[y][3];           //複製 eq 第 3 到 dd 第 0 列
39.            dd[y][1] = eq[y][1];           //複製 eq 第 1 到 dd 第 1 列
40.            dd[y][2] = eq[y][2];           //複製 eq 第 2 到 dd 第 2 列
41.        }
42.        dx = calArray(dd);                 //計算行列式值
43.        showArray(dd, dx, "dx = | ");      //輸出行列式與值
44.                                           //計算與輸出 dy 值
45.        for(y=0; y<3; y++)                 //複製陣列元素
46.        {
47.            dd[y][0] = eq[y][0];           //複製 eq 第 0 到 dd 第 0 列
48.            dd[y][1] = eq[y][3];           //複製 eq 第 3 到 dd 第 1 列
49.            dd[y][2] = eq[y][2];           //複製 eq 第 2 到 dd 第 2 列
50.        }
51.        dy = calArray(dd);                 //計算行列式值
52.        showArray(dd, dy, "dy = | ");      //輸出行列式與值
53.                                           //計算與輸出 dz 值
54.        for(y=0; y<3; y++)                 //複製陣列元素
55.        {
56.            dd[y][0] = eq[y][0];           //複製 eq 第 0 到 dd 第 0 列
57.            dd[y][1] = eq[y][1];           //複製 eq 第 1 到 dd 第 1 列
58.            dd[y][2] = eq[y][3];           //複製 eq 第 3 到 dd 第 2 列
59.        }
60.        dz = calArray(dd);                 //計算行列式值
61.        showArray(dd, dz, "dz = | ");      //輸出行列式與值
62.                                           //輸出行列式的解
63.        cout << endl;
64.        cout << "x = " << dx << '/' << d << endl;  //輸出 x 值
65.        cout << "y = " << dy << '/' << d << endl;  //輸出 y 值
66.        cout << "z = " << dz << '/' << d << endl;  //輸出 z 值
67.        return 0;
68. }
69.
70. int calArray(int array[][3])              //計算行列式值函數
```

```
71.  {
72.      int a = 0;
73.      for(int i=0; i<3; i++)                    //計算行列式值迴圈
74.      {
75.          a += array[0][i]*array[1][(i+1)%3]*array[2][(i+2)%3];
76.          a -= array[0][i]*array[1][(i+2)%3]*array[2][(i+1)%3];
77.      }
78.      return a;                                 //傳回計算值
79.  }
80.
81.  void showArray(int array[][3], int d, char s[]) //顯示行列式函數
82.  {
83.      cout << endl;
84.      for(int y=0; y<3; y++)                    //外層迴圈,改變索引值y
85.      {
86.          if(y==1)
87.              cout << s;
88.          else
89.              cout << "      |  ";
90.          for(int x=0; x<3; x++)                //內層迴圈,改變索引值x
91.              cout << setw(2) << array[y][x] << ' '; //輸出陣列元素
92.          if(y==1)
93.              cout << "| = " << d << endl;      //輸出行列式值
94.          else
95.              cout << "|\n";
96.      }
97.  }
```

▶▶ 程式輸出

```
三元一次聯立方程組
7x +1y +3z= 6
4x -1y +1z= 1
5x +3y -2z= 8


         |  7   1   3  |
d   =    |  4  -1   1  | = 57
         |  5   3  -2  |


         |  6   1   3  |
dx  =    |  1  -1   1  | = 37
         |  8   3  -2  |


         |  7   6   3  |
dy  =    |  4   1   1  | = 89
         |  5   8  -2  |


         |  7   1   6  |
dz  =    |  4  -1   1  | = -2
         |  5   3   8  |
```

```
x = 37/57
y = 89/57
z = -2/57
```

程式 7-18 是判斷與解二元一次聯立方程組的 x、y 值,判斷與計算方式如下。

$$\begin{cases} a_1x + b_1y = c_1 \\ a_2x + b_2y = c_2 \end{cases}$$

$$\Delta = \begin{vmatrix} a_1 & b_1 \\ a_2 & b_2 \end{vmatrix} \quad \Delta_x = \begin{vmatrix} c_1 & b_1 \\ c_2 & b_2 \end{vmatrix} \quad \Delta_y = \begin{vmatrix} a_1 & c_1 \\ a_2 & c_2 \end{vmatrix}$$

若 $\Delta \neq 0 \Rightarrow$ 有一解

若 $\Delta = 0 \wedge (\Delta_x = 0 \wedge \Delta_y = 0) \Rightarrow$ 有無限多解

若 $\Delta = 0 \wedge (\Delta_x \neq 0 \vee \Delta_y \neq 0) \Rightarrow$ 無解

● 程式 **7-18**:判斷與解二元一次聯立方程組

```cpp
1.    //檔案名稱:d:\C++07\C0718.cpp
2.    #include <iostream>
3.    using namespace std;
4.
5.    double calArray(int [][2]);              //宣告函數原型
6.    void ansArray(double, double, double);   //宣告函數原型
7.
8.    int main(int argc, char** argv)
9.    {
10.       int a1, a2, b1, b2, c1, c2;
11.       cout << "求聯立方程組 a1x + b1y = c1" << endl;      //顯示題目
12.       cout << "            a2x + b2y = c2 之解?" << endl;
13.       cout << "輸入 a1 = "; cin >> a1;        //輸入方程組係數
14.       cout << "輸入 b1 = "; cin >> b1;
15.       cout << "輸入 c1 = "; cin >> c1;
16.       cout << "輸入 a2 = "; cin >> a2;
17.       cout << "輸入 b2 = "; cin >> b2;
18.       cout << "輸入 c2 = "; cin >> c2;
19.       int dd[2][2] = {{a1, b1},
20.                       {a2, b2}};             //宣告並起始二維陣列
21.       int dx[2][2] = {{c1, b1},
22.                       {c2, b2}};             //宣告並起始二維陣列
23.       int dy[2][2] = {{a1, c1},
24.                       {a2, c2}};             //宣告並起始二維陣列
```

```
25.    double delta = calArray(dd);              //delta=呼叫 calArray
26.    double deltax = calArray(dx);             //deltax=呼叫 calArray
27.    double deltay = calArray(dy);             //deltay=呼叫 calArray
28.    ansArray(delta, deltax, deltay);          //呼叫 ansArray 函數
29.    cout << endl;
30.    return 0;
31. }
32.
33. double calArray(int array[][2])               //計算行列式值
34. {
35.    return array[0][0]*array[1][1]-array[1][0]*array[0][1];//行列式值
36. }
37.
38. void ansArray(double del, double delx, double dely) //判斷並求方程組之解
39. {
40.    if (del != 0)                               //若分母 del != 0
41.    {
42.       double x = delx / del;
43.       double y = dely / del;
44.       cout << "有一解:x = " << x << ", y = " << y; //則顯示有一解
45.    }
46.    else if (del == 0)                          //若分母 del == 0
47.    {
48.       if (delx == 0 && dely == 0)             //且二分子皆為 0
49.          cout << "有無限多解";                 //顯示有無限多解
50.       else if (delx != 0 || dely != 0)        //且有一分子非 0
51.          cout << "無解";                       //顯示無解
52.    }
53. }
```

▶▶ 程式輸出

```
求聯立方程組 a1x + b1y = c1
            a2x + b2y = c2 之解?
輸入 a1 = 2 [Enter]
輸入 b1 = -3 [Enter]
輸入 c1 = 8 [Enter]
輸入 a2 = 4 [Enter]
輸入 b2 = 2 [Enter]
輸入 c2 = 5 [Enter]
有一解:x = 1.9375, y = -1.375
```

▶▶ 程式輸出

```
求聯立方程組 a1x + b1y = c1
            a2x + b2y = c2 之解?
輸入 a1 = 1 [Enter]
輸入 b1 = 2 [Enter]
```

輸入 c1 = **1** `Enter`
輸入 a2 = **3** `Enter`
輸入 b2 = **6** `Enter`
輸入 c2 = **3** `Enter`
有無限多解

▶▶ 程式輸出

求聯立方程組 a1x + b1y = c1
            a2x + b2y = c2 之解？
輸入 a1 = **3** `Enter`
輸入 b1 = **-5** `Enter`
輸入 c1 = **2** `Enter`
輸入 a2 = **-6** `Enter`
輸入 b2 = **10** `Enter`
輸入 c2 = **4** `Enter`
無解

7.4 字串陣列

　　C++ 提供二種型態的字串：一是**字串陣列**（string array），它是以 '\0' 為結束的字串，也稱為 ASCIIZ 字串。此種定義字串的方式是從 C 語言延續而來的，所以也稱為 C 型態字串。現在仍有許多 C++ 程式使用這種 C 型態字串，所以本節要介紹這種 C 型態字串。另一字串是 C++ 新定義的**字串類別**（string class），我們將在第 9 章討論此種 C++ 型態字串。

7.4.1 一維字串陣列

> char 陣列名稱[字串長度] = "字串";

● **陣列名稱**或稱為字串名稱，它就相當於該字串陣列的記憶體名稱，所以存取字串時皆使用此陣列名稱。

● 宣告字串陣列與宣告字元陣列相同，但是起始值不同。字元陣列的每個字元是分開且包含於單引號中，而字串陣列的每個字元連接在一起並且包含於雙引號中。

● 定義於雙引號中的字串，編譯時 C++ 會自動在字串結尾加上結束符號 '\0'，使成為 ASCIIZ 字串。

下面範例是定義一個字元陣列 str1，str1 包含 6 個元素，第 0 個元素 str1[0]= 'C'，第 1 個元素 str1[1]= '+'，第 2 個元素 str1[2]= '+'。

```
char str1[6] = {'C', '+', '+'};                //定義字元陣列
```

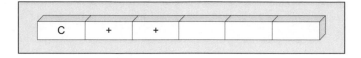

圖 7.4　宣告一維字元陣列

下面範例是定義一個字串陣列 str2，表面上看它好像只含有 3 個元素，但實際上 str2 包含 4 個元素，第 0 個元素 str1[0]= 'C'，第 1 個元素 str1[1]= '+'，第 2 個元素 str1[2]= '+'，與第 3 個元素 str1[2]= '\0' 是 C++ 自動加上的結束符號。

```
char str2[4] = "C++";                          //定義字串陣列
```

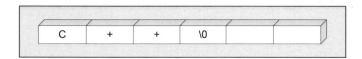

圖 7.5　宣告一維字串陣列

7.4.2　二維字串陣列

char 陣列名稱[陣列長度][字串長度] = {　"字串 1",
　　　　　　　　　"字串 2",
　　　　　　　　　.
　　　　　　　　　"字串 y" };

● **陣列名稱**或稱為字串名稱，它就相當於該字串陣列的記憶體名稱，所以存取字串時皆使用此陣列名稱。

- **陣列長度**宣告二維字串陣列時，行數 x 被用來表示字串的長度，所以只有列數 y 表示陣列的長度（或稱列數），也就是存放字串的數目。

- **字串長度**（或稱行數）必須是最長字串的長度加 1，因為每個字串最後必須加上結束符號 '\0'。

下面範例是定義一個二維字元陣列 str1，str1 包含 3 列 6 行如下圖，第 0 列第 0 行元素 str1[0][0]= 'C'，第 1 列第 2 行元素 str1[1][2]= 'v'，第 2 列第 3 行元素 str1[2][3]= 'i'。

```
char strArray1[3][6] = {{'C', '+', '+'},
                        {'J', 'a', 'v', 'a'},
                        {'B', 'a', 's', 'i', 'c'}};
```

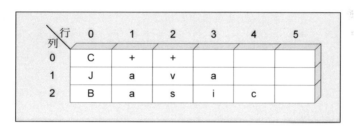

圖 7.6 宣告二維字元陣列

下面範例是定義一個字串陣列 str2，C++ 在編譯後自動在每個字串的結尾加上的結束符號 '\0'，因此宣告時字串長度必須是最長字串的長度加 1 如下圖，也就是 "Basic" 字串長度加 1 等於 6。

```
char strArray2[3][6] = {"C++",              //strArray2[0]
                        "Java",             //strArray2[1]
                        "Basic"};           //strArray2[2]
```

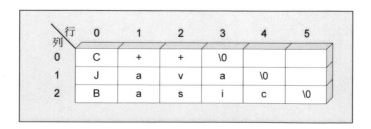

圖 7.7 宣告二維字串陣列

7.4.3 輸出字串陣列

> cout << 陣列名稱;

● 在一維字串陣列中,存取整個字串時,使用陣列名稱即可。

● 在一維字串陣列中,存取字串陣列元素時,使用陣列名稱加 [註標]。

```
cout << str2 <<endl;                    //輸出 str2 字串
cout << str2[1] <<endl;                    //輸出 str2[1]='+'
```

> cout << 陣列名稱[列數];

● 在二維字串陣列中,存取單一列的字串時,使用陣列名稱加 [列數]。

● 在二維字串陣列中,存取字串陣列元素時,使用陣列名稱加 [列數][註標]。

```
cout << strArray2[0] <<endl;            //輸出 strArray2[0]="C++"
cout << strArray2[2][3] <<endl;            //strArray2[2][3]="i"
```

下面範例是配合迴圈輸出二維字串陣列 strArray2 中的所有字串。

```
for(int i=0; i<3; i++)
    cout << strArray2[i] <<endl;            //依序輸出 strArray2[i]
```

程式 7-19:輸出月曆

```
1.    //檔案名稱:d:\C++07\C0719.cpp
2.    #include <iostream>
3.    #include <iomanip>
4.    using namespace std;
5.
6.    int main(int argc, char** argv)
7.    {
8.      int ini, max;                    //宣告整數變數
```

```
9.        char days[7][7] = { "星期日",
10.                           "星期一",
11.                           "星期二",
12.                           "星期三",
13.                           "星期四",
14.                           "星期五",
15.                           "星期六", };          //宣告並起始二維字串陣列
16.
17.       cout << "輸入本月的總天數:"; cin >> max;   //輸入總天數
18.       cout << "本月第一天星期幾:"; cin >> ini;   //輸入起始日
19.       cout << endl;
20.       for(int i=0; i<=6; i++)
21.         cout << days[i] << '\t';              //輸出星期表頭
22.       cout << endl;
23.       for(int j=1; j<=ini; j++)               //輸出空格迴圈
24.         cout << setw(4) << '\t';
25.       for(int k=1; k<=max; k++)               //輸出月曆迴圈
26.       {
27.         cout << setw(4) << k;                 //設定輸出格式
28.         if((k+ini) % 7 != 0)                  //若不是7的倍數
29.           cout << '\t';                       //跳下一定位點
30.         else
31.           cout << '\n';                       //跳下一新行
32.       }
33.       cout << endl;    //跳行
35.       return 0;
36.   }
```

▶▶ 程式輸出

輸入本月的總天數:31
本月第一天星期幾:5

星期日	星期一	星期二	星期三	星期四	星期五	星期六
					1	2
3	4	5	6	7	8	9
10	11	12	13	14	15	16
17	18	19	20	21	22	23
24	25	26	27	28	29	30
31						

7.5 排序與搜尋

一般而言,搜尋就是在資料庫中找尋我們所要的資料。而搜尋前會先將資料庫(存放在磁碟或光碟)的資料載入到記憶體中,想當然是使用陣列來管理相當多筆的資料,所以本節就是討論如何在陣列中搜尋相符的資料,搜尋方法包括線性搜尋與二分搜尋。

使用二分搜尋之前,必須先排序資料。排序就是由小到大排列資料或是由大到小排列資料。本節將討論的排序方法包括氣泡排序與選擇排序。

7.5.1 氣泡排序

氣泡排序(bubble sort)是利用兩兩互相比較原理,例如有 5 個元素則共比較 4+3+2+1=10 次。方法是依序比較,例如 0➜1, 0➜2, 0➜3, 0➜4, 1➜2, 1➜3, 1➜4, 2➜3, 2➜4, 3➜4 共 10 次。從 0➜1, 0➜2, 0➜3, 0➜4 可找到最小值,從 1➜2, 1➜3, 1➜4 可以找到第二小值,從 2➜3, 2➜4 可找到第三小值,從 3➜4 可找到第四小值與最大值。

氣泡排序方式原理雖然簡單,但適用於資料筆數較少時。如果使用氣泡排序來排列很多筆資料時,雖然不會要電腦的命,但使用者會等得不耐煩。

第一步驟:如下圖是第 0 元素與第 1 元素比較,然後將較小值放在第 0 元素,較大值放在第 1 元素。例如 57 與 19 比較,則將 19 存入第 0 元素,57 存入第 1 元素。

number	[0]	[1]	[2]	[3]	[4]
	57	19	33	92	6

第二步驟:比較第 0 元素與第 2 元素,然後將較小值放在第 0 元素,較大值放在第 2 元素。如下圖比較 19 與 33,然後將 19 存入第 0 元素,33 存入第 2 元素。

number	[0]	[1]	[2]	[3]	[4]
	19	57	33	92	6

第三步驟：比較第 0 元素與第 3 元素，然後將較小值放在第 0 元素，較大值放在第 3 元素。如下圖比較 19 與 92，然後將 19 存入第 0 元素，92 存入第 3 元素。

number	[0]	[1]	[2]	[3]	[4]
	19	57	33	92	6

第四步驟：比較第 0 元素與第 4 元素，然後將較小值放在第 0 元素，較大值放在第 4 元素。如下圖比較 19 與 6，然後將 6 存入第 0 元素，19 存入第 4 元素。

number	[0]	[1]	[2]	[3]	[4]
	19	57	33	92	6

第五步驟：比較第 0 元素與所有其他元素後，已經找到最小值並存在第 0 元素中。接下來，比較第 1 元素與第 2 元素，然後將較小值放在第 1 元素，較大值放在第 2 元素。如下圖比較 57 與 33，然後將 33 存入第 1 元素，57 存入第 3 元素。

number	[0]	[1]	[2]	[3]	[4]
	6	57	33	92	19
	最小值				

第六步驟：比較第 1 元素與第 3 元素，然後將較小值放在第 1 元素，較大值放在第 3 元素。如下圖比較 33 與 92，然後將 33 存入第 1 元素，92 存入第 3 元素。

number	[0]	[1]	[2]	[3]	[4]
	6	33	57	92	19

最小值 ← ── 6 ── →

第七步驟：比較第 1 元素與第 4 元素，然後將較小值放在第 1 元素，較大值放在第 4 元素。如下圖比較 33 與 19，然後將 19 存入第 1 元素，33 存入第 4 元素。

number	[0]	[1]	[2]	[3]	[4]
	6	33	57	92	19

最小值 ← ──── 7 ──── →

第八步驟：第 1 元素與 2, 3, 4 元素比較後，已經找到第二小值並存在第 1 元素中。接下來，比較第 2 元素與第 3 元素，然後將較小值放在第 2 元素，較大值放在第 3 元素。如下圖比較 57 與 92，然後將 57 存入第 2 元素，92 存入第 3 元素。

number	[0]	[1]	[2]	[3]	[4]
	6	19	57	92	33

最小值　第二小值 ← ── 8 ── →

第九步驟：比較第 2 元素與第 4 元素，然後將較小值放在第 2 元素，較大值放在第 4 元素。如下圖比較 57 與 33，然後將 33 存入第 2 元素，57 存入第 4 元素。

number	[0]	[1]	[2]	[3]	[4]
	6	19	57	92	33

最小值　第二小值 ← ──── 9 ──── →

第十步驟：第 2 元素與 3, 4 元素比較後，已經找到第三小值並存在第 2 元素中。在下來，比較第 3 元素與第 4 元素比較，然後將較小值放在第 3 元素，較大值放在第 4 元素。例如 92 與 57 比較如下圖，然後將 57 存入第 3 元素，92 存入第 4 元素。

number	[0]	[1]	[2]	[3]	[4]
	6	19	33	92	57
	最小值	第二小值	第三小值	↑—10—↑	

經過氣泡排序後，陣列中的資料由小到大排列如下。

number	[0]	[1]	[2]	[3]	[4]
	6	19	33	57	92
	最小值	第二小值	第三小值	第四小值	最大值

下面是氣泡排序的範例，外迴圈計數值從 0 到小於陣列長度減 1，而內迴圈的計數值則從外迴圈的計數值加 1 到小於陣列長度。所以當外迴圈計數值等於 0 時，內迴圈計數值等於 1, 2, 3, 4，所以配合 if 敘述比較 0→1，0→2, 0→3, 0→4。然後外迴圈計數值增為 1，而內迴圈計數值等於 2, 3, 4，配合 if 敘述比較 1→2, 1→3, 1→4。外迴圈計數值增為 2，而內迴圈計數值等於 3, 4，配合 if 敘述比較 2→3, 2→4。最後外迴圈計數值增為 3，而內迴圈計數值等於 4，配合 if 敘述比較 3→4。過程中如果需要則執行資料對調。

```
for (i = 0; i < max-1; i++)              //排序外迴圈
   for (j = i+1; j < max; j++)           //排序內迴圈
      if (number[i] > number[j])         //若須要則對調
      {
         buffer = number[i];
         number[i] = number[j];
         number[j] = buffer;
      }
```

程式 7-20：一維陣列氣泡排序

```cpp
1.    //檔案名稱：d:\C++07\C0720.cpp
2.    #include <iostream>
3.    using namespace std;
4.
5.    int main(int argc, char** argv)
6.    {
7.       const int max = 5;                  //宣告整常數符號
8.       int i, j, buffer;                   //宣告整數變數
9.       int number[max] = {57, 19, 33, 92, 6}; //宣告一維陣列
10.      cout << "排序前：";                 //顯示排序前資料
11.      for (i = 0; i < max; i++)
12.         cout << number[i] << '\0';
13.      for (i = 0; i < max-1; i++)         //排序外迴圈
14.         for (j = i+1; j < max; j++)      //排序內迴圈
15.            if (number[i] > number[j])    //若須要則對調
16.            {
17.               buffer = number[i];
18.               number[i] = number[j];
19.               number[j] = buffer;
20.            }
21.      cout << "\n排序後：";               //顯示排序後資料
22.      for (i = 0; i < max; i++)
23.         cout << number[i] << '\0';
24.      cout << endl;
25.      return 0;
26.   }
```

▶▶ 程式輸出

排序前：57 19 33 92 6
排序後：6 19 33 57 92

7.5.2 選擇排序

選擇排序（selection sort）則是先在陣列中找尋最小值，找到後將最小值與第 0 元素值對調；再從第 1 元素開始找尋第二小值，找到後將第二小值與第 1 元素值對調；接著從第 2 元素開始找尋第三小值，找到後將第三小值與第 2 元素值對調；以此類推…。所以如果有 5 筆資料，則選擇排序只須對調 5 次即完成。

表面上選擇排序好像浪費時間在找尋最小值、第二小值、第三小值、…，但是當資料很多時它絕對比氣泡排序快。

第一步驟：如下圖先找到最小值 6 的位置是第 4 元素，然後對調是第 0 元素與第 4 元素，因此第 0 元素是最小值。

number	[0]	[1]	[2]	[3]	[4]
	57	19	33	92	6

第二步驟：如下圖再找到第二小值 19 的位置是第 1 元素，因此第 1 元素是第二小值。

number	[0]	[1]	[2]	[3]	[4]
	6	19	33	92	57
	最小值	第二小值			

第三步驟：如下圖再找到第三小值 33 的位置是第 2 元素，因此第 2 元素是第三小值。

number	[0]	[1]	[2]	[3]	[4]
	6	19	33	92	57
	最小值	第二小值	第三小值		

第四步驟：如下圖再找到第四小值 57 的位置在第 4 元素，然後對調是第 3 元素與第 4 元素，因此第 3 元素是第四小值。

number	[0]	[1]	[2]	[3]	[4]
	6	19	33	92	57
	最小值	第二小值	第三小值		

第五步驟：如下圖第 4 元素當然就是最大值。

number	[0]	[1]	[2]	[3]	[4]
	6	19	33	57	92
	最小值	第二小值	第三小值	第四小值	最大值

　　下面是選擇排序的範例，它的迴圈設計與氣泡排序的迴圈設計相同，外迴圈計數值從 0 到小於陣列長度減 1，而內迴圈的計數值則從外迴圈的計數值加 1 到小於陣列長度。程式原理是令最小值等於外迴圈索引的元素，然後一一比較以內迴圈索引其他元素，比較完後將最小值與外迴圈索引元素對調。

```
for (i = 0; i < MAX-1; i++)              //排序外迴圈
{
   mindex = i;                           //mindex=最小值索引
   minimum = number[i];                  //minimum=最小值
   for (j = i+1; j < MAX; j++)           //排序內迴圈
   {
      if (number[j] < minimum)           //若 number[j]<最小值
      {
         minimum = number[j];            //minimum=新最小值
         mindex = j;                     //mindex=新最小值索引
      }
   }
   number[mindex] = number[i];           //number[最小值索引]=較大值
   number[i] = minimum;                  //number[i]=最小值
}
```

程式 7-21：一維陣列選擇排序

```
1.    //檔案名稱：d:\C++07\C0721.cpp
2.    #include <iostream>
3.    using namespace std;
4.
5.    const int MAX = 5;                          //MAX = 陣列最大範圍
6.
7.    int main(int argc, char** argv)
8.    {
9.       int i, j, minimum, mindex;               //宣告整數變數
10.      int number[MAX] = {57, 19, 33, 92, 6};   //宣告一維陣列
11.      cout << "排序前：";                       //顯示排序前資料
12.      for (i = 0; i < MAX; i++)
13.         cout << number[i] << '\0';
```

```
14.     for (i = 0; i < MAX-1; i++)              //排序外迴圈
15.     {
16.         mindex = i;                          //mindex=最小值索引
17.         minimum = number[i];                 //minimum=最小值
18.         for (j = i+1; j < MAX; j++)          //排序內迴圈
19.         {
20.             if (number[j] < minimum)         //若number[j]<最小值
21.             {
22.                 minimum = number[j];         //minimum=新最小值
23.                 mindex = j;                  //mindex=新最小值索引
24.             }
25.         }
26.         number[mindex] = number[i];          //number[最小值索引]=較大值
27.         number[i] = minimum;                 //number[i]=最小值
28.     }
29.     cout << "\n排序後:";                     //顯示排序後資料
30.     for (i = 0; i < MAX; i++)
31.         cout << number[i] << '\0';
32.     cout << endl;
33.     return 0;
34. }
```

▶▶ 程式輸出

```
排序前:57 19 33 92 6
排序後:6 19 33 57 92
```

7.5.3 線性搜尋

線性搜尋(linear search)又稱為循序搜尋(sequential search),通常利用迴圈逐一比對要搜尋的資料,若相等則表示找到而且中斷迴圈,若全部都不等則表示找不到。

線性搜尋方式原理雖然簡單,但適用於資料筆數較少時。如果資料筆數很多時,使用線性搜尋雖然不能算是欺負電腦,但絕對可算是欺負使用者。

⬇ 程式 7-22:一維陣列線性搜尋

```
1.    //檔案名稱:d:\C++07\C0722.cpp
2.    #include <iostream>
3.    using namespace std;
4.
```

```
5.    int main(int argc, char** argv)
6.    {
7.       bool flag = false;                         //宣告布林值旗號
8.       int i, search;                             //宣告整數變數
9.       int number[5] = {57, 19, 33, 92, 6};       //宣告並起始 number 陣列
10.      cout << "顯示資料:";
11.      for (i = 0; i <= 4; i++)                   //輸出陣列資料迴圈
12.         cout << number[i] << ' ';
13.      cout << "\n 輸入資料:";
14.      cin >> search;                             //讀取鍵盤輸入
15.      for (i = 0; i <= 4; i++)                   //找尋資料迴圈
16.      {
17.         if (number[i] == search)                //若資料==緩衝器值
18.            flag = 1;
19.      }
20.      if (flag)                                  //若找到資料
21.         cout << "找到資料:" << search << endl;
22.      else
23.         cout << "找不到資料:" << search << endl;
24.      return 0;
25.   }
```

》 程式輸出

顯示資料:57 19 33 92 6
輸入資料:**33** Enter
找到資料:33

》 程式輸出

顯示資料:57 19 33 92 6
輸入資料:**35** Enter
找不到資料:35

7.5.4 二分搜尋

二分搜尋(binary search)使用二分搜尋法之前必須先將資料排序,計算搜尋上限與下限的中間項,然後比較中間項與搜尋資料。若中間項小於搜尋資料則搜尋上限=中間項-1,然後繼續搜尋下一個中間項如下圖7.8。若中間項大於搜尋資料則搜尋下限=中間項+1,然後繼續搜尋下一個中間項如下圖7.9。

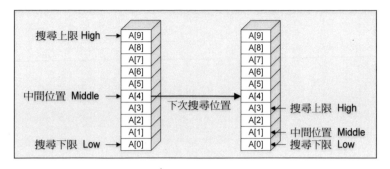

圖 7.8 中間項比搜尋資料小

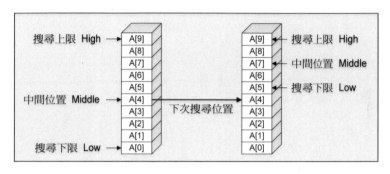

圖 7.9 中間項比搜尋資料大

程式 7-23：一維陣列二分搜尋

```
1.    //檔案名稱：d:\C++07\C0723.cpp
2.    #include <iostream>
3.    using namespace std;
4.
5.    int main(int argc, char** argv)
6.    {
7.        const int max = 5;                      //宣告常數符號
8.        int i, j, buffer;                       //宣告整數變數
9.        int search, low = 0, high = max-1, middle; //宣告整數變數
10.       int number[max] = {57, 19, 33, 92, 6};   //宣告整數陣列
11.       cout << "排序前:";                       //顯示排序前之值
12.       for (i = 0; i < max; i++)
13.          cout << number[i] << '\0';
14.       cout << "\n請輸入要搜尋數值:"; cin >> search; //輸入搜尋值
15.       for (i = 0; i < max-1; i++)             //排序迴圈
16.          for (j = i+1; j < max; j++)
17.             if (number[i] > number[j])
18.             {
19.                 buffer = number[i];
20.                 number[i] = number[j];
```

```
21.              number[j] = buffer;
22.          }
23.      cout << "\n 排序後：";                   //顯示排序後之值
24.      for (i = 0; i < max; i++)
25.        cout << number[i] << '\0';
26.      do                                       //搜尋迴圈
27.      {
28.        if ((low + high) % 2 > 0.5)            //計算搜尋位置
29.          middle = (low + high) / 2 + 1;
30.        else
31.          middle = (low + high) / 2;
32.
33.        if (search < number[middle])           //計算搜尋上限
34.          high = middle - 1;
35.        else if (search > number[middle])      //計算搜尋下限
36.          low = middle + 1;
37.        else if (search == number[middle])     //找到相符數值
38.          break;
39.      } while (low <= high);
40.      if (low > high)                          //顯示搜尋結果
41.        cout << "\n 找不到數值：" << search << endl;
42.      else
43.        cout << "\n 找到數值：" << search << endl;
44.      return 0;
45.  }
```

▶▶ 程式輸出

排序前：57 19 33 92 6
請輸入要搜尋數值：**33** Enter

排序後：6 19 33 57 92
找到數值：33

▶▶ 程式輸出

排序前：57 19 33 92 6
請輸入要搜尋數值：**50** Enter

排序後：6 19 33 57 92
找不到數值：50

7.6 習題

選擇題

1. C++ 陣列的起始元素索引值是_____。

   a) 0　　　　　　b) 1　　　　　　c) -1　　　　　　d) 任何整數

2. C++ 會自動在字串資料結尾加上_____碼作為符號。

   a) \r　　　　　　b) \n　　　　　　c) \z　　　　　　d) \0

3. 下列程式碼的輸出結果是_____。

   ```
   int number[5] = {1, 3, 5, 2, 6};
   cout << number[3] << endl;
   ```

   a) 3　　　　　　b) 5　　　　　　c) 2　　　　　　d) 6

4. 下列_____敘述是正確的。

   a) float radio[5] = {3.3, 7.4, 2.5};

   b) int grids[7] = {1, 35, , 24, 66, , 74};

   c) char letter[3] = {'3', 'U', 'X', '2', 'A'};

   d) 以上皆非

5. 假設 array 陣列宣告如下，_____敘述可輸出全部陣列元素。

   ```
   int array[5] = {5, 0, 3, 8, 8};
   ```

   a) cout << array[] << endl;　　　　b) cout << array[5] << endl;

   c) cout << array << endl;　　　　d) for(int i=0; i<5; i++) cout << array[i];

6. 假設 source 與 target 陣列宣告如下，_____敘述可複製全部陣列元素。

   ```
   int source[5] = {5, 0, 3, 8, 8};
   int target[5];
   ```

   a) target[] = source[];　　　　b) target[5] = source[5];

   c) target = source;　　　　d) for(int i=0; i<5; i++) target[i] = source[i];

7. 下列程式碼的輸出結果是_____。

```
int price[5] = {10000, 12000, 900, 500, 20000};
price[3] = price[3] + 100;
```

a) 以 100 取代 500   b) 以 600 取代 500

c) 以 100 取代 900   d) 以 1000 取代 900

8. 下列_____if 敘述可以檢查 x 值是有效的 price 陣列索引值。

```
int price[5] = {10000, 12000, 900, 500, 20000};
```

a) if(price[x] >= 0 && price[x] < 4)

b) if(price[x] >= 0 && price[x] <= 4)

c) if(x >= 0 && x < 4)

d) if(x >= 0 && x <= 4)

實作題

1. 寫一 C++ 程式,找尋下列個數中的最大值與最小值。

120, 92, 351, 66, 1024, 964, 47, 539, 76, 33, 88, 524, 67, 1000, 666, 737, 25, 999, 373

2. 寫一 C++ 程式,利用線性搜尋法,從鍵盤輸入要搜尋的資料,然後在下列數值中找尋與輸入相符的數值,然後顯示找尋結果訊息。

37, 5, 84, 92, 10, 49, 56, 81, 63, 21, 75, 52

記憶體指標

8.1 指標與變數

對 C++ 語言而言，**指標（pointers）**是存放變數或陣列的位址，因此也可以藉由指標間接取得變數或陣列中的值。以下各小節將介紹如何宣告指標？如何將變數或陣列的位址存入指標？與如何利用指標間接取得變數或陣列中的值？

或許有些讀者會問，既然可以使用變數或陣列名稱直接存取記憶體的值，為何還要使用指標間接取得變數或陣列的值？在單一函數的程式中，使用指標似乎是多此一舉，但在多個函數的程式中，使用時以變數或陣列指標作為函數間傳遞的參數，比直接傳送變數或陣列方便且快得多。

指標對許多 C++ 的初學者而言是非常頭痛的一個部分。首先先想想在學校裡，每位同學都有自己的姓名，但入學時學校還是給每個同學一個學號。學生姓名就如同 C++ 的變數名稱，而學號就好像 C++ 的指標。有些時候可以按姓名來取得學生的資料，但有時候依據學號找尋可能更容易。既然，C++ 的變數名稱可比喻成學生姓名，C++ 的指標可比喻成學生學號，那變數位址呢？變數位址則可比喻成學生的班級與座號。

如果還是很難理解則再以書為例，一本書有書名，條碼、還有 ISBN 號碼，所以當您到亞馬遜網站（amazon.com）找書時，可以輸入書名，條碼、或 ISBN 等方式來找尋您要的書。所以 C++ 變數名稱、變數位址、與變數指標，也是提供多種取得資料的方式。

8.1.1 宣告指標變數

資料型態 *指標變數;

- **指標變數（pointer variables）**一般簡稱指標（pointers），它的用途是存放記憶體的位址。

- **指標變數**是 C++提供的特殊變數，用於存取或傳遞記憶體位址，就好像 int 是用於存取或傳遞整數資料等。

- 宣告指標變數與宣告一般變數的方法類似，只是在指標變數前面加上星號（*****）或是在資料型態後面加上星號（*****）。

下面範例是在 numPtr 變數前加星號，宣告 numPtr 是一個指標變數。但是 number 則不是指標變數，而是一般的整數變數。

```
int *numPtr, number;                    //宣告指標變數與整數變數
```

下面範例是在資料型態 int 後面加星號，宣告結果與上面範例一樣，num1Ptr 為指標變數，而 num2Ptr 為一般整數變數。

```
int* num1Ptr, num2Ptr;                  //宣告同列變數為指標變數
```

下面範例中，numPtr 是用來存放指標的變數，但尚未啟始指標 numPtr。所以指標 numPtr 與變數 number 完全無關，也就是 numPtr 不是 number 的指標如下圖。如何將 number 指標放入 pnumber，請看下一節說明。

```
int number = 10;                        //宣告變數 number
int *numPtr;                            //宣告指標 numPtr
```

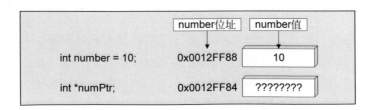

8.1.2 位址運算符號 &

&變數名稱

● **& 稱為位址運算符號（address-of operator）**是用來取得變數的位址，也稱為參考運算符號（reference operator）。

下面範例是輸出整數變數的位址，程式執行 int number = 10 時，CPU 將配置記憶體給 number，然後將整數資料 10 存入該記憶體中。假設 CPU 配置給 number 的記憶體位址是 0x0012FF88，則&number 將取得 number 的位址 0x0012FF88，而 cout << &number 將輸出 0x0012FF88。

```
int number = 10;                              //指定 number = 10
cout << &number;                              //輸出 number 的位址
```

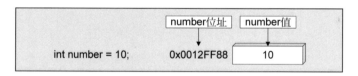

程式 **8-01**：取得變數位址

```
1.    //檔案名稱：d:\C++08\C0801.cpp
2.    #include <iostream>
3.    using namespace std;
4.
5.    int main(int argc, char** argv)
6.    {
7.        int intVar1 = 12345;                //宣告與起始布林值變數
8.        int intVar2 = 2147483647;           //宣告與起始整數變數
9.        float floatVar = 123.45e+12f;       //宣告與起始單精度變數
10.       double doubleVar = 98765.43e-308;   //宣告與起始倍精度變數
11.
12.       cout << " 變數   \t  位址\n";        //輸出表頭
13.       cout << "---------\t--------\n";     //輸出分隔線
14.       cout << "intVar1  \t" << &intVar1 << endl; //輸出 intVar1 位址
15.       cout << "intVar2  \t" << &intVar2 << endl; //輸出 intVar2 位址
16.       cout << "floatVar \t" << &floatVar << endl;  //輸出 floatVar 位址
17.       cout << "doubleVar\t" << &doubleVar << endl; //輸出 doubleVar 位址
18.       return 0;
19. }
```

▶▶ 程式輸出

```
變數          位址
---------    --------
intVar1      0x6ffe4c
intVar2      0x6ffe48
floatVar     0x6ffe44
doubleVar    0x6ffe38
```

下圖是程式中各個變數使用記憶體空間的簡圖，如圖 double 型態變數 doubleVar 使用 8 bytes 的記憶體空間（0xFF78~0xFF7F），float 型態變數 floatVar 使用 4 bytes 的記憶體空間（0xFF80~0xFF83），int 型態變數 intVar1 與 intVar2 使用 4 bytes 的記憶體空間（0xFF84~0xFF87 與 0xFF88~0xFF8B）。

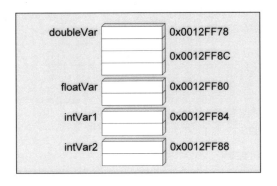

8.1.3 起始指標位址

資料型態 *指標名稱;
指標名稱 = &變數位址;

- **指標名稱**就是前節介紹的指標變數，此指標被用於指向相同資料型態的物件，例如整數指標用於儲存整數變數位址，浮點數指標用於儲存浮點數變數位址。

- **變數位址**（variable address）必須是已經宣告的變數，且變數的資料型態必須與指標的資料型態相同。

下面範例中，&number 表示變數 number 的位址，所以 numPtr = &number 是將 number 的位址存入 numPtr，此時 numPtr 才是變數 number 的指標。

```
int number;                          //宣告變數 number
int *numPtr;                         //宣告指標 numPtr
numPtr = &number;                    //指定 numPtr 的對應位址
```

資料型態 *指標名稱 = &變數位址;

● 上式是宣告指標名稱同時指定變數位址給指標。

下面範例是將 int *numPtr 與 numPtr = &number 二敘述合併成一敘述。

```
int number;                          //宣告變數 number
int *numPtr = &number;               //宣告並啟始指標 numPtr
```

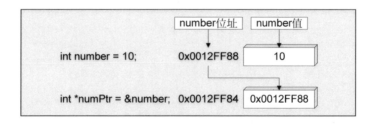

下面範例中，number 是 float 型態資料，所以 int *numPtr = &number 將產生錯誤，因為 float* 型態指標不能轉成 int* 型態指標，所以 &number 不能被存入 numPtr 中。

```
float number;                        //宣告變數 number
int *numPtr = &number;               //錯誤, float* 不能存入 int*
```

8.1.4 間接運算符號 *

● *** 間接運算符號（indirect operator）**是用來取得參考位址內的值，也稱為**反參考運算符號（de-reference operator）**。

下面範例是取得指標內的資料，*numPtr 表示取得指標 numPtr 索引位址的值。所以 x = *numPtr 與 x = number 的作用是一樣的，不同的是使用 *numPtr 是間接取得，而使用 number 是直接取得。至於為何要用間接方式取得變數的值，請看下節說明。

```
int x;
int number = 10;                        //number=10
int *numPtr = &number;                  //numPtr=number 的位址
.
x = *numPtr;                            //間接取得資料
```

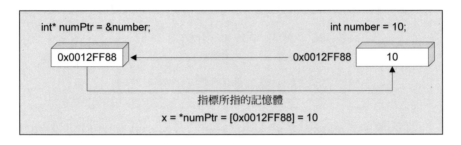

下面範例是設定指標內的資料，int *pointer 是宣告一個整數指標變數，它僅指向某個特定位址，並不指向任何其他變數位址。然後 *pointer = 100 則將整數 100 存入指標所指定的位址。

```
int *pointer;                          //宣告指標
*pointer = 100;                        //100 存入指標位址
```

　　下面範例則是錯誤的，在宣告指標變數時，等號右邊必須是變數位址。而範例中欲將整數 100 指定給指標則造成錯誤。可以改成上面範例的形式，先宣告指標變數，再存入資料到指標的位址。

```
int *pointer = 100;                          //錯誤,int 不能存入 int*
```

程式 8-02：取得指標的內含值

```
1.    //檔案名稱：d:\C++08\C0802.cpp
2.    #include <iostream>
3.    using namespace std;
4.
5.    int main(int argc, char** argv)
6.    {
7.        int number = 10;                        //宣告整數變數
8.        int *numPtr = 0;                        //宣告指標變數
9.        cout << "number = " << number << endl; //輸出 number 值
10.       cout << "numPtr(未起始) = " << numPtr << endl; //輸出未起始指標
11.
12.       numPtr = &number;                       //numPtr 是 number 指標
13.       cout << "*numPtr = " << *numPtr << endl; //輸出間接取得的資料
14.       cout << "numPtr = &number = " << numPtr << endl; //輸出 number 指標
15.       return 0;
16.   }
```

▶▶ 程式輸出

```
number = 10
numPtr(未起始) = 0
*numPtr = 10
numPtr = &number = 0027F8CC
```

程式 8-03：取得變數位址與變數指標

```
1.    //檔案名稱：d:\C++08\C0803.cpp
2.    #include <iostream>
3.    using namespace std;
4.
5.    int main(int argc, char** argv)
6.    {
7.        bool boolVar = true;                    //宣告與起始布林值變數
8.        int intVar = 65536;                     //宣告與起始整數變數
9.        float floatVar = 123.45f;               //宣告與起始單精度變數
10.       double doubleVar = 98765.43;            //宣告與起始倍精度變數
11.
```

```
12.     bool* boolPtr = &boolVar;              //設定 boolVar 指標
13.     int* intPtr = &intVar;                 //設定 intVar 指標
14.     float* floatPtr = &floatVar;           //設定 floatVar 指標
15.     double* doublePtr = &doubleVar;        //設定 doubleVar 指標
16.
17.     cout << "變數名稱 \t 變數位址\t 變數指標\n"; //輸出表頭
18.     cout << "---------\t--------\t--------\n"; //輸出分隔線
19.     //輸出變數名稱、位址、與指標
20.     cout << "bool     \t" << &boolVar << '\t' << boolPtr << endl;
21.     cout << "intVar   \t" << &intVar << '\t' << intPtr << endl;
22.     cout << "floatVar \t" << &floatVar << '\t' << floatPtr << endl;
23.     cout << "doubleVar\t" << &doubleVar << '\t' << doublePtr << endl;
24.     return 0;
25.  }
```

▶▶ 程式輸出

```
變數名稱        變數位址        變數指標
---------      ---------      ---------
bool           002FFD53       002FFD53
intVar         002FFD44       002FFD44
floatVar       002FFD38       002FFD38
doubleVar      002FFD28       002FFD28
```

⬇ 程式 8-04：利用變數、位址、指標取得資料

```
1.    //檔案名稱：d:\C++08\C0804.cpp
2.    #include <iostream>
3.    #include <iomanip>
4.    using namespace std;
5.
6.    int main(int argc, char** argv)
7.    {
8.        bool boolVar = true;               //宣告與起始布林值變數
9.        int intVar = 65536;                //宣告與起始整數變數
10.       float floatVar = 123.45f;          //宣告與起始單精度變數
11.       double doubleVar = 98765.43;       //宣告與起始倍精度變數
12.
13.       bool* boolPtr = &boolVar;          //設定 boolVar 指標
14.       int* intPtr = &intVar;             //設定 intVar 指標
15.       float* floatPtr = &floatVar;       //設定 floatVar 指標
16.       double* doublePtr = &doubleVar;    //設定 doubleVar 指標
17.
18.       cout << "變數名稱 \t 變數等值\t 位址內值\t 指標內值\n";   //輸出表頭
19.       cout << "---------\t--------\t---------\t--------\n"; //輸出分隔線
20.       //輸出變數名稱、變數值、位址內含值、與指標內含值
21.       cout << "bool     \t"
```

```
22.              << setw(8) << boolVar << '\t'        //利用變數取得等值
23.              << setw(8) << *(&boolVar) << '\t'    //利用位址取得等值
24.              << setw(8) << *boolPtr << endl;      //利用指標取得等值
25.     cout << "intVar   \t"
26.              << setw(8) << intVar << '\t'         //利用變數取得等值
27.              << setw(8) << *(&intVar) << '\t'     //利用位址取得等值
28.              << setw(8) << *intPtr << endl;       //利用指標取得等值
29.     cout << "floatVar \t"
30.              << setw(8) << floatVar << '\t'       //利用變數取得等值
31.              << setw(8) << *(&floatVar) << '\t'   //利用位址取得等值
32.              << setw(8) << *floatPtr << endl;     //利用指標取得等值
33.     cout << "doubleVar\t"
34.              << setw(8) << doubleVar << '\t'      //利用變數取得等值
35.              << setw(8) << *(&doubleVar) << '\t'   //利用位址取得等值
36.              << setw(8) << *doublePtr << endl;    //利用指標取得等值
37.     return 0;
38. }
```

▶▶ 程式輸出

變數名稱	變數等值	位址內值	指標內值
bool	1	1	1
intVar	65536	65536	65536
floatVar	123.45	123.45	123.45
doubleVar	98765.4	98765.4	98765.4

8.1.5 長度運算符號

 sizeof 變數名稱

- **sizeof 長度運算符號**是用來取得變數或指標所佔的記憶體長度（以 byte 為單位）。sizeof 運算符號通常被用來計算陣列元素的個數，計算方式如下：

 sizeof array / sizeof array[0]

- sizeof array / sizeof array[0] 可取得陣列指標中的元素個數。

下面範例是輸出各個資料型態的長度，第 1 式 cout << sizeof(bool) 是輸出 bool 型態的長度，第 2 式 cout << sizeof(int) 是輸出 int 型態的長度，第 3 式 cout << sizeof(float) 是輸出 float 型態的長度，第 4 式 cout << sizeof(double) 是輸出 dobule 型態的長度。

```cpp
cout << sizeof(bool);          //輸出 bool 型態的長度 1
cout << sizeof(int);           //輸出 int 型態的長度 4
cout << sizeof(float);         //輸出 float 型態的長度 4
cout << sizeof(double);        //輸出 double 型態的長度 8
```

下面範例是計算陣列指標的元素個數。array 是字串陣列指標，陣列共含有 4 個字串，所以 (sizeof array)/(sizeof array[0]) 的值等於 4。

```cpp
char *array[] = {"床前明月光，",
                 "疑似地上霜；",
                 "舉頭望明月，",
                 "低頭思故鄉。"   };        //宣告陣列指標
int count = (sizeof array)/(sizeof array[0]);  //計算陣列元素個數
```

⬇ 程式 8-05：取得變數長度練習

```cpp
1.    //檔案名稱：d:\C++08\C0805.cpp
2.    #include <iostream>
3.    #include <iomanip>
4.    using namespace std;
5.
6.    int main(int argc, char** argv)
7.    {
8.        bool boolVar = true;             //宣告與起始布林值變數
9.        int intVar = 65536;              //宣告與起始整數變數
10.       float floatVar = 123.45f;        //宣告與起始單精度變數
11.       double doubleVar = 98765.43;     //宣告與起始倍精度變數
12.
13.       bool* boolPtr = &boolVar;        //設定 boolVar 指標
14.       int* intPtr = &intVar;           //設定 intVar 指標
15.       float* floatPtr = &floatVar;     //設定 floatVar 指標
16.       double* doublePtr = &doubleVar;  //設定 doubleVar 指標
17.
18.       cout << "變數名稱 \t 變數指標\t 變數長度\n"; //輸出表頭
19.       cout << "---------\t--------\t--------\n"; //輸出分隔線
20.       //輸出變數名稱、指標、與長度
21.       cout << "bool     \t" << boolPtr << '\t'   //輸出 boolVar 指標
22.            << setw(5) << sizeof(boolVar) << endl; //輸出 boolVar 長度
```

```
23.       cout << "intVar   \t" << intPtr << '\t'      //輸出 intVar 指標
24.           << setw(5) << sizeof(intVar) << endl;    //輸出 intVar 長度
25.       cout << "floatVar \t" << floatPtr << '\t'    //輸出 floatVar 指標
26.           << setw(5) << sizeof(floatVar) << endl;  //輸出 floatVar 長度
27.       cout << "doubleVar\t" << doublePtr << '\t'   //輸出 doubleVar 指標
28.           << setw(5) << sizeof(doubleVar) << endl; //輸出 doubleVar 長度
29.       return 0;
30.   }
```

▶▶ 程式輸出

```
變數名稱        變數指標        變數長度
--------        --------        --------
bool            0024F993           1
intVar          0024F984           4
floatVar        0024F978           4
doubleVar       0024F968           8
```

8.2 指標與陣列

　　指標與變數的關係還算單純，但指標與陣列的關係就複雜多了。因為陣列名稱本身就是指標，所以可以直接將陣列名稱當作指標來使用外，還可將陣列名稱指定給另外的指標。最後字串陣列又與一般數值陣列不盡相同，所以字串陣列指標的用法又有些許差異。這些都將於 8.2.1~8.2.5 節詳細介紹。

8.2.1 陣列指標

資料型態 *指標名稱;
指標名稱 = 陣列名稱;

● 宣告陣列指標的資料型態與指標名稱與宣告變數指標相同，但起始指標時陣列位址前不需要加位址運算符號（&），這是因為陣列名稱本身就是指標（位址）。

下面範例是宣告 arrayPtr 指標，然後再指定陣列位址給 arrayPtr 指標，所以其他敘述就可以使用 arrayPtr 或 array 名稱存取陣列元素。

```
int array[10];                    //宣告陣列 array
int *arrayPtr;                    //宣告指標 arrayPtr
arrayPtr = array;                 //啟始指標 arrayPtr
```

下面範例的 arrayPtr = &array 敘述會產生錯誤，原因是 int * [10] 不能轉換成 int *。所以 array 本身就是指標（位址），若再加上位址運算符號（&）反而造成錯誤。

```
int array[10];                    //宣告陣列 array
int *arrayPtr;                    //宣告指標 arrayPtr
arrayPtr = &array;                //錯誤,int*[10]不能轉 int*
```

資料型態 *指標名稱 = 陣列名稱;

● 上式是宣告指標名稱同時起始指標。

下面範例是將 int *arrayPtr 與 arrayPtr = array 二敘述合併成一敘述。

```
int array[10];                    //宣告陣列 array
int *arrayPtr = array;            //宣告並啟始指標
arrayPtr
```

8.2.2 陣列元素指標

資料型態 *指標名稱 = &陣列名稱[註標];

● 若指標指向陣列的註標位址，陣列名稱[註標] 之前必須加位址運算符號（&）。

下面範例是利用指標指向陣列的元素。arrayPtr = &array[0] 敘述是將第 0 個元素的位址存入指標 arrayPtr 中，所以 cout << *arrayPtr 敘述則輸出第 0 個元素的資料。

```
short array[] = {30, 47, 26, 17, 22, 23};        //宣告字串變數
short *arrayPtr;                                  //宣告陣列指標
arrayPtr = &array[0];                             //起始陣列指標
cout << "array 的第 0 個元素是:" << *arrayPtr;    //輸出陣列指標位置資料
arrayPtr = &array[1];                             //更新陣列指標
cout << "array 的第 1 個元素是:" << *arrayPtr;    //輸出陣列指標位置資料
arrayPtr = &array[2];                             //更新陣列指標
cout << "array 的第 2 個元素是:" << *arrayPtr;    //輸出陣列指標位置資料
```

程式 8-06：設定陣列元素指標

```cpp
1.    //檔案名稱：d:\C++08\C0806.cpp
2.    #include <iostream>
3.    using namespace std;
4.
5.    int main(int argc, char** argv)
6.    {
7.        short array[] = {30, 47, 26, 17, 22, 23};   //宣告字串變數
8.        short *arrayPtr;                            //宣告浮點數指標
9.
10.       const int SIZE = (sizeof array)/(sizeof array[0]); //計算陣列個數
11.       for(int i=0; i<SIZE; i++)
12.       {
13.           arrayPtr = &array[i];                   //更新指標位置
14.           cout << "array 的第 " << i << " 個元素是:";
15.           cout << *arrayPtr << endl;              //輸出指標位置資料
16.       }
17.       return 0;
18.   }
```

▶▶ 程式輸出

```
array 的第 0 個元素是:30
array 的第 1 個元素是:47
array 的第 2 個元素是:26
array 的第 3 個元素是:17
array 的第 4 個元素是:22
array 的第 5 個元素是:23
```

8.2.3 指標運算

*(陣列名稱+n)

● ***(陣列名稱+n)** 相當於「陣列名稱[n]」的功能,前面提過陣列名稱就等於指標。

下面範例中 cout << *array; 相當於 cout << array[0] 的功能;,cout << *(array+1) 相當於 cout << array[1] 的功能;,cout << *(array+3) 相當於 cout << array[3] 的功能;,cout << *(array+5) 相當於 cout << array[5] 的功能。

```
short array[] = {30, 47, 26, 17, 22, 23};    //宣告字串變數
cout << "array[0]=" << *array;               //輸出 array[0]=30
cout << "array[1]=" << *(array+1);           //輸出 array[1]=47
cout << "array[3]=" << *(array+3);           //輸出 array[3]=17
cout << "array[5]=" << *(array+5);           //輸出 array[5]=23
```

*指標名稱 + n   //等於(*指標名稱)+n
*指標名稱 - n   //等於(*指標名稱)-n

● ***陣列名稱+n** 則相當於「*陣列名稱[0] + n」的功能。

● ***陣列名稱-n** 則相當於「*陣列名稱[0] - n」的功能。

● 這二個加減運算是在陣列元素值的加減運算,而不是指標的加減運算。

下面範例是陣列元素值的運算。第二敘述是取得 array[0] 的值後加 1,第三敘述是取得 array[1] 的值後加 3,第四敘述是取得 array[3] 的值後減 5。

```
short array[] = {30, 47, 26, 17, 22, 23};    //宣告字串變數
cout << "array[0]+1 = " << *array+1;         //輸出 array[0]+1=30+1=31
cout << "array[1]+3 = " << *(array+1)+3;     //輸出 array[1]+3=47+3=50
cout << "array[3]-5 = " << *(array+3)-5;     //輸出 array[3]-5=17-5=12
```

程式 8-07：輸出陣列的值

```
1.    //檔案名稱：d:\C++08\C0807.cpp
2.    #include <iostream>
3.    using namespace std;
4.
5.    int main(int argc, char** argv)
6.    {
7.        double array[] = {3.0, 4.7, 2.6, 1.7, 2.2, 2.3}; //宣告字串變數
8.
9.        const int SIZE = (sizeof array)/(sizeof array[0]); //計算陣列個數
10.       cout.precision(1);                      //設定有效位數 1 位
11.       cout.setf(ios::fixed);                  //改為小數有效位數 1 位
12.       for(int i=0; i<SIZE; i++)               //輸出陣列元素迴圈
13.       {
14.           cout << "array 的第 " << i << " 個元素是:";
15.           cout << *(array+i) << endl;         //輸出陣列指標位置資料
16.       }
17.       return 0;
18.   }
```

程式輸出

```
array 的第 0 個元素是：3.0
array 的第 1 個元素是：4.7
array 的第 2 個元素是：2.6
array 的第 3 個元素是：1.7
array 的第 4 個元素是：2.2
array 的第 5 個元素是：2.3
```

程式 8-08：輸出陣列的值

```
1.    //檔案名稱：d:\C++08\C0808.cpp
2.    #include <iostream>
3.    using namespace std;
4.
5.    const int SIZE = 6;
6.
7.    int main(int argc, char** argv)
8.    {
9.        int array[SIZE];                        //宣告字串變數
10.       int i;                                  //宣告整數變數
11.       cout << "請輸入 " << SIZE << " 筆整數資料:";
12.       for(i=0; i<SIZE; i++)                   //輸入陣列元素迴圈
13.       {
14.           cin >> *(array+i);                  //輸入資料存入指標位置
15.       }
```

```
16.     for(i=0; i<SIZE; i++)                      //輸出陣列元素迴圈
17.     {
18.         cout << "array 的第 " << i << " 個元素是:";
19.         cout << *(array+i) << endl;            //輸出陣列指標位置資料
20.     }
21.     return 0;
22.  }
```

▶▶ 程式輸出：粗體字表示鍵盤輸入

請輸入 6 筆整數資料:**30 26 17 22 47 23** Enter
array 的第 0 個元素是:30
array 的第 1 個元素是:26
array 的第 2 個元素是:17
array 的第 3 個元素是:22
array 的第 4 個元素是:47
array 的第 5 個元素是:23

8.2.4 指標增減

++指標名稱 | 指標名稱++
--指標名稱 |指標名稱--

- **增量符號（++）**可直接執行指標增量（+1），運算後指標將被更新為增量後的值。若為前置增量則執行敘述前指標先增量，若為後置增量則執行敘述後指標再增量。

- **減量符號（--）**可直接執行指標減量（-1），運算後指標將被更新為減量後的值。若為前置減量則執行敘述前指標先減量，若為後置減量則執行敘述後指標再減量。

- 增量符號或減量符號只能應用於陣列指標，而不能用於陣列名稱。

下面範例是陣列指標的運算。第三敘述是取得 array[0] 的值，第四敘述取得 array[0+1] 的值，第五敘述取得 array[1+1] 的值，第六敘述取得 array[2+1] 的值。

```
short array[] = {30, 47, 26, 17, 22, 23};       //宣告字串變數
short *arrayPtr = &array[0];                      //指標=array[0]位址
cout << "array 的第 0 個元素=" << *arrayPtr;       //輸出第 0 元素=30
cout << "array 的第 1 個元素=" << *(++arrayPtr);   //輸出第 1 元素=47
cout << "array 的第 2 個元素=" << *(++arrayPtr);   //輸出第 2 元素=26
cout << "array 的第 3 個元素=" << *(++arrayPtr);   //輸出第 3 元素=17
```

指標名稱＋＝n

指標名稱-＝n

- **指標名稱＋＝n**：可直接執行指標加 n 值，運算後指標將被更新為加 n 後的值。

- **指標名稱-＝n**：可直接執行指標減 n 值，運算後指標將被更新為減 n 後的值。

下面範例是陣列指標的運算。第三敘述是取得 array[0] 的值，第四敘述指標加 1 後取得 array[0+1] 的值，第五敘述指標再加 3 後取得 array[1+3] 的值。

```
short array[] = {30, 47, 26, 17, 22, 23};         //宣告字串變數
short *arrayPtr = array;                            //指標=array 起始位址
cout << "array 的第 0 個元素=" << *arrayPtr;        //輸出第 0 元素=30
cout << "array 的第 1 個元素=" << *(arrayPtr+=1);   //輸出第 1 元素=47
cout << "array 的第 4 個元素=" << *(arrayPtr+=3);   //輸出第 3 元素=22
```

程式 8-09：陣列指標增減練習

```
1.    //檔案名稱：d:\C++08\C0809.cpp
2.    #include <iostream>
3.    using namespace std;
4.
5.    int main(int argc, char** argv)
6.    {
7.        double array[] = {3.0, 4.7, 2.6, 1.7, 2.2, 2.3}; //宣告字串變數
8.        double *arrayPtr = &array[0];                    //宣告並起始陣列指標
9.
10.       int SIZE = (sizeof array)/(sizeof array[0]); //計算陣列個數
11.       cout.precision(1);                           //設定有效位數 1 位
12.       cout.setf(ios::fixed);                       //改為小數有效位數 1 位
```

```
13.    for(int i=0; i<SIZE; i++)                    //輸出陣列元素迴圈
14.    {
15.       cout << "array 的第 " << i << " 個元素是:";
16.       cout << *arrayPtr++ << endl;              //輸出陣列指標位置資料
17.    }
18.    return 0;
19. }
```

▶▶ 程式輸出

```
array 的第 0 個元素是:3.0
array 的第 1 個元素是:4.7
array 的第 2 個元素是:2.6
array 的第 3 個元素是:1.7
array 的第 4 個元素是:2.2
array 的第 5 個元素是:2.3
```

⬇ 程式 8-10：陣列指標增減練習

```
1.    //檔案名稱:d:\C++08\C0810.cpp
2.    #include <iostream>
3.    using namespace std;
4.
5.    const int SIZE = 6;
6.
7.    int main(int argc, char** argv)
8.    {
9.       int array[SIZE];                           //宣告字串變數
10.      int *arrayPtr = &array[0];                 //宣告並起始陣列指標
11.      int i;                                     //宣告整數變數
12.      cout << "請輸入 " << SIZE << " 筆整數資料:";
13.      for(i=0; i<SIZE; i++)                      //輸入陣列元素迴圈
14.      {
15.         cin >> *arrayPtr++;                     //輸入資料存入指標位置
16.      }
17.      for(i=SIZE-1; i>=0; i--)                   //輸出陣列元素迴圈
18.      {
19.         cout << "array 的第 " << i << " 個元素是:";
20.         cout << *--arrayPtr << endl;            //輸出陣列指標位置資料
21.      }
22.      return 0;
23. }
```

▶ 程式輸出：粗體字表示鍵盤輸入

```
請輸入 6 筆整數資料：30 26 17 22 47 23  Enter
array 的第 5 個元素是：23
array 的第 4 個元素是：47
array 的第 3 個元素是：22
array 的第 2 個元素是：17
array 的第 1 個元素是：26
array 的第 0 個元素是：30
```

8.2.5 字串指標（不適用於 Visual C++ 2019）

 char* 字串名稱 = "字串資料";

● **char*** 用來宣告字串指標，但它的啟始值卻是字串資料，而不是變數位址。這與宣告字串變數類似，如下面範例與圖解。

　　下面範例是利用字串陣列名稱輸出字串與利用字串指標輸出字串。還記得前面說過的陣列名稱也是指標，所以 cout << string 是使用字串陣列名稱輸出字串。cout << pstring 則是使用字串指標輸出字串，cout << string[7] 是輸出 string 的第 7 個元素，cout << pstring + 7 則是輸出 pstring 指標+7 位址的資料。

```
char string[] = "ANSI/ISO C++";          //string 為字串變數
char *pstring = "Visual C++";             //pstring 為字串指標
.
cout << string;                           //顯示字串變數值
cout << pstring;                          //顯示指標位址到字串結束
cout << string[7];                        //顯示字串第 7 元素值
cout << pstring + 7;                      //顯示指標第 7 元素至結束
```

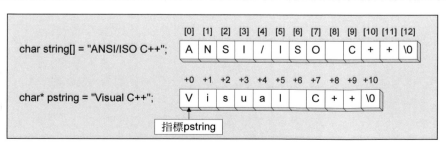

程式 8-11：輸出一維字串指標的資料

```
1.    //檔案名稱：d:\C++08\C0811.cpp
2.    #include <iostream>
3.    using namespace std;
4.
5.    int main(int argc, char** argv)
6.    {
7.        char str1[] = "Focus on giving";          //宣告字串變數
8.        char* pstr2 = "Instead of getting";        //宣告字串指標
9.        cout << "輸出變數等值：" << str1 << endl;      //顯示字串變數值
10.       cout << "輸出指標內值：" << pstr2 << endl;     //顯示指標至結束
11.       cout << "輸出字串元素：" << str1[9] << endl;   //顯示第 9 元素值
12.       cout << "輸出元素指標：" << pstr2 + 11 << endl; //顯示第 11 至結束
13.       return 0;
14.   }
```

▶▶ 程式輸出

輸出變數等值：Focus on giving
輸出指標內值：Instead of getting
輸出字串元素：g
輸出元素指標：getting

char* 字串名稱[長度] = { "字串 0", "字串 1", "字串 2", . . . };

● **char*** 用來宣告字串陣列指標時，與宣告二維字串陣列類似，且它的啟始值是字串資料，而不是變數位址，如下面範例與圖解。

　　下面範例是利用二維字串陣列名稱輸出字串與利用一維字串指標輸出字串。cout << array[2] 是輸出 array 陣列的第二列字串。cout << parray[2] 則是輸出指標加 2 的字串，cout << array[1][4] << array[1][5] 是輸出 array 的第 (1, 4) 與 (1, 5) 元素，cout << pstring[1] + 7 則是輸出 pstring 指標+1 位址的第 4 個字元以後的資料。

```
char array[4][] = { "床前明月光",
                    "疑似地上霜",
                    "舉頭望明月",
                    "低頭思故鄉" };          //宣告二維字串陣列
char *parray [4] = { "床前明月光",
                     "疑似地上霜",
                     "舉頭望明月",
```

```
                "低頭思故鄉" };          //宣告一維字串指標
·
    cout << array[2]                    //顯示(2,0)字串
        << parray[2]                    //顯示(2,0)指標
        << array[1][4] << array[1][5]   //顯示第(1,4)與(1,5)字元
        << parray[1]+4;                 //顯示(1,4)指標至結束
```

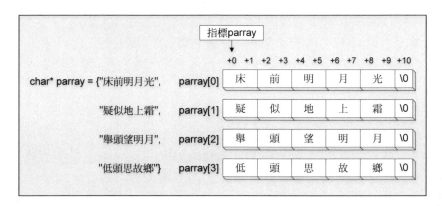

程式 **8-12**：輸出二維字串指標的資料

```
1.   //檔案名稱：d:\C++08\C0812.cpp
2.   #include <iostream>
3.   using namespace std;
4.
5.   int main(int argc, char** argv)
6.   {
7.     char *array[] = {"床前明月光，",
8.                       "疑似地上霜；",
9.                       "舉頭望明月，",
10.                      "低頭思故鄉。"};        //宣告陣列指標
11.    int size = (sizeof array)/(sizeof array[0]); //計算陣列個數
12.    for (int i=0; i<size; i++)              //顯示陣列元素
13.    {
14.      cout << *(array+i) << endl;
15.    }
16.    return 0;
17.  }
```

▶▶ 程式輸出

床前明月光，
疑似地上霜；
舉頭望明月，
低頭思故鄉。

8.3 指標與函數

8.3.1 傳遞變數指標

> 函數名稱(變數指標);   //呼叫敘述
>
> 傳回型態 函數名稱(參數型態 *參數名稱) //函數表頭
> {
>   //函數本體
> }

● 傳遞變數指標（pass-by-reference using a pointer）與傳遞變數位址（pass-by-reference）類似，都是傳遞變數的位址給被呼叫函數，只是傳遞變數指標是先將變數位址存入變數指標再傳遞。

下面範例是 6.2.5 節傳遞變數位址（pass-by-reference）的程式片段，在函數宣告時使用位址參數&num1 與&num2，而呼叫敘述的參數則使用變數名稱 var1 與 var2，但是實際傳遞的是變數的位址&var1 與&var2。因為&num1 與&num2 為變數 var1 與變數 var2 的位址，所以函數中只需使用參數名稱 num1 與 num2 即可取得 var1 與 var2 的資料。

```
int main(int argc, char *argv[])
{
    int var1 = 53, var2 = 75;
    swap(var1, var2);
    return 0;
}
                   傳遞&var1 傳遞&var2

void swap(int &num1, int &num2)
{
    int buffer;
    buffer = num1;
    num1 = num2;
    num2 = buffer;
}
```

下面範例則是本節傳遞變數指標（pass-by-reference using pointers）的程式片段，在函數宣告時使用指標參數 *num1 與 *num2，而呼叫敘述的參數則使用變數位址 &var1 與&var2，所以實際傳遞的是變數的位址 &var1 與&var2。因為參數 num1 與 num2 為變數 var1 與變數 var2 的位址，所以函數中必須使用 *num1 與 *num2 取得 var1 與 var2 的資料。

```cpp
int main(int argc, char *argv[])
{
    int var1 = 53, var2 = 75;
    swap(&var1, &var2);
    return 0;
}            傳遞&var1   傳遞&var2


void swap(int *num1, int *num2)
{
    int buffer;
    buffer = *num1;
    *num1 = *num2;
    *num2 = buffer;
}
```

上面範例傳遞變數指標（call-by-reference using pointers）的程式片段也可修改如下，在 main 函數中宣告指標 pvar1 與 pvar2，且 pvar1 指向 var1 的位址 pvar2 指向 var2 的位址，所以傳遞參數時只傳遞指標 pvar1 與 pvar2。

```cpp
int main(int argc, char *argv[])
{
    int var1 = 53, var2 = 75;
    int *pvar1 = &var1, *pvar2 = &var2;
    swap(pvar1, pvar2);
    return 0;
}            傳遞&var1   傳遞&var2


void swap(int *num1, int *num2)
{
    int buffer;
    buffer = *num1;
    *num1 = *num2;
    *num2 = buffer;
}
```

⬇ **程式 8-13**：使用指標對調資料

```cpp
1.  //儲存檔名：d:\C++08\C0813.cpp
2.  #include <iostream>
3.  using namespace std;
4.
5.  void swap(int *, int *);              //宣告函數原型
6.
```

```
7.    int main(int argc, char** argv)
8.    {
9.        int var1 = 53, var2 = 75;          //宣告整數變數
10.
11.       cout << "對調前: ";
12.       cout << "A = " << var1 << '\t';    //顯示對調前的數值A
13.       cout << "B = " << var2 << endl;    //顯示對調前的數值B
14.       swap(&var1, &var2);                //傳遞var1與var2的位址
15.       cout << "對調後: ";
16.       cout << "A = " << var1 << '\t';    //顯示對調後的數值A
17.       cout << "B = " << var2 << endl;    //顯示對調後的數值B
18.       return 0;
19.   }
20.
21.   void swap(int *num1, int *num2)        //資料對調函數
22.   {
23.       int buffer;
24.       buffer = *num1;
25.       *num1 = *num2;
26.       *num2 = buffer;
27.   }
```

▶▶ 程式輸出

```
對調前: A = 53 B = 75
對調後: A = 75 B = 53
```

8.3.2 傳遞陣列指標

函數名稱(陣列指標);   //呼叫敘述

傳回型態 函數名稱(參數型態 *參數名稱) //函數表頭
{
    //函數本體
}

● **傳遞陣列指標**與傳遞變數指標的函數宣告與函數呼叫是一樣的，只是呼叫時參數改為陣列名稱。

下面範例是以陣列指標為 showArray 函數的參數，showArray 函數接收此參數後，可配合迴圈輸出整個陣列的資料。

```
int main(int argc, char** argv)
{
    int source[3] = {5, 9, 3};
    showArray(source);                    //呼叫 showArray 函數
    return 0;
}

void showArray(int *array)                //函數,參數為陣列指標
{
    for (int i=0; i<=2; i++)              //輸出迴圈
        cout << *(array+i) << endl;       //依序輸出 source 陣列元素
}
```

函數名稱(陣列名稱);　//呼叫敘述

傳回型態 函數名稱(參數型態 參數名稱[]) //函數表頭
{
　　//函數本體
}

- 前面一再強調陣列名稱本身就是指標,所以本節的傳遞陣列指標與 7.3.2 節的傳遞陣列名稱功能完全相同。

- 因為傳遞陣列給被呼叫函數後,陣列內容可能被更改,所以如果有需要保留原來陣列的資料,則呼叫前必須先執行複製陣列的工作。

下面範例是以陣列名稱為 showArray 函數的參數,showArray 函數接收此參數後,可配合迴圈輸出整個陣列的資料。

```
int main(int argc, char** argv)
{
    int source[3] = {5, 9, 3};
    showArray(source);                        //呼叫 showArray 函數
    return 0;
}
```

```
void showArray(int array[])              //函數,參數為整個陣列
{
    for (int i=0; i<=2; i++)             //輸出迴圈
        cout << array[i] << endl;        //依序輸出 source 陣列元素
}
```

程式 8-14 是以傳遞陣列指標的方式來處理氣泡排序，sortArray 函數接收陣列指標後，直接在函數內進行陣列內容的排序，然後由呼叫程式輸出排序後的陣列內容，所以被呼叫函數排序時直接更改陣列指標位置的資料。

程式 8-14：氣泡排序使用陣列指標

```
1.    //檔案名稱：d:\C++08\C0814.cpp
2.    #include <iostream>
3.    using namespace std;
4.
5.    void sortArray(int *);                   //宣告函數原型
6.
7.    int main(int argc, char** argv)
8.    {
9.        int i;    //宣告整數變數
10.       int number[5] = {57, 19, 33, 92, 6};  //宣告一維陣列
11.       cout << "排序前:";                     //顯示排序前資料
12.       for (i=0; i<5; i++)
13.           cout << number[i] << '\0';
14.       sortArray(number);                    //傳 number 給 sortArray
15.       cout << "\n 排序後:";                  //顯示排序後資料
16.       for (i=0; i<5; i++)
17.           cout << number[i] << '\0';
18.       cout << endl;
19.       return 0;
20.   }
21.
22.   void sortArray(int *array)                //氣泡排序函數
23.   {
24.       int buffer;                           //宣告緩衝器變數
25.       for (int i=0; i<4; i++)               //排序外迴圈
26.           for (int j=i; j<5; j++)           //排序內迴圈
27.               if (*(array+i) > *(array+j))  //若須要則對調
28.               {
29.                   buffer = *(array+i);
30.                   *(array+i) = *(array+j);
31.                   *(array+j) = buffer;
32.               }
33.   }
```

▶▶ 程式輸出

排序前：57 19 33 92 6
排序後：6 19 33 57 92

　　程式 8-15 是以傳遞整個陣列的方式來處理氣泡排序，sortArray 函數接收整個陣列後，直接在函數內進行陣列內容的排序，然後由呼叫程式輸出排序後的陣列內容，因此被呼叫函數排序時也是直接更改陣列指標位置的資料。由此可知，下面二種函數原型的宣告方式是一樣的。

```
void sortArray(int [])
void sortArray(int *)
```

⬇ 程式 8-15：氣泡排序使用一維陣列

```
1.    //檔案名稱：d:\C++08\C0815.cpp
2.    #include <iostream>
3.    using namespace std;
4.
5.    void sortArray(int []);                //宣告函數原型
6.
7.    int main(int argc, char** argv)
8.    {
9.        int i;    //宣告整數變數
10.       int number[5] = {57, 19, 33, 92, 6}; //宣告一維陣列
11.       cout << "排序前：";                  //顯示排序前資料
12.       for (i=0; i<5; i++)
13.         cout << number[i] << '\0';
14.       sortArray(number);                 //傳 number 給 sortArray
15.       cout << "\n排序後：";               //顯示排序後資料
16.       for (i=0; i<5; i++)
17.         cout << number[i] << '\0';
18.       cout << endl;
19.       return 0;
20.   }
21.
22.   void sortArray(int array[])             //氣泡排序函數
23.   {
24.       int buffer;                         //宣告緩衝器變數
25.       for (int i=0; i<4; i++)             //排序外迴圈
26.         for (int j=i; j<5; j++)           //排序內迴圈
27.           if (array[i] > array[j])        //若須要則對調
28.           {
29.               buffer = array[i];
30.               array[i] = array[j];
```

```
31.              array[j] = buffer;
32.         }
33.  }
```

▶▶ 程式輸出

排序前：57 19 33 92 6
排序後：6 19 33 57 92

8.3.3 傳遞常數指標

函數名稱(常數指標);   //呼叫敘述

傳回型態 函數名稱(const 參數型態 *參數名稱)   //函數表頭
{
     //函數本體
}

- **傳遞常數指標**與傳遞變數指標的函數宣告與函數呼叫是一樣的，只是參數改為 const 參數型態，且呼叫時參數改為常數位址或指標。

- **傳址呼叫（call-by-reference）**雖然方便好用，但它的缺點是函數中的敘述可以任意更改原來的資料，若要防止函數的敘述更改原來的資料，可宣告參數為 const。

下面範例是將 main 函數中的常數傳遞給被呼叫函數。定義函數時參數使用常數指標，呼叫時則傳遞常數的位址或指標。

```
void power(const int *);                    //計算平方函數原型

int main(int argc, char** argv)
{
   const int LEN = 5;                       //宣告整常數符號
   power(&LEN);                             //傳遞常數指標
   return 0;
}
```

```
void power(const int *NUM)                      //計算平方函數
{
    cout << *NUM * *NUM;
}
```

下面範例是將 main 函數中的變數位址傳遞給被呼叫函數,而被呼叫函數則是以常數指標型態來接收,所以 power 函數接收變數位址後,只能使用指標內的值,而不能改變指標內的值。

```
void power(const int *);                        //計算平方函數原型

int main(int argc, char** argv)
{
    int LEN = 5;                                //宣告整整數變數
    power(&LEN);                                 //傳指呼叫, 傳遞變數位址
    return 0;
}

void power(const int *NUM)                      //接收指標常數
{
    cout << *NUM * *NUM;
}
```

程式 8-16:選擇排序使用陣列指標

```
1.    //檔案名稱:d:\C++08\C0816.cpp
2.    #include <iostream>
3.    using namespace std;
4.
5.    void sortArray(const int *, int *);   //宣告函數原型
6.
7.    int main(int argc, char** argv)
8.    {
9.      const int SIZE = 5;                      //宣告整常數符號
10.     int number[SIZE] = {57, 19, 33, 92, 6}; //宣告一維陣列
11.
12.     cout << "排序前:";                       //顯示排序前資料
13.     for (int i = 0; i < SIZE; i++)
14.       cout << number[i] << '\0';
15.
16.     sortArray(&SIZE, number);                //傳 number 指標給 sortArray
17.
18.     cout << "\n 排序後:";                    //顯示排序後資料
19.     for (int j=0; j<SIZE; j++)
20.       cout << number[j] << '\0';
```

```
21.      cout << endl;
22.      return 0;
23.  }
24.
25.  void sortArray(const int *MAX, int *array) //選擇排序函數
26.  {
27.      int minimum, mindex;                 //宣告緩衝器變數
28.      for (int i=0; i<*MAX-1; i++)         //排序外迴圈
29.      {
30.          mindex = i;                      //mindex=最小值索引
31.          minimum = *(array+i);            //minimum=最小值
32.          for (int j=i+1; j<*MAX; j++)     //排序內迴圈
33.          {
34.              if (*(array+j) < minimum)    //若*(array+j)<最小值
35.              {
36.                  minimum = *(array+j);    //minimum=新最小值
37.                  mindex = j;              //mindex=新最小值索引
38.              }
39.          }
40.          *(array+mindex) = *(array+i);    //*(array+最小值索引)=較大值
41.          *(array+i) = minimum;            //*(array+i)=最小值
42.      }
43.  }
```

▶▶ 程式輸出

排序前：57 19 33 92 6
排序後：6 19 33 57 92

8.3.4 傳遞字串指標

函數名稱(字串指標);   //呼叫敘述

傳回型態 函數名稱(char *參數名稱)   //函數表頭
{
    //函數本體
}

- **傳遞字串指標**與傳遞變數指標的函數宣告與函數呼叫是一樣的，只是參數型態使用 char *，且呼叫時參數改為字串指標。

下面範例是宣告字串指標，傳遞字串指標給 toString 函數，toString 函數則輸出字串。事實上，在被呼叫的函數中，可以直接更改原來的字串。如程式 8-17 在 capital 函數中直接將字串中每個字的字頭改為大寫。

```
int main(int argc, char** argv)
{
    char *str = "You will never win, if you never begin.";
    toString(str);                         //傳遞 str 指標給 toString
    return 0;
}

void toString(char *s)                     //輸出字串函數
{
    cout << s << endl;
}
```

程式 8-17：字頭改大寫 - 傳遞指標

```
1.    //檔案名稱：d:\C++08\C0817.cpp
2.    #include <iostream>
3.    using namespace std;
4.
5.    void capital(char *);               //宣告函數原型
6.
7.    int main(int argc, char** argv)
8.    {
9.        char str[] = "You will never win, if you never begin.\n";
10.       char *strPtr = &str[0];         //宣告並起始 C 字串指標
11.       cout << "資料列:" << str;
12.       capital(strPtr);                //傳遞字串指標給 capital
13.       cout << "更改後:" << str;
14.       return 0;
15.   }
16.
17.   void capital(char *s)               //第一個字母改大寫函數
18.   {
19.       while(*s != NULL)               //若不是字串結尾則繼續
20.           if(*s++ == ' ') {           //若*s == ' '
21.               *s -= 32;               //則*s++ -= 32
22.           }
23.   }
```

▶▶ 程式輸出

資料列:You will never win, if you never begin.
更改後:You Will Never Win, If You Never Begin.

8.3.5 傳回函數指標

*函數名稱(參數);　　　//呼叫敘述

傳回型態 *函數名稱(參數列) //函數表頭
{
　　//函數本體
}

● **傳回函數指標**就像傳回其他型態的資料一樣，從函數傳回變數或
　陣列的指標。

　　下面範例是傳回浮點數型態的函數指標。宣告函數時必須宣告為指標
型態的函數（例如 float *），而呼叫時也必須以取得指標內含值的型態呼
叫（例如 *getNumber()）。

```
int main(int argc, char** argv)
{
    cout << *getNumber();                 //取得 getNumber() 指標值
    return 0;
}

float *getNumber()                        //輸入浮點數函數
{
    float *num;
    cin >> *num;
    return num;
}
```

程式 8-18：找尋最大值 - 傳回指標

```
1.    //檔案名稱:d:\C++08\C0818.cpp
2.    #include <iostream>
3.    using namespace std;
4.
5.    int *maximum(int *);                        //宣告函數原型
6.
7.    int main(int argc, char** argv)
8.    {
9.        int number[5] = {57, 19, 33, 92, 6};    //宣告一維陣列
```

```
10.     cout << "資料列:";
11.     for (int i=0; i<=4; i++)              //輸出陣列資料迴圈
12.         cout << *(number+i) << ' ';
13.     cout << "\n 最大值:" << *maximum(number);  //取得 maximum 的指標
14.     cout << endl;
15.     return 0;
16.  }
17.
18.  int *maximum(int *array)                 //搜尋最大值函數
19.  {
20.     static int value;                     //宣告整數變數
21.     static int *max = &value;             //宣告並起始 max 指標
22.     *max = 0;                             //起始 *max 內含值
23.     for (int i=0; i<=4; i++)              //找尋最大值迴圈
24.     {
25.         if (*max < *(array+i))           //若 *max 值<陣列元素值
26.             *max = *(array+i);
27.     }
28.     return max;                          //傳回 max 指標
29.  }
```

▶▶ 程式輸出

資料列:57 19 33 92 6
最大值:92

8.4 動態記憶體

C++ 語言沒有垃圾回收的功能,所以程式不會自動釋放不再使用的變數或陣列記憶體。因此如果程式配置變數或陣列愈多,則佔據的記憶體就愈多,當然也就影響程式可用的空間,以及影響程式執行的速度。

程式設計師如果認為有些變數或陣列可以於用完後立即釋放佔用空間,則可以使用配置動態記憶體的方式來配置動態記憶體變數或陣列。

8.4.1 配置動態記憶體

變數指標＝ new 資料型態(起始資料);

- **new** 運算符號用來配置動態記憶體以及傳回一個起始指標，若配置失敗則傳回 NULL 值。

- 配置動態記憶體可以同時指定資料給動態記憶體，如上面敘述小括號中的資料就是指定給變數指標的起始值。當然也可以配置後再指定資料。

下面範例是宣告一般變數與變數指標。在函數中宣告這些變數與指標後，則它們將一直存在直到該函數結束。

```
int num = 100;
int *numPtr = &num;                          //*numPtr 指向 num 變數
```

下面範例是宣告指標變數，然後配置動態記憶體給該指標變數，第三個敘述是將數值 200 存入指標所指定的位址。

```
int *newPtr;                     //宣告指標變數
newPtr = new int;                //配置動態指標變數
*newPtr = 200;                   //起始指標變數值=200
```

下面範例是將上面範例的三個敘述合併成一行敘述，也就是同時宣告指標變數、配置動態記憶體、與將數值 200 存入指標所指定的位址。

```
int *newPtr = new int(200);                  //*newPtr 內值=200
```

8.4.2 釋放動態記憶體

delete 變數指標;

- **delete** 運算符號用來釋放動態記憶體指標。

- **delete** 運算符號只能用來釋放已配置的動態記憶體指標。

下面範例是配置與釋放動態記憶體，p=new int(200) 是將 p 轉成動態記憶體指標，並將 p 指標位址的內值改為 200，而 delete p 則是釋放 p 佔用的記憶體空間。

```
int *p;                        //宣告指標
*p = 100;                      //起始指標的內值
cout << *p << endl;
p = new int(200);              //配置動態記憶體給指標
cout << *p << endl;
delete p;                      //釋放指標佔用的動態記憶體
```

程式 **8-19**：配置與釋放記憶體練習

```
1.    //檔案名稱：d:\C++08\C0819.cpp
2.    #include <iostream>
3.    using namespace std;
4.
5.    int main(int argc, char** argv)
6.    {
7.        int num = 100;                    //宣告並起始變數
8.        int *ptr1 = &num;                 //定義變數指標
9.        cout << "*ptr1 = " << *ptr1 << endl;
10.
11.       int *ptr2;                        //宣告指標
12.       ptr2 = new int(200);              //配置並起始指標內值
13.       cout << "*ptr2 = " << *ptr2 << endl;
14.       delete ptr2;                      //釋放ptr2指標
15.
16.       int *ptr3 = new int(300);         //宣告並起始指標內值
17.       cout << "*ptr3 = " << *ptr3 << endl;
18.       delete ptr3;                      //釋放ptr3指標
19.       return 0;
20.   }
```

▶▶ 程式輸出

```
*ptr1 = 100
*ptr2 = 200
*ptr3 = 300
```

8.4.3 配置動態陣列

陣列指標 = new 資料型態[長度];

● 配置動態陣列指標與配置動態變數指標類似,但配置動態陣列指標的 new 資料型態後面使用中括號,且中括號中的值表示配置陣列的長度,而不是陣列的起始值。

● C++ 語言沒有垃圾回收的功能,所以程式不會自動釋放不再使用的陣列記憶體。因此如果程式配置了陣列愈多,則佔據的記憶體就愈多,當然也就影響程式可用的空間,以及影響程式執行的速度。

下面範例 int p[10] 佔用 10 個整數資料空間,如果改為敘述 int p[1000] 則佔用 1000 個整數資料空間直到程式結束。因此,若認為用完 p 陣列後不再使用,則可利用配置動態記憶陣列方式,配置 p 陣列,用完後使用 delete [] p 釋放 p 陣列陣用的記憶體如 8.4.4 節範例。

```
int p[10];                                    //宣告整數陣列 p[10];
int i;
for(i=0; i<10; i++)
   p[i] = i;                                  //起始陣列初值
for(i=0; i<10; i++)
   cout << p[i] << ' ';                       //輸出陣列元素值
```

8.4.4 釋放動態陣列

delete [] 陣列指標;

● 釋放動態陣列指標與釋放動態變數指標類似,只是在 delete 運算符號之後必須加上中括號,表示被釋放的指標是陣列指標。

● 程式設計師如果認為有些陣列可以於用完後立即釋放佔用空間,則可以使用配置動態記憶體的方式來配置動態記憶體陣列。

下面範例 int *p = new int[10] 配置 10 個整數空間給動態陣列使用,當使用完後 delete [] p 則釋放記憶體佔用的空間。

```
int *p = new int[10];                         //等於 int p[10];
int i;
```

```
for(i=0; i<10; i++)
    p[i] = i;                          //起始陣列初值
for(i=0; i<10; i++)
    cout << p[i] << ' ';               //輸出陣列元素值
delete [] p;                           //釋放陣列記憶體
```

程式 8-20：配置與釋放動態陣列練習

```
1.    //檔案名稱：d:\C++08\C0820.cpp
2.    #include <iostream>
3.    using namespace std;
4.
5.    int main(int argc, char** argv)
6.    {
7.        int *p = new int[10];           //等於 int p[10];
8.        int i;
9.        for(i=0; i<10; i++)
10.           p[i] = i;                   //起始陣列初值
11.
12.       cout << "輸出陣列元素值:";
13.       for(i=0; i<10; i++)
14.           cout << p[i] << ' ';        //輸出陣列元素值
15.       delete [] p;                    //釋放陣列記憶體
16.       cout << endl; //跳行
17.       return 0;
18.   }
```

▶▶ 程式輸出

輸出陣列元素值：0 1 2 3 4 5 6 7 8 9

8.5 習題

選擇題

1. _____不是 C++ 星號（＊）的用途？

   a)乘法運算符號 b) 宣告指標符號 c) 間接運算符號 d) 位址運算符號

2. _____運算符號可以取得變數的位址。

   a) *   b) +   c) &   d) |

3. _____符號稱為間接運算符號。

   a) *　　　　　　　b) +　　　　　　　c) &　　　　　　　d) |

4. _____變數用來儲存記憶體位址。

   a) 陣列　　　　　b) 指標　　　　　c) 字串　　　　　d) 物件

5. 陣列名稱本身就是_____。

   a)常數　　　　　b) 字串　　　　　c) 指標　　　　　d) 物件

6. 程式執行期間建立的變數稱為_____。

   a) 暫存變數　　b) 共用變數　　c) 靜態變數　　d) 動態變數

7. 配置動態記憶體變數的運算符號是_____。

   a) new　　　　　b) auto　　　　　c) create　　　　d) allocate

8. 下面敘述的輸出值是_____。

```
cout << sizeof(bool);
```

   a) 1　　　　　　b) 2　　　　　　c) 4　　　　　　d) 8

實作題

1. 寫一 C++ 程式，找尋輸入值中的最大值。

   a) 定義一個 maximum 函數，接收呼叫敘述傳遞的陣列參數，找尋陣列中的最大值，並傳回最大值的指標給呼叫敘述。

   b) 在 main 函數中，定義一個浮點數陣列，然後呼叫並傳遞陣列指標給 maximum 函數，最後輸出傳回的最大值。

2. 寫一 C++ 程式，反向輸出字串。

   a) 定義一個 reverse 函數，接收呼叫敘述傳遞的字串指標參數，然後將字串反向輸出。

   b) 在 main 函數中，定義一個字串指標，由鍵盤輸入一字串並存入指標位址，然後呼叫並傳遞字串給 reverse 函數。

9

CHAPTER

字元與字串

9.1 C 型態字串函數

　　C++ 提供二種字串型態：一是使用 char 定義的 C 型態字串，另一則是使用 string 定義的 C++ 型態字串。C 型態字串在 7.4 節已經介紹過，本節主要討論應用於 C 型態字串的函數，如取得字串長度（strlen）、複製字串（strcpy）、比較字串（strcmp）、串接字串（strcat）等。至於 C++ 型態字串則將於 9.4 節討論。

9.1.1 取得字串長度 strlen

#include <cstring>
strlen (指定字串)

- **strlen** 函數是計算並傳回指定字串的位元組（byte）數。strlen 函數包含於 cstring 標題檔中，所以使用前須先插入 cstring 檔。

　　下面範例是取得字串長度。先宣告 fixstr 字串，然後利用 strlen(fixstr) 函數取得字串長度。

```
char fixstr[80] = "Ctype String";          //定義C型態字串
int fixlen  = strlen(fixstr);              //取得字串長度
```

程式 9-01：取得輸入字串長度

```
1.    //檔案名稱：d:\C++09\C0901.cpp
2.    #include <iostream>
3.    #include <cstring>                        //插入字串標題檔
4.    using namespace std;
5.
6.    int main(int argc, char** argv)
7.    {
8.        char instr[80];
9.        cout << "請輸入字串:";                 //顯示訊息字串
10.       cin.getline (instr, 80, '\n');         //取得輸入字串列
11.       cout << "字串長度為:" << strlen(instr); //顯示字串長度
12.       cout << endl;
13.       return 0;
14.    }
```

▶▶ 程式輸出

請輸入字串：**Ctype String** Enter
字串長度為：12

9.1.2 複製字串 strcpy

#include <cstring>
strcpy (目的字串, 來源字串)

● **strcpy** 函數是將來源字串複製到目的字串，其中目的字串必須是
記憶體變數。且來源字串的長度必須小於目的字串所宣告的長
度，否則複製時將會覆蓋到其他記憶體中的資料，嚴重的可能會
造成當機。strcpy 函數包含於 cstring 標題檔中，所以使用前須先
插入 cstring 檔。註：Visual C++ 2017 需改用 strcpy_s。

下面範例是複製字串。先宣告 source 與 target 字串，起始 source 字串
後利用 strcpy(target, source) 函數將 source 字串複製到 target 字串中。

```
char source[80], target[80];
source[80] = "Ctype String";              //起始 source 字串
strcpy(target, source);                   //複製字串
```

▼ 程式 9-02：複製輸入字串（若使用 VC++ 2017 編譯，須將 strcpy 改為 strcpy_s）

```
1.    //檔案名稱：d:\C++09\C0902.cpp
2.    #include <iostream>
3.    #include <cstring>                      //插入字串標題檔
4.    using namespace std;
5.
6.    int main(int argc, char** argv)
7.    {
8.        char source[80], target[80];
9.        cout << "請輸入來源字串：";          //顯示訊息字串
10.       cin.getline (source, 80, '\n');     //取得來源字串
11.       strcpy(target, source);             //複製字串
12.       cout << "複製後目的字串：" << target; //顯示目的字串
13.       cout << endl;
14.       return 0;
15.   }
```

▶▶ 程式輸出

請輸入來源字串：Ctype String
複製後目的字串：Ctype String

9.1.3 比較字串 strcmp

#include <cstring>
strcmp (字串 1, 字串 2)

- **strcmp** 函數將比較字串 1 與字串 2 的內容，並傳回代碼說明如下。

  傳回正數：表示字串 1 的 ASCII 碼大於字串 2 的 ASCII 碼。
  傳回零：表示二字串相等。
  傳回負數：表示字串 1 的 ASCII 碼小於字串 2 的 ASCII 碼。

- strcmp 函數包含於 cstring 標題檔中，所以使用前須先插入 cstring 檔。

  下面範例是利用比較字串檢查輸入密碼。先宣告並起始 password 字串，再宣告 instring 字串，然後讀取鍵盤整列輸入（包含空白），比較輸入字串與 password 字串是否相等，若相等則 flag==0。

```
char password[80] = "2020";                    //定義並啟始密碼
char instring[80];
cin.getline (instring, 80, '\n');              //輸入字串
int flag = strcmp(password, instring);         //flag=比較字串結果
```

程式 **9-03**：檢查輸入密碼

```
1.    //檔案名稱：d:\C++09\C0903.cpp
2.    #include <iostream>
3.    #include <cstring>                        //插入字串標題檔
4.    using namespace std;
5.
6.    int main(int argc, char** argv)
7.    {
8.        char password[80] = "2021";          //定義並啟始密碼
9.        char instring[80];
10.       cout << "您有 3 次機會，";
11.       for (int i = 1; i <=3; i++)          //輸入密碼迴圈
12.       {
13.          cout << "請輸入密碼:";
14.          cin.getline (instring, 80, '\n'); //取得來源字串
15.          int flag = strcmp(password, instring);  //比較字串
16.          if (flag == 0)
17.          {
18.             cout << "恭喜您！密碼正確。";   //顯示目的字串
19.             break;                          //中斷迴圈
20.          }
21.          else
22.          {
23.             if (i != 3)                     //以計數值決定，
24.                cout << "還有 " << 3-i << " 次機會，"; //顯示的字串
25.             else
26.                cout << "對不起！沒機會了。";
27.          }
28.       }
29.       cout << endl;
30.       return 0;
31.    }
```

▶▶ 程式輸出

您有 3 次機會，請輸入密碼：**2000** [Enter]
還有 2 次機會，請輸入密碼：**2010** [Enter]
還有 1 次機會，請輸入密碼：**2020** [Enter]
對不起！沒機會了。

▶▶ 程式輸出

您有 3 次機會，請輸入密碼：**2019** `Enter`
還有 2 次機會，請輸入密碼：**2020** `Enter`
還有 1 次機會，請輸入密碼：**2021** `Enter`
恭喜您！密碼正確。

9.1.4 串接字串 strcat

#include ＜cstring＞
strcat(字串 1, 字串 2)

- **strcat** 函數是將字串 2 串接到字串 1 之後，其中字串 1 必須是記憶體變數。註：Visual C++ 2017 需改用 strcat_s。

- strcat 函數包含於 cstring 標題檔中，所以使用前須先插入 cstring 檔。

　　下面範例是利用串接字串將 first name 與 last name 串接在一起。先宣告並起始 first、last 與 full 字串，利用 strcat 函數將 first、空白、與 last 字串串接到 full 字串中。

```
char first[80] = "Sharon";
char last[80] = "Stone";
char full[160] = "";
strcat(full, first);                    //full="Sharon"
strcat(full, " ");                      //full="Sharon "
strcat(full, last);                     //full="Sharon Stone"
```

📥 **程式 9-04**：串接輸入字串（若使用 VC++ 2017 編譯，須將 strcat 改為 strcat_s）

```
1.    //檔案名稱：d:\C++09\C0904.cpp
2.    #include <iostream>
3.    #include <cstring>                   //插入字串標題檔
4.    using namespace std;
5.
6.    int main(int argc, char** argv)
7.    {
8.        char first[80], last[80], full[160] = "";
9.        cout << "請輸入英文名字 (first name):";  //顯示訊息字串
10.       cin.getline (first, 80, '\n');         //取得名字字串
```

```
11.     cout << "請輸入英文姓氏 (last name) : ";      //顯示訊息字串
12.     cin.getline (last, 80, '\n');              //取得姓氏字串
13.     strcat(full, first);                       //附加名字字串
14.     strcat(full, " ");                         //附加空白字串
15.     strcat(full, last);                        //附加姓氏字串
16.     cout << "您的全名為 : " << full << endl;    //顯示全名字串
17.     return 0;
18. }
```

▶▶ 程式輸出：粗體字表示鍵盤輸入

請輸入英文名字 (first name) : **Yitsen** `Enter`
請輸入英文姓氏 (last name) : **Ku** `Enter`
您的全名為 : Yitsen Ku

9.2 C 型態字元函數

cctype 標題檔包含 C 型態的字元函數，如大寫轉成小寫（tolower）、與小寫轉成大寫（toupper）等函數。

9.2.1 大寫轉換小寫 tolower

#include <cctype>
tolower (字元)

- **tolower** 函數將測試參數字元是否為大寫字母（A~Z），若是則將該字元轉換成小寫字母（a~z）後傳回。tolower 函數只將大寫轉換成小寫，而不會影響數字、符號或其他字元。

- **tolower** 函數包含於 cctype 標題檔中，所以使用前須先插入 cctype 檔。

下面範例是將字串中的大寫字元轉換成小寫字元。以 strlen 函數取得 flexStr 字串長度，並以此長度作為迴圈重複的次數，在迴圈中每次讀取字串中的一個字元，並利用 tolower 函數將該字元轉換成小寫字元。

```
char flexStr[] = "Success is never ending. Failure is never final.";
int len = strlen(flexStr);                       //取得字串長度
```

```
for (int i = 0; i <= len; i++)              //轉成小寫迴圈
    flexStr[i] = tolower(flexStr[i]);       //轉成小寫字元
```

9.2.2 小寫轉換大寫 toupper

#include <cctype>
toupper (字元)

- **toupper** 函數將測試參數字元是否為小寫字母（a~z），若是則將該字元轉換成大寫字母（A~Z）後傳回。toupper 函數只將小寫轉換成大寫，而不會影響數字、符號或其他字元。

- toupper 函數包含於 cctype 標題檔中，所以使用前須先插入 cctype 檔。

下面範例是將字串中的小寫字元轉換成大寫字元。以 strlen 函數取得 flexStr 字串長度，並以此長度作為迴圈重複的次數，在迴圈中每次讀取字串中的一個字元，並利用 toupper 函數將該字元轉換成大寫字元。

```
char flexStr[] = "Success is never ending. Failure is never final.";
int len = strlen(flexStr);                  //取得字串長度
for (int i = 0; i <= len; i++)              //轉成小寫迴圈
    flexStr[i] = toupper(flexStr[i]);       //轉成大寫字元
```

程式 9-05：字串大小寫轉換

```
1.  //檔案名稱：d:\C++09\C0905.cpp
2.  #include <iostream>
3.  #include <cstring>                        //插入字串標題檔
4.  #include <cctype>                         //插入轉換字元檔
5.  using namespace std;
6.
7.  int main(int argc, char** argv)
8.  {
9.      char flexStr[] = "Success is never ending. Failure is never
        final.";
10.     cout << "字串轉換前：" << flexStr << endl; //顯示轉換前字串
11.     int len = strlen(flexStr);            //取得字串長度
12.
13.     for (int i = 0; i <= len; i++)        //轉成小寫迴圈
```

```
14.        flexStr[i] = tolower(flexStr[i]);      //轉成小寫字元
15.     cout << "轉換小寫後:" << flexStr << endl; //顯示轉換後字串
16.
17.     for (int i = 0; i <= len; i++)            //轉成大寫迴圈
18.        flexStr[i] = toupper(flexStr[i]);      //轉成大寫字元
19.     cout << "轉換大寫後:" << flexStr << endl; //顯示轉換後字串
20.     return 0;
21. }
```

▶▶ 程式輸出

```
字串轉換前:Success is never ending. Failure is never final.
轉換小寫後:success is never ending. failure is never final.
轉換大寫後:SUCCESS IS NEVER ENDING. FAILURE IS NEVER FINAL.
```

9.3 字串與數值轉換函數

　　字串形式的數值（"3.14159"）是不能當做算數運算的資料，所以 C++ 提供字串與數值間的轉換函數，例如字串轉成浮點數（atof）、字串轉成整數（atoi）、字串轉成長整數（atol）等函數，以及整數轉成字串（itoa）的函數。

9.3.1 轉成浮點數值 atof

```
#include <cstdlib>
atof (字串)
```

- **atof** 函數將字串參數轉換成 double 型態的浮點數值。atof 函數包含於 cstdlib 標題檔中，所以使用前須先插入 cstdlib 檔。

　　下面範例是將字串轉成浮點數值。利用 atof 函數將字串中的數值字元轉換成 double 型態的浮點數值。

```
s = "-1998.12E-25  ";                    //定義字串
x = atof( s );                           //轉浮點數
x=-1.99812e-22
```

9.3.2 轉成整數值 atoi

#include <cstdlib>
atoi (字串)

- **atoi** 函數將字串參數轉換成 int 型態的整數數值。atoi 函數包含於 cstdlib 標題檔中,所以使用前須先插入 cstdlib 檔。

下面範例是將字串轉成整數數值。利用 atoi 函數將字串中的數值字元轉換成 int 型態的整數數值。

```
s = " 686 pigs      ";                    //定義字串
i = atoi( s );                            //轉換成短整數,i=686
```

9.3.3 轉成長整數值 atol

#include <cstdlib>
atol (字串)

- **atol** 函數將字串參數轉換成 long 型態的長整數數值。atol 函數包含於 cstdlib 標題檔中,所以使用前須先插入 cstdlib 檔。

下面範例是將字串轉成長整數數值。以 atol 函數將字串中的數值字元轉換成 long 型態的長整數數值。

```
s = " 98686 dollars";                     //定義字串
l = atol( s );                            //轉換成長整數,l=98686
```

程式 9-06:字串轉換數值(註:本程式不適用於 VC++ 2019,因 VC++ 2017 以後版本不再支援字串常數指標)

```
1.   //檔案名稱:d:\C++09\C0906.cpp
2.   #include <iostream>
3.   #include <iomanip>
4.   #include <cstdlib>                     //轉換數值標題檔
```

```
5.    using namespace std;
6.
7.    int main(int argc, char** argv)
8.    {
9.        char *s; double x; int i; long l;
10.       setiosflags(ios::fixed|ios::right);     //設定輸出格式
11.       cout << setw(7) << "字串\t" << setw(23) << "     數值" << endl;
12.
13.       s = "-1998.12E-25  ";                   //定義字串
14.       x = atof( s );                          //轉換成浮點數
15.       cout << setw(15) << s << "\t" << setw(15) << x << endl;
16.
17.       s = " 686 pigs     ";                   //定義字串
18.       i = atoi( s );                          //轉換成短整數
19.       cout << setw(15) << s << "\t" << setw(15) << i << endl;
20.
21.       s = " 98686 dollars";                   //定義字串
22.       l = atol( s );                          //轉換成長整數
23.       cout << setw(15) << s << "\t" << setw(15) << l << endl;
24.       return 0;
25.   }
```

▶▶ 程式輸出

```
字串                      數值
-1998.12E-25    -1.99812e-22
 686 pigs                686
 98686 dollars        98686
```

9.3.4 整數轉成字串 itoa

> #include <cstdlib>
> itoa (整數數值, 字串變數, 數系基底)

- **itoa** 函數將整數參數轉換成字串後存入指定的字串變數中。
  註：Visual C++ 2017 須改用_itoa_s

- **整數數值**是要被轉換的整數參數。

- **字串變數**是存放轉換後字串的字串變數。

- **數系基底**是整數數值的數字系統，8 代表八進位，10 表示十進位，16 表示十六進位。

- itoa 函數包含於 cstdlib 標題檔中，所以使用前須先插入 cstdlib 檔。

下面範例是將數值轉成轉成字串。分別以 itoa 函數將數值轉成八進位型態的字串，並存入 intArray 字串中。以 itoa 函數將數值轉成十進位型態的字串，並存入 intArray 字串中。以 itoa 函數將數值轉成十六進位型態的字串，並存入 intArray 字串中。

```
char intArray[10];
itoa(1234, intArray, 8);                    //1234 轉成字串"2322"
itoa(1234, intArray, 10);                   //1234 轉成字串"1234"
itoa(1234, intArray, 16);                   //1234 轉成字串"4d2"
```

⬇ **程式 9-07：數值轉成八、十、十六進位字串**

```
1.   //檔案名稱：d:\C++09\C0907.cpp
2.   #include <iostream>
3.   #include <iomanip>
4.   #include <cstdlib>                      //轉換數值標題檔
5.   using namespace std;
6.
7.   int main(int argc, char** argv)
8.   {
9.      char intArray[10];
10.
11.     itoa(1234, intArray, 8);            //1234 轉成字串"2322"
12.     cout << "1234 轉成八進位型態字串：\"" << intArray << "\"\n";
13.
14.     itoa(1234, intArray, 10);           //1234 轉成字串"1234"
15.     cout << "1234 轉成十進位型態字串：\"" << intArray << "\"\n";
16.
17.     itoa(1234, intArray, 16);           //1234 轉成字串"4d2"
18.     cout << "1234 轉成十六進位型態字串：\"" << intArray << "\"\n";
19.     return 0;
20.  }
```

▶▶ **程式輸出**

```
1234 轉成八進位型態字串："2322"
1234 轉成十進位型態字串："1234"
1234 轉成十六進位型態字串："4d2"
```

9.4　C++字串類別

C++ 字串類別是一個抽象的資料型態，它不是 C++ 原本內建的資料型態，如 int 或 char。C++ 字串類別與字串類別函數是定義於 C++ 的新型標題檔中，而 C 型態的字串標題檔（cstring）並沒有定義這些函數。所以使用這些函數以前，必須插入 C++ 新型的標題檔（string）。

9.4.1 建立 C++ 字串

```
#include <string>

string 物件名稱;                         //第一式
string 物件名稱("字串");                  //第二式
string 物件名稱 = "字串";                 //第三式
string 物件名稱("字元", 長度);            //第四式
string 物件名稱(字串物件);                //第五式
string 物件名稱(字串物件, 起始, 長度);    //第六式
```

- **string** 是建立字串物件的關鍵字。在第一式中 string 僅建立物件並未給予物件初值，在第二式與第三式中，string 不僅建立物件名稱並給予該物件初值，第四式中物件的初值是重複的字元，第五式是複製另一個字串物件的資料作為新字串物件的初值，第六式擷取另一個字串物件的部分字串作為新字串物件的初值。

- string 函數定義於 <string> 標題檔中，所以使用前必須插入 <string> 標題檔與加入 using namespace std; 敘述。

下面範例是 C 型態字串。它們是使用 C 型態的指標或陣列定義字串，第一式是定義並起始字串指標變數，第二式則是定義並起始字串陣列變數。

```
char *name = "JOHN";
char name[20] = "JOHN";
```

下面範例是 C++ 型態字串。它們是使用 C++ 字串類別定義的字串，string s1; 只宣告字串物件 s1 並未起始字串資料，string s2("JOHN ARCHER") 宣告並起始 s2 物件為 "JOHN ARCHER"，string s3 = "MARY ARCHER" 宣告並起始 s3 物件為 "JOHN ARCHER"， string s4("A", 4) 宣

告並起始 s4 物件為 "AAAA"，string s5(s2) 宣告 s5 並指定 s5 等於 s2，string s6(s2, 0, 4) 宣告 s6 物件並指定 s6 等於 s2 物件的前 4 個字元。

```
string s1;                                //宣告 s1
string s2("JOHN ARCHER");                 //宣告 s2 = "JOHN
ARCHER"
string s3 = "MARY ARCHER";                //宣告 s3 = "MARY
ARCHER"
string s4("A", 4);                        //宣告 s4 = "AAAA"
string s5(s2);                            //宣告 s5 = "JOHN
ARCHER"
string s6(s2, 0, 4);                      //宣告 s6 = "JOHN"
```

程式 9-08：建立並顯示字串

```cpp
1.   //檔案名稱：d:\C++09\C0908.cpp
2.   #include <iostream>
3.   #include <string>              //C++型態 string 標題檔
4.   using namespace std;
5.
6.   int main(int argc, char** argv)
7.   {
8.       string s1("c++ string class");   //宣告並起始 s1
9.       string s2 = s1;
10.      string s3(s1);
11.      string s4(s1, 4, 12);
12.      string s5(s1, 0, 3);
13.      cout << "s1 = " << s1 << endl;    //輸出 s1
14.      cout << "s2 = " << s2 << endl;    //輸出 s2
15.      cout << "s3 = " << s3 << endl;    //輸出 s3
16.      cout << "s4 = " << s4 << endl;    //輸出 s4
17.      cout << "s5 = " << s5 << endl;    //輸出 s5
18.      return 0;
19.  }
```

▶▶ 程式輸出

```
s1 = c++ string class
s2 = c++ string class
s3 = c++ string class
s4 = string class
s5 = c++
```

9.4.2 輸入 C++ 字串

> #include <iostream>
> using namespace std;
>
> getline (cin, 字串物件)

- **getline** 是 C++ 型態的 iostream 新型標題檔的函數,它可以讀取包含空白的字串。

- **getline** 函數包含於 iostream 新型標題檔中,所以使用前必須先插入 iostream 檔。

下面範例是使用 cin 讀取鍵盤輸入字串,但 cin 視空白為分隔符號,所以字串中空白以後的部份將被切除,例如鍵盤輸入 "Hello world!" 而 cin 只能讀取 "Hello"。

```
string s;
cin >> s;                        //假設輸入"Hello world!"
cout << s;                       //輸出 Hello, 切除空白以後
```

下面範例是使用 getline 讀取鍵盤輸入的字串,它可讀取包括空白的完整字串,例如鍵盤輸入 "Hello world!" 則 getline 讀取 "Hello world!"。

```
string s;
getline(cin, s);                 //假設輸入"Hello world!"
cout << s;                       //輸出 Hello world!
```

程式 **9-09**:輸入 C++ 字串

```
1.    //檔案名稱:d:\C++09\C0909.cpp
2.    #include <iostream>
3.    #include <string>                      //C++型態 string 標題檔
4.    using namespace std;
5.
6.    int main(int argc, char** argv)
7.    {
8.        string s1, s2;                      //宣告 s1, s2
9.        cout << "請輸入 s1 字串:";
```

```
10.     getline(cin, s1);                          //輸入字串到 s1
11.     cout << "請輸入 s2 字串:";
12.     cin >> s2;                                  //輸入字串到 s2
13.     cout << "s1 = " << s1 << endl;              //輸出 s1
14.     cout << "s2 = " << s2 << endl;              //輸出 s2
15.     return 0;
16.  }
```

▶▶ 程式輸出

```
請輸入 s1 字串:C++ string class
請輸入 s2 字串:C++ string class
s1 = C++ string class
s2 = C++
```

9.4.3 C++ 字串運算符號

下表列出字串運算符號與其功能,然後將提供範例與程式介紹如何使用部分字串運算符號,以及執行這些字串運算符號結果。

表 9.1 C++ 字串運算符號

運算符號	功能說明
=	指定資料
+	串接字串
+=	連接並指定字串
==	相等
!=	不等
<	小於
<=	小於等於
>	大於
>=	大於等於
[]	註標
<<	輸出
>>	輸入

指定資料

下面範例是指定資料給字串物件。第 1 敘述是建立 s2 字串物件同時指定 s2 = "Hello"，第 2 敘述是令 s1 = s2 = "Hello"，第 3 敘述是令 s1 等於字串常數 "Hello world!"。

```
string s1, s2("Hello");
s1 = s2;                              //s1="Hello"
s1 = "Hello world!";                  //s1="Hello world!"
```

串接字串

下面範例是使用 + 號串接字串。第 2 敘述 s3 = s1 + s2; 是串接 s1 與 s2 後存入 s3，第 3 敘述 string s4(s3 + "!"); 是 s3 加上 "!" 號後指定給 s4，第 4 敘述 s1 += "!"; 是 s1 加上 "!" 號後存回 s1。

```
string s1("Hello"), s2(" world"), s3;
s3 = s1 + s2;                         //s3="Hello world"
string s4(s3 + "!");                  //s4="Hello world!"
s1 += "!";                            //s1="Hello!"
```

程式 9-10：串接 C++ 字串

```
1.   //檔案名稱：d:\C++09\C0910.cpp
2.   #include <iostream>
3.   #include <string>                 //C++型態 string 標題檔
4.   using namespace std;
5.
6.   int main(int argc, char** argv)
7.   {
8.       string s1("Hello"), s2(" world"), s3;
9.       s3 = s1 + s2;                 //s3="Hello world"
10.      string s4(s3 + "!");          //s4="Hello world!"
11.      s1 += "!";                    //s1="Hello!"
12.      cout << "s1 = " << s1 << endl;   //輸出 s1
13.      cout << "s2 = " << s2 << endl;   //輸出 s2
14.      cout << "s3 = " << s3 << endl;   //輸出 s3
15.      cout << "s4 = " << s4 << endl;   //輸出 s4
16.      return 0;
17.  }
```

▶▶ 程式輸出

```
s1 = Hello!
s2 =  world
s3 = Hello world
s4 = Hello world!
```

比較字串

下面範例是比較字串 s1 與 s2 是否相等。

```
string s1("ANSI/ISO C++"), s2("Visual C++");
if(s1 == s2)
    cout << "s1 == s2";
else
    cout << "s1 != s2";
```

程式 **9-11**：比較 C++ 字串

```
1.    //檔案名稱：d:\C++09\C0911.cpp
2.    #include <iostream>
3.    #include <string>              //C++型態 string 標題檔
4.    using namespace std;
5.
6.    int main(int argc, char** argv)
7.    {
8.       string s1, s2;             //建立 s1, s2 字串物件
9.       cout << "請輸入 s1：";
10.      getline(cin, s1);          //輸入 s1 字串
11.      cout << "請輸入 s2：";
12.      getline(cin, s2);          //輸入 s2 字串
13.
14.      if(s1 == s2)               //比較 s1 與 s2
15.         cout << "s1 == s2\n";
16.      else
17.         cout << "s1 != s2\n";
18.      return 0;
19.   }
```

▶▶ 程式輸出

```
請輸入 s1：Dev/Visual C++
請輸入 s2：Visual C++
s1 != s2
```

9.4.4　C++ 字串陣列

> #include <string>
> using namespace std;
>
> string 字串物件[長度];

● 宣告 C++ 字串物件陣列與宣告其他資料型態的陣列一樣，只是資料型態改為 string。

下面範例是宣告並起始字串陣列 s1，宣告時並未指定陣列長度，但因為起始 6 筆資料，所以配置 6 個字串空間給 s1。

```
string s1[] = {"Java", "Assembly", "Delphi", "Basic", "Fortran",
"Cobol"};
```

⬇ **程式 9-12**：C++ 字串排序

```
1.   //檔案名稱:d:\C++09\C0912.cpp
2.   #include <iostream>
3.   #include <string>                      //C++型態 string 標題檔
4.   using namespace std;
5.
6.   void sortArray(string array[]);
7.
8.   int main(int argc, char** argv)
9.   {
10.    string s1[] = {"Java", "Assembly", "Delphi",
11.          "Basic", "Fortran", "Cobol"}; //宣告字串陣列
12.    cout << "排序前:";                    //顯示排序前資料
13.    for (int i=0; i<5; i++)
14.      cout << s1[i] << '\0';
15.    sortArray(s1);                       //傳遞 s1 給 sortArray
16.    cout << "\n排序後:";                  //顯示排序後資料
17.    for (int j=0; j<5; j++)
18.      cout << s1[j] << '\0';
19.    cout << endl;
20.    return 0;
21.  }
22.
23.  void sortArray(string array[])         //氣泡排序函數
24.  {
```

```
25.     string buffer;                          //宣告緩衝器變數
26.     for (int i=0; i<4; i++)                  //排序外迴圈
27.       for (int j=i; j<5; j++)                //排序內迴圈
28.         if (array[i] > array[j])             //若須要則對調
29.         {
30.             buffer = array[i];
31.             array[i] = array[j];
32.             array[j] = buffer;
33.         }
34.  }
```

▶▶ 程式輸出

排序前：Java Assembly Delphi Basic Fortran
排序後：Assembly Basic Delphi Fortran Java

9.4.5 C++ 字串類別成員

下表列出字串成員函數與其功能，然後將提供範例教導讀者如何使用這些字串成員函數，以及執行這些字串成員函數結果。

表 9.2 字串成員函數

成員函數	功能
s1.append(s2)	連接字串
s1.append(s2, 起始位置, 字串長度)	連接字串
s1.assign(s2)	指定字串
s1.assign(s2, 起始位置, 字串長度)	指定字串
s1.at(位置)	存取指定位置
s1.capacity()	取得字串容量
s1.clear()	清除字串全部內容
s1.compare(s2)	比較字串
s1.compare(s1 起點, s1 長度, s2, s2 起點, s2 長度)	比較字串
s1.copy(s2, 起始位置, 字串長度)	複製字串
s1.erase(起始位置, 清除長度)	清除字串部分內容
s1.find(s2)	找尋字串
s1.find(s2, 起始位置)	找尋字串

成員函數	功能
s1.insert(起始位置, s2)	插入字串
s1.length()	取得字串長度
s1.max_size()	取得字串最大長度
s1.replace(起始位置, 字串長度, s2)	取代部分字串
s1.size()	取得字串大小
s1.substr(起始位置, 字串長度)	找尋部分字串
s1.swap(s2)	對調字串

指定資料

下面範例是利用 assign 函數指定字串資料，s1.assign(s2) 是指定字串 s1 等於 s2 的資料。

```
string s1, s2("Hello world!");
s1.assign(s2);                           //s1="Hello world!"
```

下面範例是利用 assign 函數指定 s1 字串的部份資料給 s2。敘述 s2.assign(s1, 6, 5) 是指定 s1 字串中第 6 字元起始的 5 個字元給 s2 字串，敘述 s2[2] = 'u' 則是更改 s2 字串的第 2 個字元為 'u'。

```
string s1("Hello world!"), s2;
s2.assign(s1, 6, 5);                     //s2 = "world"
s2[2] = 'u';                             //s2 = "would"
```

程式 9-13：指定 C++ 字串

```
1.    //檔案名稱：d:\C++09\C0913.cpp
2.    #include <iostream>
3.    #include <string>                  //C++型態 string 標題檔
4.    using namespace std;
5.
6.    int main(int argc, char** argv)
7.    {
8.       string s1("Hello world!"), s2, s3;    //宣告 s1, s2, s3 字串
9.       s2.assign(s1);                        // s2 = "Hello world!"
10.
11.      s3.assign(s1, 6, 5);                  // s3 = "world"
12.      s3[2] = 'u';                          // s3 = "would"
```

```
13.
14.    cout << "s1 = " << s1 << endl;          //輸出 s1
15.    cout << "s2 = " << s2 << endl;          //輸出 s2
16.    cout << "s3 = " << s3 << endl;          //輸出 s3
17.    return 0;
18. }
```

▶▶ 程式輸出

```
s1 = Hello world!
s2 = Hello world!
s3 = would
```

串接字串

下面範例是利用 append 函數串接字串資料。敘述 s1.append(s3) 是將字串 s3 串接到 s1 的資料之後,所以 s1 = "Hello" + " world!" = "Hello world!"。敘述 s2.append(s3, 4, 2) 是將字串 s3 的第 4 與第 5 二個字元串接到 s2 的資料之後,所以 s2 = "wi" + "ld!" = "wild"。

```
string s1("Hello"), s2("wi"), s3(" world!");
s1.append(s3);                             //s1 = "Hello world!"
s2.append(s3, 4, 2);                       //s2 = "wild"
```

⬇ 程式 9-14:串接 C++ 字串

```
1.    //檔案名稱:d:\C++09\C0914.cpp
2.    #include <iostream>
3.    #include <string>                     //C++型態 string 標題檔
4.    using namespace std;
5.
6.    int main(int argc, char** argv)
7.    {
8.        string s1("Hello"), s2("wi"), s3("world!");
9.        cout << "串接前\n";
10.       cout << "s1 = " << s1 << endl;     //輸出 s1
11.       cout << "s2 = " << s2 << endl;     //輸出 s2
12.       cout << "s3 = " << s3 << endl;     //輸出 s3
13.
14.       s1.append(' ' + s3);              // s1 = "Hello world!"
15.       s2.append(s3, 3, 2);              // s2 = "wild"
16.
17.       cout << "串接後\n";
18.       cout << "s1 = " << s1 << endl;     //輸出 s1
```

```
19.     cout << "s2 = " << s2 << endl;          //輸出 s2
20.     cout << "s3 = " << s3 << endl;          //輸出 s3
21.     return 0;
22. }
```

▶▶ 程式輸出

```
串接前
s1 = Hello
s2 = wi
s3 = world!
串接後
s1 = Hello world!
s2 = wild
s3 = world!
```

比較字串

下面範例是利用 compare 函數比較 s1 與 s2 字串中的部分字串。例如 s1.compare(9, 3, s2, 7, 3) 是 s1 的 9~11 字元（C++）與 s2 的 7~9 字元（C++）比較，相等則傳回 0 值。而 s1.compare(0, 8, s2, 0, 8) 是 s1 的 0~7 字元（ANSI/ISO）與 s2 的 0~7 字元（Visual C）比較，不相等則傳回非 0 值。

```
string s1("ANSI/ISO C++"), s2("Visual C++");
cout << s1.compare(9, 3, s2, 7, 3) << endl;    //等於 0 表示相等
cout << s1.compare(0, 8, s2, 0, 8) << endl;    //不等於 0 表示不相等
```

取得子字串

下面範例是利用 substr 函數取得 s1 的部分字串。例如 s2 = s1.substr(6, 5) 是取得 s1 的 6~10 字元（world）存入 s2 字串。

```
string s1("Hello world!"), s2;
s2 = s1.substr(6, 5);                          //s2 = world
```

程式 **9-15**：比較與輸出子字串

```
1.   //檔案名稱：d:\C++09\C0915.cpp
2.   #include <iostream>
3.   #include <string>                          //C++型態 string 標題檔
4.   using namespace std;
5.
6.   int main(int argc, char** argv)
```

```
7.  {
8.     string s1("Dev/Visual C++");           //宣告並起始字串 s1
9.     string s2("Visual C++");                //宣告並起始字串 s2
10.
11.    if(s1.compare(s2)==0)                   //比較 s1 與 s2
12.       cout << s1 << " == " << s2;          //輸出字串
13.    else
14.       cout << s1 << " != " << s2;          //輸出字串
15.    cout << endl;
16.
17.    if(s1.compare(11, 3, s2, 7, 3)==0)      //比較 s1 與 s2 的子字串
18.       cout << s1.substr(11, 3) << " == " << s2.substr(7, 3); //輸出子字串
19.    else
20.       cout << s1.substr(11, 3) << " != " << s2.substr(7, 3); //輸出子字串
21.    cout << endl;
22.    return 0;
23. }
```

▶▶ 程式輸出

```
Dev/Visual C++ != Visual C++
C++ == C++
```

對調字串

下面範例是利用 swap 函數對調字串。例如 s1.swap(s2) 是對調 s1 與 s2 字串。

```
string s1("Visual C++"), s2("ANSI/ISO C++");
s1.swap(s2);                              //s1 與 s2 對調
cout << s1 << endl;                       //顯示 ANSI/ISO C++
cout << s2 << endl;                       //顯示 Visual C++
```

程式 9-16：對調 C++ 字串

```
1.  //檔案名稱：d:\C++09\C0916.cpp
2.  #include <iostream>
3.  #include <string>                      //C++型態 string 標題檔
4.  using namespace std;
5.
6.  int main(int argc, char** argv)
7.  {
8.     string s1("Visual C++"), s2("ANSI/ISO C++");
9.     cout << "對調前：\n";
10.    cout << "s1 = " << s1 << endl;       //s1 = "Visual C++"
```

```
11.        cout << "s2 = " << s2 << endl;          //s2 = "ANSI/ISO C++"
12.
13.        s1.swap(s2);                            //s1 與 s2 對調
14.        cout << "對調後:\n";
15.        cout << "s1 = " << s1 << endl;          //s1 = "ANSI/ISO C++"
16.        cout << "s2 = " << s2 << endl;          //s2 = "Visual C++"
17.        return 0;
18.  }
```

▶▶ 程式輸出

```
對調前:
s1 = Visual C++
s2 = ANSI/ISO C++
對調後:
s1 = ANSI/ISO C++
s2 = Visual C++
```

找尋字串

下面範例是利用 find 函數找尋字串。例如 s1.find(s2) 是在 s1 字串中找尋與 s2 相同的子字串,若找到則傳回子字串的起始位置。而 s1.find("Visual") 則是在 s1 字串中找尋 "Visual" 子字串,若找不到則傳回 -1。

```
string s1("ANSI/ISO C++"), s2("C++");
int p;
p = s1.find(s2);                            // p = 7 (找到再位置7)
p = s1.find("Visual");                      // p = -1 (找不到)
```

⬇ 程式 9-17:找尋子字串

```
1.   //檔案名稱:d:\C++09\C0917.cpp
2.   #include <iostream>
3.   #include <string>                         //C++型態 string 標題檔
4.   using namespace std;
5.
6.   int main(int argc, char** argv)
7.   {
8.        string s1("Dev/Visual C++"), s2("C++");
9.        int p1, p2;
10.
11.       p1 = s1.find(s2);                     // p1 = 7 (找到再位置7)
12.       if(p1!=-1)                            //判斷在 s1 中是否找到 s2
13.           cout << s1 << " 的第 " << p1 << " 字元位置找到 " << s2;//輸出位置
14.       else
```

```
15.        cout << s1 << " 中找不到 " << s2;   //輸出字串
16.    cout << endl;
17.
18.    p2 = s1.find("C#");                    // p2 = -1 (找不到)
19.    if(p2!=-1)                             //判斷在 s1 中是否找到 Visual
20.        cout << s1 << " 的第 " << p2 << " 字元位置找到 C#"; //輸出位置
21.    else
22.        cout << s1 << " 中找不到 C#";      //輸出字串
23.    cout << endl;
24.    return 0;
25. }
```

▶▶ 程式輸出

```
Dev/Visual C++ 的第 11 字元位置找到 C++
Dev/Visual C++ 中找不到 C#
```

取代字串

下面範例是利用 replace 函數取代字串。敘述 int p = s.find(" ") 是找尋空白字元位置並存入 p，然後 s.replace(p, 1, "-") 則以 "-" 號取代空白字元。

```
string s("call by reference");
int p = s.find(" ");
while(p < string::npos)                 // 若不等於字串結尾則繼續
{
    s.replace(p, 1, "-");               // 找到後以"-"取代" "
    p = s.find(" ", p++);               // 找尋下一個空白
}
```

⬇ 程式 **9-18**：取代字串

```
1.    //檔案名稱:d:\C++09\C0918.cpp
2.    #include <iostream>
3.    #include <string>                 //C++型態 string 標題檔
4.    using namespace std;
5.
6.    int main(int argc, char** argv)
7.    {
8.        string s("call by reference");   //宣告並起始字串 s
9.
10.       cout << "取代前的字串:" << s << endl;
11.
12.       unsigned int p = s.find(" ");     //找尋第一個空白
13.       while(p<s.length())               //若不等於字串結尾則繼續
```

```
14.     {
15.         s.replace(p, 1, "-");              //找到後以"-"取代" "
16.         p = s.find(" ", ++p);              //找尋下一個空白
17.     }
18.     cout << "取代後的字串:" << s << endl;
19.     return 0;
20. }
```

>> 程式輸出

取代前的字串:call by reference
取代後的字串:call-by-reference

插入字串

下面範例是利用 insert 函數插入字串。敘述 s1.insert(4, s2) 是將
s2="ISO" 插入到 s1 的第 4 個字元位置,而 s1.insert(4, "/") 再將 "/" 插入到
s1 的第 4 個字元位置。

```
string s1("ANSI C++"), s2("ISO");
s1.insert(4, s2);                          //s1=ANSIISO C++
s1.insert(4, "/");                         //s1=ANSI/ISO C++
```

⬇ 程式 **9-19**:插入字串

```
1.  //檔案名稱:d:\C++09\C0919.cpp
2.  #include <iostream>
3.  #include <string>                       //C++型態 string 標題檔
4.  using namespace std;
5.
6.  int main(int argc, char** argv)
7.  {
8.      string s1("Dev C++"), s2("Visual");  //宣告並起始字串 s1,s2
9.      cout << "插入之前的 s2 字串:" << s2 << endl;
10.     cout << "插入之前的 s1 字串:" << s1 << endl;
11.
12.     s1.insert(3, s2);                     //s1=ANSIISO C++
13.     cout << "插入 s2 後的 s1 字串:" << s1 << endl;
14.
15.     s1.insert(3, "/");                    //s1=ANSI/ISO C++
16.     cout << "插入/後的 s1 字串 :" << s1 << endl;
17.     return 0;
18. }
```

▶▶ 程式輸出

插入之前的 s2 字串：Visual
插入之前的 s1 字串：Dev C++
插入 s2 後的 s1 字串：DevVisual C++
插入/後的 s1 字串 ：Dev/Visual C++
請按任意鍵繼續 . . .

其他

下面範例是利用 length、size、capacity、max_size、at 等函數，取得字串的長度、大小、容量、最大長度、與指定位置字元。

```
string s1("Dev/Visual C++");
cout << s1.length() << endl;        //14
cout << s1.size() << endl;          //14
cout << s1.capacity() << endl;      //14
cout << s1.max_size() << endl;      //1073741820
cout << s1.at(10) << endl;          //'l'
```

程式 **9-20**：計算對稱字 (palindromes) 個數

```
1.    //檔案名稱：d:\C++09\C0920.cpp
2.    #include <iostream>
3.    #include <string>               //C++型態 string 標題檔
4.    using namespace std;
5.
6.    int main(int argc, char** argv)
7.    {
8.        string s1, s2, s3;          //宣告字串 s1, s2, s3
9.
10.       cout << "請輸入一字串：";
11.       getline ( cin, s1 );        //取得整列字串
12.
13.       int len1 = s1.length( );    //取得 s1 字串長度
14.       int count = 0;
15.
16.       for ( int i = 0; i < len1; i++ ) {
17.         // 取得單字
18.         if ( isalnum( s1.at(i) ) ) {   //若是英文或數字
19.           s2 += s1.at( i );        //將字元連接到 s2
20.           if ( i != ( len1-1 ) )   //若不等於最後字元
21.             continue;              //回到迴圈第一個敘述
22.         }
23.
21.    // 檢查對稱字
```

9-27

```
25.        bool flag = true;
26.        int len2 = s2.length( );              //取得 s2 字串長度
27.        for ( int j = 0; j <= ( len2 / 2 - 1 ); j++ ) {
28.            if ( s2.at( j ) != s2.at ( len2 - j - 1 ) )
29.            {                                   //檢查是否為對稱字
30.                flag = false;
31.                break;
32.            }
33.        }
34.
35.        // 顯示對稱字
36.        if ( flag == true ) {
37.            cout << '\"' << s2 << "\" 是對稱字" << endl;
38.            count ++;
39.        }
40.        s2 = s3;
41.    }
42.    cout << "\n 對稱字的總數為 " << count << "\n";
43.    return 0;
44. }
```

▶▶ 程式輸出：粗體字表示鍵盤輸入

請輸入一字串：**I have to see my dad at noon.** `Enter`
"I" 是對稱字
"dad" 是對稱字
"noon" 是對稱字

對稱字的總數為 3

9.5 習題

選擇題

1. _____是取得 C++ 型態字串長度的函數，假設字串名稱為 s1。

   a) s1.strlen()   b) s1.length()

   c) size(s1)   d) max_size(s1)

2. _____是 C 型態比較二字串的函數，假設字串名稱為 s1 與 s2。

   a) s1.strcmp(s2)   b) s1.compare(s2)

   c) strcmp(s1, s2)   d) compare(s1, s2)

3. ＿＿＿＿＿＿是 C++ 型態比較二字串的函數，假設字串名稱為 s1 與 s2。

    a) s1.strcmp(s2)　　　　　　　　b) s1.compare(s2)

    c) strcmp(s1, s2)　　　　　　　　d) compare(s1, s2)

4. ＿＿＿＿＿＿＿是 C 型態將 s2 字串附加到 s1 字串之後的函數。

    a) strcat(s1, s2)　　　　　　　　b) concat(s1, s2)

    c) append(s1, s2)　　　　　　　　d) insert(s1, s2)

5. ＿＿＿＿＿＿＿是 C++ 型態將 s2 字串附加到 s1 字串之後的函數。

    a) s1.strcat(s2)　　　　　　　　b) s1.concat(s2)

    c) s1.append(s2)　　　　　　　　d) s1.insert(s2)

6. 假設 C++ 字串 s1 = "word"，＿＿＿＿＿是將 "l" 插入 s1 的第 3 個字元的敘述。

    a) s1.insert("l", 3);　　　　　　b) s1.insert('l', 3);

    c) s1.insert(3, "l");　　　　　　d) s1.insert(3, 'l');

7. 假設 C++ 字串 s1 = "word"，＿＿＿＿＿＿＿是以 "a" 取代 s1 的第 1 個字元的敘述。

    a) s1.replace(1, 1, "a");　　　　b) s1.replace("a", 1, 1);

    c) replace(s1, 1, "a");　　　　　d) replace(s1, "a", 1);

實作題

1. 寫一個 C++ 程式，計算字串中的英文單字個數。

    a) 在 main 函數中，定義一個字串指標，由鍵盤輸入一字串並存入指標位址，然後呼叫並傳遞字串給 wordCount 函數，最後輸出英文單字的個數。

    b) 定義一個 wordCount 函數，接收呼叫敘述傳遞的字串指標參數，然後計算並傳回字串中英文單字的個數。

2. 寫一 C++ 程式,將輸入的西式日期格式轉成中文日期格式輸出。

   a) 在 main 函數中,定義一個轉換表字串陣列,起始資料為一、二、三、...、十,再定義一個一維字串陣列用來存放輸入的字串。

   b) 由鍵盤輸入的西式日期格式並存入一維陣列中,呼叫並傳遞字串陣列給 convertDate 函數。

   c) 定義一個 convertDate 函數,接收呼叫敘述傳遞的字串陣列參數,在轉換表陣列中找尋對應的中文日期格式,最後輸出轉換後的字串。

結構化資料

10.1 抽象資料型態

結構（structure）資料型態是一種**抽象資料型態**（abstract data type），它是由許多不同型態的資料變數所組成，每一個資料變數都代表一個欄位（成員）。結構的用法類似資料庫中管理資料的觀念，在資料庫中每一筆資料是由許多欄位所組成。例如，一個基本的通訊錄至少包含姓名、電話、地址等欄位。

10.1.1 宣告結構名稱

```
struct 結構名稱
{
    結構成員;
};
```

- **struct** 是宣告結構名稱的關鍵字。

- **結構名稱**代表使用者自定的結構資料型態，它可用於宣告結構變數。例如，C++ 預設 int 用於宣告整數變數，float 用於宣告浮點變數。

- **結構成員**可以是一個或多個資料宣告敘述（如 int id;）。

下面範例是宣告 Time 資料結構，Time 資料結構包含三個成員的資料，且這三個成員都是整數變數，分別為 hour、minute、second。

```
struct Time                                //宣告型態資料結構
{
    int hour;                              //Time 第 1 成員變數
    int minute;                            //Time 第 2 成員變數
    int second;                            //Time 第 3 成員變數
};
```

下面範例是宣告 Employee 資料結構，Employee 資料結構包含二個成員的資料，第一成員為整數變數 id，第二成員為 C 型態字串變數 name。

```
struct Employee                            //宣告 Employee 型態結構
{
    int id;                                //Employee 的第 1 個成員
    char name[20];                         //Employee 的第 2 個成員
};
```

10.1.2 建立結構變數

結構名稱　結構變數;

● **結構名稱**為曾經以 struct 宣告的結構型態名稱。

● **結構變數**存放結構型態的資料，宣告結構型態變數與宣告 C++ 內建資料型態的變數類似，只是資料型態改為使用者自訂的結構型態。

下面範例是宣告 Time 資料結構後，在 main 函數中建立 Time 型態的變數 midnight。

```
struct Time                                //宣告 Time 型態資料結構
{
    int hour;                              //Time 的第 1 成員變數
    int minute;                            //Time 的第 2 成員變數
    int second;                            //Time 的第 3 成員變數
};
```

```
int main(int argc, char** argv)
{
    Time midnight;                          //建立 Time 結構型態變數
    return 0;
}
```

下面範例是宣告 Employee 資料結構後，在 main 函數中建立 Employee 型態的變數 emp1。

```
struct Employee                             //宣告 Employee 型態結構
{
    int id;                                 //Employee 的第 1 個成員
    char name[20];                          //Employee 的第 2 個成員
};

int main(int argc, char** argv)
{
    Employee emp1;                          //建立 Employee 型態變數
    return 0;
}
```

10.1.3 存取結構成員

結構變數.結構成員 = 數值資料;
strcpy(結構變數.結構成員, "字串資料")

- **結構變數.結構成員 = 數值資料**是指定數值資料給數值型態的成員。

- **strcpy(結構變數.結構成員, "字串資料")** 是指定字串資料給 C 型態字串的成員。

下面範例是宣告 Time 資料結構後，在 main 函數中建立 Time 型態的變數 midnight，然後指定數值資料給結構變數中數值型態的成員。

```
struct Time                                 //宣告 Time 型態資料結構
{
    int hour;                               //Time 的第 1 成員變數
    int minute;                             //Time 的第 2 成員變數
```

```
    int second;                             //Time 的第 3 成員變數
};

int main(int argc, char** argv)
{
    Time midnight;                          //建立 Time 型態變數
    midnight.hour = 12;                     //指定第 1 成員初值
    midnight.minute = 15;                   //指定第 2 成員初值
    midnight.second = 30;                   //指定第 3 成員初值
    return 0;
}
```

 結構變數.結構成員

- **結構變數**為已建立的結構型態的資料變數。

- **結構成員**是在結構宣告中的結構成員名稱。

- **結構變數.結構成員**可以存取結構變數中的成員資料。

下面範例是宣告 Time 資料結構，建立 Time 型態的變數 midnight，與指定資料給結構變數的成員，然後利用 cout 敘述輸出結構中各個成員的資料。

```
struct Time                                 //宣告 Time 型態資料結構
{
    int hour;                               //Time 的第 1 成員變數
    int minute;                             //Time 的第 2 成員變數
    int second;                             //Time 的第 3 成員變數
};

int main(int argc, char** argv)
{
    Time midnight;                          //建立 Time 型態變數
    midnight.hour = 12;                     //指定第 1 成員初值
    midnight.minute = 15;                   //指定第 2 成員初值
    midnight.second = 30;                   //指定第 3 成員初值
    cout << midnight.hour << ':' ;          //輸出第 1 成員資料
    cout << midnight.minute << ':' ;        //輸出第 2 成員資料
    cout << midnight.second << " AM";       //輸出第 3 成員資料
    return 0;
}
```

程式 **10-01**：輸出時間結構資料

```cpp
1.    //檔案名稱：d:\C++10\C1001.cpp
2.    #include <iostream>
3.    using namespace std;
4.
5.    struct Time                          //宣告型態資料結構
6.    {
7.        int hour;                        //Time 第 1 成員變數
8.        int minute;                      //Time 第 2 成員變數
9.        int second;                      //Time 第 3 成員變數
10.   };
11.
12.   int main(int argc, char** argv)
13.   {
14.       Time midnight;                   //定義 Time 型態變數
15.       midnight.hour = 12;              //指定第 1 成員初值
16.       midnight.minute = 0;             //指定第 2 成員初值
17.       midnight.second = 0;             //指定第 3 成員初值
18.
19.       cout << "午夜標準時間：";
20.       cout << midnight.hour << ':' ;   //輸出第 1 成員資料
21.       cout << "0" << midnight.minute << ':' ;//輸出第 2 成員資料
22.       cout << "0" << midnight.second << " AM"; //輸出第 3 成員資料
23.       cout << endl;
24.       return 0;
25.   }
```

>> 程式輸出

```
午夜標準時間：12:00:00 AM
```

下面範例是宣告 Employee 資料結構後，在 main 函數中建立 Employee 型態的變數 emp1，然後使用 strcpy 函數複製字串資料給結構變數中 C 型態字串的成員。

```cpp
struct Employee                          //宣告 Employee 型態結構
{
    int id;                              //Employee 的第 1 個成員
    char name[20];                       //Employee 的第 2 個成員
};

int main(int argc, char** argv)
{
    Employee emp1;                       //建立 Employee 型態變數
```

```
    emp1.id = 101;                        //emp.id=101
    strcpy(emp1.name, "JOHN");            //emp1.name="JOHN"
    cout << emp1.id;                      //輸出 101
    cout << emp1.name;                    //輸出 JOHN
    return 0;
}
```

程式 **10-02**：輸出圖書結構資料（使用 VC++ 2019 編譯時，須將 strcpy 改爲 strcpy_s）

```
1.    //檔案名稱：d:\C++10\C1002.cpp
2.    #include <iostream>
3.    #include <cstring>                  //插入字串標題檔
4.    using namespace std;
5.
6.    struct Booklist                     //宣告 Booklist 資料結構
7.    {
8.        char title[25];                 //Booklist 第 1 成員變數
9.        char auther[10];                //Booklist 第 2 成員變數
10.       char number[10];                //Booklist 第 3 成員變數
11.       float price;                    //Booklist 第 4 成員變數
12.   };
13.
14.   int main(int argc, char** argv)
15.   {
16.       Booklist CPP;                   //建立 Booklist 型態變數
17.       strcpy(CPP.title, "C++全方位學習第三版"); //指定 CPP 第 1 成員初值
18.       strcpy(CPP.auther, "古頤榛\t");  //指定 CPP 第 2 成員初值
19.       strcpy(CPP.number, "AEL014632"); //指定 CPP 第 3 成員初值
20.       CPP.price = 580.00;             //指定 CPP 第 4 成員初值
21.
22.       Booklist DL;                    //建立 Booklist 型態變數
23.       strcpy(DL.title, "數位邏輯設計第三版"); //指定 VB 第 1 成員初值
24.       strcpy(DL.auther, "古頤榛\t");   //指定 VB 第 2 成員初值
25.       strcpy(DL.number, "AEE037000"); //指定 VB 第 3 成員初值
26.       DL.price = 420.00;              //指定 VB 第 4 成員初值
27.
28.       cout.precision(2); cout.setf(ios::fixed);
29.       cout << "書名\t\t\t 作者\t\t 書號\t\t 定價\n";
30.       cout << CPP.title << '\t';       //輸出 CPP 第 1 成員資料
31.       cout << CPP.auther << '\t';      //輸出 CPP 第 2 成員資料
32.       cout << CPP.number << '\t';      //輸出 CPP 第 3 成員資料
33.       cout << CPP.price << '\n';       //輸出 CPP 第 4 成員資料
34.
35.       cout << DL.title << '\t';        //輸出 DL 第 1 成員資料
36.       cout << DL.auther << '\t';       //輸出 DL 第 2 成員資料
```

```
37.    cout << DL.number << '\t';              //輸出 DL 第 3 成員資料
38.    cout << DL.price << '\n';               //輸出 DL 第 4 成員資料
39.    return 0;
40. }
```

▶▶ 程式輸出

書名	作者	書號	定價
C++全方位學習第三版	古頤榛	AEL014632	580.00
數位邏輯設計第三版	古頤榛	AEE037000	420.00

10.1.4 起始結構變數

> 結構名稱　結構變數 ＝{第 1 欄資料 1, 第 2 欄資料, ...};

- **起始結構變數**與起始一般資料型態的陣列變數類似,可以在宣告結構變數同時指定資料給結構變數成員(元素),各個成員資料必須包含於大括號內。

- 而在宣告結構變數之後也可以指定資料給結構的成員,就類似宣告陣列之後指定資料給陣列元素一樣。不同的是結構使用成員名稱而陣列使用陣列註標,存取結構成員使用句點(.)而存取陣列元素使用中括號([])。

　　下面範例是宣告 Employee 資料結構後,在 main 函數中建立 Employee 型態的變數 emp1,同時指定資料給 emp1 的第 1 與第 2 個成員。

```
struct Employee                                //宣告 Employee 型態結構
{
    int id;                                    //Employee 的第 1 個成員
    char name[20];                             //Employee 的第 2 個成員
};

int main(int argc, char** argv)
{
    Employee emp1 = {101, "JOHN"};             //建立並起始 emp1 初值
    cout << emp1.id;                           //輸出 101
    cout << emp1.name;                         //輸出 JOHN
```

```
        .
        return 0;
    }
```

⬇ **程式 10-03**：起始結構變數練習

```
1.    //檔案名稱：d:\C++10\C1003.cpp
2.    #include <iostream>
3.    using namespace std;
4.
5.    struct Booklist                          //宣告 Booklist 資料結構
6.    {
7.        char title[21];                      //Booklist 第 1 成員變數
8.        char auther[7];                      //Booklist 第 2 成員變數
9.        char number[10];                     //Booklist 第 3 成員變數
10.       float price;                         //Booklist 第 4 成員變數
11.   };
12.
13.   int main(int argc, char** argv)
14.   {
15.       //定義並起始 CPP 資料
16.       Booklist CPP = {"C++全方位學習第三版", "古頤榛", "AEL014632", 580.00};
17.       //定義並起始 DL 資料
18.       Booklist DL = {"數位邏輯設計第三版", "古頤榛", "AEE037000", 420.00};
19.
20.       cout.precision(2); cout.setf(ios::fixed);
21.       cout << "書名\t\t\t 作者\t\t 書號\t\t 定價\n";
22.       cout << CPP.title << '\t';            //輸出 CPP 第 1 成員資料
23.       cout << CPP.auther << "\t\t";         //輸出 CPP 第 2 成員資料
24.       cout << CPP.number << '\t';           //輸出 CPP 第 3 成員資料
25.       cout << CPP.price << '\n';            //輸出 CPP 第 4 成員資料
26.
27.       cout << DL.title << '\t';             //輸出 DL 第 1 成員資料
28.       cout << DL.auther << "\t\t";          //輸出 DL 第 2 成員資料
29.       cout << DL.number << '\t';            //輸出 DL 第 3 成員資料
30.       cout << DL.price << '\n';             //輸出 DL 第 4 成員資料
31.       return 0;
32.   }
```

▶▶ 程式輸出

```
書名                  作者      書號          定價
C++全方位學習第三版    古頤榛    AEL014632     580.00
數位邏輯設計第三版      古頤榛    AEE037000     420.00
```

10.2 結構與函數

與 C++ 內建資料型態（build-in data type）如 int、float、bool、... 一樣，結構型態的資料變數也可以作為函數的參數，由呼叫敘述傳遞給被呼叫的函數，以及由被呼叫的函數傳回給呼叫敘述。

10.2.1 傳遞結構成員

```
函數名稱(結構變數.結構成員);              //呼叫函數

資料型態 函數名稱(內建資料型態 參數)        //定義函數
{
    //函數本體
}
```

● **傳遞結構成員**給被呼叫函數時，在函數表頭的宣告接收一般的資料參數，呼叫函數時則傳遞與接收參數相同型態的結構變數成員。

下面函數表頭的三個參數型態都是 int，參數名稱則為 h、m、s。而呼叫時則是傳遞整數型態的結構成員如 breakfast.hour、breakfast.minute、breakfast.second，所以函數接收資料後參數 h=breakfast.hour、m= breakfast.minute、s= breakfast.second。

```
struct Time                            //宣告 Time 型態資料結構
{
    int hour;                          //Time 第 1 成員變數
    int minute;                        //Time 第 2 成員變數
    int second;                        //Time 第 3 成員變數
};

void printTime(int h, int m, int s)    //輸出時間函數
{
    cout << ( (h==0 || h==12) ? 12 : (h%12) ); //輸出小時數
    cout << ':' << ( (m < 10) ? "0" : "" ) << m; //輸出分鐘數
    cout << ':' << ( (s < 10) ? "0" : "" ) << s; //輸出秒鐘數
    cout << ( h < 12 ? " AM" : " PM") << endl;  //輸出 AM 或 PM
```

```
}

int main(int argc, char** argv)
{
    Time breakfast = {6, 30, 0};                    //定義並起始 breakfast
    printTime(breakfast.hour, breakfast.minute, breakfast.second);
    return 0;
}
```

程式 10-04：傳遞結構成員練習

```
1.    //檔案名稱：d:\C++10\C1004.cpp
2.    #include <iostream>
3.    using namespace std;
4.
5.    struct Time                                //宣告 Time 型態資料結構
6.    {
7.        int hour;                              //Time 第 1 成員變數
8.        int minute;                            //Time 第 2 成員變數
9.        int second;                            //Time 第 3 成員變數
10.   };
11.
12.   void printTime(int h, int m, int s);       //宣告函數原型
13.
14.   int main(int argc, char** argv)
15.   {
16.       Time breakfast = {6, 30, 0};           //定義並起始 breakfast
17.       Time lunch = {12, 0, 0};               //定義並起始 lunch 變數
18.       Time dinner = {18, 30, 0};             //定義並起始 dinner 變數
19.       Time supper = {22, 00, 0};             //定義並起始 supper 變數
20.
21.       //呼叫 print_time 函數並傳遞結構成員資料
22.       cout << "Breakfast: ";
23.       printTime(breakfast.hour, breakfast.minute, breakfast.second);
24.       cout << "Lunch    : ";
25.       printTime(lunch.hour, lunch.minute, lunch.second);
26.       cout << "Dinner   : ";
27.       printTime(dinner.hour, dinner.minute, dinner.second);
28.       cout << "Supper   : ";
29.       printTime(supper.hour, supper.minute, supper.second);
30.       return 0;
31.   }
32.
33.   void printTime(int h, int m, int s)                    //輸出時間函數
34.   {
35.       cout << ( (h==0 || h==12) ? 12 : (h%12) );    //輸出小時數
36.       cout << ':' << ( (m < 10) ? "0" : "" ) << m;  //輸出分鐘數
```

```
37.     cout << ':' << ( (s < 10) ? "0" : "" ) << s; //輸出秒鐘數
38.     cout << ( h < 12 ? " AM" : " PM") << endl;   //輸出 AM 或 PM
39.  }
```

>> 程式輸出

```
早餐時間：6:30:00 AM
午餐時間：12:00:00 PM
晚餐時間：6:30:00 PM
宵夜時間：10:00:00 PM
```

10.2.2 傳遞結構變數

函數名稱(結構變數);   //呼叫函數

資料型態 函數名稱(結構資料型態 參數)   //定義函數
{
    //函數本體
}

● **傳遞結構變數**是屬於傳值呼叫（call-by-value），與傳遞一般 C++ 內建資料型態一樣，實際傳遞的是變數內的資料。但傳遞結構變數時是將結構變數的所有成員資料整批傳給被呼叫函數。

下面函數表頭參數型態是 Time，參數名稱則為 t。t 表示被傳遞參數的值，因此 t.hour、t.minute、t.second 參數的各個成員資料。printTime(breakfast) 是呼叫 printTime 函數並傳遞結構變數 breakfast 給 printTime 函數，所以當 printTime 函數接收資料後 t.hour=6、t.minute=30、t.second=0。

```
struct Time                              //宣告 Time 型態資料結構
{
    int hour;                            //Time 第 1 成員變數
    int minute;                          //Time 第 2 成員變數
    int second;                          //Time 第 3 成員變數
};
```

```
void printTime( Time t )                        //輸出時間函數
{
    cout << t.hour << ":";                      //輸出參數的第1成員資料
    cout << t.minute << ":";                    //輸出參數的第2成員資料
    cout << t.second << endl;                   //輸出參數的第3成員資料
}

int main(int argc, char** argv)
{
    Time breakfast = {6, 30, 0};                //定義並起始 breakfast
    printTime(breakfast);                       //傳遞 breakfast 資料
    return 0;
}
```

```
函數名稱(結構變數);                              //呼叫函數


資料型態 函數名稱(結構資料型態 &參數)             //定義函數
{
    //函數本體

}
```

- 上面語法是屬於傳址呼叫（call-by-reference），也就是將結構變數的位址傳給函數，因此函數也相當於接收結構變數的整批資料。

- 當結構型態的資料非常龐大時，使用傳值呼叫將需要很多的記憶體，而且傳遞也很花時間，所以使用傳址呼叫比較經濟實惠。

下面函數表頭參數型態是 Time，參數名稱則為 &t。&t 代表被傳遞資料的位址，因此 printTime(breakfast) 敘述傳遞 breakfast 位址給 printTime 函數，而 printTime 函數接收 breakfast 位址後，可以使用 t.hour、t.minute、t.second 直接存取 breakfast 的資料。

```
struct Time                                     //宣告 Time 型態資料結構
{
    int hour;                                   //Time 第1成員變數
    int minute;                                 //Time 第2成員變數
    int second;                                 //Time 第3成員變數
```

```
};

void printTime( Time &t )                        //輸出時間函數
{
    cout << t.hour << ":";                       //輸出參數的第 1 成員資料
    cout << t.minute << ":";                     //輸出參數的第 2 成員資料
    cout << t.second << endl;                    //輸出參數的第 3 成員資料
}

int main(int argc, char** argv)
{
    Time breakfast = {6, 30, 0};                 //定義並起始 breakfast
    printTime(breakfast);                        //傳遞 breakfast 位址
    return 0;
}
```

函數名稱(結構變數);   //呼叫函數

資料型態 函數名稱(const 結構資料型態 &參數)   //定義函數
{
    //函數本體
}

- 上面語法是以常數型態接收變數位址（pass-by-constant reference），也就是將結構變數的位址傳給函數，但函數以常數型態接收位址內的資料。

- 雖然使用傳址呼叫比較經濟實惠，但它的缺點是在被呼叫的函數中可以更改原來的資料，若要防止函數更改原來的資料，則可將參數宣告為 const 型態。

下面函數表頭參數型態是 const Time，參數名稱則為 const &t，表示以常數型態接收接收變數位址內的資料，因此 printTime(breakfast) 敘述傳遞 breakfast 位址給 printTime 函數，而 printTime 函數接收 breakfast 位址後，只能使用 t.hour、t.minute、t.second 讀取 breakfast 的資料，而不能更改 t.hour、t.minute、t.second 內的資料。

```
struct Time                                    //宣告 Time 型態資料結構
{
    int hour;                                  //Time 第 1 成員變數
    int minute;                                //Time 第 2 成員變數
    int second;                                //Time 第 3 成員變數
};

void printTime( const Time &t )                //輸出時間函數
{
    cout << t.hour << ":";                     //輸出參數的第 1 成員資料
    cout << t.minute << ":";                   //輸出參數的第 2 成員資料
    cout << t.second << endl;                  //輸出參數的第 3 成員資料
}

int main(int argc, char** argv)
{
    Time breakfast = {6, 30, 0};               //定義並起始 breakfast
    printTime(breakfast);                      //傳遞 breakfast 位址
    return 0;
}
```

程式 10-05：傳遞整個結構練習

```
1.    //檔案名稱：d:\C++10\C1005.cpp
2.    #include <iostream>
3.    using namespace std;
4.
5.    struct Time                              //宣告 Time 型態資料結構
6.    {
7.        int hour;                            //Time 第 1 成員變數
8.        int minute;                          //Time 第 2 成員變數
9.        int second;                          //Time 第 3 成員變數
10.   };
11.
12.   void printTime( const Time & );          //宣告函數原型
13.
14.   int main(int argc, char** argv)
15.   {
16.       Time breakfast = {6, 30, 0};         //定義並起始 breakfast
17.       Time lunch = {12, 0, 0};             //定義並起始 lunch 變數
18.       Time dinner = {18, 30, 0};           //定義並起始 dinner 變數
19.       Time supper = {22, 00, 0};           //定義並起始 supper 變數
20.
21.       cout << "Breakfast: ";
22.       printTime(breakfast);                //傳遞 breakfast 位址
23.       cout << "Lunch    : ";
24.       printTime(lunch);                    //傳遞 lunch 變數位址
```

```
25.     cout << "Dinner   : ";
26.     printTime(dinner);                    //傳遞 dinner 變數位址
27.     cout << "Supper   : ";
28.     printTime(supper);                    //傳遞 supper 變數位址
29.     return 0;
30.   }
31.
32.   void printTime( const Time &t )          //輸出時間函數
33.   {
34.     cout << ( (t.hour==0 || t.hour==12) ? 12 : (t.hour%12) );
35.     cout << ':' << ( (t.minute < 10) ? "0" : "" ) << t.minute;
36.     cout << ':' << ( (t.second < 10) ? "0" : "" ) << t.second;
37.     cout << ( t.hour < 12 ? " AM" : " PM") << endl;
38.   }
```

▶▶ 程式輸出

```
早餐時間:6:30:00 AM
午餐時間:12:00:00 PM
晚餐時間:6:30:00 PM
宵夜時間:10:00:00 PM
```

10.2.3 傳回結構資料

結構名稱 函數名稱(參數列)   //定義函數
{
    結構名稱 結構變數;   //建立結構變數
    //函數本體
    return 結構變數;   //傳回結構資料
}

● **傳回結構資料**必須先在被呼叫的函數內建立一個結構變數,結束
函數之前使用 return 敘述傳回結構變數給呼叫敘述。

下面範例的 Time getTime(void) 函數的傳回資料型態是 Time 結構型
態,所以 getTime 函數內定義一個 Time 型態變數 t,然後讀取鍵盤輸入並
存入 t 的成員 t.hour、t.minute、與 t.second 中,最後以 return t 敘述將結構
變數 t 的資料傳回給呼叫敘述。所以 main 函數中的 breakfast=getTime() 敘
述將接收 getTime 函數傳回的結構資料並指定給結構變數 breakfast。

```
struct Time                          //宣告 Time 型態資料結構
{
    int hour;                        //Time 第 1 成員變數
    int minute;                      //Time 第 2 成員變數
    int second;                      //Time 第 3 成員變數
};

Time getTime(void)                   //輸入時間函數
{
    Time t;                          //建立 Time 型態變數 t
    cin >> t.hour;                   //輸入資料到 t.hour 成員
    cin >> t.minute;                 //輸入資料到 t.minute 成員
    cin >> t.second;                 //輸入資料到 t.second 成員
    return t;                        //傳回 Time 型態變數 t
}

void printTime( const Time &t )      //輸出時間函數
{
    cout << t.hour << ":";           //輸出參數的第 1 成員資料
    cout << t.minute << ":";         //輸出參數的第 2 成員資料
    cout << t.second << endl;        //輸出參數的第 3 成員資料
}

int main(int argc, char** argv)
{
    Time breakfast;                  //定義並起始 breakfast
    breakfast = getTime();           //breakfast=getTime 值
    printTime(breakfast);            //輸出 breakfast 資料
    return 0;
}
```

　　程式 10-06 的第 22 行 cin.ignore(); 敘述是忽略前面最後一個輸入的字元 '\n'，因為前次呼叫 getBook 函數時輸入的資料還留在輸入緩衝器中，若不使用 cin.ignore 函數則第二次呼叫 getBook 函數時，cin.getline 函數將誤認緩衝器中的最後一個 '\n' 字元為輸入資料。簡單的說，第二次呼叫 getBook 函數之前，如果省略 cin.ignore 則 getBook 函數的第一個 cin.getline 將無效，因此而無法輸入第二本書的書名。

程式 10-06：傳回結構資料練習

```
1.    //檔案名稱：d:\C++10\C1006.cpp
2.    #include <iostream>
3.    #include <iomanip>                      //插入設定格式標題檔
4.    using namespace std;
```

```
5.
6.    struct Booklist                        //宣告 Booklist 資料結構
7.    {
8.        char title[24];                     //Booklist 第 1 成員變數
9.        char auther[9];                     //Booklist 第 2 成員變數
10.       char number[11];                    //Booklist 第 3 成員變數
11.       float price;                        //Booklist 第 4 成員變數
12.   };
13.
14.   Booklist getBook(void);                 //宣告 getBook 函數原型
15.   void showBook(const Booklist &);        //宣告 showBook 函數原型
16.
17.   int main(int argc, char** argv)
18.   {
19.       Booklist CPP;                        //建立 Booklist 型態變數
20.       Booklist DL;                         //建立 Booklist 型態變數
21.
22.       CPP = getBook();                     //CPP=輸入結構型態資料
23.       cin.ignore();                        //忽略最後一個輸入字元
24.       DL = getBook();                      //CPP=輸入結構型態資料
25.
26.       cout << "書名\t\t\t 作者\t\t 書號\t\t 定價\n";
27.       showBook(CPP);
28.       showBook(DL);
29.       return 0;
30.   }
31.
32.   Booklist getBook(void)                   //輸入圖書資料函數
33.   {
34.       Booklist bl;                         //建立 Booklist 型態變數
35.
36.       cout << "請輸入書名:";
37.       cin.getline(bl.title, 24);           //輸入第 1 成員資料
38.       cout << "請輸入作者:";
39.       cin.getline(bl.auther, 8);           //輸入第 2 成員資料
40.       cout << "請輸入書號:";
41.       cin.getline(bl.number, 10);          //輸入第 3 成員資料
42.       cout << "請輸入定價:";
43.       cin >> bl.price;                     //輸入第 4 成員資料
44.       cout << endl;
45.       return bl;                           //傳回 Booklist 型態資料
46.   }
47.
48.   void showBook(const Booklist &b)         //輸出圖書資料函數
49.   {
50.       cout.precision(2);                   //設定數值的有效位數
51.       cout.setf(ios::fixed|ios::left);     //固定小數 2 位數,向左對齊
52.       cout << setw(24) << b.title;         //輸出 CPP 第 1 成員資料
```

```
53.        cout << setw(16) << b.auther;        //輸出 CPP 第 2 成員資料
54.        cout << setw(16) << b.number;        //輸出 CPP 第 3 成員資料
55.        cout << b.price << '\n';             //輸出 CPP 第 4 成員資料
56.   }
```

▶▶ 程式輸出：粗體字表示鍵盤輸入

請輸入書名：**C++全方位學習第三版** Enter
請輸入作者：**古頤榛** Enter
請輸入書號：**AEL014632** Enter
請輸入定價：**580** Enter

請輸入書名：**數位邏輯設計第三版** Enter
請輸入作者：**古頤榛** Enter
請輸入書號：**AEE037000** Enter
請輸入定價：**420** Enter

書名	作者	書號	定價
C++全方位學習第三版	古頤榛	AEL014632	580.00
數位邏輯設計第三版	古頤榛	AEE037000	420.00

10.3 結構與陣列

C++ 內建資料型態（build-in data type）如 int、float、bool、… 可以用來宣告陣列，方便以一個變數儲存多個資料。結構資料型態是使用者自定的資料型態，但它也可以用來宣告陣列，以一個結構變數儲存多個結構型態資料。

10.3.1 結構陣列

結構名稱 陣列名稱[陣列長度];

● 宣告結構型態的陣列與宣告一般資料型態的陣列一樣，只是資料型態改為使用者自定的結構資料型態。

先宣告自定型態的資料結構。下面是宣告 Booklist 型態資料結構，Booklist 型態資料包括 title、auther、number 字串與 price 數值等成員。

```
struct Booklist                          //宣告 Booklist 資料結構
{
   char title[25];                       //Booklist 第 1 成員變數
   char auther[9];                       //Booklist 第 2 成員變數
   char number[9];                       //Booklist 第 3 成員變數
   float price;                          //Booklist 第 4 成員變數
};
```

在 main 函數中宣告 Booklist 型態的陣列 book[3]，book 陣列含有三個元素，每個元素都包含 title、auther、number、price 等 4 個成員。

```
Booklist book[3];                        //建立 Booklist 型態陣列
```

配合迴圈輸入資料並存入各元素的成員中。如下面範例當 i=0 時將輸入資料分別存入 book 第 0 元素的 book[0].title、book[0].auther、book[0].number、book[0].price 等成員，當 i=1 時將輸入資料分別存入 book 第 1 元素的 book[1].title、book[1].auther、book[1].number、book[1].price 等成員，當 i=2 時將輸入資料分別存入 book 第 2 元素的 book[2].title、book[2].auther、book[2].number、book[2].price 等成員。

```
for(int i=0; i<3; i++)                   //輸入 Booklist 資料迴圈
{
   cin.getline(book[i].title, 24);       //輸入第 1 成員資料
   cin.getline(book[i].auther, 8);       //輸入第 2 成員資料
   cin.getline(book[i].number, 8);       //輸入第 3 成員資料
   cin >> book[i].price;                 //輸入第 4 成員資料
}
```

配合迴圈輸出各元素的成員資料。如下面範例當 j=0 將分別輸出 book 第 0 元素各成員 book[0].title、book[0].auther、book[0].number、book[0].price 的資料，當 j=1 則輸出第 1 元素各成員 book[1].title、book[1].auther、book[1].number、book[1].price 的資料，當 j=2 則輸出第 2 元素各成員 book[2].title、book[2].auther、book[2].number、book[2].price 的資料。

```
for(int j=0; j<3; j++)                   //輸出 Booklist 資料迴圈
{
   cout << setw(24) << book[j].title;    //輸出 b 第 1 成員資料
   cout << setw(8) << book[j].auther;    //輸出 b 第 2 成員資料
```

```
        cout << setw(8) << book[j].number;          //輸出 b 第 3 成員資料
        cout << book[j].price << '\n';              //輸出 b 第 4 成員資料
}
```

⬇ 程式 10-07：傳回結構資料練習

```
1.    //檔案名稱：d:\C++10\C1007.cpp
2.    #include <iostream>
3.    #include <iomanip>                             //插入設定格式標題檔
4.    using namespace std;
5.
6.    struct Booklist                                //宣告 Booklist 資料結構
7.    {
8.        char title[25];                            //Booklist 第 1 成員變數
9.        char auther[9];                            //Booklist 第 2 成員變數
10.       char number[11];                           //Booklist 第 3 成員變數
11.       float price;                               //Booklist 第 4 成員變數
12.   };
13.
14.   Booklist getBook(void);                        //宣告 getBook 函數原型
15.   void showBook(const Booklist []);              //宣告 showBook 函數原型
16.
17.   int main(int argc, char** argv)
18.   {
19.       Booklist book[2];                          //建立 Booklist 型態陣列
20.
21.       for(int i=0; i<2; i++)                     //輸入 Booklist 資料迴圈
22.       {
23.         book[i] = getBook();                     //book[i]=輸入結構資料
24.         cin.ignore();                            //忽略最後一個輸入字元
25.       }
26.
27.       cout << "書名\t\t\t 作者\t\t 書號\t\t 定價\n";
28.       showBook(book);                            //傳遞結構陣列給 showBook 函數
29.       return 0;
30.   }
31.
32.   Booklist getBook(void)                         //輸入圖書資料函數
33.   {
34.       Booklist bl;                               //建立 Booklist 型態變數
35.
36.       cout << "請輸入書名：";
37.       cin.getline(bl.title, 24);                 //輸入第 1 成員資料
38.       cout << "請輸入作者：";
39.       cin.getline(bl.auther, 8);                 //輸入第 2 成員資料
40.       cout << "請輸入書號：";
41.       cin.getline(bl.number, 10);                //輸入第 3 成員資料
```

```
42.     cout << "請輸入定價:";
43.     cin >> bl.price;                          //輸入第 4 成員資料
44.     cout << endl;
45.     return bl;                                //傳回 Booklist 型態資料
46. }
47.
48. void showBook(const Booklist b[])             //輸出圖書資料函數
49. {
50.     cout.precision(2);                        //設定數值的有效位數
51.     cout.setf(ios::fixed|ios::left);          //固定小數 2 位數,向左對齊
52.     for(int j=0; j<2; j++)                     //輸出圖書資料迴圈
53.     {
54.       cout << setw(24) << b[j].title;         //輸出 b 第 1 成員資料
55.       cout << setw(16) << b[j].auther;        //輸出 b 第 2 成員資料
56.       cout << setw(16) << b[j].number;        //輸出 b 第 3 成員資料
57.       cout << b[j].price << '\n';             //輸出 b 第 4 成員資料
58.     }
59. }
```

▶▶ 程式輸出：粗體字表示鍵盤輸入

請輸入書名:**C++全方位學習第三版** Enter
請輸入作者:**古頤榛** Enter
請輸入書號:**AEL014632** Enter
請輸入定價:**580** Enter

請輸入書名:**數位邏輯設計第三版** Enter
請輸入作者:**古頤榛** Enter
請輸入書號:**AEE037000** Enter
請輸入定價:**420** Enter

書名	作者	書號	定價
C++全方位學習第三版	古頤榛	AEL014632	580.00
數位邏輯設計第三版	古頤榛	AEE037000	420.00

10.3.2 巢狀結構

巢狀結構（nested structure）是在一個使用者自定的結構資料型態內，包含另一個結構型態的變數。

先宣告內層結構資料型態。下面是宣告 Date 型態資料結構，Date 型態資料包括 year、month、day 等數值成員。

```
struct Date                              //宣告 Date 型態資料結構
{
    int year;                            //Date 第 1 成員變數
    int month;                           //Date 第 2 成員變數
    int day;                             //Date 第 3 成員變數
};
```

再宣告外層結構資料型態。下面是宣告 Booklist 型態資料結構，Booklist 型態資料包括字元型態資料成員 title、auther、number、float 型態資料成員 price、與 Date 結構型態成員 pubDate。

```
struct Booklist                          //宣告 Booklist 資料結構
{
    char title[25];                      //Booklist 第 1 成員變數
    char auther[9];                      //Booklist 第 2 成員變數
    char number[9];                      //Booklist 第 3 成員變數
    float price;                         //Booklist 第 4 成員變數
    Date pubDate;                        //Booklist 第 5 成員變數
};
```

在 main 函數中宣告 Booklist 型態的變數 book，所以 book 包含 title、auther、number、price 與 pubDate 等 5 個成員。而 pubDate 成員又包含 3 個次成員 pubDate.year、pubDate.month、與 pubDate.day。

```
Booklist book;                           //建立 Booklist 型態陣列
```

使用 book.title、book.auther、book.number、book.price 等成員名稱，可以存取 book 前 4 個成員的資料。但 book 的第 5 個成員 pubDate 又分成 pubDate.year、pubDate.month、pubDate.day 等 3 個次成員，所以必須使用 book.pubDate.year、book.pubDate.month、book.pubDate.day 等成員名稱來存取這些次成員。下面範例式輸入資料到 pubDate 的 3 個次成員中，與輸出這 3 個次成員資料的敘述。

```
//輸入資料到 pubDate 的 3 個次成員中
cin >> book.pubDate.year                 //book 第 5, pubDate 第 1
    >> book.pubDate.month                //book 第 5, pubDate 第 2
    >> book.pubDate.day;                 //book 第 5, pubDate 第 3
//輸出 pubDate 的 3 個次成員資料
cout << book.pubDate.month << '-'        //book 第 5, pubDate 第 1
```

```
        << book.pubDate.day << '-'          //book 第 5, pubDate 第 2
        << book.pubDate.year << '\n';       //book 第 5, pubDate 第 3
```

程式 **10-08**：傳回結構資料練習

```
1.   //檔案名稱：d:\C++10\C1008.cpp
2.   #include <iostream>
3.   #include <iomanip>                      //插入設定格式標題檔
4.   using namespace std;
5.
6.   struct Date                             //宣告 Date 型態資料結構
7.   {
8.      int year;                            //Date 第 1 成員變數
9.      int month;                           //Date 第 2 成員變數
10.     int day;                             //Date 第 3 成員變數
11.  };
12.
13.  struct Booklist                         //宣告 Booklist 資料結構
14.  {
15.     char title[25];                      //Booklist 第 1 成員變數
16.     char auther[9];                      //Booklist 第 2 成員變數
17.     char number[11];                     //Booklist 第 3 成員變數
18.     float price;                         //Booklist 第 4 成員變數
19.     Date pubDate;                        //Booklist 第 5 成員變數
20.  };
21.
22.  Booklist getBook(void);                 //宣告 getBook 函數原型
23.  void showBook(const Booklist []);       //宣告 showBook 函數原型
24.
25.  int main(int argc, char** argv)
26.  {
27.     Booklist book[2];                    //建立 Booklist 型態陣列
28.
29.     for(int i=0; i<2; i++)               //輸入 Booklist 型態資料迴圈
30.     {
31.        book[i] = getBook();              //book[i]=輸入結構資料
32.        cin.ignore();                     //忽略最後一個輸入字元
33.     }
34.
35.     cout << "書名\t\t\t 作者\t 書號\t  定價\t 初版日期\n";
36.     showBook(book);                      //傳結構陣列給 showBook
37.     return 0;
38.  }
39.
40.  Booklist getBook(void)                  //輸入圖書資料函數
41.  {
42.     Booklist bl;                         //建立 Booklist 型態變數
```

```
43.
44.    cout << "請輸入書名:";
45.    cin.getline(bl.title, 24);            //輸入第 1 成員資料
46.    cout << "請輸入作者:";
47.    cin.getline(bl.auther, 8);            //輸入第 2 成員資料
48.    cout << "請輸入書號:";
49.    cin.getline(bl.number, 10);           //輸入第 3 成員資料
50.    cout << "請輸入定價:";
51.    cin >> bl.price;                      //輸入第 4 成員資料
52.    cout << "初版日期 (年 月 日):";
53.    cin >> bl.pubDate.year >> bl.pubDate.month >> bl.pubDate.day;
54.                                          //輸入第 5 成員資料
55.    cout << endl;
56.    return bl;                            //傳回 Booklist 型態資料
57. }
58.
59. void showBook(const Booklist b[])       //輸出圖書資料函數
60. {
61.    cout.precision(2);                    //設定數值的有效位數
62.    cout.setf(ios::fixed|ios::left);      //固定小數 2 位數,向左對齊
63.    for(int j=0; j<2; j++)                //輸出圖書資料迴圈
64.    {
65.        cout << setw(24) << b[j].title; //輸出 b 第 1 成員資料
66.        cout << setw(8) << b[j].auther; //輸出 b 第 2 成員資料
67.        cout << setw(12) << b[j].number;//輸出 b 第 3 成員資料
68.        cout << b[j].price << '\t';      //輸出 b 第 4 成員資料
69.        cout << b[j].pubDate.month << '-'
70.             << b[j].pubDate.day << '-'
71.             << b[j].pubDate.year << '\n'; //輸出 b 第 5 成員資料
72.    }
73. }
```

▶▶ 程式輸出:粗體字表示鍵盤輸入

請輸入書名:**C++全方位學習第三版** Enter
請輸入作者:**古頤榛** Enter
請輸入書號:**AEL014632** Enter
請輸入定價:**580** Enter
初版日期 (年 月 日):**2018 06 20** Enter

請輸入書名:**數位邏輯設計第三版** Enter
請輸入作者:**古頤榛** Enter
請輸入書號:**AEE037000** Enter
請輸入定價:**420** Enter
初版日期 (年 月 日):**2017 06 21** Enter

書名	作者	書號	定價	初版日期
C++全方位學習第三版	古頤榛	AEL014632	580.00	6-20-2018
數位邏輯設計第三版	古頤榛	AEE037000	420.00	6-21-2017

10.4 結構與指標

　　雖然宣告結構型態指標與宣告 C++ 內建資料型態（build-in data type）如 int、float、bool、… 一樣，但存取結構型態指標位址的資料與存取原始型態指標位址的資料卻有很大的不同，本節將介紹如何宣告結構型態的指標與存取指標位址的資料。

10.4.1 結構資料指標

 結構名稱　*結構指標;

● 宣告結構型態的指標與宣告一般資料型態的指標一樣，只是資料型態改為使用者自定的結構資料型態。

● 因為點號（.）的執行順序高於星號（*），所以使用指標間接存取結構成員，除了使用點號（.）與星號（*）之外，還必須使用小括號。

　　先宣告使用者型態的資料結構。下面是宣告 Date 型態資料結構，Date 型態資料包括 month、day 等數值成員。

```
struct Date                    //宣告 Date 型態資料結構
{
    int month;                 //Date 第 1 成員變數
    int day;                   //Date 第 2 成員變數
};
```

　　在 main 函數中宣告 Date 型態的變數 newyear，再宣告 pnewyear 指標，且 pnewyear 指標指向 newyear。

```
Date newyear;                  //定義並起始 newyear
Date *pnewyear = &newyear;     //宣告並起始 pnewyear 指標
```

下面存取 month 與 day 成員的指標用法錯誤，因為點號（.）的執行順序高於星號（*），所以 *pnewyear.month = *(pnewyear.month)，這是取得 pnewyear.month 的指標，可是 pnewyear.month 並未宣告為指標，所以產生錯誤，其餘錯誤的原因都一樣。

```
*pnewyear.month = 1;                    //錯誤
*pnewyear.day = 1;                      //錯誤
cout << *pnewyear.month << " 月 ";      //錯誤
cout << *pnewyear.day << " 日";         //錯誤
```

正確的方法如下，利用小括號內優先處理 (*pnewyear).month，pnewyear 先指向指標位址再取得 month 成員資料，存取其餘成員的方法也一樣。

```
(*pnewyear).month = 1;                  //newyear.month = 1
(*pnewyear).day = 1;                    //newyear.day = 1
cout << (*pnewyear).month << " 月 ";    //輸出 newyear.month
cout << (*pnewyear).day << " 日";       //輸出 newyear.day
```

10.4.2 指標運算符號 ->

結構指標->成員變數

- 因為使用間接運算符號存取指標成員資料容易造成混淆，所以 C++ 提供另一種結構指標運算符號（->）。

- **指標運算符號（structure pointer operator）**將先指向 -> 符號左邊的結構變數指標位址，再存取 -> 符號右邊成員變數的資料。

使用指標運算符號(->)改寫 10.4.1 節存取指標成員資料的範例如下。

```
pnewyear->month = 1;                    //newyear.month = 1
pnewyear->day = 1;                      //newyear.day = 1
cout << pnewyear->month << " 月 ";      //輸出 newyear.month
cout << pnewyear->day << " 日";         //輸出 newyear.day
```

10.4.3 間接運算符號 *

> *(結構變數.指標成員) //存取結構的指標成員
> (*結構指標).變數成員 //存取結構指標的成員

- **間接運算符號（indirect operator）**用來存取結構的指標成員的資料或存取結構指標的變數成員的資料。

- **(*結構指標).變數成員**先指向句點（.）左邊的結構變數指標位址，再存取句點（.）右邊的變數成員的資料，如 10.4.1 節的範例。

- ***(結構變數.指標成員)**則指向結構變數的指標成員。指標運算符號 -> 的左邊必須是結構指標而不是指標成員，所以它不能用來指向結構的指標成員。

若結構型態的宣告中包含指標成員，如下面範例的 *month、*day 等指標成員，則必須使用間接運算符號存取這些指標成員。

```
struct Date                    //宣告 Date 型態資料結構
{
    int *month;                //Date 第 1 成員變數
    int *day;                  //Date 第 2 成員變數
};
```

在 main 函數中宣告 Date 型態的變數 newyear，再宣告 pnewyear 指標，且 pnewyear 指標指向 newyear。

```
Date newyear;                  //定義並起始 newyear
Date *pnewyear = &newyear;     //宣告並起始 pnewyear 指標
```

使用指標 pnewyear 存取 newyear 成員 *month 的方法為 *pnewyear->month，而存取 newyear 成員 *day 的方法為 *pnewyear->day。

```
*pnewyear->month = 1;          //*(newyear.month) = 1
*pnewyear->day = 1;            //*(newyear.day) = 1
cout << *pnewyear->month << " 月 ";   //輸出*(newyear.month)

cout << *pnewyear->day << " 日";      //輸出*(newyear.day)
```

前節介紹過 *pnewyear.month=*(pnewyear.month) 可以取得 month 指標位址的資料。因此若使用變數 newyear 存取 newyear 成員 *month 的方法為 *pnewyear.month，而存取 newyear 成員 *day 的方法為 *pnewyear.day。

```
*newyear.month = 1;                    //*(newyear.month) = 1
*newyear.day = 1;                      //*(newyear.day) = 1
cout << *newyear.month << " 月 ";       //輸出*(newyear.month)
cout << *newyear.day << " 日";          //輸出*(newyear.day)
```

程式 10-09：傳回結構資料練習

```
1.   //檔案名稱:d:\C++10\C1009.cpp
2.   #include <iostream>
3.   #include <iomanip>                 //插入格式標題檔
4.   using namespace std;
5.
6.
7.   struct Date                        //宣告 Date 型態資料結構
8.   {
9.      int month;                      //Date 第 1 成員變數
10.     int day;                        //Date 第 2 成員變數
11.  };
12.
13.  void printDate( Date * );          //宣告日期函數原型
14.
15.  int main(int argc, char** argv)
16.  {
17.     Date newyear = {1, 1};          //定義並起始 newyear
18.     Date women = {3, 8};            //定義並起始 women
19.     Date children = {4, 4};         //定義並起始 children
20.     Date national = {10, 10};       //定義並起始 national
21.     Date christmas = {12, 25};      //定義並起始 christmas
22.
23.     cout << "元　旦:";
24.     printDate(&newyear);            //傳遞 newyear 變數位址
25.     cout << "婦女節:";
26.     printDate(&women);              //傳遞 women 變數位址
27.     cout << "兒童節:";
28.     printDate(&children);           //傳遞 children 變數位址
29.     cout << "國慶日:";
30.     printDate(&national);           //傳遞 national 變數位址
31.     cout << "聖誕節:";
32.     printDate(&christmas);          //傳遞 christmas 位址
33.     return 0;
```

```
34.    }
35.
36.    void printDate( Date *d )                    //輸出日期函數
37.    {
38.        cout << setw(2) << d->month << " 月 ";   //輸出 d 的第 1 個成員
39.        cout << setw(2) << d->day << " 日";      //輸出 d 的第 2 個成員
40.        cout << endl;
41.    }
```

▶▶ 程式輸出

元　旦：1 月　1 日
婦女節：　3 月　8 日
兒童節：　4 月　4 日
國慶日：10 月 10 日
聖誕節：12 月 25 日

⬇ **程式 10-10**：傳回結構資料練習

```
1.    //檔案名稱：d:\C++10\C1010.cpp
2.    #include <iostream>
3.    #include <iomanip>                        //插入設定格式標題檔
4.    using namespace std;
5.
6.    struct Booklist                           //宣告 Booklist 資料結構
7.    {
8.        char title[25];                       //Booklist 第 1 成員變數
9.        char auther[9];                       //Booklist 第 2 成員變數
10.       char number[11];                      //Booklist 第 3 成員變數
11.       float price;                          //Booklist 第 4 成員變數
12.   };
13.
14.   void getBook(Booklist *);                 //宣告 getBook 函數原型
15.   void showBook(const Booklist []);         //宣告 showBook 函數原型
16.
17.   int main(int argc, char** argv)
18.   {
19.       Booklist book[2];                     //建立 Booklist 型態陣列
20.
21.       for(int i=0; i<2; i++)                //輸入 Booklist 資料迴圈
22.       {
23.           getBook(&book[i]);                //book[i]=輸入結構資料
24.           cin.ignore();                     //忽略最後一個輸入字元
25.       }
26.
26.   cout << "書名\t\t\t 作者\t\t 書號\t\t 定價\n";
```

```
28.      showBook(book);                          //傳遞結構陣列
29.      return 0;
30.  }
31.
32.  void getBook(Booklist *bl)                    //輸入圖書資料函數
33.  {
34.      cout << "請輸入書名:";
35.      cin.getline(bl->title, 24);               //輸入第 1 成員資料
36.      cout << "請輸入作者:";
37.      cin.getline(bl->auther, 8);               //輸入第 2 成員資料
38.      cout << "請輸入書號:";
39.      cin.getline(bl->number, 10);              //輸入第 3 成員資料
40.      cout << "請輸入定價:";
41.      cin >> bl->price;                         //輸入第 4 成員資料
42.      cout << endl;
43.  }
44.
45.  void showBook(const Booklist b[])             //輸出圖書資料函數
46.  {
47.      cout.precision(2);                        //設定數值的有效位數
48.      cout.setf(ios::fixed|ios::left);          //固定小數 2 位數,向左對齊
49.      for(int j=0; j<2; j++)                    //輸出圖書資料迴圈
50.      {
51.          cout << setw(24) << b[j].title;       //輸出 b 第 1 成員資料
52.          cout << setw(16) << b[j].auther;      //輸出 b 第 2 成員資料
53.          cout << setw(16) << b[j].number;      //輸出 b 第 3 成員資料
54.          cout << b[j].price << '\n';           //輸出 b 第 4 成員資料
55.      }
56.  }
```

▶▶ 程式輸出

請輸入書名：**C++全方位學習第三版** `Enter`
請輸入作者：**古頤榛** `Enter`
請輸入書號：**AEL014632** `Enter`
請輸入定價：**580** `Enter`

請輸入書名：**數位邏輯設計第三版** `Enter`
請輸入作者：**古頤榛** `Enter`
請輸入書號：**AEE037000** `Enter`
請輸入定價：**420** `Enter`

書名	作者	書號	定價
C++全方位學習第三版	古頤榛	AEL014632	580.00
數位邏輯設計第三版	古頤榛	AEE037000	420.00

10.5 習題

選擇題

1. _____是宣告結構的關鍵字。

   a) struc   b) struct   c) structure   d) 以上皆是

2. _____是存取結構變數成員的運算符號。

   a) .   b) *   c) &   d) ->

3. _____是結構指標運算符號。

   a) .   b) *   c) &   d) ->

4. 若宣告結構資料型態如下,則宣告結構變數 stu 的敘述是_____。

```
struct Student
{
    int id;
    char name[20];
};
```

   a) Struct stu;   b) Student stu;

   c) Student Struct stu;   d) Struct Student stu;

5. 接上題,指定數值資料 101 給變數 stu 第一個成員 id 的敘述是_____。

   a) strcpy(stu.id, 101);   b) stu(id, 101);

   c) id = 101;   d) stu.id = 101;

6. 接上題,指定字串資料 "Carol" 給變數 stu 第二個成員 name 的敘述是_____。

   a) strcpy(stu.name, "Carol");   b) stu(name, "Carol");

   c) name = "Carol"   d) stu.name = "Carol"

7. 若宣告結構資料型態如下，則宣告結構變數 stu，並起使資料 id=101，name="Carol" 的敘述是_____。

a) Struct stu = {101, "Carol"};

b) Student stu = {101, "Carol"};

c) Student Struct stu = {101, "Carol"};

d) Struct Student stu = {101, "Carol"};

8. 假設有一個 showStudent 函數如下，則呼叫並傳遞結構參數的敘述是_____。

```
void showStudent(Student s)
{
    cout << s.id << " " << s.name << endl;
};
```

a) showStudent(stu);   b) showStudent(stu.id);

c) showStudent(stu.name);   d) showStudent(stu.id, stu.name);

實作題

1. 建立一個長方形（Rectangle）資料結構，其資料成員與存取函數如下：

a) 定義 Rectangle 結構資料成員 length 與 width，分別存放長方形的長和寬。

b) 定義 perimeter 與 area 函數，分別計算長方形的周長與面積。

c) 在 main 函數，建立 Rectangle 變數 rect 並設定 length 與 width 的初值為 1，由鍵盤輸入資料並呼叫 setRect 將資料存入 rect 變數中，然後呼叫 perimeter 與 area 函數計算並顯示長方形周長與面積。

2. 建立一個時間（Time）資料結構，其資料成員與存取函數如下：

a) 定義 Time 結構資料成員 hour、minute、second，分別存放時、分、秒。

b) 在 main 函數，建立 Time 變數 tm 並起使所有資料成員的初值為 0，撰寫一個顯示時間迴圈，每隔 1 秒則 second 加 1，每隔 60 秒則 minute 加 1，每隔 60 分則 hour 加 1。

類別化物件

11

CHAPTER

11.1 結構與類別

　　C 語言程式設計是以函數（function）為單元的結構化程式設計，C++ 語言程式設計則是以類別（class）為單元的物件導向程式設計。前一章討論的結構只能包含資料成員，而類別從結構觀念衍生而可以包含資料成員與成員函數，類別的資料變數稱為**資料成員（data member）**，處理資料的函數稱為**成員函數（member function）**。

11.1.1 結構化程式設計

　　結構化程式設計（structure programming）或程序式程式設計（procedural program）是以程序（或稱函數）為主的程式。結構化程式的資料變數與存取資料的函數是獨立的，通常函數提供處理資料變數的運算。如下面程式中的 area 與 volumn 函數是取得 Cuboid 型態變數的資料，計算並傳回長方體的表面積與體積給呼叫敘述。

📥 **程式 11-01**：計算長方體表面積與體積

```
1.   //檔案名稱：d:\C++11\C1101.cpp
2.   #include <iostream>
3.   #include <cmath>
4.   using namespace std;
5.
6.   #define PI 3.141593
7.
```

```
8.   struct Cuboid                                //宣告 Cuboid 結構
9.   {
10.    int length;                                //Cuboid 的資料成員 1
11.    int width;                                 //Cuboid 的資料成員 2
12.    int height;                                //Cuboid 的資料成員 3
13.  };
14.
15.  int area(Cuboid r)                           //計算長方體表面積函數
16.  {
17.    return 2 * (r.length * r.width
18.       + r.width * r.height
19.       + r.height * r.length);
20.  }
21.
22.  int volumn(Cuboid r)                         //計算長方體體積函數
23.  {
24.    return r.length * r.width * r.height;
25.  }
26.
27.  int main(int argc, char** argv)
28.  {
29.    Cuboid rt = {6, 8, 10};                     //建立 Cuboid 結構變數
30.    cout << "長方體:\n";
31.    cout << "長 = " << rt.length << endl;    //輸出長方體的長
32.    cout << "寬 = " << rt.width << endl;     //輸出長方體的寬
33.    cout << "高 = " << rt.height << endl;    //輸出長方體的高
34.    cout << "表面積 = " << area(rt) << "平方公分\n";   //輸出長方體表面積
35.    cout << "體積 = " << volumn(rt) << "立方公分\n";   //輸出長方體體積
36.    return 0;
37.  }
```

▶▶ 程式輸出

```
長方體:
長 = 6
寬 = 8
高 = 10
表面積 = 376 平方公分
體積 = 480 立方公分
```

　　程式 11-01 只是簡單的計算長方體的表面積與體積,使用結構化程式設計已足夠應付。但是當程式要計算多種幾何圖形的表面積與體積時,則程式必須提供更多的計算表面積(area)與體積(volumn)的函數。因此當程式提供的函數越多、函數的功能越相似,將來在程式的維護上也越困難。

如下面程式中的 int area() 與 int volumn() 函數可取得 Cuboid 型態變數的資料，計算並傳回長方體的表面積與體積給呼叫的敘述。而 float area() 與 float volumn() 則取得 Cylinder 型態變數的資料，計算並傳回圓柱體的表面積與體積給呼叫的敘述。雖然 C++ 程式允許函數多載（overload），但如果再增加其他幾何圖形的 area 與 volumn 函數，則不僅將來維護困難，而且也造成其他程式設計師閱讀程式的難度。

程式 11-02：計算長方體與圓柱體的表面積與體積

```
1.    //檔案名稱：d:\C++11\C1102.cpp
2.    #include <iostream>
3.    #include <cmath>
4.    using namespace std;
5.
6.    #define PI 3.141593f
7.
8.    struct Cuboid                          //宣告 Cuboid 資料結構
9.    {
10.       int length;                        //Cuboid 的資料成員 1
11.       int width;                         //Cuboid 的資料成員 2
12.       int height;                        //Cuboid 的資料成員 3
13.    };
14.
15.   struct Cylinder                        //宣告 Cylinder 資料結構
16.   {
17.       float radius;                      //Cylinder 的資料成員 1
18.       float height;                      //Cylinder 的資料成員 2
19.   };
20.
21.   int area(Cuboid r)                     //計算長方體表面積函數
22.   {
23.       return 2 * (r.length * r.width
24.               + r.width * r.height
25.               + r.height * r.length);
26.   }
27.
28.   int volumn(Cuboid r)                   //計算長方體體積函數
29.   {
30.       return r.length * r.width * r.height;
31.   }
32.
33.   float area(Cylinder c)                 //計算圓柱體表面積函數
34.   {
35.       return 2 * PI * c.radius * c.height;
36.   }
37.
```

```
38.  float volumn(Cylinder c)                      //計算圓柱體體積函數
39.  {
40.      return PI * float(pow(c.radius, 2)) * c.height;
41.  }
42.
43.  int main(int argc, char** argv)
44.  {
45.      Cuboid rt = {6, 8, 10};                    //建立 Cuboid 結構資料
46.      cout << "長方體:\n";
47.      cout << "長 = " << rt.length << endl;      //輸出長方體的長
48.      cout << "寬 = " << rt.width << endl;       //輸出長方體的寬
49.      cout << "高 = " << rt.height << endl;      //輸出長方體的高
50.      cout << "表面積 = " << area(rt) << "平方公分\n"; //輸出長方體表面積
51.      cout << "體積 = " << volumn(rt) << "立方公分\n\n"; //輸出長方體體積
52.
53.      Cylinder cl = {5.0, 10.0};                 //建立 Cylinder 結構資料
54.      cout << "圓柱體:\n";
55.      cout << "半徑 = " << cl.radius << endl; //輸出圓柱體半徑
56.      cout << "高 = " << cl.height << endl;   //輸出長方體的高
57.      cout << "表面積 = " << area(cl) << "平方公分\n"; //輸出圓柱體表面積
58.      cout << "體積 = " << volumn(cl) << "立方公分\n"; //輸出圓柱體體積
59.      return 0;
60.  }
```

》 程式輸出

```
長方體:
長 = 6
寬 = 8
高 = 10
表面積 = 376 平方公分
體積 = 480 立方公分

圓柱體:
半徑 = 5
高 = 10
表面積 = 314.159 平方公分
體積 = 785.398 立方公分
```

11.1.2 物件導向程式設計

結構化程式是由許多函數組成,而函數與函數之間隱含許多不容易看見的連結,而且每一個函數都可以存取程式中任何資料。所以當程式發展到很大時,不僅造成開發程式困難,也造成將來維護程式更困難。

　　為了解決大程式的函數與函數間隱含的連結，與防止函數不小心存取不相關的變數資料，則將函數與相關的資料結合在一起，形成獨立的模組，這種獨立的模組稱為**類別（class）**。

　　物件導向程式設計（Object-Oriented Programming）是以類別物件為主的程式設計。類別的觀念是由結構衍生而來，結構只能包含資料變數，而類別則可以包含資料變數與處理資料的函數。類別中的資料變數稱為**資料成員（data member）**，處理資料的函數稱為**成員函數（member function）**。

　　由下圖的左半部可看出結構型態的資料 Cuboid 與 area、volumn 函數是分開的，所以呼叫 area 或 volumn 時必須傳遞結構變數給 area 或 volumn 函數。而 area 與 volumn 函數則以參數 r 的成員資料來執行運算。

　　由下圖的右半部的 Cuboid 類別則是將資料 length、width、height 與 area、volumn 函數是結合在一起，呼叫敘述是以 Cuboid 變數（物件）的成員來呼叫 area 或 volumn 函數，而 area 與 volumn 函數則以使用區域變數的方式來存取同一類別的資料成員。

```
struct Cuboid
{
    int length;
    int width;
    int height;
};

int area(Cuboid r)
{
    return 2 * (r.length * r.width
        + r.width * r.height
        + r.height * r.length);
}

int volumn(Cuboid r)
{
    return r.length * r.width * r.height;
}
```
結構與函數

```
class Cuboid
{
public:
    int length;
    int width;
    int height;

    int area()
    {
        return 2 * (length * width
            + width * height
            + height * length);
    }
    int volumn()
    {
        return length * width * height;
    }
};
```
類別與函數

圖 11.1 結構與類別

　　程式 11-03 是以物件導向程式設計的方式改寫程式 11-02，程式中 int area() 與 int volumn() 屬於 Cuboid 類別，它們只能存取 Cuboid 類別的變數資料 length、width、height。而程式中 float area() 與 float volumn() 屬於 Cylinder 類別，而這二個函數也只能存取 Cylinder 類別的變數資料 radius 與 height。

　　因此 main 函數中的 rt 物件只能呼叫 Cuboid 類別的 area() 與 volumn() 函數，rt.area() 與 rt.volumn() 函數所存取的也只是 Cuboid 類別的變數 length、width、height。而 cl 物件則只能呼叫 Cylinder 類別的 area() 與 volumn() 函數，cl.area() 與 cl.volumn() 函數所存取的也只是 Cylinder 類別的變數 radius 與 height。

程式 11-03：計算長方體與圓柱體的表面積與體積

```
1.    //檔案名稱:d:\C++11\C1103.cpp
2.    #include <iostream>
3.    #include <cmath>
4.    using namespace std;
5.
6.    #define PI 3.141593f
7.
8.    class Cuboid                          //宣告長方體類別
9.    {
10.   public:
11.       int length;                       //Cuboid 的資料成員 1
12.       int width;                        //Cuboid 的資料成員 2
13.       int height;                       //Cuboid 的資料成員 3
14.       int area()                        //計算長方體表面積函數
15.       {
16.           return 2 * (length * width
17.                     + width * height
18.                     + height * length);
19.       }
20.       int volumn()                      //計算長方體體積函數
21.       {
22.           return length * width * height;
23.       }
24.   };
25.
26.   class Cylinder                        //宣告圓柱體類別
27.   {
28.   public:
29.       float radius;                     //Cylinder 的資料成員 1
30.       float height;                     //Cylinder 的資料成員 2
```

```
31.    float area()                              //計算圓柱體表面積函數
32.    {
33.        return 2 * PI * radius * height;
34.    }
35.    float volumn()                            //計算圓柱體體積函數
36.    {
37.        return PI * float(pow(radius, 2)) * height;
38.    }
39. };
40.
41. int main(int argc, char** argv)
42. {
43.    Cuboid rt = {6, 8, 10};                   //建立 Cuboid 結構資料
44.    cout << "長方體:\n";
45.    cout << "長 = " << rt.length << endl;     //輸出長方體的長
46.    cout << "寬 = " << rt.width << endl;      //輸出長方體的寬
47.    cout << "高 = " << rt.height << endl;     //輸出長方體的高
48.    cout << "表面積 = " << rt.area() << "平方公分\n"; //輸出長方體表面積
49.    cout << "體積 = " << rt.volumn() << "立方公分\n\n"; //輸出長方體體積
50.
51.    Cylinder cl = {5.0, 10.0};                //建立 Cylinder 結構資料
52.    cout << "圓柱體:\n";
53.    cout << "半徑 = " << cl.radius << endl;   //輸出圓柱體半徑
54.    cout << "高 = " << cl.height << endl;     //輸出長方體的高
55.    cout << "表面積 = " << cl.area() << "平方公分\n"; //輸出圓柱體表面積
56.    cout << "體積 = " << cl.volumn() << "立方公分\n"; //輸出圓柱體體積
57.    return 0;
58. }
```

▶▶ 程式輸出

長方體:
長 = 6
寬 = 8
高 = 10
表面積 = 376 平方公分
體積 = 480 立方公分

圓柱體:
半徑 = 5
高 = 10
表面積 = 314.159 平方公分
體積 = 785.398 立方公分

程式 11-03 只是以物件導向程式設計的方式改寫程式 11-02，Cuboid
與 Cylinder 類別的資料變數仍然屬於公用的，所以其他的函數仍可能不小
心更改資料成員的值。一般而言，定義類別時習慣將資料變數定義於私用
（private）區，如此一來即可防止其他類別的函數不小心更改 private 區內
資料成員的值。

如程式 11-04 將程式 11-03 的資料變數改為 private，以防止其他類別
函數誤用。但宣告資料變數為 private 後，Cuboid 與 Cylinder 類別必須另
外提供公用的 set 與 get 函數，給其他類別函數使用，例如 setCuboid、
setCylinder、getLength、getRadius 等等，則 main 函數的敘述可以直接設
定與取得 Cuboid 與 Cylinder 物件的資料成員。

程式 11-04：計算長方體與圓柱體的表面積與體積

```
1.    //檔案名稱：d:\C++11\C1104.cpp
2.    #include <iostream>
3.    #include <cmath>
4.    using namespace std;
5.
6.    #define PI 3.141593f
7.
8.    class Cuboid                            //宣告長方體類別
9.    {
10.   private:
11.       int length;                         //Cuboid 的資料成員 1
12.       int width;                          //Cuboid 的資料成員 2
13.       int height;                         //Cuboid 的資料成員 3
14.   public:
15.       void setCuboid(int l, int w, int h) //設定 Cuboid 資料成員
16.       {
17.           length = l;
18.           width = w;
19.           height = h;
20.       }
21.       int getLength()                     //取得 length 資料函數
22.       {
23.           return length;
24.       }
25.       int getWidth()                      //取得 width 資料函數
26.       {
27.           return width;
28.       }
29.       int getHeight()                     //取得 height 資料函數
30.       {
31.           return height;
```

```
32.        }
33.        int area()                              //計算長方體表面積函數
34.        {
35.            return 2 * (length * width
36.                        + width * height
37.                        + height * length);
38.        }
39.        int volumn()                            //計算長方體體積函數
40.        {
41.            return length * width * height;
42.        }
43.    };
44.
45.    class Cylinder                              //宣告圓柱體類別
46.    {
47.        float radius;                           //Cylinder 的資料成員1
48.        float height;                           //Cylinder 的資料成員2
49.    public:
50.
51.        void setCylinder(float r, float h)      //設定 Cylinder 資料成員
52.        {
53.            radius = r;
54.            height = h;
55.        }
56.        float getRadius()                       //取得 radius 資料函數
57.        {
58.            return radius;
59.        }
60.        float getHeight()                       //取得 height 資料函數
61.        {
62.            return height;
63.        }
64.        float area()                            //計算圓柱體表面積函數
65.        {
66.            return 2 * PI * radius * height;
67.        }
68.        float volumn()                          //計算圓柱體體積函數
69.        {
70.            return PI * float(pow(radius, 2)) * height;
71.        }
72.    };
73.
74.    int main(int argc, char** argv)
75.    {
76.        Cuboid rt;                              //建立 Cuboid 物件
77.        rt.setCuboid(6, 8, 10);                 //起始 rt 物件資料
78.        cout << "長方體：\n";
79.        cout << "長 = " << rt.getLength() << endl; //輸出長方體的長
80.        cout << "寬 = " << rt.getWidth() << endl;  //輸出長方體的寬
81.        cout << "高 = " << rt.getHeight() << endl; //輸出長方體的高
```

```
82.     cout << "表面積 = " << rt.area() << "平方公分\n"; //輸出長方體表面積
83.     cout << "體積 = " << rt.volumn() << "立方公分\n\n"; //輸出長方體體積
84.
85.     Cylinder cl;                          //建立 Cylinder 物件
86.     cl.setCylinder(5.0, 10.0);            //起始 cl 物件資料
87.     cout << "圓柱體:\n";
88.     cout << "半徑 = " << cl.getRadius() << endl;  //輸出圓柱體半徑
89.     cout << "高 = " << cl.getHeight() << endl;  //輸出長方體的高
90.     cout << "表面積 = " << cl.area() << "平方公分\n"; //輸出圓柱體表面積
91.     cout << "體積 = " << cl.volumn() << "立方公分\n"; //輸出圓柱體體積
92.     return 0;
93. }
```

▶▶ 程式輸出

```
長方體:
長 = 6
寬 = 8
高 = 10
表面積 = 376 平方公分
體積 = 480 立方公分

圓柱體:
半徑 = 5
高 = 10
表面積 = 314.159 平方公分
體積 = 785.398 立方公分
```

11.2 程式類別（class）

類別（class）是一種使用者自定的資料型態，與結構一樣類別是由許多資料型態集合而成。程式設計師可以在類別中定義多種資料型態的變數，如 int、char、float、或 string 等等，這些資料變數稱為類別的**資料成員（data member）**。類別中還包括存取資料成員的函數稱為**成員函數（member function）**。

11.2.1 宣告類別名稱

```
class 類別名稱
{
private:
    //定義私用成員
public:
    //定義公用成員
};
```

● **class** 是宣告類別名稱的關鍵字。

● **類別名稱**代表使用者自定的類別型態,它可用於宣告類別變數。

● **private 與 public** 標籤稱為成員存取指示器,預設的存取模式是 private。因此,在 class 關鍵字到第一個標籤之間的成員為私用的,或者定義於 private 標籤後的成員是私用的,也就是只供本類別的成員函數或 friend 函數(請參閱 11.5.2 節)存取或呼叫。定義於 public 標籤後的成員是公用的,也就是程式中其他類別的函數皆可存取或呼叫。

下面範例是定義一個 Employee 類別,並在類別中加入 private 與 public 標籤,下面各小節將一步一步的加入類別資料成員與成員函數。

```
class Employee
{
private:
    //類別私用成員;
public:
    //類別公用成員;
};
```

下面範例省略 private 標籤,但類別的預設存取型態為 private,所以左大括號以後到 public 標籤以前仍然是 private 區。

```
class Employee
{
```

```
      //類別私用成員;
public:
      //類別公用成員;
};
```

11.2.2 類別資料成員

資料型態 變數名稱;

- 定義類別資料成員時不能指定初值，而必須利用類別建立者函數（請參閱 11.3.1 節）存入初值，或利用成員函數指定初值。例如，利用 inputEmp() 函數將輸入資料存入 EmpId 與 name 成員中。

- 定義類別資料成員與定義一般變數、陣列或結構變數是一樣的，只是類別資料成員是定義在類別內，屬於該類別的變數、陣列或結構變數。

下面範例是在 Employee 類別的 private 區中加入 EmpId 與 name 二變數，所以這二個變數為私用（private）變數，也就是只有 Employee 類別內的函數可以存取 EmpId 與 name 的資料。

```
class Employee
{
    int EmpId;                    //定義private 資料成員
    char name[20];                //定義private 資料成員
public:
    //類別公用成員;
};
```

11.2.3 類別成員函數

傳回型態 函數名稱(參數列)
{
    //敘述區
}

● 定義類別成員函數與定義一般函數的語法是一樣的，只是類別成員函數是定義在類別內，屬於該類別的函數。

● 在類別中，一般都含有公用的設定（set）與取得（get）函數成員，提供其他類別函數來設定與取得本類別中私用的資料成員。

下面範例是在 Employee 類別的 public 區加入 inputEmp 與 outputEmp 二個函數，因為這二個函數是提供給其他類別函數（例如 main 函數）的敘述呼叫用，所以必須宣告於公用（public）區域。inputEmp 函數（相當於 set 函數）是讀取鍵盤輸入後存入 EmpId 與 name 變數中，而 outputEmp 函數（相當於 get 函數）是輸出 EmpId 與 name 的資料。

```cpp
class Employee
{
    int EmpId;                          //定義 private 資料成員
    char name[20];                      //定義 private 資料成員
public:
    void inputEmp()                     //宣告 public 成員函數
    {
        cout << "EmpId:" << endl;
        cin >> EmpId;
        cout << "EmpName:" << endl;
        cin >> name;
    }
    void outputEmp()                    //宣告 public 成員函數
    {
        cout << "EmpId:" << EmpId << endl;
        cout << "EmpName:" << name << endl;
    }
};
```

傳回型態 類別名稱::函數名稱(參數列)
{
    //敘述區
}

● 也可以在類別中只宣告類別成員函數的原型，然後在類別外實現該成員函數。

● 在類別外**實現**（implement）成員函數時，必須使用**範圍運算符號**（ :: ）。

● **範圍運算符號**（scope resolution operator）將函數指定給宣告此成員函數原型的類別。例如，利用 Employee::inputEmp() 將函數指定給 Employee 類別。在類別外定義成員函數，可隱藏函數的程式碼。

下面範例是在 Employee 類別中宣告 inputEmp 與 outputEmp 函數的原型，然後在類別外實現 inputEmp 與 outputEmp 函數。

```cpp
class Employee
{
    int EmpId;                          //定義private 資料成員
    char name[20];                      //定義private 資料成員
public:
    void inputEmp();                    //宣告public 成員函數原型
    void outputEmp();                   //宣告public 成員函數原型
};

void Employee::inputEmp()              //定義 inputEmp 成員函數
{
    cout << "EmpId:" << endl;
    cin >> EmpId;
    cout << "EmpName:" << endl;
    cin >> name;
}

void Employee::outputEmp()             //定義 outputEmp 成員函數
{
    cout << "EmpId:" << EmpId << endl;
    cout << "EmpName:" << name << endl;
}
```

11.2.4　建立類別物件

類別名稱　物件名稱;

● **類別名稱**為曾經以 class 宣告的類別名稱。

● **物件名稱**用來存放使用者自定的類別型態的變數名稱。

下面範例是假設已經定義 Employee 類別如前節的範例，然後在 main 函數中建立 Employee 物件（或稱變數）emp1，此時 emp1 物件含有 EmpId 與 name 二個資料成員與 inputEmp() 與 outputEmp() 二個成員函數。

```
int main(int argc, char** argv)
{
    Employee emp1;                          //宣告 Employee 類別物件
    return 0;                               //程式正常結束
}
```

11.2.5 存取類別成員

物件名稱.類別成員()

- **物件名稱**為已宣告的物件變數。

- **類別成員**是在類別中宣告的公用資料成員或成員函數名稱，若是存取資料成員則不須加小括號。

下面範例是假設已經定義 Employee 類別如前節的範例，在 main 函數中建立 Employee 物件（或稱變數）emp1，則 emp1.inputEmp() 表示呼叫 emp1 的 inputEmp 函數，而 emp1.outputEmp() 表示呼叫 emp1 的 outputEmp 函數。**注意：因為 EmpId 與 name 資料成員為 private，所以不能使用 emp1.EmpId 或 emp1.name 存取這二個資料成員的資料，而必須透過 inputEmp() 與 outputEmp() 函數存取。**

```
int main(int argc, char** argv)
{
    Employee emp1;
    emp1.intputEmp();                       //呼叫物件函數 inputEmp
    emp1.outputEmp();                       //呼叫物件函數
outputEmp
    return 0;                               //程式正常結束
}
```

程式 11-05：輸出時間

```
1.    //檔案名稱:d:\C++11\C1105.cpp
2.    #include <iostream>
3.    using namespace std;
4.
5.    class Time                              //宣告 Time 類別
6.    {
7.        int hour;                           //私有資料成員
8.        int minute;                         //私有資料成員
9.        int second;                         //私有資料成員
10.   public:
11.       void set_time(int h, int m, int s)   //設定時間成員函數
12.       {
13.           hour = h;
14.           minute = m;
15.           second = s;
16.       }
17.       void print_time( const Time &t )     //顯示時間成員函數
18.       {
19.           cout << ( (hour==0 || hour==12) ? 12 : (hour%12) )
20.               << ':' << ( (minute < 10) ? "0" : "" ) << minute
21.               << ':' << ( (second < 10) ? "0" : "" ) << second
22.               << ( hour < 12 ? " AM" : " PM") << endl;
23.       }
24.   };
25.
26.   int main(int argc, char** argv)
27.   {
28.       Time midnight;                       //定義物件 midnight
29.       midnight.set_time(0, 0, 0);          //呼叫 set_time 函數
30.       cout << "午夜標準時間:";
31.       midnight.print_time(midnight);       //呼叫 print_time 函數
32.       return 0;
33.   }
```

▶▶ 程式輸出

午夜標準時間：12:00:00 AM

11.3　建立者與破壞者

11.3.1　建立者函數

類別名稱(參數列)
{
　　//建立者本體
}

- **建立者函數（constructor）**是與類別名稱相同的成員函數，建立者可用來指定資料成員的初值，建立者必須被定義為公用成員函數，建立者函數不需指定傳回型態。

- **建立者函數**是使用類別名稱建立物件時，將自動呼叫類別的建立者函數建立物件名稱。若未宣告建立者函數，則建立物件時將呼叫預設的建立者函數，預設建立者函數是一個無參數、無敘述的空函數。

下面範例是在 Employee 類別中，定義 Employee 建立者函數。因為沒有定義參數，而在建立者函數中使用敘述指定資料成員的初值，因此以後定義此 Employee 類別物件時，每一物件都具有相同的初值（0, "ZZZ"）。

```
class Employee
{
    int EmpId;                          //定義private 資料成員
    char name[20];                      //定義private 資料成員
public:
    Employee()                          //定義無參數建立者函數
    {
        EmpId = 0;                      //指定 EmpId 初值
        strcpy(name, "ZZZ");            //指定 name 初值
    }
};
```

下面範例是在類別中宣告建立者函數原型，然後在類別外實現類別的建立者函數。

```
class Employee
{
   int EmpId;                              //定義 private 資料成員
   char name[20];                          //定義 private 資料成員
public:
   Employee();                             //宣告無參數建立者函數原型
};

Employee::Employee()                       //實現無參數建立者函數
{
   EmpId = 0;                              //指定 EmpId 初值
   strcpy(name, "ZZZ");                    //指定 name 初值
}
```

11.3.2 宣告建立者參數

類別名稱(參數型態 參數 1, 參數型態 參數 2, ...)
{
    //建立者本體
}

● **宣告建立者參數**與宣告其他函數的參數是一樣的,而此參數的用途是建立類別物件時傳遞給建立者函數的參數,通常建立者參數都是用來起始類別物件的資料成員。

下面範例是在 Employee 類別中,定義含有二個參數的 Employee 建立者函數,第一個參數 id 將被存入 EmpId 變數,第二個指標參數 *n 的值將被存入 name 陣列中。

```
class Employee
{
   int EmpId;                      //定義 private 資料成員
   char name[20];                  //定義 private 資料成員
public:
   Employee(int id, char *n)       //定義建立者函數
   {
      EmpId = id;                  //指定 EmpId=參數值
      strcpy(name, n);             //指定 name=參數值
   }
```

```
};

int main(int argc, char** argv)
{
    Employee emp1(123, "TOM");      //emp1.EmpId=123,emp1.name="TOM"
    Employee emp2(456, "JOE");      //emp2.EmpId=456,emp2.name="JOE"
    return 0;                        //程式正常結束
}
```

下面範例是在類別中宣告建立者函數原型，然後在類別外實現類別的建立者函數。

```
class Employee
{
    int EmpId;                       //定義 private 資料成員
    char name[20];                   //定義 private 資料成員
public:
    Employee(int id, char *n);       //宣告建立者函數原型
};
Employee::Employee(int id, char *n)  //定義有參數建立者函數
{
    EmpId = id;                      //指定 EmpId=參數值
    strcpy(name, n);                 //指定 name=參數值
};

int main(int argc, char** argv)
{
    Employee emp1(123, "TOM");      //emp1.EmpId=123,emp1.name="TOM"
    Employee emp2(456, "JOE");      //emp2.EmpId=456,emp2.name="JOE"
    return 0;                        //程式正常結束
}
```

11.3.3 預設建立者參數

類別名稱(參數型態 參數 1=起始值 1, 參數型態 參數 2=起始值 2, ...)
{
    //建立者本體
}

- **預設建立者參數**就是宣告參數同時指定參數的初值，因此當建立物件時若沒有傳遞的參數，則建立者將使用預設參數。

　　下面範例宣告建立者參數時，指定參數的初值。敘述 Employee emp1;
並未傳遞參數給建立者函數，所以建立 emp1 時使用參數預設值，
emp1.EmpId=0 且 emp1.name="ZZZ"，敘述 Employee emp2(123, "TOM");
的參數為 123 與 "TOM"，此參數將取代參數預設值，所以 emp2.EmpId =
123 而 emp2.name="TOM"，敘述 Employee emp3(456); 的參數只有 456，
此參數將取代第一個參數預設值 0，所以 emp3.EmpId = 456 而第二個參數
則使用預設值 emp3.name="ZZZ"。

```cpp
class Employee
{
    int EmpId;                              //定義private 資料成員
    char name[20];                          //定義private 資料成員
public:
    Employee(int id, char *n);              //宣告建立者函數原型
};
Employee::Employee(int id = 0, char *n = "ZZZ")
{
    EmpId = id;                             //指定 EmpId 初值
    strcpy(name, n);                        //指定 name 初值
};
int main(int argc, char** argv)
{
    Employee emp1;                 //emp1.EmpId=0,emp1.name="ZZZ"
    Employee emp2(123, "TOM");     //emp2.EmpId=123,emp2.name="TOM"
    Employee emp3(456);            //emp3.EmpId=456,emp3.name="ZZZ"
    return 0;                               //程式正常結束
}
```

　　下面範例是複製 emp1 資料成員的初值給 emp2 的資料成員，複製後
emp2.EmpId=123，emp2.name="JOHN"。

```cpp
int main(int argc, char** argv)
{
    Employee emp1(123, "JOHN"), emp2;
    emp2 = emp1;                            //emp2.EmpId=123
                                            //emp2.name="JOHN"
    return 0;                               //程式正常結束
}
```

11.3.4 破壞者函數

~類別名稱()

- **破壞者（destructor）**與建立者是互補的，它被用來釋放物件所佔的記憶體空間，以提供其他物件再使用。破壞者的名稱是否定符號（~）再加上類別名稱。

- 在類別中破壞者函數不可以多載（overload），而且破壞者函數不含任何參數也不能傳回任何值。

- 在建立物件的函數結束時，將自動呼叫破壞者函數。若函數中有多個建立者函數，破壞時將以反序方式破壞，也就是先建立者後破壞（first-construct-last-destruct）。

下面範例在類別的公用區中宣告 Employee 的建立者與破壞者的函數原型。

```
class Employee
{
    int EmpId;                      //定義 private 資料成員
    char name[20];                  //定義 private 資料成員
public:
    Employee();                     //宣告建立者函數
    ~Employee();                    //宣告破壞者函數
};
```

程式 11-06：輸入與輸出員工資料（使用 VC++ 2019 編譯時，須將 strcpy 改為 strcpy_s）

```
1.    //檔案名稱：d:\C++11\C1106.cpp
2.    #include <iostream>
3.    #include <cstring>                //插入字串標題檔
4.    using namespace std;
5.
6.    class Employee                    //宣告 Employee 類別
7.    {
8.        int EmpId;
9.        char name[20];
10.   public:
11.       void inputEmp()               //定義 inputEmp 函數
12.       {
```

```
13.          cout << "Input EmpId:";
14.          cin >> EmpId;
15.          cout << "Input EmpName:";
16.          cin >> name;
17.       }
18.       void outputEmp()                      //定義 outputEmp 函數
19.       {
20.          cout << "EmpId:" << EmpId << endl;
21.          cout << "EmpName:" << name << endl;
22.       }
23.       Employee()                            //定義無參數建立者
24.       {
25.          EmpId = 0;
26.          strcpy(name, "ZZZ");
27.       }
28.       Employee (int id, const char *n)      //定義有參數建立者
29.       {
30.          EmpId = id;
31.          strcpy (name, n);
32.       }
33. };
34.
35. int main(int argc, char** argv)
36. {
37.    Employee emp1;                           //建立無參數物件
38.    Employee emp2(123, "TOM");               //建立有參數物件
39.    Employee emp3;                           //建立無參數物件
40.
41.    emp1.outputEmp();                        //顯示物件預設值
42.    emp2.outputEmp();                        //顯示物件參數值
43.    cout << endl;
44.    emp3.inputEmp();                         //顯示物件輸入值
45.    emp3.outputEmp();
46.    return 0;
47. }
```

» 程式輸出：粗體字表示鍵盤輸入

```
EmpId:0
EmpName:ZZZ
EmpId:123
EmpName:TOM

Input EmpId:456 Enter
Input EmpName:JOE Enter
EmpId:456
EmpName:JOE
```

11.4 類別與指標

在前幾章我們討論過一般指標、陣列指標、與結構指標,而建立一般、陣列、與結構變數,與建立一般、陣列、與結構指標是獨立的,如前幾章的介紹建立指標時,必須在變數前面加上星號(*),表示該變數是指標變數。

可是建立類別物件時,每個物件就有自己的指標稱為 this,所以在類別本體可以使用 this 指標存取同一類別的資料成員。

11.4.1 this 指標

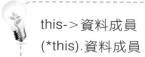

this->資料成員	//指向資料成員位址
(*this).資料成員	//指向資料成員位址

● **this** 指標是類別內建指標,它將自動被傳遞給類別中所有非靜態的函數。所以 "this->資料成員" 與 "(*this). 資料成員" 則指向類別本身的資料成員位址。

下面範例 outputEmp 函數中的 this->EmpId 相當於 Employee->EmpId,但因為此敘述在類別內部,所以不能使用 Employee->EmpId,而必須以 this->EmpId 或 (*this).EmpId 取得指標位址的 EmpId 成員的資料。同理,必須以 this->name 或 (*this).name 取得指標位址的 name 成員的資料。

```
class Employee
{
    int EmpId;
    char name[20];
public:
    Employee()                          //定義建立者函數
    {
        EmpId = 0;                      //指定 EmpId 初值
        strcpy(name, "ZZZ");            //指定 name 初值
    }
    void outputEmp()
    {
        cout << this->EmpId << endl;    //取 Employee 指標的 EmpId
```

```
        cout << (*this).name << endl;      //取得 Employee 指標的 name
    }
};
```

程式 11-07：輸入與輸出員工資料（若使用 VC++ 2019 編譯，須將 strcpy 改為 strcpy_s）

```
1.   //檔案名稱：d:\C++11\C1107.cpp
2.   #include <iostream>
3.   #include <cstring>                  //插入字串標題檔
4.   using namespace std;
5.
6.
7.   class Employee                      //宣告 Employee 類別
8.   {
9.      int EmpId;
10.     char name[20];
11.  public:
12.     Employee()                       //定義建立者函數
13.     {
14.        EmpId = 0;                     //指定 EmpId 初值
15.        strcpy(name, "ZZZ");          //指定 name 初值
16.     }
17.     void setEmp(int id, const char *n)  //定義 setEmp 函數
18.     {
19.        EmpId = id;
20.        strcpy(name, n);
21.     }
22.     void outputEmp()                 //定義 outputEmp 函數
23.     {
24.        cout << this->EmpId << '\t';  //顯示 0
25.        cout << (*this).name << endl; //顯示 ZZZ
26.     }
27.  };
28.
29.  int main(int argc, char** argv)
30.  {
31.     Employee emp1;                   //建立無參數物件
32.     cout << "ID\tEmpName\n";
33.     cout << "---\t-------\n";
34.     emp1.outputEmp();                //呼叫 outputEmp 函數
35.     emp1.setEmp(101, "Tom");         //呼叫 setEmp 成員函數
36.     emp1.outputEmp();                //呼叫 outputEmp 函數
37.     return 0;
38.  }
```

▶▶ 程式輸出

```
ID      EmpName
---     -------
0       ZZZ
101     Tom
```

11.4.2 物件陣列

 類別名稱 陣列名稱[陣列長度];

● 宣告類別型態的陣列與宣告一般資料型態的陣列一樣，只是資料
型態改為使用者自定的類別型態。

下面範例是建立 Number 類別物件陣列 n[3]，然後各元素呼叫自己的
setNumber 成員函數，讀取與設定元素的 num 值。再呼叫 showNumber 成
員函數輸出各元素的 num 值。

```cpp
class Number                              //宣告 Number 類別
{
    int num;                              //Number 成員變數
public:
    void setNumber(void) {                //輸入圖書資料函數
        cout << "請輸入整數：";
        cin >> num;                       //輸入 num 成員資料
    }
    void showNumber() {                   //輸出圖書資料函數
        cout << num << '\t';              //輸出 num 資料
    }
};

int main(int argc, char** argv)
{
    Number n[3];                          //建立 Number 型態陣列

    for(int i=0; i<3; i++) {              //輸入 Number 資料迴圈
        n[i].setNumber();                 //呼叫物件 setNumber 函數
    }

    cout << "輸入三個整數為：";
    for(int j=0; j<3; j++) {              //輸出圖書資料迴圈
```

```
      n[j].showNumber();                    //呼叫物件 showNumber 函數
   }
   cout << endl;
   return 0;
}
```

⬇ 程式 11-08：圖書資料管理

```
1.    //檔案名稱：d:\C++11\C1108.cpp
2.    #include <iostream>
3.    #include <iomanip>                     //插入設定格式標題檔
4.    using namespace std;
5.
6.    class Booklist                         //宣告 Booklist 類別
7.    {
8.        char title[80];                    //Booklist 第 1 成員變數
9.        char auther[20];                   //Booklist 第 2 成員變數
10.       char number[20];                   //Booklist 第 3 成員變數
11.       float price;                       //Booklist 第 4 成員變數
12.   public:
13.       void setBook(void)                 //輸入圖書資料函數
14.       {
15.           cout << "請輸入書名：";
16.           cin.getline(title, 79);        //輸入第 1 成員資料
17.           cout << "請輸入作者：";
18.           cin.getline(auther, 19);       //輸入第 2 成員資料
19.           cout << "請輸入書號：";
20.           cin.getline(number, 19);       //輸入第 3 成員資料
21.           cout << "請輸入定價：";
22.           cin >> price;                  //輸入第 4 成員資料
23.           cout << endl;
24.       }
25.       void showBook()                    //輸出圖書資料函數
26.       {
27.           cout.precision(2);             //設定數值的有效位數
28.           cout.setf(ios::fixed|ios::left); //固定小數 2 位數, 向左對齊
29.           cout << setw(24) << title;     //輸出 b 第 1 成員資料
30.           cout << setw(16) << auther;    //輸出 b 第 2 成員資料
31.           cout << setw(16) << number;    //輸出 b 第 3 成員資料
32.           cout << price << '\n';         //輸出 b 第 4 成員資料
33.       }
34.   };
35.
36.   int main(int argc, char** argv)
37.   {
38.       Booklist book[2];                  //建立 Booklist 型態陣列
```

```
39.
40.    for(int i=0; i<2; i++)              //輸入 Booklist 資料迴圈
41.    {
42.        book[i].setBook();            //呼叫物件 setBook 函數
43.        cin.ignore();                  //忽略最後一個輸入字元
44.    }
45.
46.    cout << "書名\t\t\t 作者\t\t 書號\t\t 定價\n";
47.    for(int j=0; j<2; j++)              //輸出圖書資料迴圈
48.    {
49.        book[j].showBook();            //呼叫物件 showBook 函數
50.    }
51.    return 0;
52. }
```

▶▶ 程式輸出：粗體字表示鍵盤輸入

請輸入書名：**C++全方位學習第三版** Enter
請輸入作者：**古頤榛** Enter
請輸入書號：**AEL014632** Enter
請輸入定價：**580** Enter

請輸入書名：**數位邏輯設計第三版** Enter
請輸入作者：**古頤榛** Enter
請輸入書號：**AEE037000** Enter
請輸入定價：**420** Enter

書名	作者	書號	定價
C++全方位學習第三版	古頤榛	AEL014632	580.00
數位邏輯設計第三版	古頤榛	AEE037000	420.00

11.5 類別與函數

　　本節討論類別的一些特殊函數，如 const、friend、static 函數。const
可宣告物件或函數是固定不可被更改的；friend 宣告類別或函數為公用
的，且其他類別的函數皆可以使用或呼叫此 friend 類別或函數；static 宣告
資料成員或成員函數為靜態的，也就是使用同一類別建立的物件都共用同
一個 static 資料成員或成員函數。

　　除了 const、friend、static 函數外，本節也討論傳遞物件參數、傳遞物
件指標、傳回物件資料與傳回物件指標等。

11.5.1 const 物件與函數

const 類別名稱　物件名稱(參數列);

- **const** 用來宣告物件為常數物件,而宣告常數物件的方式與宣告一般常數變數的方式相同。

- 常數物件表示該物件中資料成員與成員函數皆為固定的,所以該物件中的資料成員與成員函數值是不可以被更改的。

- 常數型態物件不能呼叫物件中非常數型態的成員函數,但可以再定義(多載)一個相同名稱與功能的常數型態成員函數,提供常數型態物件呼叫用。

下面範例是定義一個常數物件 emp1,起始值為 emp1.EmpId=123, emp1.name="JOHN",但因為 emp1 是常數物件,所以不能呼叫非常數成員函數 emp1.outputEmp()。

```
class Employee
{
    int EmpId;
    char name[20];
public:
    Employee(int e, char n[])          //定義建立者函數
    {
        EmpId = e;                     //指定 EmpId 初值
        strcpy(name, n);               //指定 name 初值
    }
    void outputEmp()                   //宣告函數 outputEmp()
    {
        cout << this->EmpId << endl;   //顯示 EmpId 值
        cout << (*this).name << endl;  //顯示 name 值
    }
};
int main(int argc, char** argv)
{
    const Employee emp1(123, "JOHN"); //emp1 為常數物件
    emp1.outputEmp();                 //錯誤,Non-const function call
    return 0;                         //程式正常結束
}
```

函數型態 函數名稱(參數列) const

{

　　//函數本體

}

- 指定一個函數為常數函數，必須在宣告函數原型與定義函數本體時，在參數列之後加上 const 關鍵字。

- 常數型態的成員函數內部的敘述不能改變資料成員的值，也不能呼叫非常數型態的成員函數。

- 建立者與破壞者函數不能被宣告為常數型態。

下面範例是定義一個常數物件 emp1，起始值為 emp1.EmpId=123, emp1.name="JOHN"，然後呼叫常數成員函數 emp1.outputEmp() 輸出 emp1.EmpId 與 emp1.name 的資料。另外，this->EmpId 與(*this).name 就是類別的 EmpId 與 name 資料成員。

```cpp
class Employee
{
    int EmpId;
    char name[20];
public:
    Employee(int e, char n[])              //定義建立者函數
    {
        EmpId = e;                         //指定 EmpId 初值
        strcpy(name, n);                   //指定 name 初值
    }
    void outputEmp() const                 //宣告常數函數 outputEmp()
    {
        cout << this->EmpId << endl;       //顯示 EmpId 值
        cout << (*this).name << endl;      //顯示 name 值
    }
};
int main(int argc, char** argv)
{
    const Employee emp1(123, "JOHN");      //emp1 為常數物件
    emp1.outputEmp();                      //呼叫常數函數 outputEmp()
    return 0;                              //程式正常結束
}
```

⬇ **程式 11-09**：員工資料管理

```cpp
1.   //檔案名稱：d:\C++11\C1109.cpp
2.   #include <iostream>
3.   using namespace std;
4.
5.
6.   class Employee
7.   {
8.       int EmpId;
9.       char name[20];
10.  public:
11.      void inputEmp();
12.      void outputEmp() const;                    //宣告常數函數原型
13.  };
14.
15.  void Employee::inputEmp()                       //定義 inputEmp 函數
16.  {
17.      cout << "EmpId:";
18.      cin >> EmpId;
19.      cout << "EmpName:";
20.      cin >> name;
21.  }
22.
23.  void Employee::outputEmp() const                //定義常數 outputEmp
24.  {
25.      cout << EmpId << '\t';
26.      cout << name << endl;
27.  }
28.
29.  int main(int argc, char** argv)
30.  {
31.      Employee emp1;                              //建立無參數物件
32.      emp1.inputEmp();                            //呼叫 inputEmp 成員函數
33.      cout << "\nID\tEmpName\n";
34.      cout << "---\t-------\n";
35.      emp1.outputEmp();                           //呼叫 outputEmp 函數
36.      return 0;
37.  }
```

▶▶ 程式輸出：粗體字表示鍵盤輸入

EmpId:**101** `Enter`
EmpName:**JOHN** `Enter`

```
ID       EmpName
---      -------
101      JOHN
```

11.5.2 friend 函數與類別

> friend 函數型態 函數名稱(參數列) { 敘述區; }

- **friend** 函數必須在宣告函數原型與定義函數本體時，在表頭前加上 friend 關鍵字。

- 雖然 friend 函數定義於類別中，但他仍然不是該類別的成員函數。因此 friend 函數可以被宣告於類別的任何存取型態（public、private、protected）區域中，而且 friend 函數可以存取該類別的 private 成員。

- friend 函數通常宣告於類別表頭之後，而且不限定任何存取區域（public、private、protected）。

```
class 類別 B
{
    friend class 類別 A;
};
```

- 若類別 A 是類別 B 的 friend，則類別 A 中所有的函數皆為類別 B 的 friend 函數，且類別 A 中所有函數皆可存取類別 B 的所有成員。定義類別 A 為類別 B 的 friend 類別，是在類別 B 中加入 friend class A。

下面範例在 First 類別中，宣告 getx() 函數為 friend 函數，所以 getx() 不屬於 First 類別的成員函數。因此在 Second 類別中，showxy() 成員函數才可以呼叫 getx() 函數。另外，getx 與 showxy 函數的參數為類別物件，請參考 11.5.4 節傳遞物件參數的說明。

```
class First
{
    int x;
public:
    friend int getx(First obj)                  //定義 friend 函數
    }
```

```
          return obj.x;
      }
};

class Second
{
    int y;
public:
    void showxy(First obj)
    {
        cout << "x = " << getx(obj) << endl;          //呼叫 friend 函數
        cout << "y = " << y << endl;
    }
};
```

程式 11-10：取得與輸出類別資料

```
1.    //檔案名稱：d:\C++11\C1110.cpp
2.    #include <iostream>
3.    using namespace std;
4.
5.    class First
6.    {
7.        int x;
8.    public:
9.        void setx(int var) {
10.           x = var;
11.       }
12.       friend int getx(First obj) {          //定義 friend 函數
13.           return obj.x;
14.       }
15.   };
16.
17.   class Second
18.   {
19.       int y;
20.   public:
21.       void sety(int var) {
22.           y = var;
23.       }
24.       void showxy(First obj) {
25.           cout << "x = " << getx(obj) << endl; //呼叫 friend 函數
26.           cout << "y = " << y << endl;
27.       }
28.   };
29.
30.   int main(int argc, char** argv)
31.   {
32.       First A;
```

```
33.     Second B;
34.     A.setx(10);
35.     B.sety(20);
36.     B.showxy(A);
37.     return 0;
38.  }
```

▶▶ 程式輸出

```
x = 10
y = 20
```

11.5.3 static 類別成員

> static 資料型態 變數名稱;   //第一式
> static 函數型態 函數名稱(參數列) { 敘述區; }   //第二式

- 在 6.4.5 節介紹過 static 是用來宣告靜態變數,而在類別中 static 也可用來宣告靜態類別成員,宣告時只要在類別成員前面加上 static 關鍵字即可。

- 類別中,若某個資料成員被宣告為 static,則其他成員皆可分享該靜態成員的資料,也因此 static 資料成員與 static 成員函數沒有 this 指標。靜態成員的資料將被保留直到下一次資料更新或程式結束。

- 若某個成員函數被宣告為 static,則該 static 成員函數不可呼叫非 static 成員函數。因為 static 資料成員和 static 成員函數與類別中其他成員無關。

下面範例是宣告靜態資料成員與成員函數。在檔案中靜態資料成員必須被起始一次而且只能被起始一次,如範例中 int Oddsum::sum = 0,若省略此敘述則編譯與連結時將出現 "unresolved external symbol" 的錯誤訊息。

```
class Oddsum
{
    static int sum;                    //宣告靜態資料成員
public:
```

```
      static void addition(int n);                    //宣告靜態成員函數
   };

   int Oddsum::sum = 0;                               //起始靜態資料成員

   void Oddsum::addition(int n) {                     //定義靜態成員函數
      sum += n;                                       //sum_{(n+1)}=sum_{(n)}+n
   }

   int main(int argc, char** argv)
   {
      Oddsum A;
      for (int count = 1; count <= 100; count += 2)
         A.addition(count);                           //呼叫 addition 函數
      return 0;                                       //程式正常結束
   }
```

程式 11-11：物件加法運算

```
1.     //檔案名稱：d:\C++11\C1111.cpp
2.     #include <iostream>
3.     using namespace std;
4.
5.     class Oddsum
6.     {
7.        static int sum;                     //宣告靜態資料成員
8.     public:
9.        static void addition(int n);        //宣告靜態成員函數
10.       void display();                     //宣告輸出資料函數
11.    };
12.
13.    int Oddsum::sum = 0;                    //起始靜態資料成員
14.
15.    void Oddsum::addition(int n) {          //定義靜態成員函數
16.       sum += n;                           //sum(n+1)=sum(n)+n
17.    }
18.
19.    void Oddsum::display() {                //定義輸出資料成員函數
20.       cout << "sum = " << sum << endl;
21.    }
22.
23.    int main(int argc, char** argv)
24.    {
25.       Oddsum a;
26.       for (int count = 1; count <= 100; count += 2) //呼叫函數迴圈
27.          a.addition(count);                  //呼叫 addition 函數
28.       a.display();                           //呼叫 display 函數
```

```
29.    return 0;
30. }
```

▶▶ 程式輸出

```
sum = 2500
```

11.5.4 傳遞物件參數

函數型態 函數名稱(類別名稱 參數名稱)   //定義成員函數
{
　　//函數本體
}

- **傳遞物件參數（pass-by-object）** 與傳遞一般變數參數是一樣的。在定義成員函數時，使用類別型態的參數，如 void sum (Calculate obj)。

物件名稱.類別成員(物件參數)   //呼叫成員函數

- 呼叫成員函數時，將物件參數傳遞給成員函數，如 a.sum(b); 的 b 為物件參數。

　　下面範例的 a.sum(b); 敘述是以 a 物件呼叫 sum 函數，並傳遞 b 物件給 sum 函數，因此 sum 函數的 x 表示 a 物件的變數 x，而 obj.x 則表示 b 物件的變數 x。或者說，this->x 表示 a 物件指標的變數 x，而 obj.x 則表示 b 物件的變數 x。

```
class Calculate
{
   int x;
public:
   Calculate(int n) { x = n; }            //建立者函數
   void sum(Calculate obj) {              //加法運算,傳遞物件參數
      x += obj.x;                         //x = x + obj.x
   }
```

```
};

int main(int argc, char** argv)
{
    Calculate a(100), b(200);                //定義 a.x=100,
b.x=200
    a.sum(b);                                //計算 a.x = a.x + b.x
    return 0;                                //程式正常結束
}
```

函數型態 函數名稱(類別名稱 *參數名稱)   //定義成員函數

{

　　//函數本體

}

- **傳遞物件指標參數（pass-by-object reference）** 與傳遞一般變數指標參數是一樣的。在定義成員函數時，使用類別指標型態的參數，如 void sum (Calculate *obj)。

物件名稱.類別成員(&物件參數)   //呼叫成員函數

- 呼叫成員函數時，將物件位址傳遞給成員函數，如 a.sum(&b); 的 &b 為物件位址。

　　下面範例的 a.sum(&b); 敘述是以 a 物件呼叫 sum 函數，並傳遞 b 物件位址給 sum 函數，因此 sum 函數的 x 表示 a 物件的變數 x，而 obj->x 則表示 b 物件指標的變數 x。或者說，this->x 表示 a 物件指標的變數 x，而 obj->x 則表示 b 物件指標的變數 x。

```
class Calculate
{
    int x;
public:
    Calculate(int n) { x = n; }              //建立者函數
    void sum(Calculate *obj) {               //加法運算,傳遞物件參數
        x += obj->x;                         //x = x + obj.x
    }
```

```
    };

    int main(int argc, char** argv)
    {
        Calculate a(100), b(200);              //定義 a.x=100,
    b.x=200
        a.sum(&b);                             //計算 a.x = a.x + b.x
        return 0;                              //程式正常結束
    }
```

程式 11-12：物件加法運算

```
1.    //檔案名稱：d:\C++11\C1112.cpp
2.    #include <iostream>
3.    using namespace std;
4.
5.    class Calculate                     //定義 Calculate 類別
6.    {
7.        int x;
8.    public:
9.        Calculate(int);                 //建立者函數原型
10.       void sum(Calculate);            //加法運算函數原型
11.       void display();                 //顯示 x 值函數原型
12.   };
13.
14.   Calculate::Calculate(int n)         //定義建立者函數
15.   {
16.       x = n;
17.   }
18.
19.   void Calculate::sum(Calculate obj)  //定義加法運算函數
20.   {
21.       x += obj.x;
22.   }
23.
24.   void Calculate::display()           //定義顯示 x 值函數
25.   {
26.       cout << x;
27.   }
28.
29.   int main(int argc, char** argv)
30.   {
31.       Calculate a(100), b(200);       //定義 a.x=100,b.x=200
32.       a.display();                    //顯示 a.x=100 值
33.       cout << '+';                    //顯示 + 號
34.       b.display();                    //顯示 b.x=200 值
35.       cout << '=';                    //顯示 = 號
```

```
36.      a.sum(b);                    //計算 a.x = a.x + b.x
37.      a.display();                 //顯示計算後 a.x=300 值
38.      cout << endl;                //跳行
39.      return 0;
40.  }
```

▶▶ 程式輸出

100+200=300

11.5.5 傳回類別資料

類別名稱 函數名稱(參數列)
{
    //函數本體
    return 類別物件名稱;
}

● 上面語法在函數表頭宣告傳回型態為類別名稱,在函數本體中
  先建立一個類別物件,最後利用 return 敘述傳回類別物件給呼
  叫敘述。

下面函數表頭的傳回型態是類別物件 Calculate,而呼叫時則使用
a.calcSum(b) 表示以 a 物件呼叫並傳遞 b 物件給 calcSum 函數。calcSum 函
數結束返回時的 return *this 表示傳回呼叫物件 a 的指標內值,最後 c =
a.calcSum(b) 表示將運算值存入 c。

```
class Calculate
{
    int x;
public:
    Calculate(int n) { x = n; }              //建立者函數
    Calculate calcSum(Calculate obj) {       //加法運算,傳遞物件參數
        x += obj.x;                          //x = x + obj.x
        return *this;                        //傳回(*this).x
    }
};
```

```
int main(int argc, char** argv)
{
    Calculate a(100), b(200), c(0);        //定義 a.x=100, b.x=200
    c = a.calcSum(b);                      //計算 c.x = a.x + b.x
    return 0;                              //程式正常結束
}
```

⬇ 程式 11-13：物件加法運算

```
1.   //檔案名稱：d:\C++11\C1113.cpp
2.   #include <iostream>
3.   using namespace std;
4.
5.   class Calculate
6.   {
7.       int x;
8.   public:
9.       Calculate(int n);                       //建立者函數原型
10.      Calculate calcSum(Calculate obj);        //加法運算函數原型
11.      void showSum(Calculate a, Calculate b); //輸出物件函數原型
12.   };
13.
14.   Calculate::Calculate(int n) {               //建立者函數
15.      x = n;
16.   };
17.
18.   Calculate Calculate::calcSum(Calculate obj) {//加法運算,傳遞物件參數
19.      x += obj.x;                              //x = x + obj.x
20.      return *this;                            //傳回(*this).x
21.   };
22.
23.   void Calculate::showSum(Calculate a, Calculate b) { //輸出物件函數
24.      cout << "a = " << a.x << endl;           //輸出a.x值
25.      cout << "b = " << b.x << endl;           //輸出b.x值
26.      cout << "a + b = " << this->x << endl;   //輸出c.x值
27.   };
28.
29.   int main(int argc, char** argv)
30.   {
31.      Calculate a(100), b(200), c(0);          //定義a.x=100, b.x=200
32.      c = a.calcSum(b);                        //計算c.x = a.x + b.x
33.      c.showSum(a, b);                         //輸出a, b, c 物件值
34.      return 0;
35.   }
```

11-40

程式輸出

```
a = 300
b = 200
a + b = 300
```

類別名稱 *函數名稱(參數列)
{
　　//函數本體
　　return 類別物件指標;
}

● 上面語法在函數表頭宣告傳回型態為類別指標，在函數本體中先
建立一個類別物件，最後利用 return 敘述傳回類別物件指標給呼
叫敘述。

下面函數表頭的傳回型態是指標 Calculate *，而呼叫時則使用
*(a.calcSum(b)) 表示將取得函數 a.caluSum(b) 傳回指標內的值。calcSum
函數結束返回時的 return this 表示傳回呼叫物件 a 的指標，最後 c =
*(a.calcSum(b)) 表示將傳回指標內的值存入 c。

```cpp
class Calculate
{
    int x;
public:
    Calculate(int n) { x = n; }            //建立者函數
    Calculate *calcSum(Calculate obj) {    //加法運算,傳遞物件參數
        x += obj.x;                        //x = x + obj.x
        return this;                       //傳回 this->x
    }
};

int main(int argc, char** argv)
{
    Calculate a(100), b(200), c(0);   //定義 a.x=100, b.x=200
    c = *(a.calcSum(b));              //計算 c.x = a.x + b.x
    return 0;                         //程式正常結束
}
```

程式 **11-14**：物件加法運算

```cpp
1.    //檔案名稱：d:\C++11\C1114.cpp
2.    #include <iostream>
3.    using namespace std;
4.
5.    class Calculate                        //宣告Calculate 類別
6.    {
7.        int x;                             //私用資料成員 x
8.    public:
9.        Calculate(int n);                  //建立者函數原型
10.       Calculate *calcSum(Calculate obj); //加法運算函數原型
11.       void showSum(Calculate a, Calculate b); //輸出物件函數原型
12.   };
13.
14.   Calculate::Calculate(int n) {          //建立者函數
15.       x = n;
16.   };
17.
18.   Calculate *Calculate::calcSum(Calculate obj) { //加法運算,傳遞物件參數
19.       x += obj.x;                        //x = x + obj.x
20.       return this;                       //傳回 this->x
21.   };
22.
23.   void Calculate::showSum(Calculate a, Calculate b) { //輸出物件函數
24.       cout << "a = " << a.x << endl;     //輸出a.x 值
25.       cout << "b = " << b.x << endl;     //輸出b.x 值
26.       cout << "a + b = " << this->x << endl; //輸出c.x 值
27.   };
28.
29.   int main(int argc, char** argv)
30.   {
31.       Calculate a(100), b(200), c(0);    //定義a.x=100, b.x=200
32.       c = *(a.calcSum(b));               //計算c.x = a.x + b.x
33.       c.showSum(a, b);                   //輸出a, b, c 物件值
34.       return 0;
35.   }
```

▶▶ 程式輸出

```
a = 300
b = 200
a + b = 300
```

11.6 習題

選擇題

1. 建立 C++ 類別的關鍵字是_____。

   a) struct b) class c) constructor d) destructor

2. 在類別中，禁止其他類別成員函數存取的區域是_____。

   a) public b) private c) protected d) static

3. 在類別中，允許其他類別成員函數存取的區域是_____。

   a) public b) private c) protected d) static

4. 在類別中，預設的存取方式是_____。

   a) public b) private c) protected d) static

5. 程式中，不同類別的函數_____存取另一個類別的私用成員。

   a) 可以直接

   b) 必須透過另一個類別的私用成員函數

   c) 必須透過另一個類別的公用成員函數

   d) 必須透過另一個類別的靜態成員函數

6. 假設類別名稱為 Circle，則 Circle 建立者函數的傳回型態是_____。

   a) int b) float c) Circle d) 無傳回型態

7. _____是範圍運算符號（scope resolution operator），它將函數指定給宣告此成員函數原型的類別。

   a) ::（雙冒號） b) *（星號） c) .（句號） d) :（單冒號）

8. 當建立類別物件時，將自動呼叫_____函數。

   a) friend 函數 b) static 函數 c) 建立者函數 d) 破壞者函數

實作題

1. 建立一個長方形（Rectangle）類別，其資料成員與成員函數如下：

   a) 定義 private 資料成員 length 與 width，分別存放長方形的長和寬。

   b) 定義建立者（constructor）函數，並設定 length 與 width 的初值為 1。

   c) 定義 public 成員函數 set 與 get，分別用來設定與取得 length 與 width 值。

   d) 定義 public 成員函數 perimeter 與 area，分別用來計算長方形的周長與面積。

   e) 撰寫 main() 函數，由鍵盤輸入資料並分別存入 length 與 width 中，然後計算並顯示長方形周長與面積。

2. 建立一個存款（Interest）類別，其資料成員與成員函數如下：

   a) 定義 private 資料成員 principal、rate、term，分別存放本金、年利率、存款期數。

   b) 定義建立者（constructor）函數，並設定所有資料成員的初值為 0。

   c) 定義 public 成員函數 set 與 get，用來設定與取得 principal、rate、term 值。

   d) 定義 public 成員函數 amount，計算 本利和 = 本金 $\times \left(1+\dfrac{\text{年利率}}{12}\right)^{\text{期數}}$。

   e) 撰寫一個驅動程式，輸入 principal、rate、term，並計算本利和。

多載函數

CHAPTER 12

12.1 多載概論

多載（overloading）就是重複定義多個相同名稱的函數，但這些函數的功能不完全相同。所以多載函數的情況包括：（1）接收不同數量的參數，（2）傳遞不同型態的參數，（3）傳回不同型態的參數。

12.1.1 多載一般函數

多載（overloading）就是重複定義多個相同名稱的函數，但這些函數的功能不完全相同。如下面範例定義多個 area 函數，第一個 area 函數有二個參數且傳回整數型態的值，第二個 area 函數只有一個參數且傳回雙倍精度的數值。因此，當呼叫敘述傳遞二個參數時表示呼叫第一個 area 函數，且傳回整數數值給呼叫函數，而當呼叫敘述傳遞一個參數時表示呼叫第二個 area 函數，且傳回雙倍精度數值給呼叫函數。

```
int area(int length, int width);        //第一個 area 函數
{
    return length * width;
}

double area(int radius)                 //第二個 area 函數
{
    return 3.1415926 * pow(radius, 2);
}

int main(int argc, char** argv)
```

```
{
    int rectangleArea = area(3, 5);          //呼叫第一個area函數
    double circleArea = area(5);             //呼叫第二個area函數
    return 0;                          .     //正常結束程式
}
```

程式 12-01：多載一般函數練習

```
1.    //檔案名稱:d:\C++12\C1201.cpp
2.    #include <iostream>
3.    using namespace std;
4.
5.    int area(int l, int w)                    //計算長方形面積函數
6.    {
7.        return l * w;
8.    }
9.
10.   int area(int l, int w, int h)             //計算長方體表面積函數
11.   {
12.       return 2 * ((l * w) + (w * h) + (h * l));
13.   }
14.
15.   int main(int argc, char** argv)
16.   {
17.       cout << "長方形面積 = " << area(6, 8);    //輸出長方形面積
18.       cout  << "平方公分\n";
19.       cout << "長方體表面積 = " << area(6, 8, 10); //輸出長方體表面積
20.       cout  << "平方公分\n";
21.       return 0;
22.   }
```

▶▶ 程式輸出

```
長方形面積 = 48 平方公分
長方體表面積 = 376 平方公分
```

12.1.2 多載成員函數

　　多載函數的情況包括：（1）接收不同數量的參數，（2）傳遞不同型態的參數，（3）傳回不同型態的參數。下面範例定義二個相同名稱 area、相同型態 int、都是無參數的函數，所以編譯時將產生 Multiple declaration for 'Cuboid::area() 錯誤訊息。原因是呼叫敘述都是 area()，而 C++ 編譯器不知道呼叫的是第一個 area 還是第二個 area 函數。

```
class Cuboid                          //宣告長方體類別
{
private:
    int length;                       //Cuboid 的資料成員 1
    int width;                        //Cuboid 的資料成員 2
    int height;                       //Cuboid 的資料成員 3
public:
    int area()                        //錯誤,Multiple declaration
    {
        return length * width;
    }
    int area()                        //錯誤,Multiple declaration
    {
        return 2 * (length * width
                  + width * height
                  + height * length);
    }
};
```

雖然不能多載 area 函數，但是卻可以多載 set 函數。如下面範例的 setSide 函數，雖然二的 setSide 函數都沒有傳回值，但是第一個 setSide 函數包含二個參數，而第二個 setSide 函數則包含三個參數，所以若呼叫 setSide 敘述傳遞二個參數時表示呼叫第一個 setSide 函數，而呼叫 setSide 敘述傳遞三個參數時表示呼叫第二個 setSide 函數。

```
class Cuboid                          //宣告長方體類別
{
    int length;                       //Cuboid 的資料成員 1
    int width;                        //Cuboid 的資料成員 2
    int height;                       //Cuboid 的資料成員 3
public:
    void setSide(int l, int w)        //設定長方形邊長
    {
        length = l; width = w; height = 0;
    }
    void setSide(int l, int w, int h) //設定長方體邊長
    {
        length = l; width = w; height = h;
    }
    int area(){                       //計算面積或表面積函數
        If (height == 0)
```

```
            return length * width;
        else
            return 2*(length*width+width*height+height*length);
    }
};
```

程式 **12-02**：多載類別成員函數練習

```
1.    //檔案名稱：d:\C++12\C1202.cpp
2.    #include <iostream>
3.    using namespace std;
4.
5.    class Cuboid                              //宣告長方體類別
6.    {
7.    private:
8.        int length;                           //Cuboid 的資料成員 1
9.        int width;                            //Cuboid 的資料成員 2
10.       int height;                           //Cuboid 的資料成員 3
11.   public:
12.       void setSide(int l, int w)            //設定長方形邊長
13.       {
14.           length = l;
15.           width = w;
16.           height = 0;
17.       }
18.       void setSide(int l, int w, int h)     //設定長方體邊長
19.       {
20.           length = l;
21.           width = w;
22.           height = h;
23.       }
24.       int area(){                           //計算面積或表面積函數
25.           if (height == 0)
26.               return length * width;
27.           else
28.               return 2*(length*width+width*height+height*length);
29.       }
30.   };
31.
32.   int main(int argc, char** argv)
33.   {
34.       Cuboid rt, cb;                        //建立 Cuboid 物件
35.       rt.setSide(6, 8);                     //起始 rt 物件資料
36.       cb.setSide(6, 8, 10);                 //起始 cb 物件資料
37.
38.       cout << "長方形面積 = " << rt.area();  //輸出長方形面積
39.       cout << "平方公分\n";
40.       cout << "長方體表面積 = " << cb.area(); //輸出長方體表面積
```

```
41.     cout << "平方公分\n";
42.     return 0;
43.  }
```

▶▶ 程式輸出

長方形面積 = 48 平方公分
長方體表面積 = 376 平方公分

12.1.3 多載建立者函數

在類別中可以多載（overload）建立者函數，也就是定義多個建立者函數，每個建立者函數可含有不同個數的參數。例如，可以定義一個不含參數的建立者與一個含有參數的建立者。

下面 Timer 類別範例中，定義了三個建立者函數。第一個 Timer() 為無參數的建立者且令 seconds=0，第二個 Timer(int s) 為一個整數參數的建立者且令 seconds 等於參數 s，第三個 Timer(char *t) 為一個字元指標參數的建立者且令 seconds 等於指標位址的整數值，其中 atoi() 函數是將字元轉成整數。

在 main 函數中，Timer t1; 表示建立 t1 物件時使用第一個無參數建立者且 seconds=0，Timer t2(10) 表示建立 t2 物件時使用第二個整數參數建立者且 seconds=10，Timer t3(str) 表示建立 t3 物件時使用第三個字元指標參數建立者且 seconds=250。

```
class Timer
{
   int seconds;
public:
   Timer() {                            //定義無參數建立者
      seconds = 0;}
   Timer(int s) {                       //定義整數參數建立者
      seconds = s;}
   Timer(char *t) {                     //定義指標參數建立者
      seconds = atoi(t);}
};
int main(int argc, char** argv)
{
```

```
   char str[20] = "250";
   Timer t1;                              //t1.seconds = 0
   Timer t2(10);                          //t2.seconds = 10
   Timer t3(str);                         //t3.seconds = 250
   return 0;                              //正常結束程式
}
```

程式 12-03：多載建立者函數練習

```
1.    //檔案名稱：d:\C++12\C1203.cpp
2.    #include <cstdlib>
3.    #include <iostream>
4.    using namespace std;
5.
6.    class Timer
7.    {
8.        int seconds;
9.    public:
10.       Timer() {                        //定義無參數建立者
11.           seconds = 0;
12.       }
13.       Timer(int s) {                   //定義整數參數建立者
14.           seconds = s;
15.       }
16.       Timer(char *t) {                 //定義指標參數建立者
17.           seconds = atoi(t);
18.       }
19.       int getTime() {                  //定義取得 seconds 函數
20.           return seconds;
21.       }
22.    };
23.
24.    int main(int argc, char** argv)
25.    {
26.        char str[20] = "250";
27.        Timer t1;                        //t1.seconds = 0
28.        Timer t2(10);                    //t2.seconds = 10
29.        Timer t3(str);                   //t3.seconds = 250
30.        cout << "t1 = " << t1.getTime() << endl;   //輸出 t1 物件的值
31.        cout << "t2 = " << t2.getTime() << endl;   //輸出 t2 物件的值
32.        cout << "t3 = " << t3.getTime() << endl;   //輸出 t3 物件的值
33.        return 0;
34.    }
```

▶▶ 程式輸出

```
t1 = 0
t2 = 10
t3 = 250
```

程式 **12-04**：多載建立者函數練習

```
1.    //檔案名稱：d:\C++12\C1204.cpp
2.    #include <iostream>
3.    using namespace std;
4.
5.    class Cuboid                              //宣告長方體類別
6.    {
7.    private:
8.        int length;                           //Cuboid 的資料成員 1
9.        int width;                            //Cuboid 的資料成員 2
10.       int height;                           //Cuboid 的資料成員 3
11.   public:
12.       Cuboid(int l, int w)                  //長方形邊長建立者
13.       {
14.          length = l;
15.          width = w;
16.          height = 0;
17.       }
18.       Cuboid(int l, int w, int h)           //長方體邊長建立者
19.       {
20.          length = l;
21.          width = w;
22.          height = h;
23.       }
24.       int area(){                           //計算面積或表面積函數
25.          if (height == 0)
26.             return length * width;
27.          else
28.             return 2*(length*width+width*height+height*length);
29.       }
30.   };
31.
32.   int main(int argc, char** argv)
33.   {
34.       Cuboid rt(6, 8);                      //建立並起始 rt 物件資料
35.       Cuboid cb(6, 8, 10);                  //建立並起始 cb 物件資料
36.
37.       cout << "長方形面積 = " << rt.area();   //輸出長方形面積
38.       cout << "平方公分\n";
39.       cout << "長方體表面積 = " << cb.area();  //輸出長方體表面積
40.       cout << "平方公分\n";
41.       return 0;
42.   }
```

▶▶ 程式輸出

長方形面積 = 48 平方公分
長方體表面積 = 376 平方公分

12.2 多載運算符號

在 C++ 語言中，<< 運算符號可以配合 cout 敘述作為字串輸出運算符號，也可以作為左移位元運算符號；同理，>> 運算符號可以配合 cin 敘述作為字串輸入運算符號，也可以作為右移位元運算符號。又如加號（＋）與減號（-），若放在單一運算元前面則為正號與負號，若放在二運算元之間則為加法運算符號與減法運算符號，這就是**運算符號多載（operator overloading）**。這些運算符號都被多載在 C++ 的類別資料庫中，使用時則完全依據關鍵字或運算元來決定這些運算符號的功能。

C++ 資料庫中定義的運算符號只適用於 C++ 內建的資料型態與物件。例如，"cout << 變數或常數" 與 "cin >> 變數"，其中變數或常數的型態必須是 C++ 內建的資料型態，如 int、long、float、double、char 等。若改用**使用者自定型態（user-define type）**的資料，則編譯時將出現錯誤訊息。所以本章**運算符號多載（operator overloading）**，就是要再定義這些運算符號，使它們也能接受使用者自定的資料型態與物件。

12.2.1 多載運算符號限制

可以被多載的運算符號包括表 12.1 算術運算符號、表 12.2 關係與邏輯運算符號、表 12.3 位元運算符號、表 12.4 指定運算符號、表 12.5 特殊運算符號。表中同時提供這些運算符號在 C++ 資料庫中的內建功能、範例與說明，設計師為自定資料型態多載這些符號時，必須保持它們原來的功能，否則將會造成語法錯誤訊息。例如，將 + 多載為減法運算符號，編譯時會出現語法錯誤訊息。

表 12.1 算術運算符號

符號	功能	範例	說明
+	加號	a=x+y	
-	減號	a=x-y	
*	乘號	a=x*y	
/	除號	a=x/y	
%	餘數	a=x%y	

符號	功能	範例	說明
++x	運算前增量	a=++x + y	x=x+1, a=x+y
x++	運算後增量	a=x++ + y	a=x+y, x=x+1
--x	運算前減量	a=--x + y	x=x-1, a=x+y
x--	運算後減量	a=x-- + y	a=x+y, x=x-1
-x	負號	a=-x	
+x	正號	a=+x	

表 12.2 關係與邏輯運算符號

符號	功能	範例	說明
>	大於	a>b	若 a>b 則結果為真
>=	大於等於	a>=b	若 a>=b 則結果為真
<	小於	a<b	若 a<b 則結果為真
<=	小於等於	a<=b	若 a<=b 則結果為真
==	等於	a==b	若 a==b 則結果為真
!=	不等於	a!=b	若 a!=b 則結果為真
!	邏輯 NOT	!(a=1)	若 a≠1 則結果為真
&&	邏輯 AND	a>1 && a<9	若 1<a<9 則結果為真
||	邏輯 OR	a<1 || a>9	若 a<1 或 a>9 則為真

表 12.3 位元運算符號

符號	功能	範例	說明
~	NOT	~x	x 的每位元變號
&	AND	x&y	x AND y 運算
|	OR	x|y	x OR y 運算
^	XOR	x^y	x XOR y 運算
<<	左移	x<<y	x 向左移 y 位元
>>	右移	x>>y	x 向右移 y 位元

表 12.4 指定運算符號

符號	功能	範例	說明
=	簡單指定符號	x=y	令 x = y
+=	加法指定符號	x += y	令 x = x + y
-=	減法指定符號	x -= y	令 x = x - y
*=	乘法指定符號	x *= y	令 x = x * y
/=	除法指定符號	x /= y	令 x = x / y
%=	餘數指定符號	x %= y	令 x = x % y
&=	AND 指定符號	x &= y	令 x = x & y
|=	OR 指定符號	x |= y	令 x = x | y
^=	XOR 指定符號	x ^= y	令 x = x ^ y
<<=	左移指定符號	x <<= y	令 x = x << y
>>=	右移指定符號	x >>= y	令 x = x >> y

表 12.6 是不可用於自定資料型態的運算符號,所以不可被多載。另外,也不可自定新的運算符號,如定義 ** 符號。

表 12.5 特殊運算符號

符號	功能	範例	說明
[ ]	註標	x[y]	x 為陣列,y 為元素
()	括號	(x+y)	
->	欄位指標	x->y	功能與 (*x).y 相同
->*	間接索引	->*x	取得 x 指標的內含值
new	配置動態記憶體	iPtr=new int	iPtr 為記憶體
delete	釋放動態記憶體	delete iPtr	iPtr 為記憶體
new[]	配置動態記憶體陣列	iPtr=new int[20]	iPtr 為記憶體陣列
delete[]	釋放動態記憶體陣列	delete [] iPtr	iPtr 為記憶體陣列

表 12.6 不可多載的運算符號

符號	功能	範例	說明
.	欄位	x.y	x 為結構，y 為欄位
.*	註標	x[y]	x 為陣列，y 為元素
::	範圍	A::input()	A 為類別 input 函數
?:	條件	op1?op2:op3	參考 4.2.8 節
sizeof( )	大小	sizeof(x)	傳回 x 的位元組數

12.2.2 運算符號函數

運算符號函數可以是類別成員函數或非類別成員函數。當非成員函數或非 friend 函數要存取**私用區（private）**或**保護區（protected）**的資料時，必須先呼叫**公用區（public）**的 set 或 get 成員函數，如此將會降低程式的性能。所以為了得到更好的性能，可使用 friend 函數，friend 雖然不是類別成員函數但仍可直接存取私用區（private）或保護區（protected）的資料。

當多載 ()、[]、-> 或表 12.4 的指定運算符號時，則此運算符號函數必須被宣告為類別的成員函數，至於其他的運算符號則可任意宣告為類別成員函數或非成員函數。

當運算符號函數被宣告為類別的成員函數時，則最左邊的運算元必須是該類別的物件。若最左邊的運算元必須是其他類別物件或內建資料型態時，則此運算符號函數必須被宣告為非成員函數。

12.2.3 多載 >> 運算符號

friend istream &operator>>(istream&傳回參數, 類別名稱 物件參數)

● >> 可以作為位元右移運算符號之外，還可以作為串列輸入運算符號，所以 C++ 允許使用這個運算符號來輸入內建型態的資料。

同時，C++ 也允許多載這個運算符號函數，使它們可以輸入使用者自定型態的資料。

● 多載 >> 運算符號函數時，在運算符號左邊必須有 istream& 型態的運算元（如 C++ 內建的 cin 關鍵字），所以 >> 運算符號必須被多載為非成員函數。有時它還必須直接輸入資料到類別私有區的資料成員中，所以通常將 >> 運算符號多載為 friend 函數以增加它的效能。

下面範例在 main 函數中使用 cin >> s1 與 cout << s1 敘述，企圖輸入與輸出 Test 型態的資料 s1。可是 C++ 編譯時將產生錯誤，原因是 Test 是使用者自定的類別型態，而 C++ 不知道使用者要如何輸出 a 與 b 值，是輸出 a, 空格, 再輸出 b 值？還是輸出 a, 跳行, 再輸出 b 值？因此，程式必須多載 >> 與 << 符號，處理輸入與輸出 Test 型態資料。

```cpp
class Test
{
private:
    int a, b;                        //定義 private 變數
public:
    Test() {
      a = b = 0; }
    Test(int n, int m) {
      a = n; b = m; }
};

int main(int argc, char** argv)
{
    Test s1;
    cin >> s1;                       //錯誤不能輸入 Test 型態資料
    cout << s1;                      //錯誤不能輸出 Test 型態資料
    return 0;                        //正常結束程式
}
```

12.2.4 多載 << 運算符號

friend ostream &operator<<(ostream&傳回參數, 類別名稱 物件參數)

- << 可以作為位元左移運算符號之外，還可以作為串列輸出運算符號，所以 C++ 允許使用這個運算符號來輸出內建型態（built-in data type）的資料。同時，C++ 也允許多載這個運算符號函數，使它們可以輸出使用者自定型態（user define data type）的資料。

- 多載 << 運算符號函數時，在運算符號左邊必須有 ostream& 型態的運算元（如 C++ 內建的 cout 關鍵字），所以 << 運算符號必須被多載為非成員函數。有時它還必須直接輸出類別中私有區的資料成員，所以通常將 << 運算符號多載為 friend 函數以增加它的效能。

下面範例是多載運算符號 >> 與 <<，並在多載 >> 函數中處理輸入 Test 型態資料，與在多載 << 函數中處理輸出 Test 型態資料。因此在 main 函數中使用 cin >> s1 將根據多載 >> 函數，取得鍵盤輸入值並存入 s1.a 與 s1.b 中，而使用 cout << s1 將根據多載 << 函數，傳遞 s1 物件給多載 << 函數，然後輸出 s1.a 與 s1.b 值。

```cpp
class Test
{
private:
    int a, b;                              //定義 private 變數
public:
    Test() {
        a = b = 0; }
    Test(int n, int m) {
        a = n; b = m; }
    friend istream& operator>>(istream& in, Test& obj);
    friend ostream& operator<<(ostream& out, Test& obj);
};

istream& operator>>(istream& in, Test& obj)    //多載 >> 號
{
    cout << "請輸入 a 與 b 之值:";
    in >> obj.a >> obj.b;
    return in;
}

ostream& operator<<(ostream& out, Test& obj)    //多載 << 號
{
    out << "a 與 b 的值:" << endl;
    out << obj.a << " " << obj.b << endl;
```

```
      return out;
}

int main(int argc, char** argv)
{
   Test s1;
   cin >> s1;                          //若輸入 2 3
   cout << s1;                         //則輸出 2 3
   return 0;                           //正常結束程式
}
```

程式 12-05：運算符號 << 與 >> 多載練習

```
1.    //檔案名稱：d:\C++12\C1205.cpp
2.    #include <iostream>
3.    #include <cmath>
4.    using namespace std;
5.
6.    class Fracpri                           //宣告 Fracpri 類別
7.    {
8.    private:
9.       int whole;                           //整數
10.      int numer;                           //分子
11.      int denom;                           //分母
12.   public:
13.      int getgcd();                        //宣告 getgcd 函數
14.      friend istream & operator >> (istream& in, Fracpri& obj);
15.      friend ostream & operator << (ostream& out, Fracpri& obj);
16.   };
17.
18.   int Fracpri::getgcd()                   //求 G.C.D 函數
19.   {
20.      int n = numer<denom ? numer : denom;
21.      for( ; n>=1; n--)
22.        if(denom%n==0 && numer%n==0)       //二數除以 n 皆等於 0
23.          break;                           //中斷迴圈
24.      return n;
25.   }
26.
27.   istream & operator >> (istream & in, Fracpri & obj) //多載>>符號函數
28.   {
29.      in >> obj.whole >> obj.numer >> obj.denom;
30.      obj.whole = abs(obj.whole);
31.      obj.numer = abs(obj.numer);
32.      obj.denom = abs(obj.denom);
33.      return in;
34.   }
35.
```

```
36.    ostream & operator << (ostream& out, Fracpri& obj) //多載<<符號函數
37.    {
38.       int gcd = obj.getgcd();
39.       obj.numer = obj.numer / gcd;
40.       obj.denom = obj.denom / gcd;
41.       out << obj.whole << ' ' << obj.numer << '/' << obj.denom;
42.       return out;
43.    }
44.
45.    int main(int argc, char** argv)
46.    {
47.       Fracpri s1;
48.       cout << "請輸入帶分數（整數 分子 分母）: ";
49.       cin >> s1;
50.       cout << "化簡後的帶分數為:" << s1 << endl;
51.       return 0;
52.    }
```

▶▶ 程式輸出：粗體字表示鍵盤輸入

請輸入帶分數（整數 分子 分母）: **2 4 8** ⌷Enter⌷
化簡後的帶分數為: 2 1/2

　　輸入分數時，在整數、分子、分母之間，可使用空白（space）或減號（-）來隔開。getgcd 函數是利用輾轉相除法求分子與分母的最大公因數。

12.2.5　多載雙運算元符號

傳回型態 operator 運算符號(類別型態 物件參數)　　　　　//一個參數

傳回型態 operator 運算符號(類別 1 物件 1, 類別 2 物件 2)　//二個參數

- 雙運算元運算符號可以被多載為含有一個參數的非靜態成員函數，或含有二個參數的非靜態成員函數。運算符號被多載為非靜態成員函數，如此才可以存取非靜態資料成員。

　　下面範例是多載 + 號函數，使多載的 + 號函數可以處理 Test 型態資料的加法運算，如執行 Test 型態物件 s1+s2，等於 s1.operator+(s2) 呼叫敘述，也就是由 s1 呼叫多載 + 號函數並傳遞參數 s2 給多載 + 號函數，所以函數中執行 s1.a+s2.a 與 s1.b+s2.b 運算，並將運算值暫存在 Test 型態的 temp 中傳回給呼叫敘述，然後指定給 s3 物件。

　　等號（＝）可複製類別型態的資料到另一個同一類別型態的資料成員中。因此，下面範例不需要多載 = 等號來處理 s3 = s1 + s2;，C++ 會自動將 s1+s2 的運算值指定給 s3。

```cpp
class Test
{
    int a, b;                               //定義 private 變數
public:
    Test() { a = b = 0; }
    Test(int n, int m) { a = n; b = m; }
    Test operator+(Test);                   //宣告多載 + 號
};

Test Test::operator+(Test obj)              //定義多載 + 號
{
    Test temp;
    temp.a = a + obj.a;                     //a=s1.a, obj.a=s2.a
    temp.b = b + obj.b;                     //b=s1.b, obj.b=s2.b
    return temp;
}

int main(int argc, char** argv)
{
    Test s1(2, 3), s2(4, 5), s3;
    s3 = s1 + s2;                           //s1.operator+(s2)
    return 0;                               //正常結束程式
}
```

　　下面範例是多載關係運算符號 > 函數，使多載的 > 號函數可以比較 Test 型態資料，如執行 Test 型態物件 s1>s2 時，等於 s1.operator>(s2) 呼叫敘述，也就是由 s1 呼叫>函數並傳遞參數 s2 給 > 函數，所以實際上是比較 s1.a 與 s2.a 的值，然後傳回 true 或 false 值給 if 敘述。

```cpp
class Test
{
    int a;                                  //定義 private 變數
public:
    Test() { a = 0; }
    Test(int n) { a = n; }
    bool operator>(Test);                   //宣告多載 > 號
};

bool Test::operator>(Test obj)              //定義多載 > 號
{
```

```
      if (a > obj.a)
         return true;
      else
         return false;
   }

   int main(int argc, char** argv)
   {
      Test s1(2), s2(5);
      if (s1 > s2)                      //呼叫多載 > 函數
         cout << "s1 > s2";
      else
         cout << "s1 < s2";
      return 0;                         //成功結束程式
   }
```

⬇ **程式 12-06**：多載 + 運算符號練習

```
1.   //檔案名稱：d:\C++12\C1206.cpp
2.   #include <iostream>
3.   #include <cmath>
4.   using namespace std;
5.
6.   class Fracpri                      // 宣告 Fracpri 類別
7.   {
8.   private:
9.      int whole;                      // 整數
10.     int numer;                      // 分子
11.     int denom;                      // 分母
12.  public:
13.     int getgcd();                   // 宣告 getgcd 函數
14.     Fracpri operator + (Fracpri);
15.     friend istream & operator >> (istream& in, Fracpri& obj);
16.     friend ostream & operator << (ostream& out, Fracpri& obj);
17.  };
18.
19.  int Fracpri::getgcd()              //求 G.C.D 函數
20.  {
21.     int n = numer<denom ? numer : denom;
22.     for( ; n>=1; n--)
23.        if(denom%n==0 && numer%n==0)  //二數除以 n 皆等於 0
24.           break;                     //中斷迴圈
25.     return n;
26.  }
27.
28.  Fracpri Fracpri::operator + (Fracpri obj) //多載 + 運算符號
29.  {
30.     Fracpri temp;
```

```
31.     int t = (numer * obj.denom + obj.numer * denom);
32.     temp.denom = denom * obj.denom;
33.     temp.numer = t % temp.denom;
34.     temp.whole = whole + obj.whole + (t / temp.denom);
35.     return temp;
36.   }
37.
38.   istream & operator >> (istream & in, Fracpri & obj)
39.   {                                          //多載 >> 運算符號
40.     in >> obj.whole >> obj.numer >> obj.denom;
41.     obj.whole = abs(obj.whole);
42.     obj.numer = abs(obj.numer);
43.     obj.denom = abs(obj.denom);
44.     return in;
45.   }
46.
47.   ostream & operator << (ostream& out, Fracpri& obj)
48.   {                                          //多載 << 運算符號
49.     int gcd = obj.getgcd();
50.     obj.numer = obj.numer / gcd;
51.     obj.denom = obj.denom / gcd;
52.     out << obj.whole << ' ' << obj.numer << '/' << obj.denom;
53.     return out;
54.   }
55.
56.   int main(int argc, char** argv)
57.   {
58.     Fracpri s1, s2, s3;
59.     cout << "請輸入帶分數1 (整數 分子 分母): ";
60.     cin >> s1;
61.     cout << "請輸入帶分數2 (整數 分子 分母): ";
62.     cin >> s2;
63.     s3 = s1 + s2;                            //呼叫 + 與 = 號函數
64.     cout << "帶分數1 + 帶分數2 = " << s1 << " + "
65.          << s2 << " = " << s3 << endl;
66.     return 0;
67.   }
```

▶▶ 程式輸出：粗體字表示鍵盤輸入

```
請輸入帶分數1 (整數 分子 分母): 2 3 4 [Enter]
請輸入帶分數2 (整數 分子 分母): 4 3 5 [Enter]
帶分數1 + 帶分數2 = 2 3/4 + 4 3/5 = 7 7/20
```

　　直接使用帶分數執行加法運算的公式為：$a\dfrac{b}{c} + d\dfrac{e}{f} = (a+d)\dfrac{bf+ce}{cf}$，也

可先將帶分數化為繁分數，然後再執行加法運算，公式如 12.4.1 節說明。

12.2.6 多載單運算元符號

> 傳回型態 operator 運算符號() //沒有參數
>
> 傳回型態 operator 運算符號(類別型態 物件參數) //一個參數

● 雙運算元運算符號可以被多載為沒有參數的非靜態成員函數,或含有一個參數的非靜態成員函數。運算符號被多載為非靜態成員函數,如此可存取非靜態資料成員。

下面範例是多載單運算元!函數。if(!s1) 等於 if(s1.operator!()) 敘述,表示以 s1 物件呼叫多載!符號函數,而多載的!函數則判斷 s1.a 是否為 0,若為 0 則傳回 true 給 if 敘述,若不為 0 則傳回 false 給 if 敘述。

```cpp
class Test
{
   int a;                             //定義private變數
public:
   Test(int n) { a = n; }
   bool operator !();                 //宣告多載 ！號
};

bool Test::operator!()                //定義多載 ！號
{
   if (a != 0)
      return true;
   else
      return false;
}

int main(int argc, char** argv)
{
   Test s1(5);
   if (!s1)                           //呼叫多載 ！符號函數
      cout << "s1 != 0";
   else
      cout << "s1 == 0";
   return 0;                          //正常結束程式
}
```

程式 **12-07**：運算符號 > 與！多載練習

```
1.   //檔案名稱：d:\C++12\C1207.cpp
2.   #include <iostream>
3.   #include <cmath>
4.   using namespace std;
5.
6.   class Fracpri                            //宣告 Fracpri 類別
7.   {
8.   private:
9.      int whole;                            //整數
10.     int numer;                            //分子
11.     int denom;                            //分母
12.   public:
13.     int getgcd();                         //宣告 getgcd 函數
14.     bool operator > (Fracpri);            //宣告 > 運算符號
15.     friend istream & operator >> (istream& in, Fracpri& obj);
16.     friend ostream & operator << (ostream& out, Fracpri& obj);
17.   };
18.
19.   int Fracpri::getgcd()                   //求 G.C.D 函數
20.   {
21.     int n = numer<denom ? numer : denom;
22.     for( ; n>=1; n--)
23.       if(denom%n==0 && numer%n==0)        //二數除以 n 皆等於 0
24.         break;                            //中斷迴圈
25.     return n;
26.   }
27.
28.   bool Fracpri::operator > (Fracpri obj)   //多載 > 運算符號
29.   {
30.     int numer1, numer2;
31.     numer1 = whole * denom + numer;
32.     numer2 = obj.whole * obj.denom + obj.numer;
33.     if((numer1*obj.denom) > (numer2*denom))
34.       return true;
35.     else
36.       return false;
37.   }
38.
39.   istream & operator >> (istream & in, Fracpri & obj)
40.   {                                        //多載 >> 運算符號
41.     in >> obj.whole >> obj.numer >> obj.denom;
42.     obj.whole = abs(obj.whole);
43.     obj.numer = abs(obj.numer);
44.     obj.denom = abs(obj.denom);
45.     return in;
46.   }
47.
48.   ostream & operator << (ostream& out, Fracpri& obj)
```

```
49.  {                                               //多載 << 運算符號
50.      int gcd = obj.getgcd();
51.      obj.numer = obj.numer / gcd;
52.      obj.denom = obj.denom / gcd;
53.      out << obj.whole << ' ' << obj.numer << '/' << obj.denom;
54.      return out;
55.  }
56.
57.  int main(int argc, char** argv)
58.  {
59.      Fracpri s1, s2;
60.      cout << "請輸入帶分數1 (整數 分子 分母): ";
61.      cin >> s1;
62.      cout << "請輸入帶分數2 (整數 分子 分母): ";
63.      cin >> s2;
64.      if (s1 > s2)                                 //呼叫 ! 與 > 函數
65.         cout << "帶分數1 (" << s1 << ") > "
66.              << "帶分數2 (" << s2 << ')' << endl;
67.      else
68.         cout << "帶分數1 (" << s1 << ") <= "
69.              << "帶分數2 (" << s2 << ')' << endl;
70.      return 0;
71.  }
```

>> **程式輸出：粗體字表示鍵盤輸入**

請輸入帶分數1 (整數 分子 分母): **4 3 8** Enter
請輸入帶分數2 (整數 分子 分母): **3 5 8** Enter
帶分數1 (4 3/8) > 帶分數2 (3 5/8)

12.2.7 多載前置運算符號

傳回型態 operator 運算符號()

● 多載前置增量（++）與前置減量（--）運算符號函數與多載單運
算元運算符號函數相同。

　　下面範例是多載前置運算符號 ++x 函數，如範例中 ++s1，等於
s1.operator++() 呼叫敘述，表示以 s1 物件呼叫多載 ++x 符號函數，而多載
的 ++x 函數則執行 ++s1.a 與 ++s1.b，並傳回增量後的 s1，然後將傳回值
指定給 s2 物件，所以 s2 等於增量後的 s1 值。

```
class Test
{
    int a, b;                                   //定義 private 變數
public:
    Test() { a = b = 0; }
    Test(int n, int m) { a = n; b = m; }
    Test operator++();                          //宣告前置 ++x 號
};

Test Test::operator++()                         //定義前置 ++x 號
{
    return Test(++a, ++b);
}

int main(int argc, char** argv)
{
    Test s1(2, 3), s2;
    s2 = ++s1;                                  //等於 s1.operator++().
    return 0;                                   //正常結束程式
}
```

12.2.8 多載後置運算符號

傳回型態 operator 運算符號(int)

● 多載後置增量（++）與後置減量（--）運算符號函數時，必須在
參數列中加上 int。而呼叫此運算符號函數時，則必須傳遞參數
0。實際上 int 與 0 是無用的參數，它主要目的是與前置運算符號
區別。

　　下面範例是多載前置運算符號 x++ 函數，如範例中 s1++ 等於
s1.operator++(整數) 呼叫敘述，表示以 s1 物件呼叫多載 x++ 符號函數，而
多載的 x++ 函數則先傳回增量前的 s1 值並指定給 s2 物件，然後執行 s1.a++
與 s1.b++，所以 s2 等於增量前的 s1 值。

```
class Test
{
    int a, b;                               //定義 private 變數
public:
```

```
    Test() { a = b = 0; }
    Test(int n, int m) { a = n; b = m; }
    Test operator++(int);              //宣告後置 x++ 號
};

Test Test::operator++(int)             //定義後置 x++ 號
{
    return Test(a++, b++);
}

int main(int argc, char** argv)
{
    Test s1(2, 3), s2;
    s2 = s1++;                         //s2.a=s1.a=2, s2.b=s1.b=3
                                       //s1.a=++s1.a=3, s1.b=++s1.b=4
    return 0;                          //正常結束程式
}
```

程式 12-08：前置與後置運算符號 ＋＋ 多載練習

```
1.   //檔案名稱：d:\C++12\C1208.cpp
2.   #include <iostream>
3.   #include <cmath>
4.   using namespace std;
5.
6.   class Fracpri                          //宣告 Fracpri 類別
7.   {
8.   private:
9.       int whole;                         //整數
10.      int numer;                         //分子
11.      int denom;                         //分母
12.  public:
13.      Fracpri () {}                      //無參數建立者
14.      Fracpri (int, int, int);          //有參數建立者
15.      int getgcd();                      //宣告 getgcd 函數
16.      Fracpri operator ++();            //宣告前置 ++x 號
17.      Fracpri operator ++(int);         //宣告後置 x++ 號
18.      friend istream & operator >> (istream& in, Fracpri& obj);
19.      friend ostream & operator << (ostream& out, Fracpri& obj);
20.  };
21.
22.  Fracpri::Fracpri(int a, int b, int c)     //定義建立者函數
23.  {
24.      whole = a; denom = b; numer = c;
25.  }
26.
27.  int Fracpri::getgcd()                      //求 G.C.D 函數
28.  {
```

```
29.        int n = numer<denom ? numer : denom;
30.        for( ; n>=1; n--)
31.          if(denom%n==0 && numer%n==0)          //二數除以 n 皆等於 0
32.            break;                               //中斷迴圈
33.        return n;
34.    }
35.
36.    Fracpri Fracpri::operator ++()               //多載前置 ++x 號
37.    {
38.        return Fracpri(++whole, denom, numer);
39.    }
40.
41.    Fracpri Fracpri::operator ++(int)            //多載後置 x++ 號
42.    {
43.        return Fracpri(whole++, denom, numer);
44.    }
45.
46.    istream & operator >> (istream & in, Fracpri & obj)
47.    {                                            //多載 >> 運算符號
48.        in >> obj.whole >> obj.numer >> obj.denom;
49.        obj.whole = abs(obj.whole);
50.        obj.numer = abs(obj.numer);
51.        obj.denom = abs(obj.denom);
52.        return in;
53.    }
54.
55.    ostream & operator << (ostream& out, Fracpri& obj)
56.    {                                            //多載 << 運算符號
57.        int gcd = obj.getgcd();
58.        obj.numer = obj.numer / gcd;
59.        obj.denom = obj.denom / gcd;
60.        out << obj.whole << ' ' << obj.numer << '/' << obj.denom;
61.        return out;
62.    }
63.
64.    int main(int argc, char** argv)
65.    {
66.        Fracpri s1, s2, s3, s4;
67.        cout << "請輸入帶分數 1 (整數 分子 分母): ";
68.        cin >> s1;
69.        cout << "請輸入帶分數 2 (整數 分子 分母): ";
70.        cin >> s2;
71.        s3 = ++s1;                               // s1=s1+1, s3=s1
72.        cout << "\ns3 = ++s1 = " << s3;
73.        cout << "\n 運算後 s1 = " << s1 << endl;
74.        s4 = s2++;                               // s4=s2, s2=s2+1
75.        cout << "\ns4 = s2++ = " << s4;
76.        cout << "\n 運算後 s2 = " << s2 << endl;
77.        return 0;
78.    }
```

》 程式輸出：粗體字表示鍵盤輸入

```
請輸入帶分數 1 (整數 分子 分母)： 2 3 4  Enter
請輸入帶分數 2 (整數 分子 分母)： 3 4 5  Enter

s3 = ++s1 = 3 3/4
運算後 s1 = 3 3/4

s4 = s2++ = 3 4/5
運算後 s2 = 4 4/5
```

12.3 轉換型態

12.3.1 基本型態轉基本型態

　　表 12.7 列出轉換資料型態時，所需建立或使用的函數。例如，C++ 已提供基本型態資料的轉換函數，所以設計師不需多載基本型態資料的轉換函數。但基本型態與類別型態的轉換，則必須使用類別建立者函數或運算符號轉換函數。例如，使用建立者函數可以轉換基本型態資料為類別型態資料，使用多載型態符號函數可以轉換類別型態資料為基本型態資料，而不同類別間的型態轉換則可以使用建立者函數或多載型態符號函數。

表 12.7 資料型態轉換表

轉換型態	目的位置	來源位置
基本型態轉換基本型態	使用 C++ 內建函數	使用 C++ 內建函數
基本型態轉換類別型態	使用建立者函數	無
類別型態轉換基本型態	無	使用多載型態符號函數
類別型態轉換類別型態	使用建立者函數	使用多載型態符號函數

　　下面範例是使用 C++ 內建的 int 函數，將 float 型態的 fracfeet 轉成 int 型態，然後指定給整數型態的 feet 變數。

```
int feet;
float fracfeet = 3.280833 * 3.5;
feet = int(fracfeet);                    //float 轉成 int
```

下面範例是使用 C++ 內建的 float 函數，將 int 型態的 feet 轉成 float 型態，然後指定給整數型態的 fracfeet 變數。

```
int feet, inch;
float fracfeet = inch / 12;
fracfeet = float(feet);                      //feet 從 int 轉為 float
```

12.3.2 基本型態轉類別型態

如表 12.7 所示，在基本型態轉成類別型態時，只可在目的位置（也就是類別中）使用建立者函數處理資料型態的轉換。

下面範例是 float 型態的資料轉成 Distance 型態的資料。Distance 類別有二個建立者，第一個是二個參數的建立者，第二個是一個參數的建立者。敘述 Distance d(0, 0) 將自動呼叫第一個建立者起始 d.feet＝0 與 d.inch＝0，而 d＝m 則自動呼叫第二個建立者並傳遞參數 m=3.5 給建立者，而第二個建立者將 3.5 公尺轉成英呎與英吋並存入 feet 與 inch 資料成員中。

```
const float MTF = 3.280833f;

class Distance                              //宣告 Distance 類別
{
   int feet;
   float inch;
public:
   Distance (int f, float in)               //宣告一參數建立者
   {
      feet = f; inch = in;
   }
   Distance (float meter)                   //宣告二參數建立者
   {
      float fracfeet = MTF * meter;
      feet = (int)fracfeet;
      inch = 12 * (fracfeet - feet);
   }
};

int main(int argc, char** argv)
{
   Distance d(0, 0);                        //呼叫二個參數的建立者
   float m = 3.5;                           //m = 3.5 m
   d = m;                                   //呼叫一個參數的建立者
```

```
    return 0;                                    //正常結束程式
}
```

程式 **12-09**：基本型態轉成類別型態練習

```
1.   //檔案名稱：d:\C++12\C1209.cpp
2.   #include <iostream>
3.   using namespace std;
4.
5.   const float MTF = 3.280833f;
6.
7.   class Distance                              //宣告 Distance 類別
8.   {
9.      int feet;
10.     float inch;
11.  public:
12.     Distance (int f, float in);             //宣告二參數建立者
13.     Distance (float meter);                 //宣告一參數建立者
14.     friend ostream & operator << (ostream& out, Distance& obj);
15.  };
16.
17.  Distance::Distance (int f, float in)        //定義二參數建立者
18.  {
19.     feet = f; inch = in;
20.  }
21.
22.  Distance::Distance(float meter)             //定義一參數建立者
23.  {                                           //基本型態轉換類別型態
24.     float fracfeet = MTF * meter;
25.     feet = (int)fracfeet;                    //float 轉成 int
26.     inch = 12 * (fracfeet - feet);
27.  }
28.
29.  ostream & operator << (ostream& out, Distance& obj)
30.  {                                           //多載 << 運算符號
31.     out  << obj.feet << " 英呎 "
32.         << obj.inch << " 英吋 ";
33.     return out;
34.  }
35.
36.  int main(int argc, char** argv)
37.  {
38.     Distance d(0, 0);                        //呼叫二個參數的建立者
39.     float m = 3.5f;
40.     d = m;                                   //呼叫一個參數的建立者
41.     cout << m << " 公尺 = " << d;
42.     cout << endl;
43.     return 0;
44.  }
```

▶▶ 程式輸出

```
3.5 公尺 = 11 英呎 5.79499 英吋
```

12.3.3　類別型態轉基本型態

　　如表 12.7 所示，在類別型態轉成基本型態時，只可在來源位置（也就是類別中）使用多載型態符號函數處理資料型態的轉換。

　　下面範例是 Distance 型態的資料轉成 float 型態的資料。敘述 Distance d(0, 0) 將呼叫 Distance 建立者，並起始 d.feet=0 與 d.inch=0，而敘述 float m=d 則呼叫多載 operator folat 函數，將 d.feet 與 d.inch 轉成浮點數後存入變數 m 中。

```
const float MTF = 3.280833;

class Distance                          //宣告 Distance 類別
{
    int feet;
    float inch;
public:
    Distance (int f, float in)          //Distance 類別建立者
    {
        feet = f; inch = in;
    }
    operator float()                    //多載 float 型態函數
    {
        float fracfeet = inch / 12;
        fracfeet += float(feet);
        return fracfeet / MTF;
    }
};

int main(int argc, char** argv)
{
    Distance d(2, 3);                   //呼叫 Distance 建立者
    float m;                            //宣告浮點數變數 m
    m = d;                              //呼叫 operator float 函數
    return 0;                           //正常結束程式
}
```

程式 12-10：類別型態轉成基本型態練習

```
1.    //檔案名稱：d:\C++12\C1210.cpp
2.    #include <iostream>
3.    using namespace std;
4.
5.    const float MTF = 3.280833f;
6.
7.    class Distance                        //宣告 Distance 類別
8.    {
9.    private:
10.       int feet;
11.       float inch;
12.    public:
13.       Distance (int f, float in);       //Distance 類別建立者
14.       operator float();                 //宣告多載 float 型態原型
15.       friend ostream & operator << (ostream& out, Distance& obj);
16.    };
17.
18.    Distance::Distance (int f, float in)
19.    {
20.       feet = f; inch = in;
21.    }
22.    Distance::operator float()           //定義多載 float 型態函數
23.    {
24.       float fracfeet = inch / 12;
25.       fracfeet += float(feet);
26.       return fracfeet / MTF;
27.    }
28.
29.    ostream & operator << (ostream& out, Distance& obj) //多載<<運算符號
30.    {
31.       out  << obj.feet << " 英呎 "
32.          << obj.inch << " 英吋";
33.       return out;
34.    }
35.
36.    int main(int argc, char** argv)
37.    {
38.       Distance d(11, 5.79499f);         //呼叫 Distance 建立者
39.       float m;                          //宣告浮點數變數 m
40.       m = d;                            //呼叫多載 float 函數
41.       cout << d << " = " << m << " 公尺\n";
42.       return 0;
43.    }
```

▶▶ 程式輸出

11 英呎 5.79499 英吋 = 3.5 公尺

12.3.4 類別型態轉類別型態

如表 12.7 所示，在類別型態轉成類別型態時，可在目的類別中使用建立者函數處理資料型態的轉換，或可在來源類別中使用多載＝號函數處理資料型態的轉換。

下面範例是 Polar 型態的資料轉成 Cartesian 型態的資料。Polar 類別多載 Cartesian 的建立者函數，此多載的 Cartesian 函數會將 Polar 類別的 radius 與 angle 資料轉成 Cartesian 型態的資料傳回。Polar p(2.0, 35.0) 敘述是建立極座標 p 點位置，Cartesian c 敘述是建立直角座標 c，c = p 敘述則呼叫 Cartesian 函數將極座標 p 轉成直角座標存入 c 中。

```cpp
class Cartesian                             //宣告 Cartesian 類別
{
    double x;
    double y;
public:
    Cartesian () {x = y = 0.0;}
    Cartesian (double a, double b) {x = a, y = b;}
};

class Polar                                 //宣告 Polar 類別
{
    double radius;
    double angle;
public:
    Polar(double r, double a)
    { radius = r; angle = a; }
    operator Cartesian()                    //多載 Cartesian 函數
    {
        double xx, yy;
        xx = radius * cos(angle);
        yy = radius * sin(angle);
        return Cartesian(xx, yy);
    }
};

int main(int argc, char** argv)
{
    Polar p(2.0, 35.0);                     //建立極座標 p 點位置
    Cartesian c;                            //建立平面座標 c
    c = p;                                  //呼叫 Cartesian 函數
    return 0;                               //正常結束程式
}
```

程式 12-11：極座標轉成平面座標一 (使用型態轉換)

```
1.    //檔案名稱：d:\C++12\C1211.cpp
2.    #include <iostream>
3.    #include <cmath>
4.    using namespace std;
5.
6.    class Cartesian                          //宣告 Cartesian 類別
7.    {
8.    private:
9.       double x;
10.      double y;
11.   public:
12.      Cartesian () {x = y = 0.0;}
13.      Cartesian (double a, double b) {x = a; y = b;}
14.      friend ostream & operator << (ostream& out, Cartesian& obj);
15.   };
16.
17.   class Polar                              //宣告 Polar 類別
18.   {
19.      double radius;
20.      double angle;
21.   public:
22.      Polar() {radius = angle = 0.0;}
23.      Polar(double r, double a) {radius = r; angle = a;}
24.      operator Cartesian();                 //宣告型態轉換函數
25.      friend ostream & operator << (ostream& out, Polar& obj);
26.   };
27.
28.   Polar::operator Cartesian()              //宣告型態轉換函數
29.   {                                        //Polar 轉成 Cartesian
30.      double xx, yy;
31.      xx = radius * cos(angle);
32.      yy = radius * sin(angle);
33.      return Cartesian(xx, yy);
34.   }
35.
36.   ostream & operator << (ostream& out, Cartesian& obj)
37.   {                                        //多載 Cartesian<<符號
38.      out << "c(" << obj.x << ", " << obj.y << ")";
39.      return out;
40.   }
41.
42.   ostream & operator << (ostream& out, Polar& obj)
43.   {                                        //多載 Polar << 運算符號
44.      out << "p(" << obj.radius << ", " << obj.angle << ")";
45.      return out;
46.   }
47.
48.   int main(int argc, char** argv)
49.   {
```

```
50.     Polar p(2.0, 35.0);                    //建立極座標 p 點位置
51.     Cartesian c;                           //建立平面座標 c
52.     c = p;                                 //呼叫 Cartesian 函數
53.     cout << "極座標:" << p << endl
54.          << "轉成平面座標:" << c << endl;
55.     return 0;
56.  }
```

▶▶ 程式輸出

```
極座標:p(2, 35)
轉成平面座標:c(-1.80738, -0.856365)
```

下面範例是 Polar 型態的資料轉成 Cartesian 型態的資料。Polar 類別
多載 Cartesian 的建立者函數,此多載的 = 號函數會將 Polar 類別的 radius
與 angle 資料轉成 Cartesian 型態的資料傳回。Polar p(2.0, 35.0) 敘述是建
立極座標 p 點位置,Cartesian c 敘述是建立直角座標 c,c = p 敘述則呼叫
多載的 = 號函數將極座標 p 轉成直角座標存入 c 中。

```
class Polar                                    //宣告 Polar 類別
{
    double radius;
    double angle;
public:
    Polar(double r, double a) { radius = r; angle = a; }
    double getr() {return radius;}
    double geta() {return angle;}
};

class Cartesian                                //宣告 Cartesian 類別
{
    double x;
    double y;
public:
    Cartesian() {x = y = 0.0;}
    Cartesian(double a, double b) {x = a; y = b;}
    Cartesian operator = (Polar p)             //定義多載 = 號函數
    {
        double r = p.getr();
        double a = p.geta();
        x = r * cos(a);
        y = r * sin(a);
        return Cartesian(x, y);
```

```
        }
    };

    int main(int argc, char** argv)
    {
        Polar p(2.0, 35.0);              //建立極座標p點位置
        Cartesian c;                     //建立平面座標c
        c = p;                           //呼叫多載 = 號函數
        return 0;                        //正常結束程式
    }
```

程式 12-12：極座標轉成平面座標二 (使用指定符號)

```
1.    //檔案名稱：d:\C++12\C1212.cpp
2.    #include <iostream>
3.    #include <cmath>
4.    using namespace std;
5.
6.    class Polar                          //宣告 Polar 類別
7.    {
8.    private:
9.       double radius;
10.      double angle;
11.   public:
12.      Polar() {radius = angle = 0.0;}
13.      Polar(double r, double a) {radius = r; angle = a;}
14.      double getr() {return radius;}
15.      double geta() {return angle;}
16.      friend ostream & operator << (ostream& out, Polar& obj);
17.   };
18.
19.   class Cartesian                      //宣告 Cartesian 類別
20.   {
21.      double x;
22.      double y;
23.   public:
24.      Cartesian() {x = y = 0.0;}
25.      Cartesian(double a, double b) {x = a; y = b;}
26.      Cartesian operator = (Polar p);        //宣告多載 = 號函數
27.      friend ostream & operator << (ostream& out, Cartesian& obj);
28.   };
29.
30.   Cartesian Cartesian::operator = (Polar p)  //定義多載 = 號函數
31.   {
32.      double r = p.getr();
33.      double a = p.geta();
34.      x = r * cos(a);
35.      y = r * sin(a);
36.      return Cartesian(x, y);
```

```
37.  }
38.
39.  ostream & operator << (ostream& out, Cartesian& obj)
40.  {                                          //多載 Cartesian<<符號
41.     out << "c(" << obj.x << ", " << obj.y << ")";
42.     return out;
43.  }
44.
45.  ostream & operator << (ostream& out, Polar& obj)
46.  {                                          //多載 Polar << 運算符號
47.     out << "p(" << obj.radius << ", " << obj.angle << ")";
48.     return out;
49.  }
50.
51.  int main(int argc, char** argv)
52.  {
53.     Polar p(2.0, 35.0);                      //建立極座標p點位置
54.     Cartesian c;                             //建立平面座標c
55.     c = p;                                   //呼叫多載 = 號函數
56.     cout << "極座標:" << p << endl
57.          << "轉成平面座標:" << c << endl;
58.     return 0;
59.  }
```

▶▶ 程式輸出

```
極座標:p(2, 35)
轉成平面座標:c(-1.80738, -0.856365)
```

12.4 習題

選擇題

1. 在一個類別中,定義二個以上相同名稱的函數稱為_____。

   a) 取代   b) 覆蓋   c) 共用   d) 多載

2. 函數多載時,表示這些函數具有_____。

   a) 相同的名稱   b) 相同數量的參數

   c) 相同名稱的參數   d) 相同型態的參數

3. 不能多載下列哪一個運算符號＿＿＿＿＿＿。

   a) new   b) delete   c) sizeof   d) 以上皆可

4. 定義多載運算符號函數的關鍵字是＿＿＿＿＿＿。

   a) new   b) operator   c) overload   d) function

5. ＿＿＿＿＿＿不是 >> 運算符號的功能。

   a) 位元右移運算符號   b) 邏輯大於運算符號

   c) 串列輸入運算符號   d) 以上皆不是

6. 正確宣告多載 >> 運算符號函數的表頭是＿＿＿＿＿＿。

   a) istream operator>>(istream& in, Test& obj)

   b) istream& operator>>(istream in, Test& obj)

   c) istream& operator>>(istream& in, Test obj)

   d) istream& operator>>(istream& in, Test& obj)

7. 在 Test 類別中，正確宣告多載 > 符號函數的表頭是＿＿＿＿＿＿。

   a) int operator>(Test obj)   b) bool operator>(Test obj)

   c) Test operator>(Test obj)   d) Test operator>(bool obj)

8. 若多載 + 號函數的表頭如下，且 s1, s2, s3 是 Test 類別物件，則 ＿＿＿＿＿＿不是呼叫此函數的敘述。

```
Test operator+(Test obj)
```

   a) s3 = s1 + s2;   b) s3 = s1.+(s2);

   c) s3 = s1.operator+(s2);   d) s3 = s2 + s1;

實作題

1. 建立一個帶分數四則運算（Fracpri）類別，其資料成員與成員函數如下：

    a) 定義 private 資料成員 whole、numer、denom 存放整數、分子、分母。

    b) 多載算術運算符號 +=、-=、*=、/=，來執行帶分數加一常數。

    c) 多載輸入、輸出運算符號 >>、<<，來輸入與輸出帶分數資料。

    d) 撰寫 main() 函數，由鍵盤輸入一筆帶分數與一筆常數，執行加、減、乘、除後輸出運算結果。

    先將帶分數化為繁分數，然後再依據下列公式，執行加、減、乘、除運算：

    加法：$\dfrac{a}{b} + \dfrac{c}{d} = \dfrac{ad + bc}{bd}$

    減法：$\dfrac{a}{b} - \dfrac{c}{d} = \dfrac{ad - bc}{bd}$

    乘法：$\dfrac{a}{b} \times \dfrac{c}{d} = \dfrac{ac}{bd}$

    除法：$\dfrac{a}{b} \div \dfrac{c}{d} = \dfrac{a}{b} \times \dfrac{d}{c} = \dfrac{ad}{bc}$　（但 $bd \neq 0$）

2. 建立一個字串運算（CString）類別，其資料成員與成員函數如下：

    a) 定義 private 資料成員 str，用來存放 C 型態字串。

    b) 多載算術運算符號 +=，作為串接二個 C 型態字串的運算符號。

    c) 多載輸入、輸出運算符號 >>、<<，來輸入與輸出 C 型態字串資料。

    d) 撰寫 main() 函數，由鍵盤輸入二筆字串資料，呼叫多載 += 運算符號，將二個字串串接在一起。

繼承類別

CHAPTER 13

13.1 繼承概論

繼承（inheritance）的功能讓程式可以重複使用。例如，建立新類別時，使用繼承功能去吸收已存在類別的特性與功能到新類別中，如此可以節省許多程式開發的時間，所以繼承是處理複雜程式很有效率的技術。

13.1.1 基礎類別與衍生類別

當建立新類別時，使用繼承功能去繼承已存在類別的資料成員與成員函數，來取代重新撰寫新的資料成員與新的成員函數。這已存在的類別稱為**基礎類別（base class）**或父類別（parent class），而新建立的類別稱為**衍生類別（derived class）**或子類別（child class）。在衍生類別中可以新增自己的資料成員與成員函數，將來衍生類別也可能成為新建類別的基礎類別。

13.1.2 繼承型式

C++ 提供公用（public）、私用（private）與保護（protected）三種繼承型式。在 public 繼承型式中，衍生類別只能存取基礎類別中 public 與 protected 的成員，而不能直接存取基礎類別中 private 的成員，但可透過基礎類別中 public 與 protected 的成員函數間接存取基礎類別的 private 成員。

13.1.3 保護成員

基礎類別的 public 成員可以被程式中所有的函數存取，基礎類別的
private 成員只能被基礎類別的函數成員與 friend 函數所存取。

存取基礎類別的 protected 成員的，則是介於存取 public 與 private 成
員之間，基礎類別的 protected 成員可被基礎類別與衍生類別的成員函數與
friend 函數所存取。所以對於衍生類別的成員函數而言，可以直接使用
public 與 protected 成員名稱存取該資料成員。而對於其他類別（非衍生類
別）的成員函數而言，則不可直接存取 protected 與 private 資料成員，必
須透過 public 成員函數來存取 protected 與 private 資料成員。

13.2 單一類別繼承

單一繼承（single inheritance）表示衍生類別（derived）繼承單一
基礎類別（base）。衍生類別可以使用 public、private 與 protected 形式繼
承基礎類別的成員如下圖。

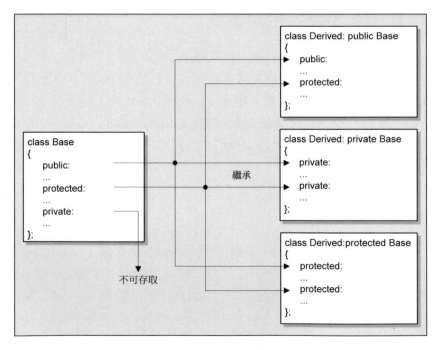

圖 13.1 繼承型態

13.2.1 公用型態的繼承

 class 衍生類別: public 基礎類別

如表 13.1 衍生類別以 public 型態繼承基礎類別,則衍生類別中的其他成員函數可以直接存取基礎類別中 protected 與 public 成員,而不可存取基礎類別中 private 成員,但可以利用基礎類別的 public 成員函數,間接存取基礎類別的 private 成員。

衍生類別繼承基礎類別的成員後,仍然保留該成員原來的型態。也就是說,private 成員遺傳後仍為 private 成員,protected 成員遺傳後仍為 protected 成員,public 成員遺傳後仍為 public 成員。所以對於其他類別的成員或衍生類別的物件而言,只能存取 public 成員,而不能存取 private 與 protected 成員。

private 成員與 protected 成員的相同點是:二者只限於成員函數或 friend 函數存取。private 成員與 protected 成員的相異點是:private 成員不可以被繼承,也就是說衍生類別不可存取基礎類別的 private 成員,而 protected 成員可以被繼承。

表 13.1 public 型態繼承基礎類別

基礎類別		衍生類別	其他類別
基礎類別成員型態	存取基礎類別成員	繼承後成員型態	存取衍生類別成員
private 成員	✕(否)	private 成員	✕(否)
protected 成員	✓(可)	protected 成員	✕(否)
public 成員	✓(可)	public 成員	✓(可)

建立基礎類別與建立一般類別相同。如下敘述建立 Base 類別,然後在 Base 類別中定義 private 資料成員 a, b,與 public 成員函數 set 與 show。

```
class Base
{
    int a, b;
public:
```

```
    void set(int n, int m) {a = n; b = m;}
    void show() {cout << a << " " << b << endl;}
};
```

建立衍生類別時，除了定義衍生類別的資料成員 c 與成員函數 show 外，在宣告 Derived 類別後面使用 :public Base，表示 Derived 是從 Base 衍生而來，也就是 Derived 繼承了 Base 的 public 成員。不過，Derived 的函數卻不可直接存取 Base 的 private 成員，如下面敘述的 c = a * b; 是錯誤的。

```
class Derived: public Base
{
    int c;
public:
    Derived() {c = 0;}
    Derived(int n) {c = n;}
    void setc() {c = a * b;}                    //錯誤！不可直接存取 a, b
    void showc() {cout << c;}
};
```

Derived 物件可以呼叫 Base 與 Derived 類別的 public 函數。如下面敘述建立 Derived 物件 d 後，以 d 物件呼叫 Base 類別 public 函數 set 與 show，與呼叫 Derived 類別的 showc 函數。

```
int main(int argc, char** argv)
{
    Derived d(10);                              //c = 10
    d.set(2,3);                                 //a=2, b=3
    d.show();                                   //顯示 2 與 3
    d.showc();                                  //顯示 10
}
```

因為 protected 成員可以被繼承，但不能被其他類別的函數存取。因此，在基礎類別使用 protected 區域取代 private 區域，如此既可保護 protected 區的成員，而 Derived 類別也可以繼承。如下面敘述以 protected 取代 private 區域。

```
class Base
{
protected:
    int a, b;
public:
```

```
        void set(int n, int m) {a = n; b = m;}
        void show() {cout << a << " " << b << endl;}
};
```

下面敘述與前一個範例相同,建立 Derived 類別並繼承 Base 類別,同時也以 protected 取代原來的 private 區域。繼承後 c=a*b 則是合法的。

```
class Derived:public Base
{
protected:
    int c;
public:
    void setc() {c = a * b;}              //可直接存取 Base 的保護成員
    void showc() {cout << c;}
};
```

下面敘述是在建立 Derived 物件 d 後,以 d 物件呼叫 Base 類別 public 函數 set 與 show,與以 d 物件呼叫 Derived 類別的 setc 與 showc 函數。

```
int main(int argc, char** argv)
{
    Derived d;
    d.set(2,5);                          //a=2, b=5
    d.show();                            //顯示 2      5
    d.setc();                            //c=a*b=2*5=10
    d.showc();                           //顯示 10
    return 0;                            //正常結束程式
}
```

⬇ **程式 13-01**：public 型態繼承練習

```
1.    //檔案名稱:d:\C++13\C1301.cpp
2.    #include <iostream>
3.    using namespace std;
4.
5.    class Point //定義 Point 類別
6.    {
7.    protected:
8.        int x, y;
9.    public:
10.       void set(int n, int m) {
11.           x = n; y = m;
12.       }
13.       void show() {
14.   cout << "位置 = p(" << x << ", " << y << ") " << endl;
```

```
15.      }
16.  };
17.
18.  class Area: public Point                    //以 public 繼承 Point
19.  {
20.  public:
21.      void showarea() {
22.          cout << "面積 = " << x * y << endl;
23.      }
24.  };
25.
26.  int main(int argc, char** argv)
27.  {
28.      Area p;                                  //建立衍生類別物件
29.      p.set(2,5);                              //直接呼叫基礎類別成員
30.      p.show();                                //直接呼叫基礎類別成員
31.      p.showarea();                            //呼叫衍生類別成員函數
32.      return 0;
33.  }
```

▶▶ 程式輸出

```
位置 = p(2, 5)
面積 = 10
```

　　Area 類別以 public 型態繼承 Point 類別，所以 set() 與 show() 函數被繼承後仍為 Area 的 public 函數，因此以 Area 類別定義的物件 p 可以直接呼叫 set() 與 show() 函數。

13.2.2　私用型態的繼承

　　class 衍生類別: private 基礎類別

　　如表 13.2 衍生類別以 private 型態繼承基礎類別，衍生類別中的其他成員函數可以直接存取基礎類別中 protected 與 public 成員，而不可存取基礎類別中 private 成員，但仍然可以利用基礎類別 public 成員函數，間接存取基礎類別 private 成員。

　　衍生類別繼承基礎類別的成員後，所有繼承而來的成員皆變成 private 型態。也就是說，private 成員遺傳後仍為 private 成員，protected 成員遺

傳後變為 private 成員，public 成員遺傳後變為 private 成員。所以對於其他類別的成員或再衍生類別的物件而言，都不能存取衍生類別中的 private 成員。

表 13.2 私用型態繼承基礎類別

基礎類別	衍生類別		其他類別
基礎類別成員型態	存取基礎類別成員	繼承後成員型態	存取衍生類別成員
private 成員	✗（否）	private 成員	✗（否）
protected 成員	✓（可）	private 成員	✗（否）
public 成員	✓（可）	private 成員	✗（否）

下面敘述是建立 Base 類別，然後在類別中定義 protected 資料成員 a, b，與 public 成員函數 set 與 show。

```
class Base
{
protected:
    int a, b;
public:
    void set(int n, int m) {a = n; b = m;}
    void show() {cout << a << " " << b << endl;}
};
```

下面敘述的 Derived 類別是以 private 型態繼承 Base 類別，繼承後以 showab 函數呼叫基礎類別的 show 函數，以 setab 函數呼叫基礎類別的 set 函數。如此在 main 函數中才可以利用呼叫 setab 與 showab 間接呼叫基礎類別的 set 與 show 函數。

```
class Derived: private Base
{
protected:
    int c;
public:
    Derived(int num) {c = num;}
    void setab(int n, int m) { set(n, m); }   //呼叫基礎類別 set()函數
    void showab() {show();}                    //呼叫基礎類別 show()函數
    void showc() {cout << c;}
};
```

Derived 物件只可以呼叫 Derived 類別的 public 函數。如下面敘述建立 Derived 物件 d 後，以 d 物件呼叫 Derived 類別的 setab、showab、與 showc 函數，但不能直接呼叫基礎類別的 set 與 show 函數。

```
int main(int argc, char** argv)
{
    Derived d(10);                          //c=10
    d.set(20,30);                           //錯誤,不能直接呼叫set
    d.setab(20,30);                         //呼叫 Derived 的 setab
    d.show();                               //錯誤,不能直接呼叫show
    d.showab();                             //呼叫 Derived 的 showab
    d.showc();                              //呼叫 Derived 的 showc
    return 0;                               //正常結束程式
}
```

程式 13-02：private 型態繼承練習

```
1.    //檔案名稱：d:\C++13\C1302.cpp
2.    #include <iostream>
3.    using namespace std;
4.
5.    class Point                            //定義 Point 類別
6.    {
7.    protected:
8.        int x, y;
9.    public:
10.       void set(int n, int m) {
11.           x = n; y = m;
12.       }
13.       void show() {
14.           cout << "位置 = p(" << x << ", " << y << ")" << endl;
15.       }
16.   };
17.
18.   class Area: private Point              //以 private 型態繼承
19.   {
20.   public:
21.       void setpoint(int n, int m) {      //重新定義 set()函數
22.           set(n, m);
23.       }
24.       void showpoint() {                 //重新定義 show()函數
25.           show();
26.       }
27.       void showarea() {
28.           cout << "面積 = " << x * y << endl;
29.       }
30.   };
```

```
31.
32.  int main(int argc, char** argv)
33.  {
34.     Area p;                        //建立衍生類別物件
35.     p.setpoint(2,5);               //設定 x=2, y=5
36.     p.showpoint();                 //顯示 x, y 值
37.     p.showarea();                  //顯示 xy 面積
38.     return 0;
39.  }
```

▶▶ 程式輸出

```
位置 = p(2, 5)
面積 = 10
```

Area 類別以 private 型態繼承 Point 類別，所以 set() 與 show() 函數被繼承後成為 Area 的 private 成員函數，因此以 Area 類別定義的物件 p 不可直接呼叫 private 成員函數 set() 與 show()，而必須藉由呼叫 setpoint() 函數與 showpoint() 函數間接呼叫 set() 與 show() 函數。

13.2.3 保護型態的繼承

 class 衍生類別: protected 基礎類別

如表 13.3 衍生類別以 protected 型態繼承基礎類別，與繼承 public 或 private 基礎類別相同，衍生類別中的其他成員函數可以直接存取基礎類別中 protected 與 public 成員，而不可存取基礎類別中 private 成員，但仍然可以利用基礎類別的 public 成員函數，間接存取基礎類別的 private 成員。

衍生類別繼承基礎類別的成員後，private 成員遺傳後仍為 private 成員，protected 成員與 public 成員遺傳後變為 protected 成員。所以對於其他類別的成員或衍生類別的物件而言，都不能存取衍生類別中的 private 與 protected 成員。

表 13.3 保護型態繼承基礎類別

基礎類別	衍生類別		其他類別
基礎類別成員型態	存取基礎類別成員	繼承後成員型態	存取衍生類別成員
private 成員	✕（否）	private 成員	✕（否）
protected 成員	✓（可）	protected 成員	✕（否）
public 成員	✓（可）	protected 成員	✕（否）

下面敘述是建立 Base 類別，然後在類別中定義 private 資料成員 a、protected 資料成員 b，public 資料成員 c 與 public 成員函數 seta 與 geta。

```
class Base
{
private:
    int a;
protected:
    int b;
public:
    int c;
    void seta(int n) {a = n;}
    void geta() {return a;}
};
```

下面敘述的 Derived 類別是以 protected 型態繼承 Base 類別，繼承後 Derived 類別的 setb 與 getb 函數直接存取 Base 類別的 protected 資料成員 b，且 setc 與 getc 函數直接存取 Base 類別的 public 的資料成員 c。但是 Derived 類別的函數不能直接存取 Base 類別的 private 資料成員 a，所以 seta1 與 geta1 是透過 Base 的 public 成員函數 seta 與 geta 函數間接存取 private 資料成員 a。

```
class Derived:protected Base
{
public:
    void setb(int n) {b = n;}         //可直接設定 protected 值
    int getb() {return b;}            //可直接取得 protected 值
    void setc(int n) {c = n;}         //可直接設定 public 值
    int getc() {return c;}            //可直接取得 public 值
    void seta1(int n) {seta(n);}      //呼叫 seta() 間接設定 a 值
    void geta1() {geta();}            //呼叫 geta() 間接取得 a 值
};
```

Derived 物件只可以呼叫 Derived 類別的 public 函數。如下面敘述建立 Derived 物件 d 後，以 d 物件呼叫 Derived 類別的 setab、showab、與 showc 函數，但不能直接呼叫基礎類別的 set 與 show 函數。

```
int main(int argc, char** argv)
{
    Derived d;
    d.seta(20);                        //錯,不可呼叫 Base 的公用函數
    d.seta1(20);                       //呼叫 Derived 的公用函數
    cout << d.geta();                  //錯,不可呼叫 Base 的公用函數
    cout << d.geta1();                 //呼叫 Derived 的公用函數
    d.c = 10;                          //錯,不可存取 Base 的公用函數
    d.setc(10);                        //c = 10
    cout << d.getc();                  //顯示 10
    return 0;                          //正常結束程式
}
```

將程式 13-02 中 Area 類別改以 protected 型態繼承 Point 類別，其結果完全相同。因為 set() 與 show() 函數被繼承後成為 Area 的 protected 成員函數，因此以 Area 類別定義的物件 p 也不可直接呼叫 protected 成員函數 set() 與 show()，而必須藉由呼叫 setpoint() 函數與 showpoint() 函數間接呼叫 set() 與 show() 函數。

13.3 多重類別繼承

多重繼承的狹義定義是衍生類別直接繼承了多個基礎類別如13.3.2節的多重繼承，而多重繼承的廣義定義是衍生類別直接與間接繼承了多個基礎類別如 13.3.1 節的多層繼承與 13.3.2 節的多重繼承。

13.3.1 多層類別繼承

13.2 節介紹的繼承方式是屬直接繼承。**直接繼承（direct inheritance）**是宣告衍生類別時，在衍生類別標題列後面加上冒號（：）、繼承型態、與基礎類別名稱。而**間接繼承（indirect inheritance）**則是在二層或多層的繼承中，第二層衍生類別（或稱孫類別）因為繼承了第一層衍生類別（或稱子類別）的成員，所以間接的繼承了基礎類別（或稱父類別）的成員。

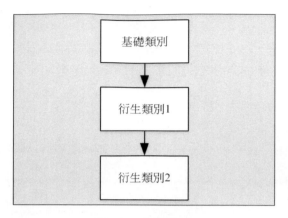

圖 13.2 多層繼承

下面敘述是建立 Base 類別，然後在類別中定義 protected 資料成員 a、b，以及定義 public 成員函數 set 與 show，函數功能是設定與輸出 a 與 b 值。

```
Class Base
{
protected:
    int a, b;
public:
    void set(int n, int m) {a = n; b = m;}
    void show() {cout << a << " " << b << endl;}
};
```

下面敘述的 Derived1 類別定義 protected 資料成員 c，以及定義 public 成員函數 setc 與 showc，並以 public 型態繼承 Base 類別。繼承後 Derived 類別的 setc 函數直接取得 Base 類別的 protected 成員 a 與 b，並且指定 a*b 的值給 c。

```
class Derived1: public Base
{
protected:
    int c;
public:
    void setc() {c = a * b;}                    //直接取得 Base 的 a, b
    void showc() {cout << c;}
};
```

下面敘述的 Derived2 類別定義 protected 資料成員 d，以及定義 public 成員函數 setd 與 showd，並以 public 型態繼承 Derived1 類別。繼承後

Derived2 類別的 setd 函數直接取得 Base 類別的 protected 成員 a 與 b，並且指定 a-b 的值給 d。

```
class Derived2: public Derived1
{
protected:
    int d;
public:
    void setd() {d = a - b;}                    //直接取得 Base 的 a, b
    void showd() {cout << d << endl;}
};
```

　　Derived1 物件可以呼叫 Derived1 與 Base 類別的 public 函數，Derived2 物件可以呼叫 Derived2、Derived1 與 Base 類別的 public 函數。如下面敘述建立 Derived1 物件 d1 後，以 d1 物件呼叫 Base 類別的 set 與 show 函數，並呼叫 Derived1 類別的 setc 與 showc 函數。另外建立 Derived2 物件 d2 後，以 d2 物件呼叫 Base 類別的 set 與 show 函數，呼叫 Derived1 類別的 setc 與 showc 函數，以及呼叫 Derived2 類別的 setd 與 showd 函數。

```
int main(int argc, char** argv)
{
    Derived1 d1;
    Derived2 d2;
    d1.set(2,5);                                //a=2, b=5
    d1.show();                                  //輸出 2      5
    d1.setc();                                  //c=a*b=2*5=10
    d1.showc();                                 //輸出 10
    d2.set(3,4);                                //a=3, b=4
    d2.show();                                  //輸出 3      4
    d2.setc();                                  //c=a*b=3*4=12
    d2.showc();                                 //輸出 12
    d2.setd();                                  //d=a-b=3-4=-1
    d2.showd();                                 //輸出 -1
    return 0;                                   //正常結束程式
}
```

⬇ 程式 **13-03**：間接繼承練習

```
1.   //檔案名稱：d:\C++13\C1303.cpp
2.   #include <iostream>
3.   using namespace std;
4.
5.   class TwoD                                 //定義 TwoD 類別
6.   {
```

```
7.   protected:
8.      int x, y;
9.   public:
10.     void setxy(int n, int m) {
11.        x = n; y = m;
12.     }
13.     void showxy() {
14.        cout << "平面座標 : p(" << x << ", "
15.           << y << ") " << endl;
16.     }
17.  };
18.
19.  class ThreeD: public TwoD                //以 public 繼承 TwoD
20.  {
21.  protected:
22.     int z;
23.  public:
24.     void setz(int o) {
25.        z = o;
26.     }
27.     void showxyz() {
28.        cout << "空間座標 : s(" << x << ", " << y
29.           << ", " << z << ") " << endl;
30.     }
31.  };
32.
33.  class Cube: public ThreeD                //以 public 繼承 ThreeD
34.  {                                        //間接繼承 TwoD 類別
35.  public:
36.     void showarea() {
37.        cout << "面積 = " << x * y << endl;   //間接存取 x, y 值
38.     }
39.     void showcube() {
40.        cout << "體積 = " << x * y * z        //間接存取 x y,直接存取 z
41.           << endl;
42.     }
43.  };
44.
45.  int main(int argc, char** argv)
46.  {
47.     Cube p;                               //建立 Cube 類別物件
48.     p.setxy(2,5);                         //直接呼叫基礎類別成員
49.     p.showxy();                           //直接呼叫基礎類別成員
50.     p.showarea();                         //直接呼叫衍生類別 2 成員
51.     cout << endl;
52.     p.setz(8);                            //直接呼叫衍生類別 1 成員
53.     p.showxyz();                          //直接呼叫衍生類別 1 成員
54.     p.showcube();                         //直接呼叫衍生類別 2 成員
55.     return 0;
56.  }
```

▶▶ 程式輸出

平面座標 : p(2, 5)
面積 = 10

空間座標 : s(2, 5, 8)
體積 = 80

13.3.2 多重類別繼承

多重繼承（**multiple inheritance**）是衍生類別繼承了來自二個或多個基礎類別的成員。

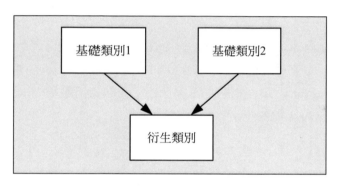

圖 13.3 **多重繼承**

下面敘述是建立 Base1 類別，然後在類別中定義 protected 資料成員 x，以及定義 public 成員函數 showx 函數輸出 x 值。

```
Class Base1
{
protected:
    int x;
public:
    void showx() {cout << x << endl;}
};
```

下面敘述是建立 Base2 類別，然後在類別中定義 protected 資料成員 y，以及定義 public 成員函數 showy 函數輸出 y 值。

```
Class Base2
{
protected:
```

```
      int y;
public:
      void showy() {cout << y << endl;}
};
```

下面敘述的 Derived 類別定義 public 成員函數 set，並以 public 型態繼承 Base1 與 Base2 類別。繼承後 Derived 類別的 set 函數可直接設定 Base1 類別的 protected 成員 x 與 Base2 類別的 protected 成員 y。

```
class Derived: public Base1, public Base2
{
public:
      void set(int i, int j) {x = i; y = j;}
};
```

Derived 物件可以呼叫 Base1 與 Base2 類別的 public 函數。如下面敘述建立 Derived 物件 d 後，以 d 物件呼叫 Derived 類別的 set 函數設定 Base1 的 x 與 Base2 的 y 值，然後呼叫 Base1 的 showx 函數輸出 x 值，與呼叫 Base2 的 showy 函數輸出 y 值。

```
int main(int argc, char** argv)
{
      Derived d;
      d.set(2,3);                              //設定 x=2, y=3
      d.showx();                               //輸出 x = 2
      d.showy();                               //輸出 y = 3
      return 0;                                //正常結束程式
}
```

程式 13-04：繼承多個類別練習

```
1.    //檔案名稱：d:\C++13\C1304.cpp
2.    #include <iostream>
3.    using namespace std;
4.
5.    class PointXY                            //宣告基礎類別 1, PointXY
6.    {
7.    protected:
8.        int x, y;
9.    public:
10.       void setxy(int n, int m) {
11.           x = n; y = m;
12.       }
13.   };
```

```
14.
15.  class PointZ                                //宣告基礎類別2,PointZ
16.  {
17.  protected:
18.      int z;
19.  public:
20.      void setz(int o) {
21.          z = o;
22.      }
23.  };
24.
25.  class Cube: public PointXY, public PointZ //以public繼承PointXY
26.  {                                          //以public繼承PointZ
27.  public:
28.      void showxy() {
29.          cout << "平面座標 : p(" << x << ", " //存取x, y值
30.              << y << ") " << endl;
31.      }
32.      void showxyz() {
33.          cout << "空間座標 : s(" << x << ", " << y //存取x, y, z
34.              << ", " << z << ") " << endl;
35.      }
36.      void showarea() {
37.          cout << "面積 = " << x * y << endl;        //存取x, y值
38.      }
39.      void showcube() {
40.          cout << "體積 = " << x * y * z << endl;  //存取x, y, z
41.      }
42.  };
43.
44.  int main(int argc, char** argv)
45.  {
46.      Cube p;                            //建立衍生類別Cube物件
47.      p.setxy(2,5);                      //直接呼叫基礎類別1成員
48.      p.showxy();                        //直接呼叫衍生類別成員
49.      p.showarea();                      //直接呼叫衍生類別成員
50.      cout << endl;
51.      p.setz(8);                         //直接呼叫基礎類別2成員
52.      p.showxyz();                       //直接呼叫衍生類別成員
53.      p.showcube();                      //直接呼叫衍生類別成員
54.      return 0;
55.  }
```

▶▶ 程式輸出

```
平面座標 : p(2, 5)
面積 = 10

空間座標 : s(2, 5, 8)
體積 = 80
```

13.4 建立者與破壞者

建立衍生類別物件時，會先呼叫基礎類別的建立者，再呼叫衍生類別的建立者。而結束衍生類別物件時，則以相反順序先呼叫衍生類別的破壞者，再呼叫基礎類別的破壞者。也就是先建立者後破壞（first-construct-last-destruct）。

13.4.1 單一建立者與破壞者

在類別繼承中，建立與破壞的順序是先建立者後破壞。如下面範例，建立時先建立 Base 類別再建立 Derived 類別，破壞時則先破壞 Derived 類別再破壞 Base 類別。

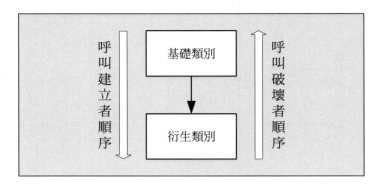

圖 13.4 單一繼承建立與破壞順序

如下敘述是建立 Base 類別，然後在類別中定義一個 Base 建立者（Base）函數與一個 Base 破壞者（~Base）函數。

```cpp
class Base
{
public:
    Base() {cout << "建立基礎類別\n";}
    ~Base() {cout << "破壞基礎類別\n";}
};
```

如下敘述是建立 Derived 類別，並以 public 型態繼承 Base 類別，然後在 Derived 類別中定義一個 Derived 建立者（Derived）函數與一個 Derived 破壞者（~Derived）函數。

```
class Derived: public Base
{
public:
    Derived() {cout << "建立衍生類別\n";}
    ~Derived() {cout << "破壞衍生類別\n";}
};
```

建立 Derived 物件 d 時，先呼叫 Base（建立者）函數再呼叫 Derived
（建立者）函數。而結束 main 函數時則先呼叫~Derived（破壞者）函數再
呼叫~Base（破壞者）函數。

```
int main(int argc, char** argv)
{
    Derived d;
    return 0;                              //正常結束程式
}
```

程式 **13-05**：單一繼承的建立與破壞順序練習

```
1.   //檔案名稱：d:\C++13\C1305.cpp
2.   #include <iostream>
3.   using namespace std;
4.
5.   class Base                          //定義基礎類別 Base
6.   {
7.   public:
8.     Base() {cout << "建立基礎類別\n";}
9.     ~Base() {cout << "破壞基礎類別\n";}
10.  };
11.
12.  class Derived: public Base          //Derived 繼承 Base 類別
13.  {
14.  public:
15.    Derived() {cout << "建立衍生類別\n";}
16.    ~Derived() {cout << "破壞衍生類別\n";}
17.  };
18.
19.  int main(int argc, char** argv)
20.  {
21.    Derived d;                        //建立 Derived 物件
22.    system("PAUSE");
23.    return 0;
24.  }
```

▶▶ 程式輸出

```
建立基礎類別
建立衍生類別
請按任意鍵繼續 . . .
破壞衍生類別
破壞基礎類別
```

上面程式的第 21 行的 Derived d 會先建立 Base 類別再建立 Derived 類別。第 23 行 Return 0 再將控制權還給系統前會先破壞 Derived 類別再破壞 Base 類別。

13.4.2 多層建立者與破壞者

在多層類別繼承中，其建立與破壞的順序也是先建立者後破壞。如下面範例，建立順序是 Base、Derived1、Derived2 類別，破壞順序則是 Derived2、Derived1、Base 類別。

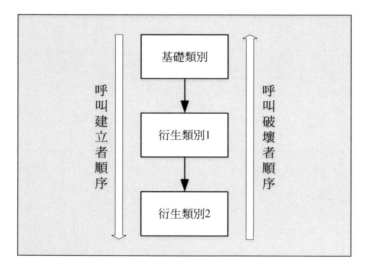

圖 13.5 多層繼承的建立與破壞順序

下面敘述是建立 Base 類別，然後在類別中定義一個 Base 建立者（Base）函數與一個 Base 破壞者（~Base）函數。

```
class Base
{
```

```
public:
    Base() {cout << "建立基礎類別\n";}
    ~Base() {cout << "破壞基礎類別\n";}
};
```

下面敘述是建立 Derived1 類別，並以 public 型態繼承 Base 類別，然後在 Derived1 類別中定義一個 Derived1 建立者（Derived1）與一個 Derived1 破壞者（~Derived1）函數。

```
class Derived1: public Base
{
public:
    Derived1() {cout << "建立衍生類別\n";}
    ~Derived1() {cout << "破壞衍生類別\n";}
};
```

下面敘述是建立 Derived2 類別，並以 public 型態繼承 Derived1 類別，然後在 Derived2 類別中定義一個 Derived2 建立者（Derived2）與一個 Derived2 破壞者（~Derived2）。

```
class Derived2: public Derived1
{
public:
    Derived2() {cout << "建立衍生類別 2\n";}
    ~Derived2() {cout << "破壞衍生類別 2\n";}
};
```

建立 Derived2 物件 d 時，先呼叫 Base（建立者）函數，再呼叫 Derived1（建立者）函數，最後呼叫 Derived2（建立者）函數。而結束 main 函數時則先呼叫~Derived2（破壞者）函數，再呼叫~Derived1（破壞者）函數，最後呼叫~Base（破壞者）函數。

```
int main(int argc, char** argv)
{
    Derived2 d;
    return 0;                          //正常結束程式
}
```

程式 **13-06**：多層繼承的建立與破壞順序練習

```
1.   //檔案名稱：d:\C++13\C1306.cpp
2.   #include <iostream>
3.   using namespace std;
4.
5.   class Base                          //定義基礎類別 Base
6.   {
7.   public:
8.      Base() {cout << "建立基礎類別\n";}
9.      ~Base() {cout << "破壞基礎類別\n";}
10.  };
11.
12.  class Derived1: public Base          //Derived1 繼承 Base
13.  {
14.  public:
15.     Derived1() {cout << "建立衍生類別\n";}
16.     ~Derived1() {cout << "破壞衍生類別\n";}
17.  };
18.
19.  class Derived2: public Derived1      //Derived2 繼承 Derived1
20.  {
21.  public:
22.     Derived2() {cout << "建立衍生類別 2\n";}
23.     ~Derived2() {cout << "破壞衍生類別 2\n";}
24.  };
25.
26.  int main(int argc, char** argv)
27.  {
28.     Derived2 d;                       //建立 Derived2 物件
29.     system("PAUSE");
30.     return 0;
31.  }
```

▶▶ 程式輸出

```
建立基礎類別
建立衍生類別
建立衍生類別 2
請按任意鍵繼續 . . .
破壞衍生類別 2
破壞衍生類別
破壞基礎類別
```

13.4.3 多重建立者與破壞者

在多個基礎類別繼承中，其建立與破壞的順序也是先建立者後破壞。如下面範例，建立順序是 Base1、Base2、Derived 類別，破壞順序則是 Derived、Base2、Base1 類別。

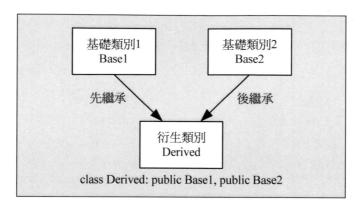

圖 13.6 多重繼承的建立與破壞順序

下面敘述是建立 Base1 類別，然後在類別中定義一個 Base1 建立者（Base1）函數與一個 Base1 破壞者（~Base1）函數。

```
class Base1
{
public:
    Base1() {cout << "建立基礎類別1\n";}
    ~Base1() {cout << "破壞基礎類別1\n";}
};
```

下面敘述是建立 Base2 類別，然後在類別中定義一個 Base2 建立者（Base2）函數與一個 Base2 破壞者（~Base2）函數。

```
class Base2
{
public:
    Base2() {cout << "建立基礎類別2\n";}
    ~Base2() {cout << "破壞基礎類別2\n";}
};
```

下面敘述是建立 Derived 類別，並以 public 型態繼承 Base1 與 Base2
類別，然後在 Derived 類別中定義一個 Derived 建立者（Derived）與一個
Derived 破壞者（~Derived）函數。

```
class Derived: public Base1, public Base2
{
public:
    Derived() {cout << "建立衍生類別\n";}
    ~Derived() {cout << "破壞衍生類別\n";}
};
```

建立 Derived 物件 d 時，呼叫先繼承的 Base1（建立者）函數，再呼
叫後繼承的 Base2（建立者）函數，最後呼叫 Derived（建立者）函數。而
結束 main 函數時則先呼叫~Derived（破壞者）函數，再呼叫~Base2（破
壞者）函數，最後呼叫~Base1（破壞者）函數。

```
int main(int argc, char** argv)
{
    Derived d;
    return 0;                             //正常結束程式
}
```

🔽 **程式 13-07**：多重繼承的建立與破壞順序練習

```
1.   //檔案名稱：d:\C++13\C1307.cpp
2.   #include <iostream>
3.   using namespace std;
4.
5.   class Base1                          //定義基礎類別 Base1
6.   {
7.   public:
8.      Base1() {cout << "建立基礎類別 1\n";}
9.      ~Base1() {cout << "破壞基礎類別 1\n";}
10.  };
11.
12.  class Base2                          //定義基礎類別 Base2
13.  {
14.  public:
15.     Base2() {cout << "建立基礎類別 2\n";}
16.     ~Base2() {cout << "破壞基礎類別 2\n";}
17.  };
18.
19.  class Derived: public Base1, public Base2  //繼承 Base1 與 Base2
20.  {
21.  public:
```

```
22.     Derived() {cout << "建立衍生類別\n";}
23.     ~Derived() {cout << "破壞衍生類別\n";}
24.   };
25.
26.   int main(int argc, char** argv)
27.   {
28.     Derived d;                          //建立 Derived 物件 d
29.     system("PAUSE");
30.     return 0;
31.   }
```

▶▶ 程式輸出

建立基礎類別 1
建立基礎類別 2
建立衍生類別
請按任意鍵繼續 . . .
破壞衍生類別
破壞基礎類別 2
破壞基礎類別 1

13.4.4 傳參數到基礎建立者

可以利用定義衍生類別建立者時，將參數傳遞到基礎類別建立者。下面敘述是建立 Base 類別，然後在類別中定義 protected 資料成員 i，以及定義 Base 的建立者函數。

```
class Base
{
protected:
    int i;
public:
    Base(int x) {i = x;}
};
```

下面敘述是建立 Derived 類別，並宣告以 public 型態繼承 Base 類別，然後在 Derived 類別中定義 protected 資料成員 j，以及定義 Derived 的建立者函數。當定義 Derived 建立者時，宣告建立者參數 a 被傳遞到 Base 類別。

```
class Derived: public Base
{
protected:
   int j;
public:
   Derived(int a, int b): Base(a)          //i = 參數 a
   {j = b;}                                 //j = 參數 b
};
```

建立 Derived 物件 d(10, 20) 時，參數 a=10 將被傳到 Base 類別，所以 i = 10，而參數 b=20 則被指定給 Derived 的資料成員 j。

```
int main(int argc, char** argv)
{
   Derived d(10,20);                        //i = 10, j = 20
   return 0;                                //正常結束程式
}
```

程式 13-08：傳遞參數到基礎類別練習

```
1.    //檔案名稱：d:\C++13\C1308.cpp
2.    #include <iostream>
3.    using namespace std;
4.
5.    class Point                            //定義 Point 類別
6.    {
7.    protected:
8.       int x, y;
9.    public:
10.      Point (int n, int m) {              //Point 建立者
11.         x = n; y = m;
12.      }
13.      void showpoint() {
14.        cout << "p(" << x << ", " << y << ')'
15.           << endl;
16.      }
17.   };
18.
19.   class Area: public Point               //定義 Area 繼承 Point
20.   {
21.   public:
22.      Area (int x, int y) : Point (x, y) {  //Area 建立者
23.      }                                      //並傳遞 x,y 參數到 Point
24.      void showarea() {
25.        cout << "length = " << x
26.           << "\twidth = " << y
27.           << "\tarea = " << x * y << endl;
```

```
28.        }
29.    };
30.
31.    int main(int argc, char** argv)
32.    {
33.        Point p(3, 4);                          //x=3, y=4
34.        Area a(5, 6);                           //x=5, y=6
35.        cout << "利用基礎類別物件顯示點:";
36.        p.showpoint();                          //顯示 p(3, 4)
37.        cout << "利用衍生類別物件顯示面積:";
38.        a.showarea();                           //顯示 area = 30
39.        return 0;
40.    }
```

▶▶ 程式輸出

利用基礎類別物件顯示點:p(3, 4)
利用衍生類別物件顯示面積:length = 5　　width = 6　　area = 30

13.5　繼承與包含

　　繼承（inherence）的關係是建立在子類別（衍生類別）繼承父類別（基礎類別）的成員，繼承後子類別可直接存取父類別的 public 與 protected 成員。**包含（composition）**的關係則是建立在母類別（包含類別）包含子類別（被包含類別）的物件，也就是在母類別中建立子類別的物件，然後利用子類別物件存取子類別的 public 成員。

13.5.1　繼承類別

　　前面幾節對繼承已有詳細的說明，所以下面範例與程式只是為了與 13.5.2 節的包含做比較。下面敘述是建立 Employee 基礎類別，然後在類別中定義 protected 資料成員 name 與 idEmp，以及定義 public 成員函數 setdata 與 getdata 函數。

```
Class Employee
{
ptotected:
    char name[20];
    int idEmp;
public:
    void setdata()
```

```
   {
      cin >> name;
      cin >> idEmp;
   }
   void getdata()
   {
      cout << name << endl;
      cout << idEmp << endl;
   }
};
```

　　下面敘述定義 Manager 類別，Manager 類別中定義了 protected 資料成員 titles 與 bonus，與 public 成員函數 setdata。Manager 類別以 public 型態繼承 Employee 類別。繼承後 Derived 類別的 set 函數可直接設定 Base1 類別的 protected 成員 x 與 Base2 類別的 protected 成員 y。

```
class Manager: public Employee
{
protected:
   char titles[20];
   double bonus;
public:
   void setdata()
   {
      Employee::setdata();                    //呼叫 Employee 的
setdata
      cin >> titles;
      cin >> bonus;
   }
};
```

　　下面敘述建立 Manager 物件 m 後，以 m 物件呼叫 Manager 類別的 setdata 與 Employee 類別的 getdata 函數。

```
int main(int argc, char** argv)
{
   Manager m;
   m.setdata();
   m.getdata();
   return 0;                                  //正常結束程式
}
```

程式 13-09：空間座標繼承平面座標

```
1.    //檔案名稱：d:\C++13\C1309.cpp
2.    #include <iostream>
3.    using namespace std;
4.
5.    class TwoD                              //定義 TwoD 類別
6.    {
7.    protected:
8.        int x, y;
9.    public:
10.       TwoD(int m, int n) {
11.           x = m; y = n;
12.       }
13.       void showxy() {
14.           cout << "平面座標 : p(" << x << ", "
15.               << y << ") " << endl;
16.       }
17.   };
18.
19.   class ThreeD: public TwoD               //以 public 繼承 TwoD
20.   {
21.   protected:
22.       int z;
23.   public:
24.       ThreeD(int m, int n, int o): TwoD(m, n) { //傳遞 m, n 參數到 TwoD
25.           z = o;
26.       }
27.       void showxyz() {
28.           cout << "空間座標 : s(" << x << ", " << y
29.               << ", " << z << ") " << endl;
30.       }
31.   };
32.
33.   int main(int argc, char** argv)
34.   {
35.       TwoD p(3, 4);                       //建立 TwoD 物件
36.       ThreeD s(3, 4, 5);                  //建立 ThreeD 物件
37.       p.showxy();                         //直接呼叫 TwoD 成員
38.       s.showxyz();                        //直接呼叫 ThreeD 成員
39.       return 0;
40.   }
```

▶▶ 程式輸出

```
平面座標 : p(3, 4)
空間座標 : s(3, 4, 5)
```

13.5.2 包含類別

包含（**composition**）不是巢狀類別（nest class）或內部類別（inner class），它是在一個類別內部建立另一個類別的物件，然後藉由該類別物件去存取另一個類別的成員，就好像在 main 函數中建立類別物件，然後以物件呼叫該類別的函數成員一樣。這種做法不是繼承，但與繼承卻有異曲同工之妙。

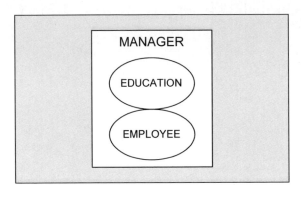

圖 13.7 包含類別

下面範例在 Square 類別成員中包含 Point 類別的物件 comP。Square 中的函數成員要呼叫 Point 類別的 getx 與 gety 成員函數時，則可透過 comP 物件來呼叫。

```cpp
class Point                              //定義 Point 類別
{
   int x, y;
public:
   int getx() const {
      return x;
   }
   int gety() const {
      return y;
   }
};

class Square                             //定義 Square 類別
{
public:
   Point comP;                           //包含 Point 物件
   int getarea() const {
      return comP.getx() * comP.gety();  //呼叫 Point 的函數成員
```

```
    }
};
```

程式 **13-10**：矩形座標包含點座標

```
1.    //檔案名稱：d:\C++13\C1310.cpp
2.    #include <iostream>
3.    using namespace std;
4.
5.    class Point                              //定義 Point 類別
6.    {
7.       int x, y;
8.    public:
9.       Point(int = 0, int = 0);             //宣告 Point 建立者
10.      void setPoint(int, int);
11.      int getx() const { return x; }
12.      int gety() const { return y; }
13.   };
14.
15.   class Square                             //定義 Square 類別
16.   {
17.      int area() const;
18.   public:
19.      Point comP;                           //包含 Point 物件
20.      Square(int x = 0, int y = 0);        //宣告 Square 建立者
21.      int getarea() const { return area(); }
22.   };
23.
24.   Point::Point(int a, int b)               //定義 Point 建立者
25.   {
26.      setPoint(a, b);
27.   }
28.
29.   void Point::setPoint(int a, int b)       //定義 setPoint 函數
30.   {
31.      x = a; y = b;
32.   }
33.
34.   Square::Square(int a, int b)             //定義 Square 建立者
35.   {
36.      comP.setPoint(a, b);
37.   }
38.
39.   int Square::area() const                 //定義 area 函數
40.   {
41.      return comP.getx() * comP.gety();
42.   }
43.
44.   int main(int argc, char** argv)
45.   {
```

```
46.    Point p(72, 115);                      //定義 Point 物件 p
47.    Square s(37, 43);                      //定義 Square 物件 s
48.    cout << "點座標:p(" << p.getx() << ", "
49.      << p.gety() << ')' << endl;          //顯示點 p 座標
50.    cout << "矩形座標:s(" << s.comP.getx() << ", "
51.      << s.comP.gety() << ')' << endl;     //顯示矩形 s 頂點座標
52.    cout << "矩形面積:" << s.comP.getx() << " * "
53.      << s.comP.gety() << " = " << s.getarea()
54.      << endl;                             //顯示矩形 s 面積
55.    return 0;
56.  }
```

>> 程式輸出

```
點座標:p(72, 115)
矩形座標:s(37, 43)
矩形面積:37 * 43 = 1591
```

下面敘述是建立 Education 基礎類別，然後在類別中定義 protected 資料成員 degree，以及定義 public 成員函數 setdata 與 getdata 函數。

```
class Education
{
protected:
    char degree[20];
public:
    void setdata()
    {
        cin >> degree;
    }
    void getdata()
    {
        cout << degree << endl;
    }
};
```

下面敘述是建立 Employee 基礎類別，然後在類別中定義 protected 資料成員 name，以及定義 public 成員函數 setdata 與 getdata 函數。

```
Class Employee
{
protected:
    char name[20];
public:
    void setdata()
```

```
    {
        cin >> name;
    }
    void getdata()
    {
        cout << name << endl;
    }
};
```

下面敘述定義 Manager 類別，Manager 類別的 protected 區定義 char 型態變數 titles 與 Employee 類別物件 emp 與 Education 類別物件 edu，並在 public 區定義 setdata 成員函數。雖然 Manager 類別沒有繼承 Education 與 Employee 類別，但仍可利用 emp 物件存取 Employee 與 edu 存取 Education 類別的成員。

```
class Manager
{
protected:
    char title[20];
    Employee emp;                          //包含 Employee 類別物件
    Education edu;                         //包含 Education 類別物件
public:
    void setdata()
    {
        emp.setdata();                     //設定 Employee 類別物件
        edu.setdata();                     //取得 Education 類別物件
        cin >> title;
    }
    void getdata()
    {
        emp.getdata();                     //取得 Employee 類別物件
        edu.getdata();                     //取得 Education 類別物件
        cout << title;
    }
};
```

下面敘述建立 Manager 物件 m 後，以 m 物件呼叫 Manager 類別的 setdata 與 Employee 類別的 getdata 函數。

```
int main(int argc, char** argv)
{
    Manager m;
    m.setdata();                           //呼叫 Manager 的 setdata
    m.getdata();                           //呼叫 Manager 的 getdata
```

```
    return 0;                                    //正常結束程式
}
```

程式 13-11：空間座標包含平面座標

```
1.    //檔案名稱：d:\C++13\C1311.cpp
2.    #include <iostream>
3.    using namespace std;
4.
5.    class TwoD   //定義 TwoD 類別
6.    {
7.    protected:
8.        int x, y;
9.    public:
10.       TwoD() {}                               //TwoD 不含參數建立者
11.       TwoD(int m, int n) { x = m; y = n; }    //TwoD 含參數建立者
12.       void setx(int m) { x = m; }             //設定 x 值 public 函數
13.       void sety(int n) { y = n; }             //設定 y 值 public 函數
14.       int getx() { return x; }                //取得 x 值 public 函數
15.       int gety() { return y; }                //取得 y 值 public 函數
16.       void showxy() {
17.          cout << "平面座標 : p(" << x << ", "
18.             << y << ") " << endl;
19.       }
20.    };
21.
22.    class ThreeD                                //定義 ThreeD 類別
23.    {
24.    protected:
25.        int z;
26.    public:
27.       TwoD d;                                  //包含 TwoD 類別
28.       ThreeD(int m, int n, int o) {            //ThreeD 含參數建立者
29.          d.setx(m);                            //透過 d.setx()設定 x 值
30.          d.sety(n);                            //透過 d.sety()設定 y 值
31.          z = o;
32.       }
33.       void showxyz() {
34.          cout << "空間座標 : s("
35.             << d.getx() << ", "                //透過 d.getx()取得 x
36.             << d.gety() << ", "                //透過 d.gety()取得 y
37.             << z << ") " << endl;
38.       }
39.    };
40.
41.    int main(int argc, char** argv)
42.    {
43.       TwoD p(3, 4);                            //建立 TwoD 類別物件 p
```

```
44.      ThreeD s(3, 4, 5);              //建立 ThreeD 類別物件 s
45.      p.showxy();                     //直接呼叫 TwoD 成員
46.      s.showxyz();                    //直接呼叫 ThreeD 成員
47.      return 0;
48. }
```

▶▶ 程式輸出

```
平面座標：p(3, 4)
空間座標：s(3, 4, 5)
```

13.6 習題

選擇題

1. Derived 類別以 public 型態繼承了 Base 類別，則 Base 的 private 成員變成 Derived 的_____成員。

   a) private   b) protected   c) package   d) public

2. Derived 類別以 public 型態繼承了 Base 類別，則 Base 的 public 成員變成 Derived 的_____成員。

   a) private   b) protected   c) package   d) public

3. Derived 類別以 protected 型態繼承了 Base 類別，則 Base 的 public 成員變成 Derived 的_____成員。

   a) private   b) protected   c) package   d) public

4. Derived 類別以 private 型態繼承了 Base 類別，則 Base 的 protected 成員變成 Derived 的_____成員。

   a) private   b) protected   c) package   d) public

5. Derived 類別繼承了 Base 類別，則建立 Derived 物件時，_____。

   a) 先呼叫 Base 建立者函數

   b) 先呼叫 Derived 建立者函數

   c) 同時呼叫 Base 與 Derived 建立者函數

   d) 先呼叫 Base 或 Derived 建立者函數皆可

6. 宣告 Derived 類別以 public 型態繼承 Base 類別的表頭是_____。

   a) public class Derived extends Base

   b) public class Base extends Derived

   c) class Base: public Derived

   d) class Derived: public Base

7. 定義一個類別的表頭如下,則_____是基礎類別。

```
class First : public Second
```

   a) First   b) Second

   b) First 或 Second 皆可   d) 不確定 First 或 Second

8. 若 Line 類別繼承 Point 類別,Plain 類別又繼承 Line 類別,則 Plain 與 Point 二個類別的關係稱為_____。

   a) 巢狀繼承(nested inherence)   b) 多重繼承(multiple inherence)

   c) 內部繼承(inner inherence)   d) 間接繼承(indirect inherence)

實作題

1. 建立 Point、Square 類別,其類別定義、資料成員與成員函數如下:

   a) Point 類別:保護區含 x, y 二個資料變數,公用區含二參數的 Point 建立者、setpoint() 函數將鍵盤輸入存入 x, y、getx() 與 gety() 函數傳回 x 值與 y 值。

   b) Square 類別:以 public 型態繼承 Point,保護區含 area() 函數計算面積,公用區含二參數的 Square 建立者、getarea() 函數傳回 area() 值。

   c) 寫一 main()函數,首先建立 Square 物件並起始矩形的長和寬,然後輸出矩形的長、寬和面積。

2. 將上一題改用包含(Composition)重新設計。

虛擬函數

14.1 多載與超載

多載（overloading）是在同一類別中，重複定義二個或多個名稱相同，但參數各數不同或參數型態不同的函數。**超載（overriding）**則是在衍生類別中，重新定義一個與基礎類別名稱相同，但參數個數或參數型態可能相同也可能不同的函數。

呼叫同一個類別的多載函數時，可以因不同的參數個數或不同的參數型態，而自動執行對應的多載函數。可是呼叫基礎類別或衍生類別的多載函數時，卻不會自動執行對應的多載函數，而必須使用範圍運算符號加以限制呼叫的範圍。因此，這種多載函數（overloading function）實際只是超載函數（overriding function）的功能。

14.1.1 多載函數

多載（overloading）是在同一類別中，重複定義二個或多個名稱相同，但參數個數不同或參數型態不同的函數。因此，當物件呼叫類別中多載函數時，會因為參數個數不同或參數型態不同而呼叫不同的功能的多載函數。但如果在衍生類別多載基礎類別的成員函數，當衍生類別物件呼叫多載函數時，若不使用類別範圍限定符號，則只能呼叫衍生類別的多載函數。

下面敘述是建立 Base 類別並定義一個參數的 show 函數，再建立 Derived 類別以 public 型態繼承 Base 類別，並多載二個參數的 show 函數如下。

```cpp
class Base                                    //宣告基礎類別
{
public:
    void show(char str1[], char str2[]) {     //基礎類別方法
        cout << str1 << '\t' << str2 << endl;
    }
};

class Derived: public Base                    //宣告衍生類別
{
public:
    void show(char str3[]) {                  //衍生類別多載方法
        cout << str3 << endl;
    }
};
```

然後在 main 函數建立 Derived 物件 d，並以 d 呼叫 Derived 類別的 show 函數。因為 Derived 類別的 show 函數只有一個參數，所以 d.show(s1, s2) 將造成 Extra parameter in call to Derived::show 的錯誤。如果要呼叫 Base 類別 show 函數必須加 Base 的範圍，如 d.Base::show(s1, s2) 則表示呼叫 Base 類別的 show 函數。而 d.show(s3) 則是正確呼叫 Derived 類別的 show 函數，並傳遞參數 s3 至 show 函數，不過為了讓程式更容易閱讀，也可以加上範圍限制如 d.Derived::show(s3)。

```cpp
int main(int argc, char** argv)
{
    Derived d;                                //建立 Derived 物件 d
    char s1[] = "基礎參數 1";                  //定義並起始 s1 字串
    char s2[] = "基礎參數 2";                  //定義並起始 s2 字串
    char s3[] = "衍生參數";                    //定義並起始 s3 字串
    d.show(s1, s2);                           //呼叫 Derived 多載方法錯誤
    d.Base::show(s1, s2);                     //呼叫 Base 方法
    d.show(s3);                               //呼叫 Derived 多載方法
    return 0;                                 //正常結束程式
}
```

程式 **14-01**：衍生類別多載函數練習

```
1.    //檔案名稱：d:\C++14\C1401.cpp
2.    #include <iostream>
3.    using namespace std;
4.
5.    class Base                              //宣告基礎類別
6.    {
7.    private:
8.        int a, b;
9.    public:
10.       Base(int l, int m) {                //基礎類別建立者
11.          a = l; b = m;
12.       }
13.       void show(char str1[], char str2[]) {   //基礎類別方法
14.          cout << str1 << a << endl;
15.          cout << str2 << b << endl;
16.       }
17.   };
18.
19.   class Derived: public Base              //宣告衍生類別
20.   {
21.   private:
22.       int c;
23.   public:
24.       Derived(int l, int m, int n): Base(l, m) {  //衍生類別建立者
25.          c = n;
26.       }
27.       void show(char str3[]) {            //衍生類別多載方法
28.          cout << str3 << c << endl;
29.       }
30.   };
31.
32.   int main(int argc, char** argv)
33.   {
34.       Derived d(2, 3, 5);                 //建立 Derived 物件 d
35.       char s1[] = "a = ";                 //定義並起始 s1 字串
36.       char s2[] = "b = ";                 //定義並起始 s2 字串
37.       char s3[] = "c = ";                 //定義並起始 s3 字串
38.       d.Base::show(s1, s2);               //呼叫 Base 方法
39.       d.Derived::show(s3);                //呼叫 Derived 多載方法
40.       return 0;
41.   }
```

▶▶ 程式輸出

```
a = 2
b = 3
c = 5
```

14.1.2 超載函數

超載（overriding）則是在衍生類別中，重新定義一個與基礎類別名稱相同，但參數個數或參數型態可能相同也可能不同的函數。

下面敘述是建立 Base 類別並定義一個無參數的 show 函數，再建立 Derived 類別並以 public 型態繼承 Base 類別，在 Derived 類別中多載一個無參數的 show 函數，並在函數中呼叫基礎類別的 show 函數。

```
class Base                                //宣告基礎類別
{
public:
    void show() {                         //基礎類別方法
        cout << "基礎類別 show 函數" << endl;
    }
};

class Derived: public Base                //宣告衍生類別
{
public:
    void show() {                         //衍生類別多載方法
        Base::show();                     //呼叫基礎類別 show 函數
        cout << "衍生類別 show 函數" << endl;
    }
};
```

然後在 main 函數建立 Derived 物件 d，並以 d 呼叫 Derived 類別的 show 函數。因為 Derived 類別的 show 函數會呼叫 Base 類別的 show 函數，所以不需要另外呼叫 Base 類別的 show 函數。

```
int main(int argc, char** argv)
{
    Derived d;                            //建立 Derived 物件 d
    d.show();                             //呼叫 Derived 多載方法
    return 0;                             //正常結束程式
}
```

程式 14-02：衍生類別超載函數練習

```cpp
1.    //檔案名稱：d:\C++14\C1402.cpp
2.    #include <iostream>
3.    using namespace std;
4.
5.    class Base                           //宣告基礎類別
6.    {
7.    private:
8.        int a, b;
9.    public:
10.       Base(int l, int m) {             //基礎類別建立者
11.           a = l; b = m;
12.       }
13.       void show() {                    //基礎類別方法
14.           cout << "a = " << a << endl;
15.           cout << "b = " << b << endl;
16.       }
17.   };
18.
19.   class Derived: public Base           //宣告衍生類別
20.   {
21.   private:
22.       int c;
23.   public:
24.       Derived(int l, int m, int n): Base(l, m) {  //衍生類別建立者
25.           c = n;
26.       }
27.       void show() {                    //衍生類別超載方法
28.           Base::show();
29.           cout << "c = " << c << endl;
30.       }
31.   };
32.
33.   int main(int argc, char** argv)
34.   {
35.       Derived d(2, 3, 5);              //建立 Derived 物件 d
36.       d.show();                        //呼叫 Derived 多載方法
37.       return 0;
38.   }
```

>> 程式輸出

```
a = 2
b = 3
c = 5
```

14.2 虛擬函數

一般而言，C++ 在編譯過程會自動將同一類別的函數結合在一起（稱為靜態結合），因此當衍生類別含有基礎類別的超載函數，則執行時將自動呼叫同一類別的同名異式函數。例如若此呼叫發生在基礎類別，則被呼叫的是基礎類別的同名異式函數；若此呼叫發生在衍生類別，則被呼叫的是衍生類別的同名異式函數。

若以 virtual 宣告同名異式的函數，則 C++ 在編譯過程會建立一個虛擬函數表（virtual function table），供執行時將同一物件的函數結合在一起（稱為動態結合），因此當執行時呼叫繼承體系中的同名異式，將呼叫物件所屬類別的同名異式函數。例如若執行呼叫的是以基礎類別建立的物件，則被呼叫的是基礎類別的同名異式函數，若執行呼叫的是以衍生類別建立的物件，則被呼叫的是衍生類別的同名異式函數。

14.2.1 同名異式

同名異式（polymorphism）是在基礎類別與衍生類別中多載相同名稱但不同功能的 public 成員函數，且類別體系中的某個函數呼叫此同名的多載函數，因此當類別物件呼叫此函數時，此函數將呼叫同一類別的多載函數。

發生這種情形是因 C++ 編譯器在類別成員函數呼叫時執行靜態結合，所謂靜態結合（static binding）又稱前期結合（early binding）表示 C++ 在編譯過程自動結合同一類別的函數呼叫。

```
class InchArea
{
    int getLength() {                              ←
        return inch;
    }                                                         1b and 2b
    int getArea() {
        return int(pow(getLength(), 2));
    }
}
class FeetArea: public InchArea
{
    int getLength() {
        return feet;
    }
}
int main(int argc, char *argv[])
{
    InchArea ia(5);
    ia.getArea();
    FeetArea fa(8);
    fa.getArea();
    return 0;
}
```

如上圖不論是（1a）InchArea 物件 ia 呼叫 getArea 函數，或是（2a）
FeetArea 物件 fa 呼叫 getArea 函數，（1b 與 2b）getArea 函數總是呼叫同
一類別 InchArea 中的 getLength 函數，而不會呼叫 FeetArea 類別中的
getLength 函數。如程式 14-03 邊長單位為英吋，但計算後面積單位為平方
英吋而不是平方英吋，要解決這個問題必須將二個同名異式的函數宣告為
virtual 請參 14.2.2 節說明。

程式 14-03：同名異式練習 (計算正方形面積)

```
1.   //檔案名稱：d:\C++14\C1403.cpp
2.   #include <iostream>
3.   #include <cmath>
4.   using namespace std;
5.
6.   #define PI 3.1415926f
7.
8.   class InchArea                          //宣告基礎類別
9.   {
10.  protected:
11.      double inch;
12.  public:
13.      InchArea(double in) {               //基礎類別建立者
14.          inch = in;
```

```
15.       }
16.       double getLength() {                    //getLength 函數
17.          return inch;
18.       }
19.       double getArea() {
20.          return pow(getLength(), 2);
21.       }
22.    };
23.
24.    class FeetArea: public InchArea          //宣告衍生類別
25.    {
26.    protected:
27.       double feet;
28.    public:
29.       FeetArea(int ft): InchArea(ft*12) {    //基礎類別建立者
30.          feet = ft;
31.       }
32.       int getLength() {                       //多載 getLength 函數
33.          return feet;
34.       }
35.    };
36.
37.    int main(int argc, char** argv)
38.    {
39.       InchArea ia(5);                         //建立基礎類別物件 ia
40.       cout << "正方形長 5 英吋, 面積 = " << ia.getArea()
41.            << " 平方英吋" << endl;            //呼叫基礎類別方法
42.
43.       FeetArea fa(8);                         //建立衍生類別物件 fa
44.       cout << "正方形長 8 英呎, 面積 = " << fa.getArea()
45.            << " 平方英吋" << endl;            //呼叫基礎類別方法
46.       return 0;
47.    }
```

▶▶ 程式輸出

```
正方形長 5 英吋, 面積 = 25 平方英吋
正方形長 8 英呎, 面積 = 9216 平方英吋
```

14.2.2 虛擬函數

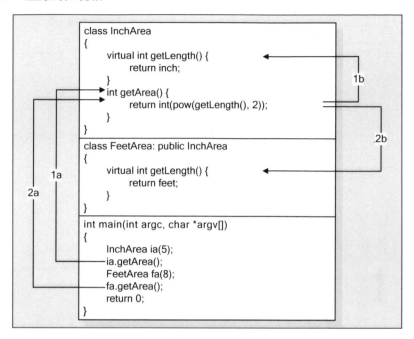

若將此同名異式的成員宣告為 virtual 函數，則編譯時 C++ 會給予此同名異式函數不同的指標，因此執行時會依據類別指標存取適當的函數。

這種情形是因 C++ 編譯器對 virtual 函數執行動態結合，**所謂動態結合（dynamic binding）**又稱為後期結合（late binding）是 C++ 在執行過程自動結合同一物件的函數呼叫。

如上圖（1a）InchArea 物件 ia 呼叫 getArea 函數，（1b）則 getArea 函數將呼叫 InchArea 類別中的 getLength；（2a）而 FeetArea 物件 fa 呼叫 getArea 函數，（2a）則 getArea 函數呼叫同一類別 FeetArea 中的 getLength 函數。

🔽 **程式 14-04**：虛擬函數練習 (計算正方形面積)

```
1.   //檔案名稱：d:\C++14\C1404.cpp
2.   #include <iostream>
3.   #include <cmath>
4.   using namespace std;
5.
```

```
6.    #define PI 3.1415926f
7.
8.    class InchArea                        //宣告基礎類別
9.    {
10.   protected:
11.     double inch;
12.   public:
13.     InchArea(double in) {                //基礎類別建立者
14.       inch = in;
15.     }
16.     virtual double getLength() {         //虛擬 getLength 函數
17.       return inch;
18.     }
19.     double getArea() {
20.       return int(pow(getLength(), 2));
21.     }
22.   };
23.
24.   class FeetArea: public InchArea        //宣告衍生類別
25.   {
26.   protected:
27.     double feet;
28.   public:
29.     FeetArea(double ft): InchArea(ft*12) {  //基礎類別建立者
30.       feet = ft;
31.     }
32.     virtual double getLength() {         //虛擬多載 getLength
33.       return feet;
34.     }
35.   };
36.
37.   int main(int argc, char** argv)
38.   {
39.     InchArea ia(5);                      //建立基礎類別物件 ia
40.     cout << "正方形長 5 英吋, 面積 = " << ia.getArea()
41.         << " 平方英吋" << endl;           //呼叫基礎類別方法
42.
43.     FeetArea fa(8);                      //建立衍生類別物件 fa
44.     cout << "正方形長 8 英呎, 面積 = " << fa.getArea()
45.         << " 平方英呎" << endl;           //呼叫基礎類別方法
46.     return 0;
47.   }
```

▶▶ 程式輸出

```
正方形長 5 英吋, 面積 = 25 平方英吋
正方形長 8 英呎, 面積 = 64 平方英呎
```

14.2.3 基礎類別指標

如果將基礎類別物件的位址或是衍生類別物件的位址存入基礎類別物件的指標中,然後以此指標呼叫同名異式的函數時,則此指標都指向基礎類別,而且都是呼叫基礎類別的同名函數。

下面敘述是建立 Base 類別並定義一個無參數的 show 函數,再建立 Derived 類別並以 public 型態繼承 Base 類別,再 Derived 類別中多載一個無參數的 show 函數。

```cpp
class Base
{
public:
    void show() {cout << "基礎類別\n";}          //宣告 Base::show()
};

class Derived: public Base
{
public:
    void show() {cout << "衍生類別\n";}          //宣告 Derived::show()
};
```

在 main 函數建立 Base 物件 b 與 Derived 物件 d,然後以 b 或 d 物件呼叫 show 函數時,都是呼叫 Base 類別的 show 函數,所以都是輸出 "基礎類別"。

```cpp
int main(int argc, char** argv)
{
    Base *ptr;
    Base b;
    Derived d;
    ptr = &b;                                    //ptr 指向物件 b 位址
    ptr->show();                                 //顯示"基礎類別"
    ptr = &d;                                    //ptr 指向物件 d 位址
    ptr->show();                                 //顯示"基礎類別"
    return 0;
}
```

⬇ **程式 14-05**：基礎類別指標練習

```
1.    //檔案名稱：d:\C++14\C1405.cpp
2.    #include <iostream>
3.    using namespace std;
4.
5.    class Base
6.    {
7.    public:
8.        void show() {cout << "基礎類別\n";};   //宣告 Base::show()
9.    };
10.
11.   class Derived1: public Base
12.   {
13.   public:
14.       void show() {cout << "衍生類別 1\n";}   //宣告 Derived1::show()
15.   };
16.
17.   class Derived2: public Base
18.   {
19.   public:
20.       void show() {cout << "衍生類別 2\n";}   //宣告 Derived2::show()
21.   };
22.
23.   int main(int argc, char** argv)
24.   {
25.       Base b;
26.       Derived1 d1;
27.       Derived2 d2;
28.       Base *ptr;
29.       ptr = &b;                         //指標 ptr 指向 b
30.       ptr->show();                      //顯示"基礎類別"
31.       ptr = &d1;                        //指標 ptr 指向 d1
32.       ptr->show();                      //顯示"基礎類別"
33.       ptr = &d2;                        //指標 ptr 指向 d2
34.       ptr->show();                      //顯示"基礎類別"
35.       return 0;
36.   }
```

▶▶ **程式輸出**

```
基礎類別
基礎類別
基礎類別
```

14.2.4 虛擬物件指標

若將此同名異式的成員宣告為 virtual 函數，則編譯時 C++ 會給予此同名異式函數不同的指標，因此執行時會依據物件指標存取適當的函數。

下面敘述是建立 Base 類別並定義一個無參數的虛擬 show 函數，再建立 Derived 類別並以 public 型態繼承 Base 類別，在 Derived 類別中多載一個無參數的虛擬 show 函數。

```
class Base
{
public:
    virtual void show() {cout << "基礎類別\n";}   //宣告 Base::show()
};

class Derived: public Base
{
public:
    virtual void show() {cout << "衍生類別\n";}   //宣告 Derived::show()
};
```

在 main 函數建立 Base 物件 b 與 Derived 物件 d，然後以 b 物件呼叫 show 函數時，是呼叫 Base 類別的 show 函數輸出字串 "基礎類別"，而以 d 物件呼叫 show 函數時，則是呼叫 Derived 類別的 show 函數輸出字串 "衍生類別"。

```
int main(int argc, char** argv)
{
    Base *ptr;
    Base b;
    Derived d;
    ptr = &b;                          //ptr 指向物件 b 位址
    ptr->show();                       //顯示"基礎類別"
    ptr = &d;                          //ptr 指向物件 d 位址
    ptr->show();                       //顯示"基礎類別"
    return 0;
}
```

⬇ 程式 14-06：虛擬物件指標練習

```
1.    //檔案名稱：d:\C++14\C1406.cpp
2.    #include <iostream>
3.    using namespace std;
4.
5.    class Base
6.    {
7.    public:
8.        virtual void show() {cout << "基礎類別\n";};   //宣告 Base::show()
9.    };
10.
11.   class Derived1: public Base
12.   {
13.   public:
14.       void show() {cout << "衍生類別 1\n";}   //宣告 Derived1::show()
15.   };
16.
17.   class Derived2: public Base
18.   {
19.   public:
20.       void show() {cout << "衍生類別 2\n";}    //宣告 Derived2::show()
21.   };
22.
23.   int main(int argc, char** argv)
24.   {
25.       Base b;
26.       Derived1 d1;
27.       Derived2 d2;
28.       Base *ptr;
29.       ptr = &b;                                //指標 ptr 指向 b
30.       ptr->show();                             //顯示"基礎類別"
31.       ptr = &d1;                               //指標 ptr 指向 d1
32.       ptr->show();                             //顯示"衍生類別 1"
33.       ptr = &d2;                               //指標 ptr 指向 d2
34.       ptr->show();                             //顯示"衍生類別 2"
35.       return 0;
36.   }
```

≫ 程式輸出

```
基礎類別
衍生類別 1
衍生類別 2
```

14.3 抽象類別

抽象類別是在基礎類別中宣告純虛擬函數,也就是宣告函數的原型,並令該函數原型等於 0,而不定義該函數的功能。然後衍生類別必須在類別中實現純虛擬函數的功能。這相當於在基礎類別中保留一個存取基礎類別成員的介面,但讓衍生類別去實現此介面的功能。

14.3.1 虛擬類別繼承

如下圖,若衍生類別 1 與衍生類別 2 繼承基礎類別時,沒有宣告為虛擬(virtual)繼承,則 C++ 將配置二個不同位址給衍生類別 1 與衍生類別 2 的基礎類別,所以衍生類別 3 存取基礎類別的成員時,C++ 無法確定其路徑為「基礎類別—衍生類別 1—衍生類別 3」或「基礎類別—衍生類別 2—衍生類別 3」?因此編譯時將出現 **ambiguous(模擬兩可)**的錯誤訊息。

若衍生類別 1 與衍生類別 2 繼承基礎類別時,宣告為虛擬繼承,則編譯時 C++ 會將二者的指標指向同一個基礎類別,因此編譯與執行時,存取基礎類別成員才不會造成模擬兩可的錯誤。

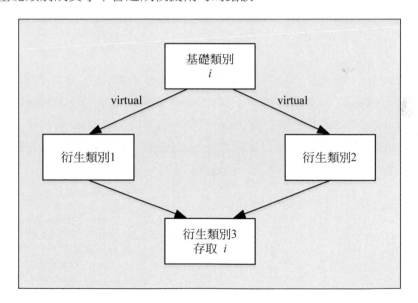

下面敘述是 Derived1 與 Derived2 類別以 virtual public 型態繼承 Base
類別，而 Derived3 類別再以 virtual public 型態繼承 Derived1 與 Derived2
類別。

```
class Base
{
public:
    int i;
};

class Derived1: virtual public Base
{
public:
    int j;
};

class Derived2: virtual public Base
{
public:
    int k;
};

class Derived3: public Derived1, public Derived2
{
public:
    int sum = i + j + k;
};
```

在 main 函數建立 Derived3 物件 d3 與 Derived2 物件 d2。然後以 d3
物件指定資料給 Base 資料成員 i、Derived1 資料成員 j、與 Derived2 資料
成員 k。以 d2 物件指定資料給 Base 資料成員 i 與 Derived2 資料成員 k。
因為 Derived1 與 Derived2 以虛擬繼承 Base 類別，所以 C++ 會將二個衍生
類別所繼承的基礎類別指向同一個 Base 類別。

```
int main(int argc, char** argv)
{
    Derived3 d3;                        //建立 Derived3 物件 d3
    d3.i = 10;                          //設定 Base 資料成員
    d3.j = 20;                          //設定 Derived1 資料成員
    d3.k = 30;                          //設定 Derived2 資料成員
    Derived2 d2;                        //建立 Derived2 物件 d2
    d2.i = 15;                          //設定 Base 資料成員
    d2.k = 45;                          //設定 Derived2 資料成員
```

```
            return 0;
        }
```

程式 14-07：虛擬類別繼承練習

```
1.    //檔案名稱：d:\C++14\C1407.cpp
2.    #include <iostream>
3.    using namespace std;
4.
5.    class Base
6.    {
7.    protected:
8.        int i;
9.    };
10.
11.   class Derived1: virtual public Base        //宣告 virtual 繼承 Base
12.   {
13.   protected:
14.       int j;
15.   };
16.
17.   class Derived2: virtual public Base        //宣告 virtual 繼承 Base
18.   {
19.   protected:
20.       int k;
21.   };
22.
23.   class Derived3: public Derived1, public Derived2
24.   {
25.   protected:
26.       int sum;
27.   public:
28.       Derived3(int n1, int n2, int n3)
29.       {
30.          i = n1;                              //令 Base::i = n1
31.          j = n2;                              //令 Derived1::j = n2
32.          k = n3;                              //令 Derived2::k = n3
33.          sum = i + j + k;                     //令 sum=i+j+k
34.       }
35.       void show()
36.       {
37.          cout << "i = " << i << endl;         //輸出 Base::i
38.          cout << "j = " << j << endl;         //輸出 Derived1::j
39.          cout << "k = " << k << endl;         //輸出 Derived2::k
40.          cout << "sum = " << sum << endl;     //輸出 Derived3::sum
41.       }
42.   };
43.
44.   int main(int argc, char** argv)
```

```
45.  {
46.      Derived3 d3(10, 20, 30);              //建立 Derived3 物件 d3
47.      d3.show();                            //呼叫 Derived3::show
48.      return 0;
49.  }
```

▶▶ 程式輸出

```
i = 10
j = 20
k = 30
sum = 60
```

14.3.2 純虛擬函數

> virtual 傳回型態 函數名稱(參數列) = 0;

● **純虛擬函數（pure virtual function）**只宣告函數並且令虛擬函數等於 0，但未定義虛擬函數的本體。

● 當基礎類別定義了虛擬函數，而如果衍生類別並未超載此虛擬函數，則衍生類別物件將使用基礎類別的虛擬函數。但有時候因為要存取衍生類別的資料成員，所以不可以使用基礎類別的虛擬函數；而有時候覺得每次都要檢查是否定義了超載虛擬函數很麻煩。這時就可以在基礎類別中定義純虛擬函數，然後在衍生類別中實現此虛擬函數。

14.3.3 抽象基礎類別

　　抽象類別（abstract class）是包含一個或多個純虛擬成員函數的類別。因此，若衍生類別繼承了抽象類別後，必須在衍生類別中超載（override）與實現（implements）純虛擬函數。

　　下面敘述是在 Base 類別中宣告 show 為虛擬成員函數，因此當 Derived1 與 Derived2 類別繼承 Base 類別後，必須在 Derived1 與 Derived2 類別中實現（定義）各自的 show 函數功能。

```
class Base
{
public:
    virtual void show() = 0;                //宣告show()為虛擬函數
};

class Derived1: public Base
{
public:
    void show() {cout << "衍生類別1\n";}      //宣告Derived1::show()
};

class Derived2: public Base
{
public:
    void show() {cout << "衍生類別2\n";}      //宣告Derived2::show()
};
```

下面敘述是使用 d1 或 d2 物件指標呼叫 Derived1 與 Derived2 類別的 show 函數。例如將 d1 位址存入指標 list[0]，再以 list[0]->show() 呼叫 Derived1::show()。同理，將 d2 位址存入指標 list[1]，再以 list[1]->show() 呼叫 Derived2::show()。

```
int main(int argc, char** argv)
{
    Base *list[2];
    Derived1 d1;
    Derived2 d2;
    list[0] = &d1;                          //指標[0]指向d1
    list[1] = &d2;                          //指標[1]指向d2
    list[0]->show();                        //顯示"衍生類別1"
    list[1]->show();                        //顯示"衍生類別2"
    return 0;
}
```

當然，上面範例也可使用 d1 與 d2 物件呼叫 Derived1 與 Derived2 類別的 show 函數。

程式 14-08：抽象基礎類別練習

```
1.   //檔案名稱：d:\C++14\C1408.cpp
2.   #include <iostream>
3.   using namespace std;
4.
```

```
5.     class Base                              //定義抽象 Base 類別
6.     {
7.     public:
8.        virtual void show() = 0;             //宣告純虛擬函數 show
9.     };
10.
11.    class Derived1: public Base             //繼承 Base 抽象類別
12.    {
13.    public:
14.       void show() {                        //實現 show 函數
15.          cout << "衍生類別 1\n";
16.       }
17.    };
18.
19.    class Derived2: public Base
20.    {
21.    public:
22.       void show() {                        //實現 show 函數
23.          cout << "衍生類別 2\n";
24.       }
25.    };
26.
27.    int main(int argc, char** argv)
28.    {
29.       Base *list[2];
30.       Derived1 d1;
31.       Derived2 d2;
32.       list[0] = &d1;                        //指標[0]指向 d1
33.       list[1] = &d2;                        //指標[1]指向 d2
34.       list[0]->show();                      //顯示"衍生類別 1"
35.       list[1]->show();                      //顯示"衍生類別 2"
36.       return 0;
37.    }
```

▶▶ **程式輸出**

衍生類別 1
衍生類別 2

⬇ **程式 14-09**：計算正方形與圓形面積

```
1.     // 儲存檔名:d:\C++14\C1409.cpp
2.     #include <iostream>
3.     #include <cmath>
4.     using namespace std;
5.
6.     #define PI 3.1415925f
7.
```

```
8.    class Line                              //定義抽象類別
9.    {
10.   private:
11.       double length;
12.   public:
13.       Line(double length) {                //宣告 Line 建立者
14.           this->length = length;           //變數 length=參數 length
15.       }
16.       double getLength() {                 //宣告取得 length 方法
17.           return this->length;             //傳回變數 length 值
18.       }
19.       virtual double getArea() = 0;        //宣告純虛擬函數
20.   };
21.
22.   class Square: public Line
23.   {
24.   public:
25.       Square(double length): Line(length) {        //宣告 Square 建立者
26.       }
27.       double getArea() {                   //超載 getArea() 方法
28.           return pow(getLength(), 2);      //傳回正方形面積
29.       }
30.   };
31.
32.   class Circle: public Line
33.   {
34.   public:
35.       Circle(int radius): Line(radius) {   //宣告 Circle 建立者
36.       }
37.       double getArea() {                   //超載 getArea() 方法
38.           return PI * pow(getLength(), 2); //傳回圓形面積
39.       }
40.   };
41.
42.   int main(int argc, char** argv)
43.   {
44.       Square squ(5);                       //建立 Square 物件 squ
45.       Circle cir(10);                      //建立 Circle 物件 cir
46.       cout << "正方形邊長 = " << squ.getLength();   //呼叫 Square 的方法
47.       cout << "\t 正方形面積 = " << squ.getArea();   //呼叫 Square 的方法
48.       cout << "\n 圓形半徑 = " << cir.getLength();   //呼叫 Square 的方法
49.       cout << "\t 圓形面積 = " << cir.getArea();      //呼叫 Circle 的方法
50.       cout << endl;
51.       return 0;
52.   }
```

▶▶ 程式輸出

正方形邊長 = 5　正方形面積 = 25
圓形半徑 = 10　圓形面積 = 314.159

14.4 習題

選擇題

1. 在基礎類別與衍生類別中多載相同名稱但不同功能的 public 成員函數，且類別體系中的某個函數呼叫此同名的多載函數稱為_____。

   a) 多載函數（overloading function）　b) 超載函數（overriding function）

   c) 同名異式（polymorphism）　d) 虛擬函數（virtral function）

2. C++ 在編譯過程自動結合同一類別的函數呼叫稱為_____。

   a) 後期結合（late binding）　b) 虛擬結合（virtual binding）

   c) 靜態結合（static binding）　d) 動態結合（dynamic binding）

3. 靜態結合又稱為_____。

   a) 前期結合（early binding）　b) 前置結合（pre-binding）

   c) 後期結合（late binding）　d) 後置結合（post-binding）

4. 動態結合又稱為_____。

   a) 前期結合（early binding）　b) 前置結合（pre-binding）

   c) 後期結合（late binding）　d) 後置結合（post-binding）

5. 如果將基礎類別物件的位址或是衍生類別物件的位址存入基礎類別物件的指標中，則此指標都指向_____。

   a) 基礎類別　　b) 衍生類別　　c) 虛擬類別　　d) 抽象類別

6. 若將此同名異式的成員宣告為 virtual 函數，則編譯時 C++ 會給予此同名異式函數_____。

   a) 基礎類別指標　　　　b) 衍生類別指標

   c) 相同的指標　　　　d) 不同的指標

7. 純虛擬函數（pure virtral function）是在函數原型的結尾加_____。

    a) = NULL   b) = 0   c) = 1   d) = '\0'

8. 包含一個或多個純虛擬成員函數（pure virtral function）的類別____。

    a) 基礎類別（base class）   b) 衍生類別（derived class）

    c) 抽象類別（abstract class）   d) 虛擬類別（virtual class）

實作題

1. 建立 Point、Square、Circle 類別，其類別定義、資料成員與成員函數如下：

    a) Point 類別：保護區含 x 資料變數，公用區含一參數的 Point 建立者、一個 setpoint() 函數將鍵盤輸入存入 x、一個 getx() 函數傳回 x 值、與一個計算面積的純虛擬函數 getArea()。

    b) Square 類別：以 public 型態繼承 Point，保護區含 area() const 函數計算面積，公用區含一個參數的 Square 建立者、一個超載 getArea() const 函數傳回正方形的 area() 值。

    c) Circle 類別：以 public 型態繼承 Point，保護區含 area() const 函數計算圓面積，公用區含二參數的 Circle 建立者、一個超載 getArea() const 函數傳回圓的 area() 值。

    d) 寫一 main() 函數，首先利用建立者起始 x 值，然後計算並輸出 x 值、正方形面積與圓形面積。

2. 建立 Point、Rectangle、Circle、Cylinder 類別，其類別定義、資料成員與成員函數如下：

    a) Point 類別：保護區含 r, h 二個資料變數，公用區含二參數的 Point 建立者、setpoint() 函數將鍵盤輸入存入 r, h、getR() 與 getH() 函數傳回 r 值與 h 值。

    b) Rectangle 類別：以 public 型態繼承 Point，保護區含 area() const 函數計算長方形面積(rh)，公用區含二參數的 Rectangle 建立者、getArea() const 函數傳回 area() 值。

c) Circle 類別：以 public 型態繼承 Point，保護區含 area() const 函數計算圓面積(πr^2)，公用區含二參數的 Circle 建立者、getArea() const 函數傳回 area() 值。

d) Cylinder 類別：以 public 型態繼承 Rectangle 與 Circle 類別，保護區含 volume() const 函數，公用區含二參數的 Cylinder 建立者、getVolume() const 函數傳回圓柱體的 volume() 值。

e) 寫一 main() 函數，首先利用 Cylinder 建立物件和起始 r, h 值，然後計算並輸出 r, h 值、長方形面積、圓形面積、與圓柱體體積。

檔案管理

15

15.1 磁碟檔案

因為結束程式或關閉電源都將使得存在記憶體中的資料消失，所以每次執行前幾章的學生資料程式或員工資料程式時，都必須重新輸入資料。如果經常要使用這些資料，則可以在結束程式或關閉電源以前將資料存入磁碟檔案中，下次要用時再從磁碟檔案中讀取。例如撰寫資料庫程式時，程式必須將使用者建立的資料庫存入資料檔，則此資料檔可以被更新與使用。又如撰寫文件編輯程式時，程式必須將使用者編輯的文件存入文件檔，則此文件檔可以被重新開啟與編輯。

15.1.1 什麼是檔案

在許多程式中，檔案（file）是基本的輸入與輸出物件。檔案物件（file object）收集了磁碟檔案資訊，包括檔案是否存在或開啟，以及存取檔案的路徑、大小、日期、與時間等等，所以可以利用檔案物件開啟、讀取、寫入、關閉、與取得磁碟檔案的資料。

15.1.2 檔案名稱

所有的檔案都有一個可讓作業系統與使用者確認的獨一無二的檔名。每個作業系統都有它們自己的檔案命名方式，例如 Windows 可以接受長檔名,而 MS-DOS 則只接受短檔名(主檔名 8 個字元,副檔名 3 個字元)。

　　基本上檔名分為主檔名與副檔名,而且主檔名與副檔名中間以句點(.)隔開。一般而言,副檔名代表檔案的種類,例如 .CPP 表示 C++ 的原始程式檔。而主檔名則表示檔案的用途,例如 HELLO.CPP 代表招呼程式的 C++ 原始程式檔,C1501.CPP 代表第 15 章第 1 個程式的原始程式檔。其它常用副檔名如表 15.1:

表 15.1　常用副檔名的說明

.asm	組合語言原始程式檔
.bas	BASIC 語言原始程式檔
.bat	DOS 批次檔
.cpp	C++ 語言原始程式檔
.doc	文件檔
.exe	執行檔
.html	HTML 檔
.java	Java 語言原始程式檔
.obj	物件檔
.sys	系統檔
.txt	純文字檔

15.1.3　開啟檔案 open

#include <fstream.h>

● 要建立檔案物件存取檔案資料,必須先插入 <fstream.h> 表頭檔(header file)到程式的前置處理區。就好像要使用 cin 與 cout 函數必須先插入 <iostream.h> 表頭檔到程式的前置處理區。

- <fstream.h> 定義了 ifstream、ofstream、與 fstream 類別，這些類別依序繼承 istream、ostream、iostream 等類別，然而 istream、ostream、iostream 等類別又繼承 ios 類別，所以 ifstream、ofstream、與 fstream 類別也可存取 ios 中的所有運算符號。

```
ifstream 輸入物件;                        //建立輸入檔案物件
ofstream 輸出物件;                        //建立輸出檔案物件
fstream 輸出入物件;                       //建立輸入輸出檔案物件
```

- 在開啟檔案之前，必須先建立一個檔案物件。檔案物件有三種形式：輸入檔案、輸出檔案與輸入/輸出檔案物件。

- **ifstream** 用於建立輸入檔案物件，此物件只能將存在磁碟檔案中的資料輸入（讀取）到記憶體緩衝區。

- **ofstream** 用於建立輸出檔案物件，此物件只能將存在記憶體緩衝區的資料輸出（寫入）磁碟檔案。

- **fstream** 用於建立輸入/輸出檔案物件，此物件能將存在記憶體緩衝區的資料輸出（寫入）磁碟檔案，或將存在磁碟檔案中的資料輸入（讀取）到記憶體緩衝區。

```
檔案物件.open("檔案名稱", ios::開啟模式);
```

- 當檔案輸入、輸出或輸入輸出物件建立後，還必須呼叫 fstream 類別的 open 函數開啟檔案，然後才可以讀取該檔案的資料或將資料寫入該檔案中。

- **檔案物件**為已建立的輸入、輸出或輸入輸出檔案物件，但是檔案物件必須配合開啟模式，例如輸入物件不能使用開啟模式 out。

- **檔案名稱**則可包含磁碟機、資料夾與存檔檔名。

- **開啟模式**如表 15.2 的說明。下面是定義於 ifstream、ofstream、fstream 類別的 open 函數原型。

> void ifstream::open(const char *檔案名稱, ios::開啟模式);
> void ofstream::open(const char *檔案名稱, ios::開啟模式);
> void fstream::open(const char *檔案名稱, ios::開啟模式);

● 上面三式是 ifstream 類別、ofstream 類別、與 fstream 類別的 open 函數原型。

表 15.2 開啟模式的關鍵字與說明

ios::開啟模式	說明
ios::app	開啟附加模式的資料檔。
ios::ate	開啟資料檔並將指標移到檔案結束位置。
ios::binary	開啟二進位輸入輸出模式的資料檔。
ios::in	開啟輸入模式的資料檔。
ios::out	開啟輸出模式的資料檔。
ios::trunc	刪除已經存在的檔案,再開啟資料檔。

下面範例是建立 ofstream 物件 out、ifstream 物件 in、fstream 物件 io,然後利用 out 物件建立 d:\textOut.txt 輸出檔、利用 in 物件建立 d:\textIn.txt 輸入檔、利用 io 物件建立 d:\textIO.txt 輸入輸出檔。當指定檔名路徑字元時要使用雙反斜線('\\'),如同指定跳行字元時使用('\n')一樣,第一個反斜線是宣告特殊字元,第二個反斜線才是輸出的字元('\'),所以 "d:\\textOut.txt" 的 實 際 路 徑 與 檔 名 是 "d:\textOut.txt", 而 "d:\\c++15\\textOut.txt" 的實際路徑與檔名是 "d:\c++15\textOut.txt"。

```
ofstream out;                                  //建立輸出檔案物件
ifstream in;                                   //建立輸入檔案物件
fstream io;                                    //建立輸入輸出檔案物件
out.open("d:\\textOut.txt", ios::out);         //開啟輸出檔
in.open("d:\\textIn.txt", ios::in);            //開啟輸入檔
io.open("d:\\textIO.txt", ios::in|ios::out);   //開啟輸入輸出檔
```

下面範例是建立 ofstream 物件 out、ifstream 物件 in、fstream 物件 io,然後利用 out 物件建立 textOut.txt 二進位輸出檔、利用 in 物件建立 textIn.txt

二進位輸入檔、利用 io 物件建立 textIO.txt 二進位輸入輸出檔。若未指定檔案名稱的路徑，則以目前的工作路徑為檔案名稱的路徑。

```
ofstream out;                                   //建立輸出檔案物件
ifstream in;                                    //建立輸入檔案物件
fstream io;                                     //建立輸入輸出檔案物件
out.open("textOut.txt", ios::binary|ios::out);  //開啟二進位輸出檔案
in.open("textIn.txt", ios::binary|ios::in);     //開啟二進位輸入檔案
io.open("textIO.txt", ios::binary|ios::in|ios::out); //開啟二進位輸入輸出
```

　　因為 ifstream、ofstream、fstream 類別含有可自動開啟檔案的建立者函數，所以也可利用建立者函數於建立物件的同時開啟檔案。

　　下面範例是利用 ifstream、ofstream、fstream 類別的建立者函數，建立 ofstream 物件 out 並同時開啟 d:\textOut.txt 輸出檔，建立 ifstream 物件 in 並同時開啟 d:\textIn.txt 輸入檔，與建立 fstream 物件 io 並同時開啟 d:\textIO.txt 輸入輸出檔。

```
//使用 ofstream 的建立者函數建立物件並開啟輸出檔案
ofstream out("d:\\textOut.dat", ios::out);
//使用 ifstream 的建立者函數建立物件並開啟輸入檔案
ifstream in("d:\\textIn.dat", ios::in);
//使用 fstream 的建立者函數建立物件並開啟輸入輸出檔案
fstream io("d:\\textIO.dat", ios::in, ios::out);
```

　　下面範例是利用 ifstream、ofstream、fstream 類別的建立者函數，建立 ofstream 物件 out 並同時開啟 d:\textOut.txt 二進位輸出檔，建立 ifstream 物件 in 並同時開啟 d:\textIn.txt 二進位輸入檔，與建立 fstream 物件 io 並同時開啟 d:\textIO.txt 二進位輸入輸出檔。

```
//使用 ofstream 的建立者函數建立物件並開啟輸出檔案
ofstream out("d:\\textOut.dat", ios::binary|ios::out);
//使用 ifstream 的建立者函數建立物件並開啟輸入檔案
ifstream in("d:\\textIn.dat", ios::binary|ios::in);
//使用 fstream 的建立者函數建立物件並開啟輸入輸出檔案
fstream io("d:\\textIO.dat", ios::binary|ios::in|ios::out);
```

15.1.4 檔案是否開啟成功

在呼叫 open 函數後，必須先測試檔案是否開啟成功，然後才可正確存取檔案資料。如下面範例，當開啟檔案成功則 !myFile 會傳回 1，開啟檔案失敗則 !myFile 會傳回 0。

```
ifstream myFile;                              //建立輸入檔案物件
myFile.open("d:\\textIn.txt", ios::in);       //開啟輸入檔案
if(!myFile)                                    //測試檔案是否開啟成功
    cout << "開啟檔案失敗！\n";                 //檔案代號錯誤
```

當使用建立者函數建立檔案物件並開啟檔案時，則可用 is_open() 函數來判斷檔案開啟是否成功，如下面範例。

```
ifstream myFile("d:\\textIn.txt", ios::in);   //建立並開啟檔案
if(!myFile.is_open())                          //測試檔案是否開啟成功
    cout << "開啟檔案失敗！\n";                 //檔案代號錯誤
```

15.1.5 關閉檔案 close

> #include <fstream>
> 物件名稱.close();

- 使用 ifstream、ofstream、fstream 的 close() 函數可以關閉已開啟的檔案。

- 雖然程式結束時將自動關閉所有已開啟的檔案物件，但仍有幾個原因必須在程式結束以前關閉已開啟的檔案。

    a) 開啟一個檔案物件，則該檔案物件將佔據一部份的記憶體，所以為了提高系統的執行速率，可以關閉不再使用的檔案物件。

    b) 有些作業系統限制同一時間內可以開啟檔案的個數，所以可以先關閉不再使用的檔案，以便開啟其他需要用的檔案。

假設 myFile 是以開啟的檔案物件，則可使用 close 關閉 myFile 檔案物件如下面範例。

```
myFile.close();                              //關閉 myFile 檔案物件
```

15.2　存取文字檔

一般文字編輯軟體都是將資料存入文字檔，例如微軟的 NotePad 就是將文件存入 .txt 檔，而 WordPad 與 Word 則是將文件存入 .doc 檔。所以本節將要介紹如何寫入資料至文字檔、如何附加資料到文字檔、與讀取文字檔資料等等。

15.2.1　寫入文字檔 **«**

```
物件名稱.open("檔案名稱", ios::out);          //開啟檔案
物件名稱 << 輸出字串;                         //寫入檔案
```

- **ios::out 開啟模式**將開啟輸出模式的檔案，若指定檔案存在則 ios::out 模式會開啟一個原來的檔案，並將寫入指標移到檔案最前面，如此新資料將取代原資料。

- **<< 符號**可以作為輸出字串到檔案的運算符號。因為 ifstream、ofstream、與 fstream 類別繼承 istream、ostream、iostream 等類別，所以 ifstream、ofstream、與 fstream 類別也可存取 ios 中的所有運算符號。

下面範例是建立 ofstream 物件 filePtr 後，利用 filePtr 物件開啟 d:\textIO.txt 檔案，然後寫入 3 個字串到 d:\textIO.txt 檔案中。

```
ofstream filePtr;                            //建立檔案物件 filePtr
filePtr.open("d:\\textIO.txt", ios::out);    //開啟檔案
d:\textIO.txt
filePtr << "Life is not easy, but in the long run \n";
filePtr << "it's easier than going to elaborate ends \n";
```

```
filePtr << "to deny it.\n";                        //寫入字串到檔案
filePtr.close();                                   //關閉 filePtr 檔案物件
```

下面範例是建立 ofstream 物件 outFile 後，利用 outFile 物件開啟 d:\textIO.dat 檔案，然後將鍵盤輸入的整數與字串資料輸出到 d:\textIO.dat 檔案中。

```
int id;                                            //宣告整數變數
char name[40];                                     //宣告C型態字串變數
ofstream outFile;                                  //建立檔案物件 outFile
outFile.open("d:\\textIO.dat", ios::out);          //開啟檔案
d:\textIO.dat
cin >> id >> name;                                 //從鍵盤讀取整數與字串
outFile << id << '\t' << name << '\n';             //寫入整數與字串到檔案
outFile.close();                                   //關閉 outFile 檔案物件
```

⬇ 程式 15-01：寫入文字檔

```cpp
1.    //檔案名稱：d:\C++15\C1501.cpp
2.    #include <iostream>
3.    #include <fstream>
4.    using namespace std;
5.
6.    int main(int argc, char** argv)
7.    {
8.       ofstream filePtr;                          //建立檔案物件(代號)
9.       filePtr.open("d:\\C++15\\C1501.txt", ios::out);
10.                                 //開啟輸出檔 d:\C++15\C1501.txt
11.      if(!filePtr.is_open()) {                   //若開啟檔案代號錯誤
12.         cout << "開啟檔案錯誤!\n";
13.         system("PAUSE");
14.         exit(1);                                //非正常結束程式
15.      } else {                                   //否則
16.         filePtr << "Life is not easy, but in the long run \n";
17.         filePtr << "it's easier than going to elaborate ends \n";
18.         filePtr << "to deny it.\n";             //寫入字串到檔案
19.      }
20.      filePtr.close();                           //關閉檔案物件(代號)
21.      return 0;
22.   }
```

▶▶ **程式輸出：寫入到** D:\C1501.TXT **檔案**

利用 Microsoft 的記事本（Notepad）來顯示 **d:\C++15\C1501.txt** 檔的內容
如下：

```
C1501.txt - 記事本                              —    □    ×
檔案(F)  編輯(E)  格式(O)  檢視(V)  說明(H)
Life is not easy, but in the long run
it's easier than going to elaborate ends
to deny it.
```

15.2.2　文字檔附加資料 ≪

物件名稱.open("檔案名稱", ios::app);　　　　　//開啟檔案
物件名稱 << 字串 1 << 字串 2;　　　　　　　//附加資料

- **ios::app 開啟模式**可以開啟已存在的文字檔案，同時保留檔案所有的內容，並且將寫入指標移到檔案的最後面，如此新寫入的資料將被附加到檔案的最後面。若指定的檔案名稱不存在，則 ios::app 模式會開啟一個新的檔案。

- 相反的，若檔案已存在，則 ios::out 模式仍將開啟該檔案，但會檔案的寫入指標移到檔案的最前面，如此新寫入的資料將取代原來的資料。

- 使用 << 符號輸出字串到 ios::app 的檔案，是附加字串到 ios::app 型態的檔後面。

　　下面範例是建立 ofstream 物件 filePtr 後，利用 **filePtr** 物件開啟附加資料型態的檔案 d:\textIO.txt，然後附加 2 個字串到 d:\textIO.txt 檔案的最後面。

```
ofstream filePtr;                          //建立檔案物件 filePtr
filePtr.open("d:\\outFile.txt", ios::app); //開啟檔案
d:\outFile.txt
```

```
filePtr << "人生的確不是簡單的，可是老老實實地活著，\n";  //附加字串到檔案
filePtr << "總要比想出千方百計的逃避人生來得簡單些。\n";  //附加字串到檔案
filePtr.close();
```

下面範例是建立 ofstream 物件 outFile 後，利用 outFile 物件開啟 d:\textIO.dat 檔案，然後將鍵盤輸入的整數與字串資料輸出到 d:\textIO.dat 檔案中。

```
int id;                                      //宣告整數變數
char name[40];                               //宣告 C 型態字串變數
ofstream outFile;                            //建立檔案物件 outFile
outFile.open("d:\\textIO.dat", ios::app);    //開啟檔案
d:\textIO.dat
cin >> id >> name;                           //從鍵盤讀取整數與字串
outFile << id << '\t' << name << '\n';       //寫入整數與字串到檔案
outFile.close();                             //關閉 outFile 檔案物件
```

⬇ **程式 15-02**：附加資料到文字檔

```cpp
1.   //檔案名稱：d:\C++15\C1502.cpp
2.   #include <iostream>
3.   #include <fstream>
4.   using namespace std;
5.
6.   int main(int argc, char** argv)
7.   {
8.      ofstream filePtr;                        //建立檔案物件(代號)
9.      filePtr.open("d:\\C++15\\C1501.txt", ios::app);
10.                             //開啟附加檔 d:\C++15\C1501.txt
11.
12.     if(!filePtr.is_open()) {                 //若開啟檔案代號錯誤
13.        cout << "開啟檔案錯誤！\n";
14.        system("PAUSE");
15.        exit(1);                              //非正常結束程式
16.     } else { //否則
17.        filePtr << "人生的確不是簡單的，可是老老實實地活著，\n"; //附加字串到檔案
18.        filePtr << "總要比想出千方百計的逃避人生來得簡單些。\n"; //附加字串到檔案
19.     }
20.     filePtr.close();                         //關閉檔案物件(代號)
21.     return 0;
22.  }
```

>> 程式輸出：附加到 D:\C1501.TXT 檔案

利用 Microsoft 的記事本（Notepad）來顯示 d:\C++15\C1501.txt 檔的內容如下：

```
C1501.txt - 記事本                                    —    □    ×
檔案(F)  編輯(E)  格式(O)  檢視(V)  說明(H)
Life is not easy, but in the long run
it's easier than going to elaborate ends
to deny it.
人生的確不是簡單的，可是老老實實地活著，
總要比想出千方百計的逃避人生來得簡單些。
```

15.2.3 讀取文字檔 >>

物件名稱.open("檔案名稱", ios::in);   //開啟檔案
物件名稱 >> 緩衝區 1 >> 緩衝區 2;   //讀取檔案資料

- **ios::in 開啟模式**會開啟輸入模式的檔案，並將檔案的讀取指標移到檔案的最前面。

- **>> 符號**可作為讀取檔案資料的運算符號。因為 ifstream、ofstream、與 fstream 類別繼承 istream、ostream、iostream 等類別，所以 ifstream、ofstream、與 fstream 類別也可存取 ios 中的所有運算符號。

　　下面範例讀取資料並存入 id 與 name 緩衝區（變數）中。而變數的型態必須與寫入時的型態與格式相同，如整數 id 與長度 40 的字串。利用 >> 符號讀取已經是分離的資料，所以可以很方便的對各欄位進行運算或排序等動作。

```
ifstream outFile;                         //建立檔案物件 outFile
int id;                                   //存放資料緩衝區
char name[40];                            //存放資料緩衝區

outFile.open("d:\\textIO.dat", ios::in);  //開啟輸入檔
d:\textIO.dat
```

```
outFile >> id >> name;                    //讀取檔案存入緩衝區
while(!outFile.eof()) {                    //是否已到檔尾
    cout << id << '\t' << name << endl;   //顯示緩衝區資料
    outFile >> id >> name;                //讀取檔案存入緩衝區
}
outFile.close();                          //關閉檔案物件 outFile
```

eof 函數是 end of file 的意思，用來測試檔案結束位置。所以 **!filePtr.eof()** 是測試是否已到檔案結尾，若不是則傳回 true 且迴圈繼續，若是則傳回 false 且迴圈結束。

15.2.4 寫入單一字元 put

物件名稱.open("檔案名稱", ios::out);   //開啟檔案

物件名稱.put(字元緩衝區);   //寫入資料

● **put** 函數可以將字元緩衝區內的字元寫入到檔案物件中。

下面範例是利用 for 迴圈再配合 filePtr.put(inData[i]) 敘述，將字元陣列 inData[i] 內的字元寫入 d:\textIO.txt 檔案中。

```
ofstream filePtr;                         //建立檔案物件 filePtr
char inData[] = "Life is not easy, but in the long run \n"
                "it's easier than going to elaborate ends \n"
                "to deny it.\n";

filePtr.open("d:\\textIO.txt", ios::in);  //開啟輸入檔
d:\textIO.txt
int len = strlen(inData);                 //取得 inData 陣列的長度
for(int i=0; i<len; i++) {                //寫入字元迴圈
    filePtr.put(inData[i]);               //寫入字元到 textIO.txt
}
filePtr.close();                          //關閉檔案物件 filePtr
```

15.2.5 讀取單一字元 get

物件名稱.open("檔案名稱", ios::in);　　　　　　//開啟檔案
物件名稱.get(字元緩衝區);　　　　　　　　　　//讀取資料

● **get** 函數可以從檔案讀取單一字元資料並存入字元緩衝區。

下面範例的 filePtr.get(inData) 是讀取 d:\textIO.txt 檔案指標位置的一個字元，並存入 inData 變數中。當 filePtr.get(inData) 不等於 0 則 while(filePtr.get(inData)) 成立，可是檔案結尾時 filePtr.get(inData) 等於 0 則 while(filePtr.get(inData)) 不成立而結束迴圈。

```
ifstream filePtr;                              //建立檔案物件 filePtr
char inData;                                    //存放資料緩衝區
filePtr.open("d:\\textIO.txt", ios::in);       //開啟輸出檔
d:\textIO.txt
while(filePtr.get(inData)) {                    //取得資料並存入緩衝區
    cout << inData;                             //顯示資料
}
filePtr.close();                                //關閉檔案物件 filePtr
```

程式 15-03：讀取文字檔

```
1.    //檔案名稱：d:\C++15\C1503.cpp
2.    #include <iostream>
3.    #include <fstream>
4.    using namespace std;
5.
6.    int main(int argc, char** argv)
7.    {
8.        ifstream filePtr;                      //建立檔案物件(代號)
9.        char inData;                           //存放資料緩衝區
10.
11.       filePtr.open("d:\\C++15\\C1501.txt", ios::in);
12.            //開啟輸入檔 d:\C++15\C1501.txt
13.
14.       if(!filePtr) {                         //若開啟檔案代號錯誤
15.           cout << "開啟檔案錯誤！\n";
16.           system("PAUSE");
17.           exit(1);                           //非正常結束程式
18.       } else {                               //若開啟檔案代號正確
19.           while(filePtr.get(inData)) {       //取得資料並存入緩衝區
```

```
20.            cout << inData;                    //顯示資料
21.        }
22.    }
23.    filePtr.close();                           //關閉檔案物件(代號)
24.    return 0;
25. }
```

▶▶ 程式輸出

Life is not easy, but in the long run
it's easier than going to elaborate ends
to deny it.
人生的確不是簡單的，可是老老實實地活著，
總要比想出千方百計的逃避人生來得簡單些。

⬇ 程式 15-04：存取文字檔

```
1.    //檔案名稱：d:\C++15\C1504.cpp
2.    #include <iostream>
3.    #include <fstream>
4.    #include <cstring>                          //包含 strlen 函數定義
5.    using namespace std;
6.
7.    const char filename[] = "d:\\C++15\\C1504.txt";
8.
9.    class Note  //定義 Note 類別
10.   {
11.       char outStr[81];
12.   public:
13.       void write();                           //宣告寫入文字檔原型
14.       void append();                          //宣告附加文字檔原型
15.       void read();                            //宣告讀取文字檔原型
16.   };
17.
18.   void Note::write()                          //定義寫入文字檔函數
19.   {
20.       ofstream filePtr;
21.       filePtr.open(filename, ios::out);       //開啟輸出文字檔
22.       if(!filePtr) {
23.          cout << "開啟輸出檔錯誤！\n";
24.          system("PAUSE");
25.          exit(1);                             //非正常結束程式
26.       } else {
27.          cout << "請輸入字串，連續按二次 Enter 則結束\n";
28.          cin.ignore();                        //忽略輸入緩衝器的最後字
29.          while(1) {                           //無窮迴圈
30.             cin.getline(outStr, 81);          //讀取整行文字
```

```
31.        if(!strlen(outStr) == 0)            //若字串長度不等於 0
32.            filePtr << outStr << '\n';       //將文字寫入檔案
33.        else
34.            break;                           //中斷迴圈
35.        }
36.    filePtr.close();
37.    }
38. }
39.
40. void Note::append()                         //定義附加文字檔函數
41.    {
42.    ofstream filePtr;
43.    filePtr.open(filename, ios::app);        //開啟附加文字檔
44.    if(!filePtr) {
45.        cout << "開啟附加檔錯誤！\n";
46.        system("PAUSE");
47.        exit(1);                             //非正常結束程式
48.    } else {
49.        cout << "請輸入字串，連續按二次 Enter 則結束)\n";
50.        cin.ignore();                        //忽略輸入緩衝器的最後字
51.        while(1) {                           //無窮迴圈
52.            cin.getline(outStr, 81);         //讀取整行文字
53.            if(!strlen(outStr) == 0)         //若字串長度不等於 0
54.                filePtr << outStr << '\n';   //將文字寫入檔案
55.            else
56.                break;                       //中斷迴圈
57.        }
58.    }
59.    filePtr.close();
60. }
61.
62. void Note::read()                           //定義讀取文字檔函數
63.    {
64.    ifstream filePtr;
65.    filePtr.open(filename, ios::in);         //開啟輸入文字檔
66.    char inChar;
67.    if(!filePtr) {
68.        cout << "開啟輸入檔錯誤！\n";
69.        system("PAUSE");
70.        exit(1);                             //非正常結束程式
71.    } else {
72.        while(filePtr.get(inChar))           //若讀取字串不等於空字串
73.            cout << inChar;                  //輸出讀取的字串
74.    }
75.    filePtr.close();
76. }
77.
78. int main(int argc, char** argv)
79. {
```

```
80.       Note text;                          //建立 Note 物件
81.       char n;
82.
83.       while(1)
84.       {
85.          cout << "1.寫入   2.附加   3.讀取   "    //Menu
86.               << "0.結束   請選擇(1-3 或 0): ";
87.          cin >> n;
88.
89.          switch (n)                         //比較輸入值
90.          {
91.              case '1':                      //若輸入值為 1
92.                 text.write();               //呼叫寫入文字檔函數
93.                 break;
94.              case '2':                      //若輸入值為 2
95.                 text.append();              //呼叫附加文字檔函數
96.                 break;
97.              case '3':                      //若輸入值為 3
98.                 text.read();                //呼叫讀取文字檔函數
99.                 break;
100.             case '0':                      //若輸入值為 0
101.                return 0;                   //正常結束程式
102.          }
103.       }
104. }
```

》 程式輸出：粗體字表示鍵盤輸入

1.寫入   2.附加   3.讀取   0.結束   請選擇(1-3 或 0): **1** `Enter`
請輸入字串，連續按二次 Enter 則結束
A questioning student is more important than a answering teacher. `Enter`
Books are only one key to discover noble men and thought. `Enter`
`Enter`
1.寫入   2.附加   3.讀取   0.結束   請選擇(1-3 或 0): **3** `Enter`
A questioning student is more important than a answering teacher.
Books are only one key to discover noble men and thought.
1.寫入   2.附加   3.讀取   0.結束   請選擇(1-3 或 0): **2** `Enter`
請輸入字串，連續按二次 Enter 則結束
學生的好問，比老師答覆問題更重要。 `Enter`
書籍是發掘崇高人物和思想的唯一鎖鑰。 `Enter`
`Enter`
1.寫入   2.附加   3.讀取   0.結束   請選擇(1-3 或 0): **3** `Enter`
A questioning student is more important than a answering teacher.
Books are only one key to discover noble men and thought.
學生的好問，比老師答覆問題更重要。
書籍是發掘崇高人物和思想的唯一鎖鑰。
1.寫入   2.附加   3.讀取   0.結束   請選擇(1-3 或 0): **0** `Enter`

15.3 存取二進位檔

雖然讀寫格式化的文字檔非常簡單，也非常適用於文件檔案的存取，但它不是最有效的檔案管理方式。所以現在要介紹另一種的檔案管理方式：非格式化的二進位檔。

15.3.1 寫入二進位檔 write

> 物件名稱.open("檔案名稱", ios::binary);   //開啟二進位檔
> 物件名稱.write(const char *緩衝區, 寫入長度);   //寫入資料

- **ios::binary 開啟模式**是開啟一個二進位（binary）輸入輸出檔，若開啟成功則可呼叫 ofstream 類別的 write 函數。

- **物件名稱**仍是已建立的輸出檔案物件。

- **檔案名稱**則是用來存放資料的路徑與檔名。呼叫 write 函數時，必須傳遞緩衝區與寫入長度等二個參數。

- **緩衝區**是資料變數用來存放要寫入檔案的資料。

- **寫入長度**表示要寫入的資料長度，通常等於緩衝區的大小。

下面範例的敘述 filePtr.open("d:\\binIO.dat", ios::binary|ios::out) 是開啟一個二進位輸出檔 d:\binIO.dat，如果開啟模式改為 ios::binary 則表示開啟一個二進位輸入輸出檔。而敘述 filePtr.write((char*)&stuData, sizeof(stuData)) 是將類別物件的資料寫入 d:\binIO.dat 檔，敘述中 (char*)&stuData 是將類別物件指標轉成字元指標，sizeof(stuData) 則是取得物件的長度。

```
class Student {                            //自定 Student 資料
    int student_id;
    char student_name[40];
public:
    Student() {
        Student_id = 10;
        Student_name = "Tom";
    }
```

```
};

int main(int argc, char** argv)
{
    Student stuData;                              //建立類別物件
    ofstream filePtr;                             //建立輸出檔案物件
    filePtr.open("d:\\binIO.dat", ios::binary|ios::out); //開啟二進位檔
    filePtr.write((char*)&stuData, sizeof(stuData)); //緩衝區資料寫入檔案
    filePtr.close();
    return 0;                                     //正常結束程式
}
```

程式 15-05：寫入二進位檔

```
1.    //檔案名稱：d:\C++15\C1505.cpp
2.    #include <iostream>
3.    #include <fstream>
4.    using namespace std;
5.
6.    class Student                              //定義 Student 類別
7.    {
8.    protected:                                 //保護區
9.       int student_id;
10.      char student_name[40];
11.   public:                                    //公用區
12.      int getid()                             //取得學號函數
13.      {
14.         return student_id;
15.      }
16.      void setdata()                          //輸入並寫入緩衝區函數
17.      {
18.        cout << "請輸入學號與姓名 (輸入 0 0 則結束)：";
19.        cin >> student_id >> student_name;    //輸入學號與姓名
20.      }
21.   };
22.
23.   int main(int argc, char** argv)
24.   {
25.      Student stuData;                        //建立類別物件
26.      ofstream filePtr;                       //建立輸出檔案物件
27.      filePtr.open("d:\\C++15\\C1505.dat", ios::binary); //開啟二進位檔
28.
29.      if(!filePtr) {                          //若檔案代號錯誤
30.        cout << "開啟檔案錯誤！\n";
31.        system("PAUSE");
32.        exit(1);                              //非正常結束程式
33.      } else {                                //則
```

```
34.       while(1) {                        //輸入並寫入資料迴圈
35.         stuData.setdata();              //輸入資料到緩衝區
36.         if(stuData.getid() != 0)        //若學號不等於 0 則
37.           filePtr.write((char*)&stuData, //緩衝區資料寫入檔案
38.               sizeof(stuData));          //寫入長度=緩衝區大小
39.         else                             //若學號等於 0 則
40.           break;                         //結束輸入
41.       }
42.     }
43.     filePtr.close();
44.     return 0;
45. }
```

▶▶ 程式輸出

請輸入學號與姓名（輸入 0 0 則結束）：1 Archer
請輸入學號與姓名（輸入 0 0 則結束）：2 Benson
請輸入學號與姓名（輸入 0 0 則結束）：3 Calvin
請輸入學號與姓名（輸入 0 0 則結束）：0 0

利用 Microsoft 的記事本（Notepad）來顯示 d:\C++15\C1505.dat 檔的內容
如下：

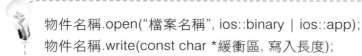

15.3.2 二進位檔附加資料 write

> 物件名稱.open("檔案名稱", ios::binary | ios::app);
> 物件名稱.write(const char *緩衝區, 寫入長度);

- **ios::binary | ios::app 開啟模式**可以開啟一個二進位檔案，同時
  保留檔案所有的內容，並且將寫入指標移到檔案的最後面，如此
  新寫入的資料將被附加到檔案的最後面。若指定的檔案名稱不存
  在，則 ios::app 模式會開啟一個新的檔案。

- 若已知該檔案為二進位檔，則可以省略 ios::binary 模式，然後仍然使用 ofstream 類別的 write 函數，便可以將資料附加到二進位檔後面。

- **物件名稱**仍是已建立的輸出檔案物件。

- **檔案名稱**則是用來存放資料的路徑與檔名，但開啟模式為 ios::in。呼叫 read 函數時，必須傳遞緩衝區與讀取長度二個參數。

- **緩衝區**是資料變數用來存放要寫入檔案的資料。

- **讀取長度**表示要讀取的資料長度，通常等於緩衝區的大小。

下面範例的敘述 filePtr.open("d:\\binIO.dat ", ios::binary|ios::app) 是開啟一個二進位附加檔 d:\binIO.dat，因為延續前節範例 d:\binIO.dat 為二進位檔，所以可以省略 ios::binary 只保留 ios::app 模式。敘述 filePtr.write((char*)&stuData, sizeof(stuData)) 是將類別物件的資料寫入 d:\binIO.dat 檔的最後面，敘述中(char*)&stuData 是將類別物件指標轉成字元指標，sizeof(stuData) 則是取得物件的長度。

```cpp
class Student {                              //自定 Student 資料
    int student_id;
    char student_name[40];
public:
    setData(id, name) {
        student_id = id;
        student_name = name;
    }
};

int main(int argc, char** argv)
{
    Student stuData;                         //建立類別物件
    ofstream filePtr;                        //建立輸出檔案物件
    filePtr.open("d:\\binIO.dat ",
            ios::binary|ios::app);           //開啟二進位附加檔
    stuData.setData(1, "Ken");               //設定自定資料
    filePtr.write((char*)&stuData,
        sizeof(stuData));                    //緩衝區資料附加到檔案
    filePtr.close();
    return 0;                                //正常結束程式
}
```

在程式 15-06 中，因為 d:\C++15\C1505.dat 為二進位檔，所以開啟時可以省略 ios::binary 模式，但附加時必須以二進位型式寫入。

程式 15-06：附加資料到二進位檔

```
1.   //檔案名稱：d:\C++15\C1506.cpp
2.   #include <iostream>
3.   #include <fstream>
4.   using namespace std;
5.
6.   class Student                        //定義 Student 類別
7.   {
8.   protected:                           //保護區
9.       int student_id;
10.      char student_name[40];
11.  public:                              //公用區
12.      int getid()                      //取得學號函數
13.      {
14.          return student_id;
15.      }
16.      void setdata()                   //輸入並寫入緩衝區函數
17.      {
18.          cout << "請輸入學號與姓名（輸入 0 0 則結束）:";
19.          cin >> student_id >> student_name;    //輸入學號與姓名
20.      }
21.  };
22.
23.  int main(int argc, char** argv)
24.  {
25.      Student stuData;                 //建立類別物件
26.      ofstream filePtr;                //建立輸出檔案物件
27.      filePtr.open("d:\\C++15\\C1505.dat", ios::app);  //開啟附加檔
28.      if(!filePtr) {                   //若檔案代號錯誤
29.          cout << "開啟附加檔錯誤！\n";
30.          system("PAUSE");
31.          exit(1);                     //非正常結束程式
32.      } else {                         //則
33.          while(1) {                   //輸入並寫入資料迴圈
34.              stuData.setdata();       //輸入資料到緩衝區
35.              if(stuData.getid() != 0)  //若學號不等於 0 則
36.                  filePtr.write((char*) &stuData,  //緩衝區資料寫入檔案
37.                      sizeof(stuData));  //寫入長度=緩衝區大小
38.              else                     //若學號等於 0 則
39.                  break;               //結束輸入
40.          }
41.      }
42.      filePtr.close();
```

```
43.    return 0;
44. }
```

請輸入學號與姓名（輸入 0 0 則結束）：4 Carol
請輸入學號與姓名（輸入 0 0 則結束）：5 Molly
請輸入學號與姓名（輸入 0 0 則結束）：0 0

利用 Microsoft 的記事本（Notepad）來顯示 d:\C++15\C1505.dat 檔的內容
如下：

```
C1505.dat - 記事本                                        —    □    ×
檔案(F)  編輯(E)  格式(O)  檢視(V)  說明(H)
     Archer          ZH              ZH                  Benson      ZH
ZH                   Calvin          ZH                  ZH
```

15.3.3 讀取二進位檔 read

物件名稱.open("檔案名稱", ios::binary | ios::in); //開啟檔案
物件名稱.read(const char *緩衝區, 讀取長度);   //讀取檔案資料

- **ios::binary | ios::in 開啟模式**是開啟一個二進位輸入檔，開啟成功
  則可呼叫 ifstream 類別的 read 函數，讀取檔案資料到緩衝區中。

- 若已知該檔案為二進位檔，則可以省略 ios::binary 模式，然後仍然
  使用 ifstream 類別的 read 函數，便可以讀取檔案資料到緩衝區中。

- **物件名稱**仍是已建立的輸入檔案物件。

- **檔案名稱**則是用來存放資料的路徑與檔名，但開啟模式為 ios::in。
  呼叫 read 函數時，必須傳遞緩衝區與讀取長度等二個參數。

- **緩衝區**是資料變數用來存放要寫入檔案的資料。

- **讀取長度**表示要讀取的資料長度，通常等於緩衝區的大小。

下面範例的敘述 filePtr.open("d:\\binIO.dat ", ios::binary|ios::in) 是開啟一個二進位輸入檔 d:\binIO.dat，因為延續前節範例 d:\binIO.dat 為二進位檔，所以可以省略 ios::binary 只保留 ios::in 模式。敘述 filePtr.read((char*) &stuData, sizeof(stuData)) 讀取 d:\binIO.dat 檔資料到&stuData 緩衝器中，敘述中 (char*)&stuData 是將類別物件指標轉成字元指標，sizeof(stuData) 則是取得物件的長度。

```cpp
class Student {                             //自定 Student 資料
   int student_id;
   char student_name[40];
public:
   void showData() {
      cout << student_id << '\t' << student_name << endl;
   }
};

int main(int argc, char** argv)
{
   Student stuData;                         //建立類別物件
   ifstream filePtr;                        //建立輸入檔案物件
   filePtr.open("d:\\binIO.dat", ios::binary|ios::in); //開啟二進位輸入檔
   filePtr.read((char*)&stuData,            //讀取資料到緩衝區
            sizeof(stuData));               //讀取長度=緩衝區大小
   stuData.showdata();                      //呼叫顯示資料函數
   filePtr.close();
   return 0;                                //正常結束程式
}
```

在程式 15-07 中，因為 d:\C++15\C1505.dat 為二進位檔，所以開啟時可以省略 ios::binary 模式，但讀取時必須以二進位型式讀取。

程式 15-07：讀取二進位料

```cpp
1.   //檔案名稱:d:\C++15\C1507.cpp
2.   #include <iostream>
3.   #include <fstream>
4.   using namespace std;
5.
6.   class Student                          //定義 Student 類別
7.   {
8.   protected:                             //保護區
9.      int student_id;
10.     char student_name[40];
11.  public:                               //公用區
```

```
12.    void showdata()                          //顯示資料函數
13.    {
14.        cout << student_id << '\t' << student_name << endl;
15.    }
16. };
17.
18. int main(int argc, char** argv)
19. {
20.    Student stuData;                          //建立類別物件
21.    ifstream filePtr;                         //建立輸入檔案物件
22.    filePtr.open("d:\\C++15\\C1505.dat", ios::in); //開啟輸入檔
23.    if(!filePtr) {                            //若檔案代號錯誤
24.        cout << "開啟輸入檔錯誤!\n";
25.        system("PAUSE");
26.        exit(1);                              //非正常結束程式
27.    } else {                                  //則
28.        filePtr.read((char*) &stuData,        //讀資料到緩衝區
29.          sizeof(stuData));                   //讀取長度=緩衝區大小
30.        while(!filePtr.eof()) {               //讀資料迴圈
31.            stuData.showdata();               //呼叫顯示資料函數
32.            filePtr.read((char*) &stuData,    //讀取資料到緩衝區
33.              sizeof(stuData));               //讀取長度=緩衝區大小
34.        }
35.    }
36.    filePtr.close();
37.    return 0;
38. }
```

▶▶ 程式輸出

```
1        Archer
2        Benson
3        Calvin
4        Carol
5        Molly
```

15.3.4 檔案結束位置 eof

輸入檔案物件.eof()

- **eof** 函數將傳回 true（真）或 false（假）值。若讀取指標在檔案結束位置則 eof() 傳回 true，若讀取指標不在檔案結束位置則 eof 傳回 false。

下面範例的敘述 filePtr.open("d:\\binIO.dat ", ios::binary|ios::in) 是開啟一個二進位輸入檔 d:\binIO.dat，因為延續前節範例 d:\binIO.dat 為二進位檔，所以可以省略 ios::binary 只保留 ios::in 模式。敘述 filePtr.read((char*) &stuData, sizeof(stuData)) 讀取 d:\binIO.dat 檔資料到&stuData 緩衝器中。敘述 while(!filePtr.eof()) 則是判斷讀取指標是否已到達檔案結束位置，若未到達檔案結束位置則迴圈繼續，若已到達檔案結束位置則結束迴圈。

```cpp
class Student {                                 // 自定 Student 資料
    int student_id;
    char student_name[40];
public:
    void showData() {
        cout << student_id << '\t' << student_name << endl;
    }
};

int main(int argc, char** argv)
{
    Student stuData;                            //建立類別物件
    ifstream filePtr;                           //建立輸入檔案物件
    filePtr.open("d:\\binIO.dat", ios::binary|ios::in);//開啟二進位附加檔
    filePtr.read((char*)&stuData,               //讀取資料到緩衝區
            sizeof(stuData));                   //讀取長度=緩衝區大小
    while(!filePtr.eof()) {                      //讀取資料迴圈
        stuData.showdata();                     //呼叫顯示資料函數
        filePtr.read((char*) &stuData,          //讀取資料到緩衝區
            sizeof(stuData));                   //讀取長度=緩衝區大小
    }
    filePtr.close();
    return 0;                                   //正常結束程式
}
```

程式 15-08：存取二進位檔資料

```cpp
1.   //檔案名稱：d:\C++15\C1508.cpp
2.   #include <iostream>
3.   #include <fstream>
4.   using namespace std;
5.
6.   const char filename[] = "d:\\C++15\\C1508.dat";
7.
8.   class Student                              //定義 Student 類別
9.   {
10.  protected:
```

```
11.     int student_id;
12.     char student_name[40];
13.  public:
14.     int getId();                               //宣告 getId 函數原型
15.     void setData();                            //宣告 setData 函數原型
16.     void showData();                           //宣告 showData 函數原型
17.     void write();                              //宣告 write 函數原型
18.     void append();                             //宣告 append 函數原型
19.     void read();                               //宣告 read 函數原型
20.  };
21.
22.  int Student::getId()                          //定義 getId 函數
23.  {
24.     return student_id;
25.  }
26.
27.  void Student::setData()                       //定義 setData 函數
28.  {
29.     cout << "請輸入學號與姓名 (輸入 0 0 則結束):";
30.     cin >> student_id >> student_name;
31.  }
32.
33.  void Student::showData()                      //定義 showData 函數
34.  {
35.     cout << student_id << '\t' << student_name << endl;
36.  }
37.
38.  void Student::write()                         //定義 write 函數
39.  {
40.     ofstream filePtr;
41.     filePtr.open(filename, ios::binary | ios::out);
42.     if(!filePtr) {
43.        cout << "開啟輸出檔錯誤!\n";
44.        system("PAUSE");
45.        exit(1);                                //非正常結束程式
46.     } else {
47.        while(1) {
48.           setData();
49.           if(getId() != 0)
50.              filePtr.write((char*) this, sizeof(*this));
51.           else
52.              break;
53.        }
54.     }
55.     filePtr.close();
56.  }
57.
58.  void Student::append()                        //定義 append 函數
59.  {
60.     ofstream filePtr;
```

```
61.    filePtr.open(filename, ios::binary | ios::app);
62.    if(!filePtr) {
63.       cout << "開啟附加檔錯誤！\n";
64.       system("PAUSE");
65.       exit(1);                           //非正常結束程式
66.    } else {
67.       while(1) {
68.          setData();
69.          if(getId() != 0)
70.             filePtr.write((char*) this, sizeof(*this));
71.          else
72.             break;
73.       }
74.    }
75.    filePtr.close();
76. }
77.
78. void Student::read()                      //定義 read 函數
79. {
80.    ifstream filePtr;
81.    filePtr.open(filename, ios::binary | ios::in);
82.    if(!filePtr) {
83.       cout << "開啟輸入檔錯誤！\n";
84.       system("PAUSE");
85.       exit(1);                           //非正常結束程式
86.    } else {
87.       filePtr.read((char*) this, sizeof(*this));
88.       while(!filePtr.eof()) {
89.          showData();
90.          filePtr.read((char*) this, sizeof(*this));
91.       }
92.    }
93.    filePtr.close();
94. }
95.
96. int main(int argc, char** argv)
97. {
98.    Student pupil;
99.    char n;
100.
101.   while(1)
102.   {
103.      cout << "1.寫入   2.附加   3.讀取   "      //Menu
104.         << "0.結束   請選擇 (0-3): ";
105.      cin >> n;
106.      switch (n)                          //比較輸入值
107.      {
108.         case '1':                        //若輸入值為 1
109.            pupil.write();                //呼叫寫入二進位檔函數
110.            break;
```

```
111.        case '2':                    //若輸入值為 2
112.            pupil.append();          //呼叫附加二進位檔函數
113.            break;
114.        case '3':                    //若輸入值為 3
115.            pupil.read();            //呼叫讀取二進位檔函數
116.            break;
117.        case '0':                    //若輸入值為 0
118.            exit(0);                 //結束程式
119.      }
120.    }
121.    return 0;
122. }
```

▶▶ 程式輸出

```
1.寫入  2.附加  3.讀取  0.結束  請選擇 (0-3)：1  Enter
請輸入學號與姓名 (輸入 0 0 則結束)：1 張三  Enter
請輸入學號與姓名 (輸入 0 0 則結束)：2 李四  Enter
請輸入學號與姓名 (輸入 0 0 則結束)：3 王五  Enter
請輸入學號與姓名 (輸入 0 0 則結束)：0 0  Enter
1.寫入  2.附加  3.讀取  0.結束  請選擇 (0-3)：3  Enter
1        張三
2        李四
3        王五
1.寫入  2.附加  3.讀取  0.結束  請選擇 (0-3)：2  Enter
請輸入學號與姓名 (輸入 0 0 則結束)：4 賈六  Enter
請輸入學號與姓名 (輸入 0 0 則結束)：0 0  Enter
1.寫入  2.附加  3.讀取  0.結束  請選擇 (0-3)：3  Enter
1        張三
2        李四
3        王五
4        賈六
1.寫入  2.附加  3.讀取  0.結束  請選擇 (0-3)：0  Enter
```

15.4 隨機存取資料

　　文字檔是一個字元或一個字串為單位，而二進位檔則是以一筆資料為單位，所以二進位檔案的優點就是可以隨機存取檔案內的資料，也就是說可以任意存取二進位檔中的任何一筆資料。

15.4.1 移動讀取指標 seekg

 輸入檔案物件.seekg(移動距離, ios::起始位置)

- **seekg** 函數是移動讀取指標,呼叫前必須先開啟輸入檔案。起始位置如表 15.3 所示,它用來指示從檔案起點(ios::beg)、檔案終點(ios::end)、目前位置(ios::cur)向前或向後移動指定的距離,移動方式如圖 15.1 所示。

15.4.2 移動寫入指標 seekp

 輸出檔案物件.seekp(移動距離, ios::起始位置)

- **seekp** 函數是移動寫入指標,呼叫前必須先開啟輸出檔案。起始位置如表 15.3 所示,它用來指示從檔案起點(ios::beg)、檔案終點(ios::end)、目前位置(ios::cur)向前或向後移動指定的距離,移動方式如圖 15.1 所示。

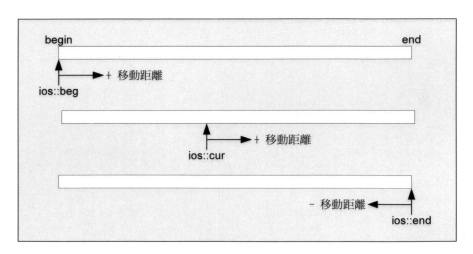

圖 15.1 指標移動

表 15.3 起始位置

ios::起始位置	說明
ios::beg	從檔案起始位置開始向後移動指定的距離。
ios::cur	從目前指標位置開始向後移動指定的距離。
ios::end	從檔案結束位置開始向前移動指定的距離。

　　下面範例的敘述 len = sizeof(stuData) 是取得每筆資料長度，敘述 int pos = (n-1) * len 計算第 n 筆資料的起始位置（n=1,2,3…），如下圖第 1 筆資料的起始位置(1-1)*len=0，第 2 筆資料的起始位置 (2-1)*len=len，第 3 筆資料的起始位置 (3-1)*len=2*len。

圖 15.2 計算每筆資料的起始位置

```cpp
class Student {                                    //自定 Student 資料
    int student_id;
    char student_name[40];
public:
    void showData() {
        cout << student_id << '\t' << student_name << endl;
    }
};

int main(int argc, char** argv)
{
    Student stuData;                               //建立類別物件
    ifstream filePtr;                              //建立輸出檔案物件
    filePtr.open("d:\\binIO.dat", ios::binary|ios::in); //開啟二進位輸入檔
    int n;
    cin >> n;
    int len = sizeof(stuData);                     //計算每筆資料長度
    int pos = (n-1) * len;                         //計算第 n 筆資料位置
    filePtr.seekg(pos, ios::beg);                  //移動 get 指標
    filePtr.read((char*)&stuData, sizeof(stuData)); //讀取資料
    stuData.showdata();                            //呼叫顯示資料函數
    filePtr.close();
    return 0;                                       //正常結束程式
}
```

程式 **15-09**：讀取任意筆資料

```cpp
1.    //檔案名稱：d:\C++15\C1509.cpp
2.    #include <iostream>
3.    #include <fstream>
4.    using namespace std;
5.
6.    class Student                          //定義 Student 類別
7.    {
8.    protected:
9.        int student_id;
10.       char student_name[40];
11.   public:
12.       void showdata()                     //顯示資料函數
13.       {
14.           cout << student_id << '\t' << student_name << endl;
15.       }
16.   };
17.
18.   int main(int argc, char** argv)
19.   {
20.       Student stuData;
21.       ifstream filePtr;
22.       int n;
23.
24.       filePtr.open("d:\\C++15\\C1505.dat", ios::binary|ios::in);
25.                                            //開啟輸入檔
26.       if(!filePtr) {                       //若開啟檔案錯誤
27.           cout << "開啟輸入檔錯誤！\n";
28.           system("PAUSE");
29.           exit(1);                         //非正常結束程式
30.       } else {                             //否則
31.           cout << "請輸入要讀取第幾筆資料：";
32.           cin >> n;
33.           int pos = (n-1) * sizeof(stuData);   //計算資料位置
34.           filePtr.seekg(pos, ios::beg);        //移動 get 指標
35.           filePtr.read((char*) &stuData, sizeof(stuData)); //讀取資料
36.           stuData.showdata();                  //呼叫顯示資料函數
37.       }
38.       filePtr.close();
39.       return 0;
40.   }
```

▶▶ 程式輸出

請輸入要讀取第幾筆資料：**4** `Enter`
4   Carol

15.4.3 取得讀取指標 tellg

輸入檔案物件.tellg()

● **tellg** 函數是傳回讀取指標的位置,呼叫前必須先開啟輸入檔案。

15.4.4 取得寫入指標 tellp

輸出檔案物件.tellp()

● **tellp** 函數是傳回寫入指標的位置,呼叫前必須先開啟輸出檔案。

敘述 filePtr.seekg(0, ios::end) 是移動讀取指標到檔案結束位置,然後敘述 filePtr.tellg() 則傳回目前讀取指標在第 n 個位元組的位置,因此 n 值也等於檔案的位元組數。

```cpp
int main(int argc, char** argv)
{
    ifstream filePtr;                              //建立輸出檔案物件
    filePtr.open("d:\\binIO.dat", ios::binary|ios::in); //開啟二進位輸入檔
    filePtr.seekg(0, ios::end);                    //移動指標到檔尾
    int endpos = filePtr.tellg();                  //取得指標位置
    cout << "d:\\binIO.dat 的大小 = "
        << endpos << " bytes" << endl;             //顯示檔案大小
    filePtr.close();
    return 0;                                       //正常結束程式
}
```

⬇ **程式 15-10**:計算檔案大小

```cpp
1.   //檔案名稱:d:\C++15\C1510.cpp
2.   #include <iostream>
3.   #include <fstream>
4.   using namespace std;
5.
6.   int main(int argc, char** argv)
7.   {
8.     ifstream filePtr;
9.     //開啟輸入檔案
```

```
10.     filePtr.open("d:\\C++15\\C1505.dat", ios::binary|ios::in);
11.     if(!filePtr) {                         //若開啟檔案錯誤
12.        cout << "開啟輸入檔錯誤!\n";
13.        system("PAUSE");
14.        exit(1);                            //非正常結束程式
15.     } else {                               //否則
16.        filePtr.seekg(0, ios::end);         //移動指標到檔尾
17.        int endpos = filePtr.tellg();       //取得指標位置
18.        cout << "d:\\C++15\\C1505.dat 的大小 = "
19.           << endpos << " bytes" << endl;   //顯示檔案大小
20.     }
21.     filePtr.close();
22.     return 0;
23.  }
```

▶▶ 程式輸出

```
d:\C1505.dat 的大小 = 220 bytes
```

　　與前一範例相同，敘述 **filePtr.seekg(0, ios::end)** 是移動讀取指標到檔案結束位置，敘述 **filePtr.tellg()** 則傳回目前讀取指標在第 n 個位元組的位置，也等於檔案的位元組數，然後將此 n 值除以每一筆資料的長度，則得到資料的總筆數。

```
class Student
{
    int student_id;
    char student_name[40];
};

int main(int argc, char** argv)
{
    ifstream filePtr;                              //建立輸出檔案物件
    filePtr.open("d:\\binIO.dat", ios::binary|ios::in); //開啟二進位輸入檔
    filePtr.seekg(0, ios::end);                    //移動指標到檔尾
    int endpos = filePtr.tellg();                  //取得檔案位元組數
    int n = endpos / sizeof(stuData);              //除以緩衝器大小
    cout << "d:\\binIO.dat 共有 " << n << " 筆資料"; //顯示資料筆數
    filePtr.close();
    return 0;                                      //正常結束程式
}
```

⬇ **程式 15-11**：計算共有幾筆資料

```
1.    //檔案名稱：d:\C++15\C1511.cpp
2.    #include <iostream>
3.    #include <fstream>
4.    using namespace std;
5.
6.    struct Student
7.    {
8.       int student_id;
9.       char student_name[40];
10.   };
11.
12.   int main(int argc, char** argv)
13.   {
14.      Student stuData;
15.      ifstream filePtr;
16.      //開啟輸入檔
17.      filePtr.open("d:\\C++15\\C1505.dat", ios::binary|ios::in);
18.      if(!filePtr) {
19.         cout << "開啟輸入檔錯誤！\n";
20.         exit(1);                            //非正常結束程式
21.      } else {
22.         filePtr.seekg(0, ios::end);         //移動指標到檔尾
23.         int endpos = filePtr.tellg();       //取得檔案位元組數
24.         int n = endpos / sizeof(stuData);   //除以緩衝器大小
25.         cout << "d:\\C++15\\C1505.dat 共有 " << n << " 筆資料";//顯示資料筆數
26.      }
27.      filePtr.close();
28.      cout << endl;
29.      return 0;
30.   }
```

▶▶ **程式輸出**

d:\C++15\C1505.dat 共有 5 筆資料

15.5 習題

選擇題

1. 要建立檔案物件存取檔案資料，必須先插入_____表頭檔（header file）到程式的前置處理區。

   a) iofstream　　　b) fstream　　　c) ifstream　　　d) ofstream

2. _____類別用於建立輸入檔案物件，此物件只能將存在磁碟檔案中的資料輸入（讀取）到記憶體緩衝區。

   a) iofstream   b) fstream   c) ifstream   d) ofstream

3. _____類別用於建立輸入/輸出檔案物件，此物件能將存在記憶體緩衝區的資料寫入磁碟檔案，或將存在磁碟檔案中的資料讀取到記憶體緩衝區。

   a) iofstream   b) fstream   c) ifstream   d) ofstream

4. 建立與開啟文字輸入檔案如下，則_____敘述是測試檔案是否開啟成功。

   ```
   ifstream myFile;
   in.open("d:\\textIn.txt", ios::in);
   ```

   a) if(myFile)   b) if(myFile.open())

   c) if(myFile.success())   d) if(myFile.isopen())

5. _____開啟模式將開啟輸出模式的檔案，並將寫入指標移到檔案最前面。

   a) ios::in   b) ios::out   c) ios::app   d) ios::in|ios::out

6. _____函數可以從檔案中讀取一個字元資料並存入字元緩衝區。

   a) put()   b) get()   c) putchar()   d) getchar()

7. _____開啟模式是開啟二進位輸入輸出檔，並將寫入指標移到檔案最前面。

   a) ios::binary   b) ios::binary | ios::app

   c) ios::binary | ios::out   d) ios::binary | ios::write

8. _____函數可以判斷讀取指標是否在檔案結束位置，若讀取指標在檔案結束位置則傳回 true，若讀取指標不在檔案結束位置則傳回 false。

   a) eop()   b) eor()   c) eof()   d) end()

實作題

表 15.4　通訊錄資料

姓名	電話	E-mail 地址
Pikachu	755-3256	pikachu@cpp.com
Charmander	319-6328	charmander@cpp.com
Bulbasaur	817-6954	bulbasaur@cpp.com
Squirtle	650-8379	squirtle@cpp.com

1. 寫一 C++ 程式，寫入資料到文字檔。

   a) 建立與開啟文字輸出檔（d:\Ex15_1.dat）。

   b) 然後由鍵盤輸入表 15.4 的前 3 筆資料並寫入文字檔中。

   c) 寫入完成後，利用 Windows 的筆記本軟體查看 d:\Ex15_1.dat 檔案的內容。

2. 寫一 C++ 程式，附加資料到文字檔。

   a) 開啟習題 1 的文字附加檔（d:\Ex15_1.dat）。

   b) 然後由鍵盤輸入表 15.4 的第 4 筆資料並附加到文字檔中。

   c) 附加完成後，利用 Windows 的筆記本軟體查看 d:\Ex15_1.dat 檔案的內容。

3. 寫一 C++ 程式，讀取文字檔的資料。

   a) 開啟習題 1 的文字輸入檔（d:\Ex15_1.dat）。

   b) 然後讀取文字檔的資料並顯示於螢幕上。

例外與範本

16

16.1　錯誤處理

例外（exceptions）是執行程式發生錯誤或是非預期的事件時，發出警告或錯誤信號。使用例外處理則可以自動監控程式執行時是否產生錯誤。

16.1.1　簡單錯誤處理

如下圖處理簡單錯誤時，在 main() 函數利用 try、catch、與 throw 等關鍵字建立 C++ 的例外處理，通常將要監控的敘述置於 try 區塊中，如果被監控的敘述產生例外，則執行 throw 敘述跳至 catch 區塊，如果被監控的敘述沒有產生例外則跳過 throw 敘述繼續執行 try 區塊內的敘述。

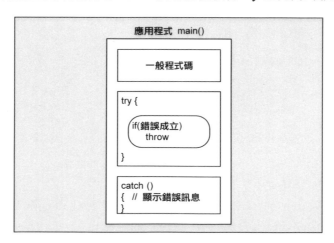

圖 16.1　簡單錯誤處理

```
try {
    if(錯誤條件)
        throw 參數;
}
catch(資料型態 參數)
{
    // 顯示錯誤訊息;
}
```

- **try** 區塊用來管理例外，在 try 區塊中可以包含大括號與可能造成例外的 C++ 敘述，例如 if 敘述。

- **throw** 敘述用來投擲例外，所以通常配合條件敘述決定是否投擲例外。

- **catch** 敘述用來捕捉例外，當 throw 投擲例外後，catch 捕捉該例外物件後執行 catch 區塊內的敘述。

在前面各章中，都直接使用 if 敘述或其他控制敘述來處理錯誤或是非預期的事件。如下面範例使用 if 敘述判斷除數是否為 0，若除數為 0 則顯示錯誤訊息，若除數不為 0 則執行除法運算。

```
int main(int argc, char** argv)
{
    float nomer, denom;
    cout << "請輸入被除數 = ";
    cin >> nomer;
    cout << "請輸入除數 = ";
    cin >> denom;
    if(denom == 0)                           //若除數等於 0
        cout << "錯誤：除數為 0\n";            //則輸出錯誤訊息
    else                                     //若除數不等於 0
        cout << nomer / denom << endl;       //則輸出運算值
    return 0;
}
```

使用 try-catch-throw 修改上面範例如下。若除數 denom 為 0 則 throw 例外，而 catch 區塊接收此例外後則顯示錯誤訊息。若除數 denom 不為 0 則輸出 nomer/denom 的運算值。

```
int main(int argc, char** argv)
{
    float nomer, denom;
    cout << "請輸入被除數：";
    cin >> nomer;
    cout << "請輸入除數：";
    cin >> denom;
    try {                                    //try 區塊
        if(denom == 0)                       //若除數等於 0
            throw denom;                     //則投擲例外
        else                                 //若除數不等於 0
            cout << nomer / denom << endl;   //則輸出運算值
    }
    catch(float i)                           //捕捉例外
    {
        cout << "錯誤：除數為 0\n";          //則輸出錯誤訊息
    }
    return 0;
}
```

程式 16-01：檢查密碼

```
1.   //檔案名稱：d:\C++16\C1601.cpp
2.   #include <iostream>
3.   using namespace std;
4.
5.   int main(int argc, char** argv)
6.   {
7.      char ps[9] = "year2021";
8.      char str[9];
9.      cout << "請輸入密碼：";
10.     cin >> str;
11.     try {
12.        for(int i=0; i<9; i++)
13.           if (str[i] != ps[i])            //若密碼錯誤
14.              throw i;                      //則投擲例外
15.        cout << "密碼正確！\n";             //顯示正確訊息
16.     }
17.     catch(int i) {                         //捕捉例外
18.        cout << "密碼錯誤！\n";             //顯示錯誤訊息
19.     }
20.     return 0;
21.  }
```

▶ 程式輸出

請輸入密碼：**year2020**
密碼錯誤！

請輸入密碼：**year2021**
密碼正確！

16.1.2 函數錯誤處理

如下圖處理函數錯誤時，在 main() 函數中加入 try 區塊，而將 if 條件判斷與 throw 敘述定義在函數中。當 try 區塊中呼叫函數將會判斷錯誤條件是否成立，若錯誤條件不成立則正常返回 try 區塊，若錯誤條件成立則執行 throw 敘述跳至 catch 區塊。

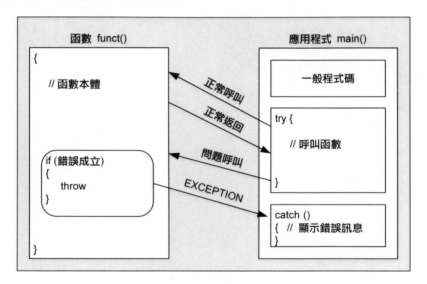

圖 16.2 函數錯誤處理一

```
傳回型態 func()
{
    if(錯誤條件)
        throw 參數;                          // throw 例外
    return 傳回值;
}



int main(int argc, char** argv)
{
    try {
        func();                             // 呼叫 func() 函數
    }
    catch(資料型態 參數)
    {
        // 顯示錯誤訊息;
    }
    return 0;
}
```

● 　上面語法是一種函數例外處理方式，它將 throw 敘述置放在函數中，而不是在 try 區塊中。執行 try 區塊敘述時，先呼叫 func() 函數，若符合例外條件則從函數中傳回一個例外（exception）。

　　前一節的 try、catch、與 throw 同在 main 函數中，所以比較難看出使用 try-catch-throw 與使用 if-else 的不同之處。而比較下面二個範例則可清楚看見 try-catch-throw 的優點，第一個範例因為 divide 函數必須傳回 float 型態的資料，若使用 if-else 則除數 denom 為 0 時，divide 仍要傳回數值（0）給呼叫敘述，因此造成 "quotient = 0" 的錯誤。

```
float divide(float numer, float denom)
{
    if(denom == 0) {                        //若除數等於 0
        cout << "錯誤：除數為 0\n";          //輸出錯誤訊息
        return 0;                           //並傳回數值0 (邏輯錯誤)
    } else {                                //若除數不等於 0
        return numer / denom;               //則傳回除法運算值
    }
}
```

```
int main(int argc, char** argv)
{
    float nomerator, denominator, quotient;
    cout << "請輸入被除數:";
    cin >> nomerator;
    cout << "請輸入除數:";
    cin >> denominator;
    quotient = divide(nomerator, denominator);  //呼叫 divide 函數
    cout << "除法運算值 = " << quotient << endl;  //輸出除法運算值
    return 0;
}
```

▶▶ 程式輸出

```
請輸入被除數:123
請輸入除數:0
錯誤:除數為 0
除法運算值 = 0
```

第二個範例使用 try-catch-throw 則可解決第一個範例的問題,當 divide 函數判斷 denom 等於 0,則 throw 錯誤訊息給 catch 區塊,而跳過 try 區塊的其他敘述,所以只輸出錯誤訊息,而不會傳回錯誤的運算值,更不會輸出錯誤的運算值。

```
float divide(float numer, float denom)
{
    if(denom == 0) {                              //若除數等於 0
        throw denom;                              //投擲例外
    } else {                                      //若除數不等於 0
        return numer / denom;                     //傳回除法運算值
    }
}

int main(int argc, char** argv)
{
    float nomerator, denominator, quotient;
    cout << "請輸入被除數:";
    cin >> nomerator;
    cout << "請輸入除數:";
    cin >> denominator;
    try {
        quotient = divide(nomerator, denominator);   //呼叫 divide 函數
        cout << "除法運算值 = " << quotient << endl;  //輸出除法運算值
    } catch(float d) {                               //捕捉例外
```

```
        cout << "錯誤：除數為 0\n";                    //則輸出錯誤訊息
    }
    return 0;
}
```

▶▶ 程式輸出

請輸入被除數：123
請輸入除數：0
錯誤：除數為 0

程式 16-02：檢查輸入值範圍

```
1.    //檔案名稱：d:\C++16\C1602.cpp
2.    #include <iostream>
3.    using namespace std;
4.
5.    void check(char i)                              //含有 throw 的函數
6.    {
7.        if (i<'0' || i>'9') throw i;                //若輸入超出 0-9 則 throw
8.        cout << "輸入值 = " << i << endl;            //顯示輸入值
9.    }
10.
11.   int main(int argc, char** argv)
12.   {
13.       char n;
14.       while (1)
15.       {
16.           cout << "請輸入 0 - 9 的字元：";
17.           cin >> n;
18.           try {                                   //try
19.               check(n);                           //呼叫 check 函數
20.           }
21.           catch(char i) {                         //chtch
22.               cout << "輸入值 = " << i << "，超出範圍！\n";   //顯示訊息
23.               return 1;                           //非正常結束程式
24.           }
25.       }
26.       return 0;                                   //正常結束程式
27.   }
```

▶▶ 程式輸出

請輸入 0 - 9 的整數：**5** `Enter`
輸入值 = 5
請輸入 0 - 9 的整數：**A** `Enter`
輸入值 = A，超出範圍！

如下圖另一種處理函數錯誤方法，在 funct() 函數中加入 try 與 catch 區塊。若 try 區塊中錯誤條件不成立則正常返回 main() 函數。**注意！若錯誤條件成立則執行 throw 敘述跳至 catch 區塊，程式設計人員可決定在 funct() 函數結束程式或返回 main() 函數繼續執行其他敘述。**

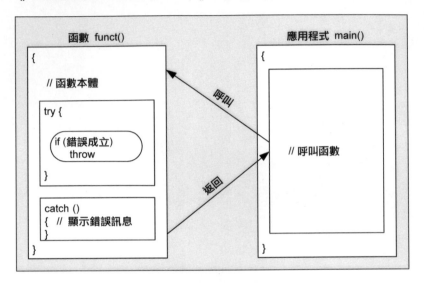

圖 16.3 函數錯誤處理二

```
傳回型態 func()
{
    try {
        if(錯誤條件)
            throw 參數;
        return 傳回值;
    }
    catch(資料型態 參數)
    {
        // 顯示錯誤訊息;
        return 傳回值;
    }
}
```

```
int main(int argc, char** argv)
{
    func();                                     // 呼叫 func() 函數
    return 0;
}
```

● 上面語法是另一種函數例外處理方式，它是將 try 區塊與 catch
區塊定義於函數中，然後再 main() 函數中呼叫 func() 函數，若
符合例外條件則從函數中丟出一個例外（exception）並在函數中
catch 此例外。

下面程式將 main 函數中輸入的資料傳給 check 函數檢查，而 try 與
catch 區塊都在 check 函數中，當輸入 '0'~'9' 字元則顯示輸入值並傳回 true
值，當輸入 '0'~'9' 以外的字元則投擲例外，而 catch 區塊將顯示錯誤訊息
並傳回 false 值。而 main 函數的 do-while 則判斷 check(n) 的傳回值是否為
false，若為 false 則結束迴圈。

程式 16-03：檢查輸入按鍵範圍

```
1.   //檔案名稱：d:\C++16\C1603.cpp
2.   #include <iostream>
3.   using namespace std;
4.
5.   bool check(char i)                      //含有 throw 的函數
6.   {
7.      try {                                //try
8.         if (i<'0' || i>'9') throw i;      //若輸入超出 0-9 則 throw
9.         cout << "輸入值 = " << i << endl; //顯示輸入值
10.        return true;
11.     } catch(char i) {                    //chtch
12.        cout << "輸入值 = " << i << "，超出範圍！\n"; //顯示訊息
13.        return false;
14.     }
15.  }
16.
17.  int main(int argc, char** argv)
18.  {
19.     char n;
20.     do
21.     {
22.        cout << "請輸入 0 - 9 的字元：";
23.        cin >> n;
24.     } while(check(n));                    //呼叫 check 函數
```

```
25.    return 0;
26. }
```

▶▶ 程式輸出

請輸入 0 – 9 的整數：**5** Enter
輸入值 = 5
請輸入 0 – 9 的整數：**A** Enter
輸入值 = A，超出範圍！

16.1.3 類別錯誤處理

　　如下圖處理類別錯誤時，在 main() 函數中加入 try 區塊。當 try 區塊中有正常呼叫類別成員函數，也將正常返回 try 區塊。當 try 區塊中有問題呼叫類別成員函數，則將執行 throw 敘述。例如輸入資料成員函數，若輸入值正確則將資料存入資料成員中並正常返回 try 區塊，若輸入值超出範圍則將 throw 到 catch 區塊。

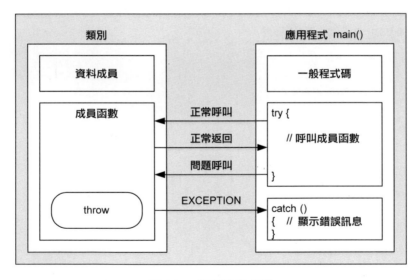

圖 16.4 類別錯誤處理

```
class Test
{
public:
    class AnError                      // 自定類別型態
    {
        // 沒有程式碼;
    };
    傳回型態 functA()
    {
        if(錯誤條件)
            throw AnError;             // throw 類別型態參數
        return 傳回值;
    }
};


int main(int argc, char** argv)
{
    Test obj;
    try {
        obj.functA();
    }
    catch(Test::AnError)               // catch 類別型態參數
    {
        // 顯示錯誤;
    }
    return 0;
}
```

● 上述類別例外處理方式，是將 throw 敘述置放在類別的成員函數
中，而不是在 try 區塊。執行 try 區塊敘述時，先呼叫類別
obj.functA() 函數，若符合例外條件則從類別 functA() 函數中傳
回一個例外（exception）。類別例外處理方式與函數例外處理方
式不同之處是 throw 與 catch 的參數可以是 C++ 內建型態的參數
或自定型態的參數（如 AnError）。

下面程式是在 Stack 類別中，檢查堆疊指標（top）是否超出堆疊範圍。在 push 函數中檢查堆疊指標 top 是否大於或等於堆疊上限值（MAX-1），若大於或等於 MAX-1 則投擲例外，否則堆疊指標加 1。在 pop 函數中檢查堆疊指標 top 是否小於堆疊下限值（0），若小於 0 則投擲例外，否則堆疊指標減 1。而在 catch 區塊則捕捉例外，並顯示堆疊滿了或是空了的訊息。

程式 16-04：檢查堆疊滿了或空了

```
1.  //檔案名稱：d:\C++16\C1604.cpp
2.  #include <iostream>
3.  using namespace std;
4.
5.  #define MAX 80
6.
7.  class Stack                        //自定 Stack 資料類別
8.  {
9.     int st[MAX];
10.    int top;
11. public:
12.    class Full                      //Full 錯誤處理類別
13.    {
14.    };
15.    class Empty                     //Empty 錯誤處理類別
16.    {
17.    };
18.    Stack()                         //建立者函數
19.    {
20.       top = -1;                    //堆疊指標起始值
21.    }
22.    void push(int i)                //資料推入堆疊函數
23.    {
24.       if(top >= MAX - 1)           //若 top 大於等於堆疊上限
25.          throw Full();             //投擲例外並傳遞 Full()
26.       st[++top] = i;               //堆疊指標加 1
27.    }
28.    int pop()                       //取出堆疊資料函數
29.    {
30.       if(top < 0)                  //若 top 小於堆疊下限
31.          throw Empty();            //投擲例外並傳遞 Empty()
32.       return st[top--];            //堆疊指標減 1
33.    }
34. };
35.
36. int main(int argc, char** argv)
37. {
38.    Stack s;
```

```
39.      try {
40.          s.push(10);                    //top=0; st[0]=10;
41.          s.push(40);                    //top=1; st[1]=40;
42.          cout << s.pop() << endl;       //傳回 st[1]=40; top=0
43.          cout << s.pop() << endl;       //傳回 st[0]=10; top=-1
44.          cout << s.pop() << endl;       //top<0; throw Empty()
45.      }
46.      catch(Stack::Full) {
47.          cout << "堆疊滿了！\n";
48.      }
49.      catch(Stack::Empty) {
50.          cout << "堆疊空了！\n";
51.      }
52.      return 0;
53.  }
```

▶▶ 程式輸出

```
40
10
堆疊空了！
```

🔽 程式 **16-05**：含參數的例外練習 (檢查輸入值)

```
1.    //檔案名稱：d:\C++16\C1605.cpp
2.    #include <iostream>
3.    #include <cstring>
4.    using namespace std;
5.
6.    class Distance                        //自定 Distance 資料類別
7.    {
8.        int feet;
9.        float inches;
10.   public:
11.       class InError                     //英吋值錯誤處理類別
12.       {
13.           char str[80];
14.           float i;
15.       public:
16.           InError(char *s, float f)
17.           {
18.               strcpy(str, s);
19.               i = f;
20.           }
21.           char* get_str()
22.           {
23.               return str;
24.           }
25.           float get_i()
26.           {
```

```
27.            return i;
28.        }
29.    };
30.    Distance()                          //無參數建立者函數
31.    {
32.        feet = 0; inches = 0.0;
33.    }
34.    Distance(int ft, float in)          //有參數建立者函數
35.    {
36.        char s1[] = "建立錯誤英吋值";
37.        if(in >= 12)                    //若 in 大於等於 12
38.            throw InError(s1, in);      //則投擲例外
39.        feet = ft;                      //否則 feet = ft
40.        inches = in;                    //   inches = in
41.    }
42.    void getDist()                      //輸入資料函數
43.    {
44.        char s2[] = "輸入錯誤英吋值";
45.        cout << "請輸入英呎值:";
46.        cin >> feet;
47.        cout << "請輸入英吋值:";
48.        cin >> inches;
49.        if(inches >= 12)                //若 inches 大於等於 12
50.            throw InError(s2, inches);  //則投擲例外
51.    }
52. };
53.
54. int main(int argc, char** argv)
55. {
56.    try {                              //try 區塊
57.        Distance d1(10, (float)11.0);  //若英吋>=12.0 則錯誤
58.        Distance d2;
59.        d2.getDist();                  //輸入資料;
60.        cout << "輸入值正確。";
61.    }
62.    catch(Distance::InError ix) {      //捕捉例外與接收錯誤類別
63.        cout << ix.get_str() << '\t'   //呼叫 InError::get_str
64.            << ix.get_i() << endl;     //呼叫 InError::get_i
65.    }
66.    return 0;
67. }
```

▶▶ 程式輸出

請輸入英呎值:**10** `Enter`
請輸入英吋值:**12.5** `Enter`
輸入錯誤英吋值   12.5

▶▶ 程式輸出：將 57 行敘述改爲 DISTANCE D1(10, 12.1)，則發生建立錯誤英吋値 12.1。

建立錯誤英吋値　12.1

16.2 範本與函數

　　函數範本（template）代表一個總體性的函數，它可以使用於任何資料型態。先以變數代表函數的參數型態或傳回型態，再以不同型態的資料取代該變數。當編譯器編譯到呼叫敘述時，它會產生適當的程式碼來管理這特殊的資料型態，如下圖所示。

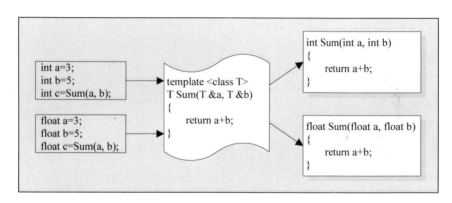

圖 16.5 函數範本對應圖

16.2.1 函數範本

```
template <class 型態範本>
函數型態 函數名稱(參數列)
{
    // 函數主體
}
```

- **template** 是建立函數範本的關鍵字。

- **型態範本**並非真正的資料型態，它是將要在函數中被使用的資料型態代表符號，它可被當作參數定義於函數的參數列中，當程式呼叫函數時再傳遞要使用的資料型態（int、float、char、… 或自

16-15

定型態），而這些資料型態將取代型態範本的位置，成為有效的
資料型態。

下面範例是使用多載函數處理不同型態參數，第一次定義 Swap 的參
數資料型態為 int，第二次為多載（overload）Swap 函數且參數資料型態
為 float。

```
void Swap(int &a, int &b)                    //定義 Swap 函數
{
    int temp;
    temp = a;
    a = b;
    b = temp;
}

void Swap(float &a, float &b)                //多載 Swap 函數
{
    float temp;
    temp = a;
    a = b;
    b = temp;
}
```

下面範例是利用符號 X 取代上面範例的 int 與 float，然後宣告 X 為該
函數的型態範本，當使用不同型態的參數呼叫時，C++ 編譯器將自動分配
適當的記憶體空間給參數或變數，如下面範例所示。

```
template <class X>                           //X 為範本型態
void Swap(X &a, X &b)
{
    X temp;
    temp = a;
    a = b;
    b = temp;
}

int main(int argc, char** argv)
{
    int x = 4, y = 10;
    float z = 6.0, v = 17.5;
    Swap(x, y);                              //整數對調
    Swap(z, v);                              //浮點數對調
    return 0;
}
```

下面範例是定義二個不同的函數範本 X 與 Y，因此程式呼叫時 X 與 Y
時，可以使用不同型態的資料。

```
template <class X, class Y>
void Test(X a, Y b)
{
    cout << a << ' ' << b << endl;
}

int main(int argc, char** argv)
{
    Test(10, 'a');                          //X 為 int, Y 為 char
    Test(98.6, 37D);                        //X 為 float, Y 為
double
    return 0;
}
```

16.2.2 多載範本函數

範本就是為了簡化多載（overload）而設計的，可是範本也可以被多
載。下面範例首先定義了一個函數範本 Swap，然後又多載一個整數型態
的 Swap 函數，因此當參數 a 與 b 為整數時，C++ 編譯器將直接以整數型
態的 Swap 函數來編譯。對於其他型態的參數則以函數範本來編譯。

```
template <class X>                          //宣告範本
void Swap(X &a, X &b)                       //定義 Swap() 範本函數
{
    X temp;
    temp = a;
    a = b;
    b = temp;
}

void Swap(int &a, int &b)                   //多載 Swap() 範本函數
{
    X temp;
    temp = a;
    a = b;
    b = temp;
}

int main(int argc, char** argv)
{
    int x = 4, y = 10;
```

```
   float z = 6.0, v = 17.5;
   Swap(x, y);                              //呼叫 Swap()多載函數
   Swap(z, v);                              //呼叫 Swap()範本函數
   return 0;
}
```

下面範例是多載函數範本，首先定義了一個參數的函數範本 Swap，又多載一個不同參數個數的函數範本 Swap。因此，當呼叫 Swap 函數且只有一個參數時為呼叫第一個函數範本，當呼叫 Swap 函數且有二個參數 a 與 b 時為呼叫第二個函數範本。

```
template <class X>                          //宣告一個參數範本
void f(X a)                                 //定義範本 f()函數
{
   cout << "f(a)";
}

template <class X, class Y>                 //宣告二個參數範本(多載)
void f(X a, Y b)                            //定義範本 f()函數
{
   cout << "f(a, b)";
}

int main(int argc, char** argv)
{
   f(3);                                    //呼叫 f(a)函數
   f(3, 8);                                 //呼叫 f(a, b)函數
   return 0;
}
```

16.2.3 使用標準參數

使用標準參數是在函數範本中，有部分參數使用固定的資料型態。例如下面範例中，參數 a 使用型態範本 X，而參數 b 則使用固定型態 int。

```
template <class X>                          //宣告範本
void f(X a, int b)                          //a 用型態範本 b 用整數參
數
{
   for (int i = 0; i < b; i++)
      cout << " ";
   cout << a << endl;
}
```

```cpp
int main(int argc, char** argv)
{
    f("第8格", 8);                      //在第8格顯示"第8格"字
串
    f(100, 16);                         //在第16格顯示100
    return 0;
}
```

程式 16-6：函數範本練習 (氣泡排序)

```cpp
1.    //檔案名稱：d:\C++16\C1606.cpp
2.    #include <iostream>
3.    using namespace std;
4.
5.    template <class X>                 //宣告範本
6.    void sort(X *items, int max)       //定義排序函數
7.    {
8.        register int si, di;           //定義索引暫存器
9.        X temp;                        //定義資料對調區
10.
11.       for(si=0; si<max-1; si++)      //資料對調外迴圈
12.         for(di=si; di<max; di++)     //資料對調內迴圈
13.           if(items[si] > items[di]) {
14.               temp = items[si];
15.               items[si] = items[di];
16.               items[di] = temp;
17.           }
18.   }
19.
20.   int main(int argc, char** argv)
21.   {
22.       int iArray[7] = {57, 19, 33, 92, 6, 48, 65};
23.       double dArray[5] = {3.5, 11.2, 100.7, 58.3, 66.7};
24.       int i;
25.
26.       cout << "排序前:";
27.       for(i=0; i<7; i++)
28.         cout << iArray[i] << ' ';
29.       cout << endl;
30.
31.       sort(iArray, 7);               //整數排序
32.
33.       cout << "排序後:";
34.       for(i=0; i<7; i++)
35.         cout << iArray[i] << ' ';
36.       cout << endl << endl;
37.
38.       cout << "排序前:";
```

```
39.    for(i=0; i<5; i++)
40.       cout << dArray[i] << ' ';
41.    cout << endl;
42.
43.    sort(dArray, 5);                        //倍精數排序
44.
45.    cout << "排序後：";
46.    for(i=0; i<5; i++)
47.       cout << dArray[i] << ' ';
48.    cout << endl;
49.    return 0;
50. }
```

▶▶ 程式輸出

```
排序前：57  19  33  92  6  48  65
排序後：6  19  33  48  57  65  92

排序前：3.5  11.2  100.7  58.3  66.7
排序後：3.5  11.2  58.3  66.7  100.7
```

16.3 範本與類別

範本也可以用於建立總體性的類別和抽象資料型態，類別範本允許使用者建立總體性的類別版本，因此在類別中不需靠複製程式碼來管理多重資料型態。

16.3.1 類別範本

定義類別範本

```
template <class 型態範本>
class 類別名稱
{
    // 類別主體
}
```

● **template** 也是建立類別範本的關鍵字。

● **型態範本**並非真正的資料型態，它是類別中資料型態的代表符號，它可被當作型態參數定義於類別中，當程式呼叫此類別時再

傳遞要使用的資料型態（int、float、char、... 或自定型態），而這些資料型態將取代型態範本的位置，成為有效的資料型態。如下面 Test 類別的型態範本為 TYPE，資料成員 a 也使用 TYPE 型態範本。

建立類別物件

 類別名稱<型態> 物件名稱;

● **型態**為建立類別物件時指定給該物件的型態。

下面範例中，obj1 的資料型態為 double，obj2 的資料型態為 char，obj3 的資料型態為字串指標 char*。

```
template <class TYPE>                    //定義類別範本
class Test                               //定義 Test 類別
{
    TYPE a;                              //TYPE 變數a
public:
    Test(TYPE m) {a = m;}
    void show() { cout << a << endl; }
};

int main(int argc, char** argv)
{
    Test<double> obj1(1.025);            //定義倍精數物件
    Test<char> obj2('a');                //定義字元物件
    Test<char*> obj3("string");          //定義字串指標物件
    obj1.show();                         //顯示 1.025
    obj2.show();                         //顯示 a
    obj3.show();                         //顯示 string
    return 0;
}
```

下面範例是定義二個不同的類別範本 TYPE1 與 TYPE2，因此建立類別物件時 TYPE1 與 TYPE2 可以使用不同的資料型態。

```
template <class TYPE1, class TYPE2>      //定義類別範本
class Test                               //定義 Test 類別
{
    TYPE1 a;                             //TYPE1 變數a
```

```
      TYPE2 b;                                    //TYPE2 變數 b
   public:
      Test(TYPE1 m, TYPE2 n) {a = m; b = n;}
      void show() {
         cout << a << '\t' << b << endl;
      }
   };

   int main(int argc, char** argv)
   {
      Test<double, char> obj1(1.025, 'a');
      Test<int, char*> obj2(10, "string");
      obj1.show();                                 //顯示 1.025       a
      obj2.show();                                 //顯示 10    string
      return 0;
   }
```

程式 16-07：類別範本練習 (堆疊存取)

```
1.    //檔案名稱：d:\C++16\C1607.cpp
2.    #include <iostream>
3.    #include <string>
4.    using namespace std;
5.
6.    #define max 10                              //設定堆疊最大空間
7.
8.    template <class TYPE> class Stack           //定義 Stack 類別範本
9.    {
10.      TYPE st[max];                            //堆疊空間
11.      int ptr;                                 //堆疊指標
12.   public:
13.      Stack() {ptr = 0;}
14.      void push(TYPE obj);                     //宣告推入資料函數原型
15.      TYPE pop();                              //宣告取回資料函數原型
16.   };
17.
18.   template <class TYPE> void Stack<TYPE>::push(TYPE obj)
19.   {                                           //定義推入資料函數
20.      string error = "堆疊滿了！\n";
21.      if(ptr==max) {
22.         throw error;
23.      }
24.      st[ptr] = obj;                           //推入資料
25.      ptr++;                                   //指標加 1
26.   }
27.
28.   template <class TYPE> TYPE Stack<TYPE>::pop()
29.   {                                           //定義取回資料函數
```

```
30.     string error = "堆疊空了!\n";
31.     if(ptr==0) {
32.         throw error;
33.     }
34.     ptr--;                              //指標減 1
35.     return st[ptr];                     //傳回資料
36. }
37.
38. int main(int argc, char** argv)
39. {
40.     int i;
41.     try {
42.         Stack<int> iStack;              //建立整數堆疊
43.         Stack<char> cStack;             //建立字串堆疊
44.         iStack.push(10);                //推入整數堆疊
45.         cStack.push('a');               //推入字串堆疊
46.         iStack.push(20);                //推入整數堆疊
47.         cStack.push('b');               //推入字串堆疊
48.         iStack.push(30);                //推入整數堆疊
49.         cStack.push('c');               //推入字串堆疊
50.
51.         for(i=2; i>=0; i--)             //從整數堆疊取回
52.             cout << "iStack[" << i << "] = " << iStack.pop() << '\t';
53.         cout << endl;
54.
55.         for(i=2; i>=0; i--)             //從字串堆疊取回
56.             cout << "cStack[" << i << "] = " << cStack.pop() << '\t';
57.         cout << endl;
58.     } catch(string str) {
59.         cout << str;
60.     }
61.     return 0;
62. }
```

▶▶ 程式輸出

```
iStack[2] = 30  iStack[1] = 20  iStack[0] = 10
cStack[2] = c   cStack[1] = b   cStack[0] = a
```

▶▶ 程式輸出：如果將程式的 48 與 49 行改爲註解，則執行結果如下。

```
iStack[2] = 20  iStack[1] = 10  堆疊空了!
```

16.4 習題

選擇題

1. _____是執行程式發生錯誤或非預期的事件時，發出警告或錯誤信號。

   a) 錯誤（error）   b) 警告（warning）

   c) 例外（exception）   d) 事件（event）

2. 在建立 C++例外處理時，通常將被監控的敘述置於_____區塊中。

   a) try   b) catch   c) throw   d) if

3. 在建立 C++例外處理中，如果被監控的敘述產生例外，則執行_____敘述。

   a) try   b) catch   c) throw   d) if

4. 在建立 C++例外處理中，如果被監控的敘述沒有產生例外，則跳過 throw 敘述繼續執行_____區塊內的敘述。

   a) try   b) catch   c) throw   d) if

5. 在處理函數錯誤時，在_____中加入 try-catch 區塊，而將 if 條件與 throw 敘述定義在_____中。

   a) main 函數, 被呼叫函數   b) 被呼叫函數, main 函數

   c) 被呼叫函數, 被呼叫函數   d) a, c 皆對

6. 在類別例外的處理方式上，是將 throw 敘述置放在_____中。

   a) try 區塊   b) catch 區塊   c) 類別成員函數 d) 類別資料成員

7. _____代表一個總體性的函數。

   a) 函數   b) 類別   c) 物件   d) 範本

8. 函數範本（templete）可以使用_____資料型態。

   a) 整數   b) 浮點數   c) 字元   d) 以上皆對

實作題

1. 寫一 C++ 程式，建立 min 與 max 二個函數的函數範本。

    a) min 函數必須接收二個參數與傳回這二個參數的最小值。

    b) max 函數必須接收二個參數與傳回這二個參數的最大值。

    c) 寫一簡單的驅動程式，呼叫 min 與 max 函數，並分別傳遞不同型態的參數給 min 與 max 函數。

2. 寫一 C++ 程式，建立 total 函數的函數範本。

    a) total 函數必須接收一個參數與並將此值加入總和。

    b) 寫一簡單的驅動程式，使用者不斷地輸入不同型態的資料，當輸入 0 則結束並顯示輸入值總和。

C++全方位學習--第四版(適用 Dev C++與 Visual C++)

作　　者：古頤榛
企劃編輯：江佳慧
文字編輯：江雅鈴
設計裝幀：張寶莉
發 行 人：廖文良

發 行 所：碁峰資訊股份有限公司
地　　址：台北市南港區三重路 66 號 7 樓之 6
電　　話：(02)2788-2408
傳　　真：(02)8192-4433
網　　站：www.gotop.com.tw
書　　號：AEL024400
版　　次：2021 年 05 月修訂四版
　　　　　2024 年 08 月修訂四版七刷
建議售價：NT$580

國家圖書館出版品預行編目資料

C++全方位學習 / 古頤榛著.-- 修訂四版.-- 臺北市：碁峰資訊,
　2021.05
　　面；　公分
　　ISBN 978-986-502-802-2(平裝)
　　1.C++(電腦程式語言)
312.32C　　　　　　　　　　　　　　　110006212